“十三五”职业教育系列教材

（第三版）

建筑给排水工程

主　编　程文义
副主编　刘　彬
编　写　崔文忠　李良训　阎　莹　杜　渐
主　审　高绍远

中国电力出版社
CHINA ELECTRIC POWER PRESS

内 容 提 要

本书为“十三五”职业教育系列教材，是根据教育部高职高专给排水工程技术专业教学指导方案中的专业课“建筑给排水工程”教学基本要求编写的高等职业教育规划教材。

本书主要内容包括建筑给水系统，建筑给水管材、附件及设备，建筑给水管道计算，建筑消防给水系统，建筑排水系统，建筑排水管道的水力计算，局部污水处理，建筑热水供应，建筑中水系统，居住小区给水系统，居住小区排水系统，特殊地区给排水管道，建筑给水排水施工图及设计计算例题。

本书可作为高职高专院校市政工程类、建筑设备类专业教材，也可作为建筑给排水设计、施工、管理等技术人员的参考用书，还可作为相关专业岗位培训教材与自学用书。

图书在版编目(CIP)数据

建筑给排水工程/程文义主编. —3 版. —北京：中国电力出版社，2017.9(2025.6 重印)

“十三五”职业教育规划教材

ISBN 978-7-5198-0134-2

Ⅰ. ①建… Ⅱ. ①程… Ⅲ. ①建筑工程-给水工程-高等职业教育-教材②建筑工程-排水工程-高等职业教育-教材 Ⅳ. ①TU82

中国版本图书馆 CIP 数据核字(2016)第 308144 号

出版发行：中国电力出版社

地　　址：北京市东城区北京站西街 19 号(邮政编码 100005)

网　　址：http://www.cepp.sgcc.com.cn

责任编辑：孙　静（sun-jing@sgcc.com.cn） 乐　苑

责任校对：太兴华

装帧设计：张俊霞　赵姗姗

责任印制：吴　迪

印　　刷：固安县铭成印刷有限公司

版　　次：2015 年 6 月第一版　2017 年 9 月第三版

印　　次：2025 年 6 月北京第十八次印刷

开　　本：787 毫米×1092 毫米　16 开本

印　　张：20.75

字　　数：506 千字

定　　价：**59.80** 元

版权专有　侵权必究

本书如有印装质量问题，我社营销中心负责退换

前言

本书是工科院校给排水工程技术专业的高等职业技术教育教材，也可作为相关专业岗位培训教材，以及从事相关专业的工程技术人员参考用书。

建筑给排水工程是给排水工程技术专业的一门专业课。本书主要包括建筑给排水、热水、中水和居住小区给排水等内容，主要讲述建筑给排水的系统组成及工作原理、管道布置与敷设、管材设备的设计计算方法等内容。通过对课程的学习，可使学生掌握建筑给排水工程的基本知识，并具有一定的建筑给排水工程设计、施工的能力。

本书在编写过程中，力求体现职业技术教育的特点，从培养学生应用型人才出发，注重理论联系实际，注意培养学生的动手能力和基本技能。

本书采用国家最新技术规范和标准，努力反映本专业技术领域内的新技术、新工艺，突出新材料、新方法的应用。

本书由山东城市建设职业学院程文义主编，并编写第四章、第九～十一章，山东城市建设职业学院刘彬副主编，编写第一章、第二章、第三章、第六章、第八章、第十二章，山东城市建设职业学院崔文忠编写第十三章，山东城市建设职业学院李良训编写第七章，南京高等职业技术学校杜渐编写第五章，全书由山东城市建设职业学院高绍远主审。

限于编者水平，书中难免存在一些缺点和不妥之处，敬请广大读者批评指正。

扫描下方二维码，可获取本书配套电子资源。

编者

2017 年 8 月

第一版前言

本书是工科院校供热通风与空调工程专业的高等职业技术教育教材，也可作为相关专业岗位培训教材，以及从事相关专业的工程技术人员参考用书。

建筑给排水工程是供热通风与空调工程专业的一门专业课。本书主要包括建筑给排水、热水、中水和居住小区给排水等内容，主要讲述建筑给排水的系统组成及工作原理、管道布置与敷设、管材设备的设计计算方法等内容。通过对课程的学习，可使学生掌握建筑给排水工程的基本知识，并具有一定的建筑给排水工程设计、施工的能力。

本书在编写过程中，力求体现职业技术教育的特点，从培养学生应用型人才出发，注重理论联系实际，注意培养学生的动手能力和基本技能。

本书采用国家最新技术规范和标准，努力反映本专业技术领域内的新技术、新工艺，突出新材料、新方法的应用。

本书由山东城市建设职业学院程文义任主编，并编写第十章～第十二章，山东城建学校崔文忠任副主编，编写第一章～第四章，山东省城建学校李良训编写第五章～第七章、第十三章，江苏广播电视大学建筑工程学院阎莹编写第八章、第九章，全书由山东省城建学校高绍远主审。

限于编者水平，书中难免存在一些缺点和不妥之处，敬请广大读者批评指正。

编者

2005年3月

第二版前言

为贯彻落实教育部《关于进一步加强高等学校本科教学工作的若干意见》和《教育部关于以就业为导向深化高等职业教育改革的若干意见》的精神，加强教材建设，确保教材质量，中国电力教育协会组织制订了普通高等教育“十一五”教材规划。该规划强调适应不同层次、不同类型院校，满足学科发展和人才培养的需求，坚持专业基础课教材与教学急需的专业教材并重、新编与修订相结合。本书为修订教材。

本书是工科院校供热通风与空调工程专业的高等职业技术教育教材，也可作为相关专业岗位培训教材，以及从事相关专业的工程技术人员参考用书。

建筑给排水工程是供热通风与空调工程专业的一门专业课。本书主要包括建筑给排水、热水、中水和居住小区给排水等内容，主要讲述建筑给排水的系统组成及工作原理、管道布置与敷设、管材设备的设计计算方法等内容。通过对课程的学习，可使学生掌握建筑给排水工程的基本知识，并具有一定的建筑给排水工程设计、施工的能力。

本书在编写过程中，力求体现职业技术教育的特点，从培养学生应用型人才出发，注重理论联系实际，注意培养学生的动手能力和基本技能。

本书采用国家最新技术规范和标准，努力反映本专业技术领域内的新技术、新工艺，突出新材料、新方法的应用。

本书由山东城市建设职业学院程文义主编，并编写第四章、第十章、第十一章，山东城市建设职业学院冯凯副主编，编写第三章、第十二章，山东城市建设职业学院崔文忠编写第一章、第二章，山东城市建设职业学院李良训编写第五章～第七章，山东城市建设职业学院常蕾编写第十三章，江苏广播电视大学建筑工程学院阎莹编写第八章、第九章，全书由山东城市建设职业学院高绍远主审。

限于编者水平，书中难免存在一些缺点和不妥之处，敬请广大读者批评指正。

编者

2009 年 3 月

第三版前言

目　录

第一章 建筑给水系统

第一节 建筑给水系统的组成和分类

建筑给水系统是供应建筑内部的生活、生产和消防用水的一系列工程设施的组合。建筑给水系统的任务是通过室外给水系统将水引入建筑物内，并保证满足用户对水质、水量、水压等要求的情况下，经济合理地把水送到各个配水点（如配水龙头、生产用水设备、消防设备等）。

一、建筑给水系统的组成

建筑给水系统与建筑小区给水系统，以建筑物的给水引入管的阀门井或水表井为界。典型的建筑给水系统一般由下列各部分组成，如图 1-1 所示。

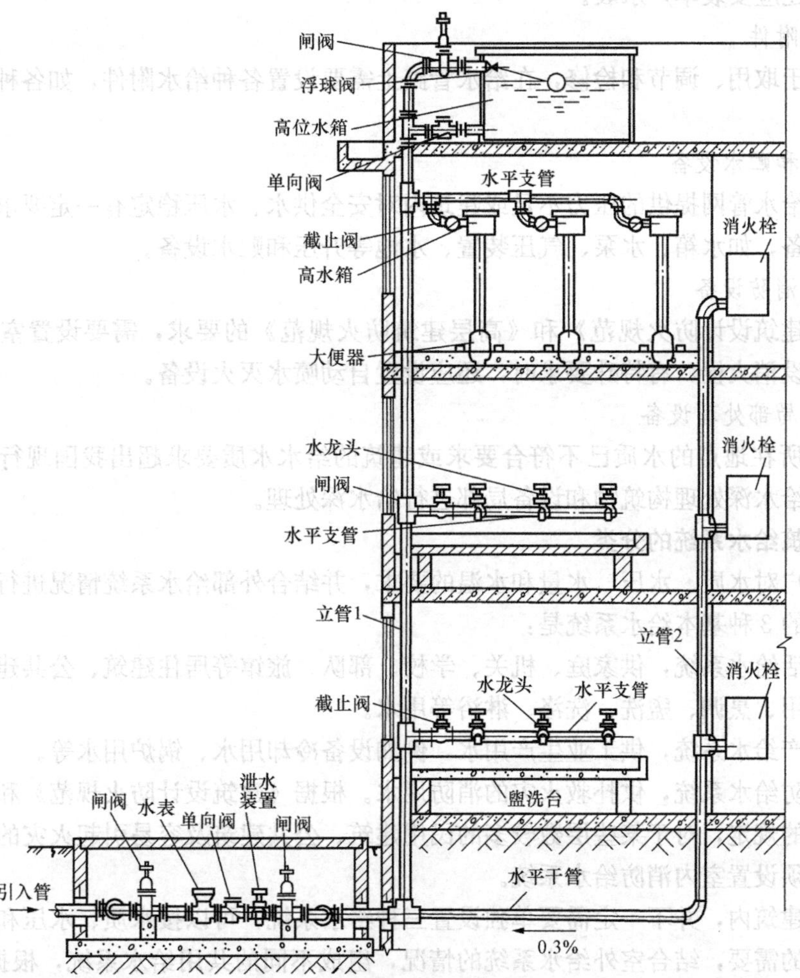

图 1-1 建筑给水系统的组成

1. 水源

水源是指市政给水接入管或自备贮水池等。

2. 管网

建筑内的给水管网是由室外给水管网和建筑内部管网之间的引入管以及水平或垂直干管、立管、配水支管组成。

（1）引入管是指室外给水管网与室内给水管网之间的连络管，又称进户管，其作用是将水从室外给水管网引入到建筑物内部给水系统。

（2）干管是将引入管送来的水转送到给水立管中去的管段。

（3）立管是将干管送来的水沿垂直方向输送到各楼层的配水支管中去的管段。

（4）配水支管是将水从立管输送至各个配水龙头或用水设备处的供水管段。

3. 计量设备

室内给水通常采用水表计量。必须单独计量水量的建筑物，应在引入管上装设水表节点，水表节点是指引入管上装设的水表及前后设置的阀门、泄水阀等装置的总称；建筑物的某部分和个别设备需计量水量时，应在其配水支管上装设水表，便于计量局部用水量，对于民用住宅，还应安装单户水表。

4. 给水附件

为了便于取用、调节和检修，在给水管路上需要设置各种给水附件，如各种阀门、水龙头等。

5. 升压和贮水设备

在室外给水管网提供的压力不足或建筑内对安全供水、水压稳定有一定要求时，需设置各种附属设备，如水箱、水泵、气压装置、水池等升压和贮水设备。

6. 建筑消防设备

根据《建筑设计防火规范》和《高层建筑防火规范》的要求，需要设置室内消防给水时，一般应设消火栓，有特殊要求时，还应设置自动喷水灭火设备。

7. 给水局部处理设备

建筑物所在地点的水质已不符合要求或建筑的给水水质要求超出我国现行标准的情况下，需要设给水深处理构筑物和设备局部进行给水深处理。

二、建筑给水系统的分类

根据用户对水质、水压、水量和水温的要求，并结合外部给水系统情况进行给水系统的划分。常用的 3 种基本给水系统是：

（1）生活给水系统，供家庭、机关、学校、部队、旅馆等居住建筑、公共建筑及工业企业内部的饮用、烹调、盥洗、洗涤、淋浴等用水。

（2）生产给水系统，供工业生产用水，例如设备冷却用水、锅炉用水等。

（3）消防给水系统，供扑救火灾的消防用水。根据《建筑设计防火规范》和《高层建筑防火规范》的规定，对于某些层数较多的民用建筑、公共建筑及容易引起火灾的仓库、生产车间等，必须设置室内消防给水系统。

在一幢建筑内，并不一定需要单独设置三种给水系统，可以按水质、水压和水量的要求及安全方面的需要，结合室外给水系统的情况，组成不同的共用给水系统，根据具体情况，有时将上述 3 种基本给水系统或其中两种基本系统合成：生活—生产—消防给水系统、生活

—生产给水系统、生活—消防给水系统、生产—消防给水系统等。

根据不同需要，有时将上述 3 种基本给水系统再划分，例如：

生活给水系统：饮用水系统、杂用水系统等。

生产给水系统：直流给水系统、循环给水系统、复用水给水系统、软化水给水系统、纯水给水系统等。

消防给水系统：消火栓给水系统、自动喷水灭火给水系统（包括湿式、干式，预作用、雨淋和水幕等自动喷水灭火给水系统）等。

第二节 建筑内给水系统的所需压力及给水方式

一、建筑内给水系统所需压力

室内给水系统的压力，必须保证将需要的水量输送到建筑物内最不利配水点（通常为距引入管起端最高最远点）的配水龙头或用水设备处，并保证有足够的流出压力，如图 1-2 所示。

（一）计算法

建筑内部给水管网所需水压应按式（1-1）计算。

$$H = 9.81H_1 + H_2 + H_3 + H_4 + H_5 \qquad (1\text{-}1)$$

式中 H——建筑给水引入管前所需水压，kPa；

H_1——最不利配水点与引入管的标高差，m；

H_2——建筑内部给水管网沿程和局部水头损失之和，kPa；

H_3——水表的水头损失，kPa；

H_4——最不利处配水点所需最低工作压力，kPa，最低工作压力是指各种卫生器具配水龙头或用水设备处，在此压力下卫生器具基本上可以满足使用要求，它与额定流量无对应关系，其规定按表 1-1 采用；

H_5——不可预见因素留有余地而予以考虑的富裕水头，一般按 20kPa 计。

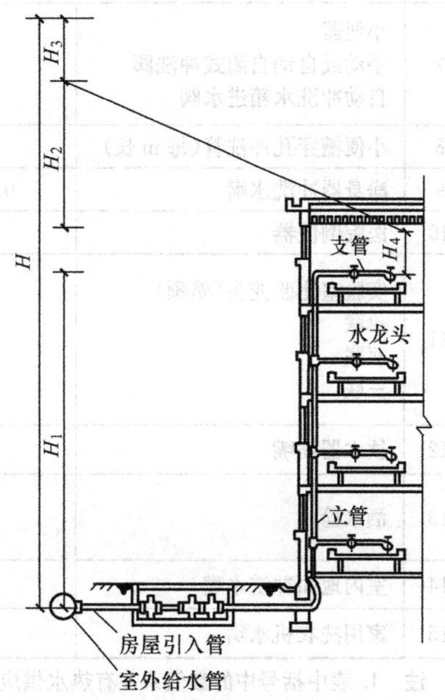

图 1-2 建筑内给水系统所需压力示意图

表 1-1 卫生器具的给水额定流量、当量、连接管公称管径和最低工作压力

序号	给水配件名称	额定流量 (L/S)	当 量	连接管公称管径 (mm)	最低工作压力 (kPa)
1	洗涤盆、拖布盆、盥洗槽 单阀水嘴 单阀水嘴 混合水嘴	 0.15～0.20 0.30～0.40 0.15～0.20(0.14)	 0.75～1.00 1.50～2.00 0.75～1.00(0.70)	 15 20 15	50
2	洗脸盆 单阀水嘴 混合水嘴	 0.15 0.15(0.10)	 0.75 0.75(0.50)	 15 15	50

续表

序号	给水配件名称	额定流量（L/S）	当量	连接管公称管径（mm）	最低工作压力（kPa）
3	洗手盆 感应水嘴 混合水嘴	0.10 0.15(0.10)	0.50 0.75(0.50)	15 15	50
4	浴盆 单阀水嘴 混合水嘴(含带淋浴转换器)	0.20 0.24(0.24)	1.00 1.20(1.00)	15 15	50～70
5	淋浴器 混合阀	0.15(0.10)	0.75(0.50)	15	50～100
6	大便器 冲洗水箱浮球阀 延时自闭式冲洗阀	0.10 1.20	0.50 6.0	15 25	20 100～150
7	小便器 手动或自动自闭式冲洗阀 自动冲洗水箱进水阀	0.10 0.10	0.50 0.50	15 15	50 20
8	小便槽穿孔冲洗管(每 m 长)	0.05	0.25	15～20	15
9	净身器冲洗水嘴	0.10(0.07)	0.50(0.35)	15	50
10	医院倒便器	0.20	1.00	15	50
11	实验室化验龙头(鹅颈) 单联 双联 三联	0.07 0.15 0.20	0.35 0.75 1.00	15 15 15	20 20 20
12	饮水器喷嘴	0.05	0.25	15	50
13	洒水栓	0.40 0.70	2.0 3.5	20 25	50～100 50～100
14	室内地面冲洗水嘴	0.20	1.00	15	50
15	家用洗衣机水嘴	0.20	1.00	15	50

注 1. 表中括号中的数值系在有热水供应时，单独计算冷水或热水时使用。
2. 当浴盆上附设淋浴器时，或混合水嘴有淋浴器转换开关时，其额定流量和当量只计水嘴，不计淋浴器；但水压应按淋浴器计。
3. 家用燃气热水器，所需水压按产品要求和热水供应系统最不利配水点所需工作压力确定。
4. 绿地的自动喷灌应按产品要求设计。

（二）经验法

在方案或初步设计阶段，可按建筑层数确定居住区生活给水管网的最小服务水头（地面以上），即按经验法确定建筑内部给水管网的所需水压，其数值见表 1-2。

表 1-2　　按建筑层数确定建筑内部给水管网所需水压

建筑层数	1	2	3	4	5	6	7	8	9	10
最小服务水头（kPa）	100	120	160	200	240	280	320	360	400	440
备　注	二层以上每增高一层增加 40kPa									

二、建筑内给水系统的给水方式

建筑内给水方式的选择必须依据用户对水质、水压和水量的要求，室外管网所能提供的水质、水量和水压情况，卫生器具及消防设备在建筑物内的分布，用户对供水安全可靠性的要求等条件来确定。

（一）建筑内给水方式的选择原则

（1）在满足用户要求的前提下，应力求给水系统简单、管道长度短，以降低工程费用及运行管理费用。

（2）应充分利用城市管网水压直接供水，如果室外给水管网水压不能满足整个建筑物用水要求时，可以考虑建筑物下面数层利用室外管网水压直接供水，建筑物上面几层采用加压供水。

（3）供水应安全可靠，管理、维修方便。

（4）当两种及两种以上用水的水质接近时，应尽量采用共用给水系统。

（5）生产给水系统在经济技术比较合理时，应尽量采用循环给水系统或复用给水系统，以节约用水。

（6）生活给水系统中，卫生器具给水配件处的静水压力不得大于 0.6MPa，如超过该值，宜采用竖向分区供水，以防使用不便和卫生器具及配件破裂漏水，造成维修工作量的增加。

（7）生产给水系统最大静水压力，应根据工艺要求及各种用水设备的工作压力和管道、阀门、仪表等的工作压力确定。

（二）按系统的组成来分，室内给水的基本方式

1. 直接给水方式

如图 1-3 所示，建筑物内部只设有给水管道系统，不设加压及贮水设备，室内给水系统与室外供水管网直接相连，利用室外管网压力直接向室内给水系统供水。

这种给水方式的优点是给水系统简单，投资少，安装维修方便，充分利用室外管网水压，供水较为安全可靠。缺点是系统内部无贮备水量，当室外管网停水时，室内系统立即断水。

这种给水方式适用于室外管网水量和水压充足，能够全天保证室内用户的用水要求的地区。当室外管网压力超过室内用水设备允许压力时应设置减压阀。

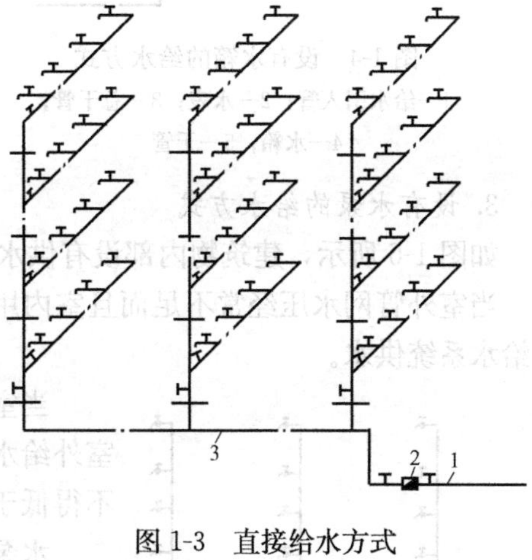

图 1-3　直接给水方式

1—给水引入管；2—水表；3—给水干管

2. 设有水箱的给水方式

如图 1-4 所示，建筑物内部设有管道系统和屋顶水箱（亦称高位水箱），室内给水系统与室外给水管网直接连接。当室外管网水压能够满足室内用水需要时，则由室外管网直接向室内管网供水，并向水箱充水，以贮备一定水量。当用水高峰时，室外管网压力不足，则由水箱向室内系统补充供水。为了防止水箱中的水回流至室外管网，在引入管上要设置止回阀。

这种给水方式的优点是系统比较简单，投资较省，充分利用室外管网压力供水，节省电耗，系统具有一定的贮备水量，供水的安全可靠性较好。缺点是系统设置了高位水箱，增加了建筑物结构荷载，并给建筑物的立面处理带来一定困难。

这种给水方式，适用于室外管网的水压周期性不足，及室内用水要求水压稳定并且允许设置水箱的建筑物。

在室外管网水压周期性不足的多层建筑中，也可以采用如图 1-5 所示的给水方式，即建筑物下面几层由室外管网直接供水，建筑物上面几层采用有水箱的给水方式，这样下层直接供水，上层设水箱的给水方式可以减小水箱的容积。

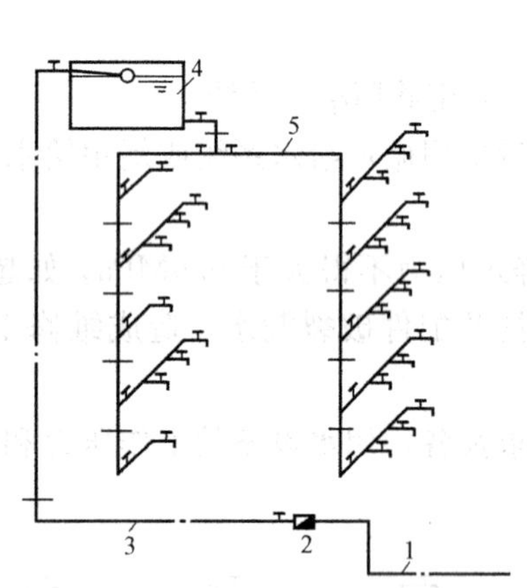

图 1-4 设有水箱的给水方式

1—给水引入管；2—水表；3—总干管；4—水箱；5—干管

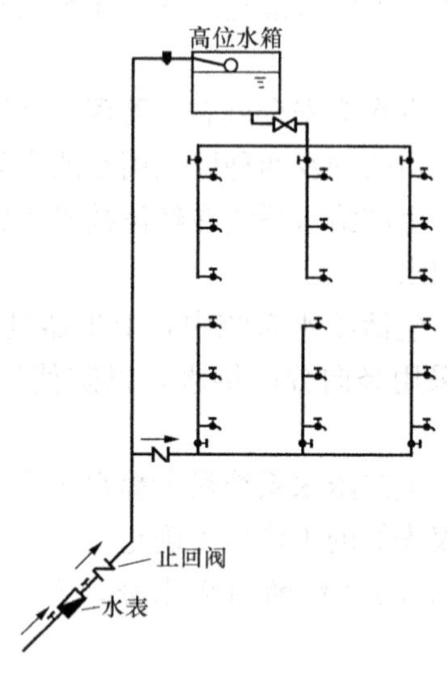

图 1-5 下层直接供水、上层设水箱的给水方式

3. 设有水泵的给水方式

如图 1-6 所示，建筑物内部设有供水管道系统及加压水泵。

当室外管网水压经常不足而且室内用水量较为均匀时，适合于利用水泵进行加压后向室内给水系统供水。

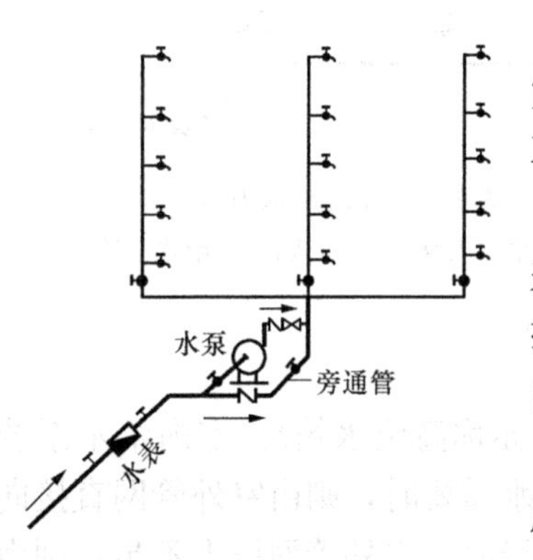

图 1-6 设有水泵的给水方式

当室外给水管网允许水泵直接吸水时，水泵宜直接从室外给水管网吸水，但水泵吸水时，室外给水管网的压力不得低于 100kPa。

水泵直接从室外给水管网吸水，应绕水泵设旁通管，并在旁通管上设阀门，当室外管网水压较大时，可停泵直接向室内系统供水。在水泵出口和旁通管上应装设止回阀，以防止停泵时，室内给水系统中的水产生回流。

当水泵直接从室外管网吸水而造成室外管网压力大幅度波动，影响其他用户的用水时，则不允许水泵直接从室外管网吸水，而必须设置断流水池。图 1-7 为水泵从断流水池吸水示意图。

断流水池可以兼作贮水池使用，从而增加了供水的安全性。

4. 设贮水池、水泵和水箱联合工作的给水方式

如图 1-8 所示，当室外给水管网水压经常不足，而且不允许水泵直接从室外管网吸水和室内用水不均匀时，常采用该种供水方式。

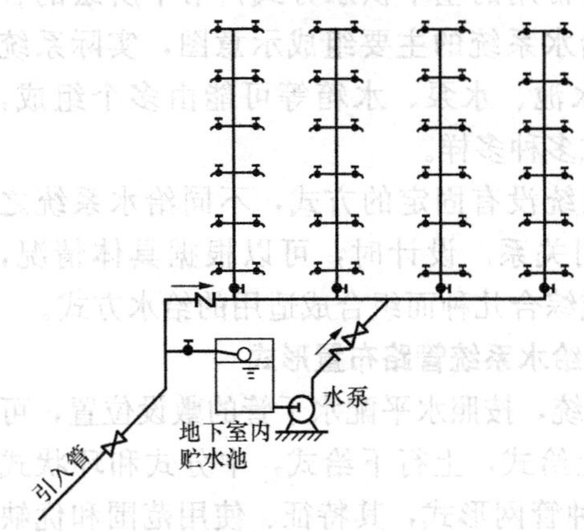

图 1-7 水泵从断流水池吸水示意图

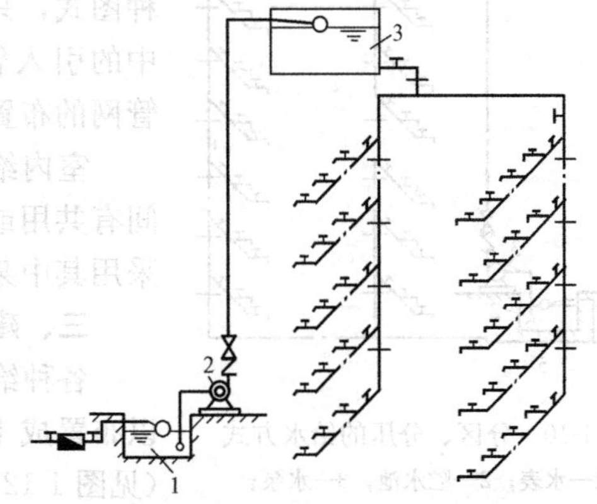

图 1-8 设贮水池、水泵和水箱联合工作的给水方式

1—贮水池；2—水泵；3—水箱

水泵从贮水池中吸水，经加压后送给用户使用。当水泵供水量大于系统用水量时，多余的水充入水箱贮存；当水泵供水量小于系统用水量时，则由水箱出水，向系统补充供水，以满足室内用水要求。此外，贮水池和水箱又起到了贮备一定水量的作用，使供水的安全性、可靠性好。

这种给水方式由于水泵和水箱联合工作，水泵及时向水箱充水，可以减小水箱容积。同时在水箱的调节下，水泵的工作稳定，能经常处在高效率下工作，节省电耗。在高位水箱上采用水位继电器控制水泵启动，易于实现管理自动化。

当允许水泵直接从室外管道吸水时，可以不设断流水池，这种给水方式称为设水泵、水箱联合工作的给水方式，如图 1-9 所示。

在多层建筑中，可以考虑下部几层由室外管网直接供水，系统上部由水池、水泵、水箱联合供水，这样分区、分压供水系统更为经济合理，如图 1-10 所示。

5. 设气压给水装置的供水方式

气压给水装置是利用密闭压力水罐内空气的可压缩性贮存、调节和压送水量的给水装置，其作用相当于高位水箱和水塔，如图 1-11 所示。水泵从贮水池或由室外给水管网吸水，经加压后送至给水系统和气压水罐内，停泵时，再由气压水罐向室内给水系统供水。由气压水罐调节，贮存水量及控制水泵运行。

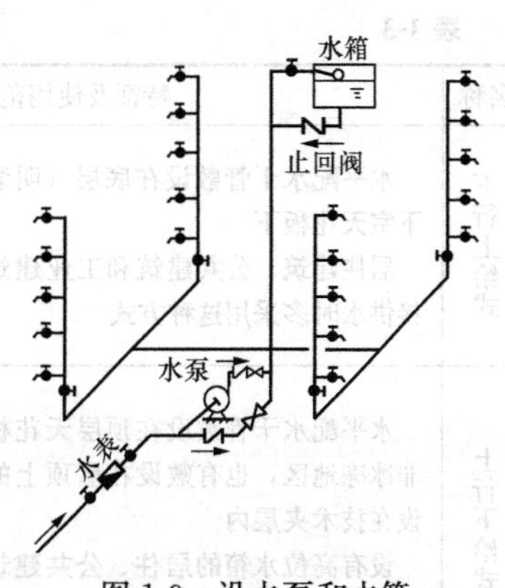

图 1-9 设水泵和水箱联合工作的给水方式

这种给水方式的优点是，设备可设在建筑的任何高度上，安装方便，水质不易受污染，投资省，建设周期短，

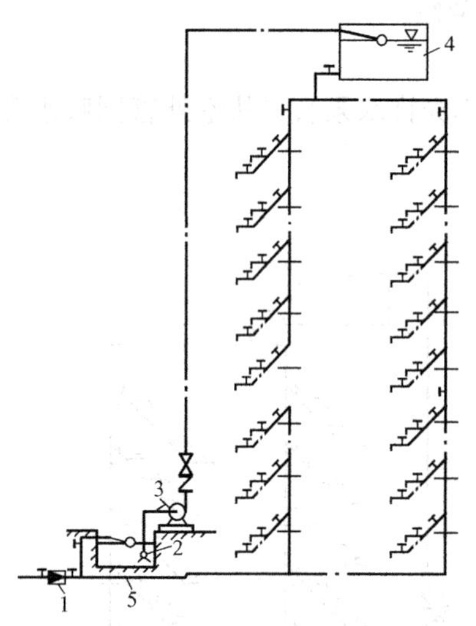

图 1-10 分区、分压的给水方式
1—水表；2—贮水池；3—水泵；
4—水箱；5—下区给水干管

便于实现自动化等。但是，由于给水压力变动较大，管理及运行费用较高，供水安全性较差。

这种给水方式适用于室外管网水压经常不足，不宜设置高位水箱的建筑。

以上是几种常用的基本供水方式，书中所绘的各种图式，只是给水系统的主要组成示意图，实际系统中的引入管、水池、水泵、水箱等可能由多个组成，管网的布置形式多种多样。

室内给水系统没有固定的方式，不同给水系统之间有共用或备用关系。设计时，可以根据具体情况，采用其中某种或综合几种而组合成适用的给水方式。

三、建筑内给水系统管路布置形式

各种给水系统，按照水平配水干管的敷设位置，可以布置成下行上给式，上行下给式，中分式和环状式（见图 1-12）四种管网形式，其特征、使用范围和优缺点见表 1-3。

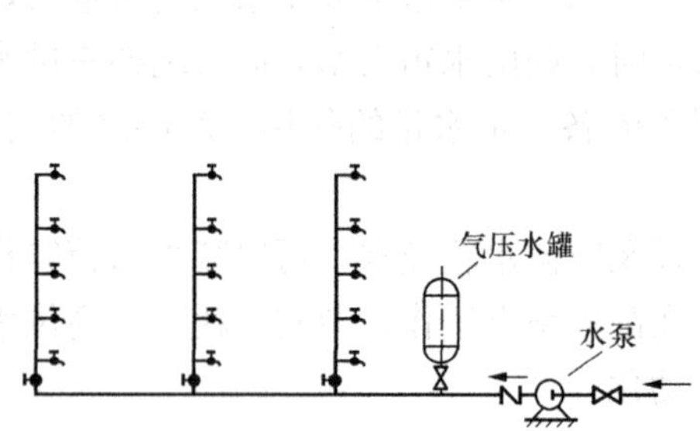

图 1-11 设气压供水装置的给水方式

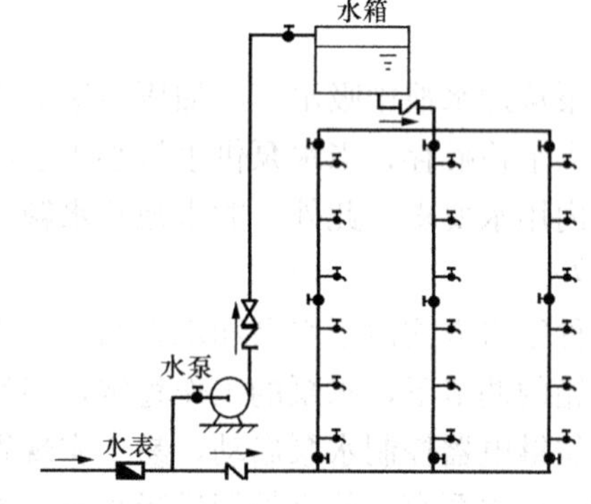

图 1-12 环状网给水方式

表 1-3 给水管路布置形式

名称	特征及使用范围	优　缺　点
下行上给式	水平配水干管敷设在底层（明装、埋设或沟敷）或地下室天花板下 居住建筑、公共建筑和工业建筑，在利用外网水压直接供水时多采用这种方式	图式简单，明装时便于安装维修 与上行下给式布置相比为最高层配水点流出水头较低，埋地管道检修不便
上行下给式	水平配水干管敷设在顶层天花板下或吊顶之内，对于非冰冻地区，也有敷设在屋顶上的，对于高层建筑也可设在技术夹层内 设有高位水箱的居住、公共建筑，机械设备或地下管线较多的工业厂房多采用这种方式	与下行上给式布置相比较为最高配水点流出水头稍高 安装在吊顶内的配水干管可能因漏水或结露损坏吊顶和墙面，要求外网水压稍高一些，管材消耗也比较多

续表

名称	特征及使用范围	优缺点
中分式	水平干管敷设在中间技术层内或某中间层吊顶内，向上下两个方式供水 屋顶用作露天茶座，舞厅或设有中间技术层的高层建筑多采用这种方式	管道安装在技术层内便于安装维修，有利于管道排气，不影响屋顶多功能使用 需要设置技术层或增加某中间层的层高
环状式	水平配水干管或配水立管互相连接成环，组成水平干管环状或立管环状，在有两个引入管时，也可将两个引入管通过配水立管和水平配水干管相连通，组成贯穿环状 高层建筑、大型公共建筑和工艺要求不间断供水的工业建筑常采用这种方式，消防管网均采用环状式	任何管段发生事故时，可用阀门关闭事故管段而不中断供水，水流通畅，水头损失小，水质不易因滞流而变质 管网造价较高

第三节 给水系统管道的布置与敷设

设计建筑给水系统时，应根据有关规范及用户要求，合理地布置建筑给水管道系统和确定管道的敷设方式。

一、给水管道布置

给水管道的布置，应根据用户的要求，以有关规范、规程为准则，结合工程的实际情况，科学合理布置。

给水管道的布置应坚持以下原则：

（一）力求经济合理，满足最佳水力条件

(1) 给水管道布置应力求短而直。

(2) 室内给水管网宜采用枝状布置，单向供水。

(3) 为充分利用室外给水管网中的水压，给水引入管宜布设在用水量最大处或不允许间断供水处。

(4) 室内给水干管宜靠近用水量最大处或不允许间断供水处。

（二）满足美观要求，便于维修及安装

(1) 管道应尽量沿墙、梁、柱直线敷设。

(2) 对美观要求较高的建筑物，给水管道可在管槽、管井、管沟及吊顶内暗设。

(3) 为便于检修，管道井应每层设检修设施，每两层应有横向隔断，检修门宜开向走廊。暗设在顶棚或管槽内的管道，在阀门处应留有检修门。

管道井当需进入检修时，其通道宽度不宜小于0.6m。

(4) 室内管道安装位置应有足够的空间以利拆换附件。

(5) 给水引入管应有不小于0.3%的坡度坡向室外给水管网或坡向阀门井、水表井，以便检修时排放存水。泄水阀门井一般做法如图1-13所示。

（三）保证生产及使用安全性

(1) 室外给水管道的覆土深度，应根据土壤冰冻深度、车辆荷载、管道材质及管道交叉

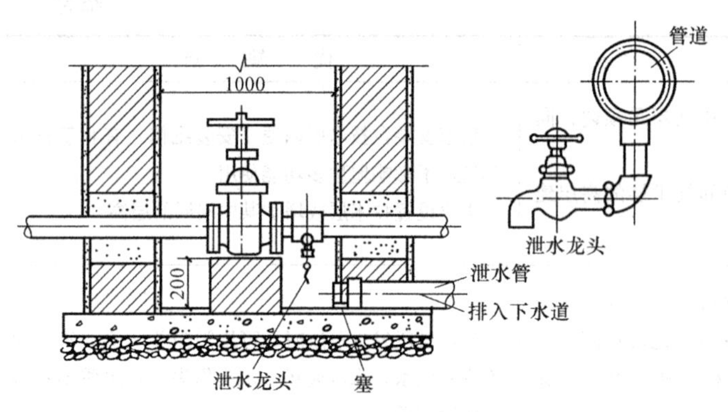

图 1-13 泄水阀门井

等因素确定。管顶最小覆土深度不得小于土壤冰冻线以下0.15m，行车道下的管线覆土深度不宜小于0.7m。

（2）给水管道的位置不得妨碍生产操作、交通运输和建筑物的使用。管道不得布置在遇水会引起燃烧、爆炸或损坏的原料、产品和设备的上面，并应避免在生产设备上面通过。

（3）给水埋地管道应避免布置在可能受重物压坏处。管道不得穿越生产设备基础，在特殊情况下，如必须穿越时，应采取有效的保护措施。

（4）给水管道不得敷设在烟道、风道内；生活给水管道不得敷设在排水沟内；管道不宜穿过橱窗、壁柜、木装修，并不得穿过大便槽和小便槽。当给水立管距小便槽端部小于及等于0.5m时，应采取建筑隔断措施。

（5）不允许间断供水的建筑，应从室外管网不同侧设两条或两条以上引入管，在室内连成环状或贯通枝状双向供水，如图1-14所示。

如不可能时，应采取下列保证安全供水措施之一：

1）设贮水池或贮水箱。

2）有条件时，利用循环给水系统。

3）由环网的同侧引入，但两根引入管的间距不得小于10m，并在接点间的室外给水管道上设置闸门，如图1-15所示。

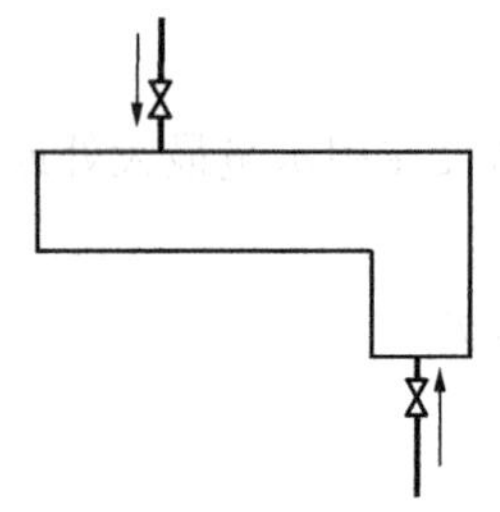
图 1-14 引入管由建筑物不同侧引入

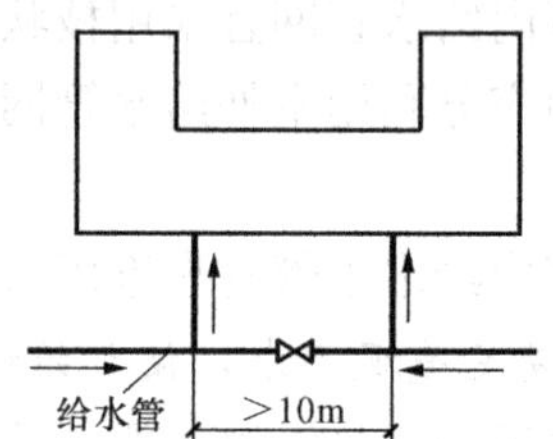

图 1-15 引入管由建筑物同侧引入

（6）给水引入管与室内排出管管外壁的水平距离不宜小于1.0m。

（7）建筑物内给水管与排水管之间的最小净距，平行埋设时不宜小于0.50m；交叉埋设时不应小于0.15m，且给水管宜在排水管的上面。

（8）需要泄空的给水管道，其横管宜有0.2%～0.5%的坡度坡向泄水装置。

（9）敷设在室外综合管廊（沟）内的给水管道，宜在热水、热力管道下方，冷冻管和排水管的上方。给水管道与各种管道之间的净距，应满足安装操作的需要，且不宜小于0.3m。

室内冷、热水管上、下平行敷设时，冷水管应在热水管下方；垂直平行敷设时，冷水管应在热水管右侧。

给水管不宜与输送易燃、可燃或有害的液体或气体的管道同沟敷设。

(10) 给水管宜敷设在不结冻的房间内，如敷设在有可能结冻的地方，应采取防冻措施。

(11) 室内给水管道不应穿越变配电房、电梯机房、通信机房、大中型计算机房、计算机网络中心、音像库房等遇水会损坏设备和引发事故的房间，并应避免在生产设备上方通过。

二、给水管道敷设

(一) 根据建筑物性质和卫生标准要求不同，室内给水管道敷设分为明装和暗装两种方式

(1) 明装，即管道在建筑物内沿墙、梁、柱、地板暴露敷设。这种敷设方式造价低，安装维修方便，缺点是管道表面易积灰，产生凝结水影响环境卫生，也有碍室内美观。一般的民用建筑和大部分生产车间内的给水管道均采用明装。

(2) 暗装，管道敷设在地下室的天花板下或吊顶中，以及管沟、管道井、管槽和管廊内。这种敷设方式的优点是室内整洁、美观，但施工复杂，维护管理不便，工程造价高。标准较高的民用建筑、宾馆及工艺要求较高的生产车间内的给水管道一般采用暗装。管道暗装时，必须考虑便于安装和检修。

给水管道暗设时，应符合下列要求：

1) 不得直接敷设在建筑物结构层内。

2) 干管和立管应敷设在吊顶、管井、管窿内，支管宜敷设在楼（地）面的找平层内或沿墙敷设在管槽内。

3) 敷设在找平层或管槽内的给水支管的外径不宜大于 25mm。

4) 敷设在找平层或管槽内的给水管管材宜采用塑料、金属与塑料复合管材或耐腐蚀的金属管材。

5) 敷设在垫层或墙体管槽内的管材，如采用卡套式或卡环式接口连接的管材，宜采用分水器向各卫生器具配水，中途不得有连接配件，两端接口应明露。地面宜有管道位置的临时标识。

(二) 给水管道敷设时应注意以下几点

(1) 给水横干管宜敷设在地下室、技术层，吊顶或管沟内，立管可敷设在管道井内。生活给水管道暗设时，应便于安装和检修。

塑料给水管道在室内宜暗设。明设时立管应布置在不易受撞击处，如不能避免时，应在管外加保护措施。

(2) 塑料给水管道不得布置在灶台上边缘；明设的塑料给水立管距灶台边缘不得小于 0.4m，距燃气热水器边缘不宜小于 0.2m。达不到此要求时，应有保护措施。

塑料给水管道不得与水加热器或热水炉直接连接，应有不小于 0.4m 的金属管段过渡。

(3) 生产给水管道应沿墙、柱、桁架明设。当工艺有特殊要求时，可暗设，但应便于安装和检修。

(4) 给水管道穿过承重墙或基础处应预留洞口，且管顶上部净空不得小于建筑物的沉降量，一般不小于 0.1m。

(5) 给水管道穿越下列部位或接管时，应设置防水套管。

1）穿越地下室或地下构筑物的外墙处。

2）穿越屋面处（有可靠的防水措施时，可不设套管）。

3）穿越钢筋混凝土水池（箱）的壁板或底板连接管道时。

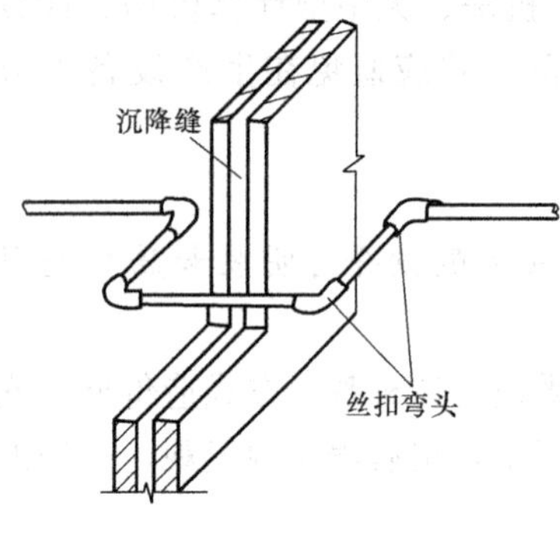

图 1-16 螺纹弯头法

（6）给水管道穿楼板时宜预留孔洞，避免在施工安装时凿打楼板面。孔洞尺寸一般宜较通过的管径大 50～100mm。管道通过楼板段应设套管。

（7）给水管不宜穿过伸缩缝、沉降缝和抗震缝，必须穿过时应采取有效措施。

常用措施如下：

1）螺纹弯头法，又称丝扣弯头法，如图 1-16 所示。建筑物的沉降可由螺纹弯头的旋转补偿，适用于小管径的管道。

2）软性接头法。用橡胶软管或金属波纹管连接沉降缝、伸缩缝两边的管道，如图 1-17 所示。

3）活动支架法，将沉降缝两侧的支架做成使管道能垂直位移而不能水平横向位移，以适应沉降伸缩之应力，如图 1-18 所示。

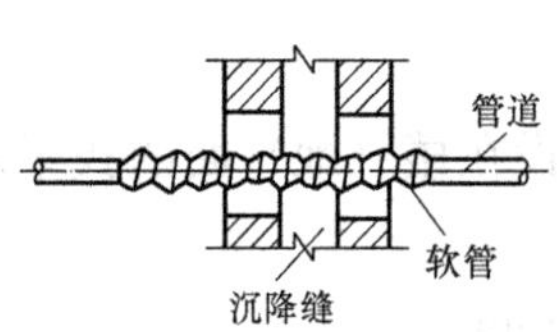

图 1-17 软性接头法

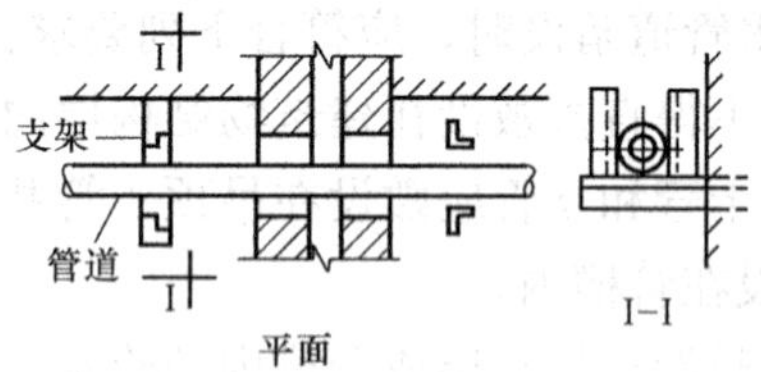

图 1-18 活动支架法

（8）给水管道外表面如可能结露，应根据建筑物的性质和使用要求，采取防结露措施。

三、给水管道及设备防腐、防冻、防露和防噪声

要使给水管道系统能在较长年限内正常工作，除日常加强维护管理外，在设计和施工过程中需要采取防腐、防冻和防露措施。

（一）管道防腐

无论是明装还是暗装的管道，除镀锌钢管、给水塑料管外，都必须作防腐处理。

管道防腐最常用的是刷油法，具体做法为：先将管道表面除锈，露出金属光泽并使之干燥，明装管道刷防锈漆（如红丹防锈漆等）两道，然后刷面漆（如银粉）两道，如果管道需要做标志时，可再刷调和漆或铅油。暗装管道除锈后，刷防锈漆两道。

埋地钢管除锈后刷冷底子油两道，再刷热沥青两道。质量较高的防腐做法是作管道防腐层，层数三至九层不等，材料为冷底子油、沥青玛琋脂、防水卷材等。对于埋地铸铁管，如果管材出厂时未涂油，敷设前在管外壁涂沥青两道防腐，明装部分可刷防锈漆两道和银粉两道。

（二）管道保温防冻

设置在室内温度低于零度以下地点的给水管道，例如敷设在不采暖房间的管道，以及安装在受室外冷空气影响的门厅、过道处的管道应考虑防冻问题。

在管道安装完毕，经水压试验和管道外表面除锈并刷防腐漆后，应采取保温防冻措施。

常用的保温方法有以下几种：

(1) 管道外包棉毡（岩棉、超细玻璃棉、玻璃纤维和矿渣棉毡等）做保温层，再外包玻璃丝布保护层，表面涂调和漆。

(2) 管道用保温瓦（用泡沫混凝土、硅藻土，水泥蛭石，泡沫塑料、岩棉，超细玻璃棉、玻璃纤维、矿渣棉和水泥珍珠岩等制成）做保温层，外做玻璃丝布保护层，表面刷调和漆。

(三) 管道防结露

在环境温度较高、空气湿度较大的房间（如厨房、洗衣房和某些生产车间等），或管道内水温低于室内温度时，管道和设备表面可能产生凝结水，进而引起管道和设备的腐蚀，影响使用及卫生，必须采取防结露措施。

管道防结露的做法一般与管道保温的做法相同。

给水管道的保温及防结露具体做法见表 1-4。

表 1-4 给水管道的保温及防结露做法

序号	类　别	保温材料	保温做法
1	防结露的给水管做绝缘保温	自熄聚氨酯软管套 $DN \leqslant 100$mm，$\delta=10$mm 厚 $DN \geqslant 125$mm，$\delta=15$mm 厚	外缠玻璃丝布带，再刷二道防火漆
2	环境温度<4℃的场所给水管、中水管等做防冻保温	LMGF 复合管壳 内层硅酸铝、外层憎水岩棉管壳 $DN \leqslant 200$，$\delta=70$ mm 厚 $DN \geqslant 250$，$\delta=90$ mm 厚	外缠玻璃丝布带，再刷乳胶漆二道
3	管道井及吊顶内的生活热水管及热水循环管做隔热保温	自熄聚氨酯软管套 $DN \leqslant 40$，$\delta=20$ mm 厚 $DN \geqslant 50$，$\delta=30$ mm 厚	外缠玻璃丝布带，再刷二道防火漆

(四) 管道及设备的防噪声

(1) 给水加压系统，应根据水泵扬程、管道走向、环境噪声要求等因素，设置水锤消除装置。

(2) 隔音防噪要求严格的场所，给水管道的支架应采用隔振支架；配水管起端宜设置水锤吸纳装置；配水支管与卫生器具配水件的连接宜采用软管连接。

第四节 给水水质与防止水质污染

一、给水水质

生活饮用水是指供生食品的洗涤、烹饪、盥洗、沐浴、衣物洗涤、家具擦洗、地面冲洗的用水，其水质应符合现行的国家标准《生活饮用水卫生标准》(GB 5749—2006) 的要求。

生活杂用水指用于便器冲洗、绿化浇水、室内车库地面和室外地面冲洗的水，应符合现行国家标准《生活杂用水水质标准》的要求。

海水仅用于便器冲洗。水质应符合现行的《海水水质标准》中第一类的要求。

生产用水水质因生产的性质不同而差异较大，应按生产工艺要求来确定。

消防用水水质一般无具体要求。

二、防止水质污染

虽然送到小区和建筑物的给水水质符合《生活饮用水卫生标准》，但在小区和建筑物内的给水系统设计、施工和维护管理不当时，水质仍有被污染的可能。被污染的原因主要有：与水接触的材料选择不当，水在贮存设备中停留时间过长；贮水池的人孔、通气管、溢流管等构造不合理及溢流；排污管与市政排水管道连接不妥所造成倒灌；饮用水管道与非饮用水管道及用水设备的连接不合理等。

（一）生活饮用水管道布置及敷设中的防水质污染

1. 城市给水管道严禁与自备水源的供水管道直接连接

当用户需要将城市给水作为自备水源的备用水或补充水时，只能将城市给水管道的水放入自备水源的贮水（或调节）池，经自备系统加压后使用。放水口与水池溢流水位之间必须具有有效的空气隔断。

2. 生活饮用水不得因管道产生虹吸回流而受污染

生活饮用水管的虹吸倒流是指已经从配水口流出的水，因生活饮用水水管产生负压而被吸回生活饮用水水管，使生活饮用水水质受到严重污染，这种事故是必须严格防止的。

因此，生活饮用水管道的配水件出水口应符合下列规定：

（1）出水口不得被任何液体或杂质所淹没，主要针对配水件出口没有受水容器的取水水嘴和洒水栓而言。结合我国目前的国情，以下措施供参考：

1）家用洗衣机的取水水嘴，宜高出地面 1.0～1.2m。

2）公共厕所的连接冲洗软管的水嘴，宜高出地面 1.2m。

3）医院太平间或殡仪馆类似房间的连接冲洗软管的水嘴，宜高出地面 1.2m。

4）绿化洒水的洒水栓应高出地面至少 400mm，并宜在控制阀出口安装吸气阀。

5）带有软管的浴盆混合水嘴，宜高出浴盆溢流边缘 400mm，并宜选用转换开关（水嘴与淋浴器的出水转换）能自动复位的产品。

溢流边缘指：当溢流门为水平时（如大便器冲洗水箱中的溢流口），以管口平面计；当溢流口为侧壁开孔引流时（如洗脸盆等），以孔口顶计，当无溢流口时（如混凝土洗涤池），以受水容器顶面计。

（2）出水口高出承接用水容器溢流边缘的最小空气间隙，不得小于出水口直径的 2.5 倍。

这一规定是国际上通用的规定，也是各类卫生器具产品标准中所遵守的规定。

（3）特殊器具不能设置最小空气间隙时，应设置管道倒流防止器或采取其他有效的隔断措施。

上面所指承接水的容器，就是指用水的卫生器具，容器中的水被认为已受污染，而给水系统中的贮水池、调节水箱等容器，其存水是未受污染的，对它们的进水管的虹吸破坏要求见贮水池、水箱的防水质污染措施。

3. 从给水管道上直接接出下列用水管道时，应在这些用水管道上设置管道倒流防止器或其他有效的防止倒流污染的装置

首先要确立一个正确的倒流污染概念。生活给水管道中的水只允许向前流动，一旦因某

种原因倒流时，不论其水质是否已被污染，都称为“倒流污染”。

倒流可分为压力倒流和虹吸倒流两种情况。压力倒流产生在支管的压力因某种原因而高于干管中的压力，如锅炉、水加热器中的水因加热而体积膨胀后的膨胀压力使其压力高于原来的压力，又如在管道上直拨安装泵串联加压，泵的出水管上的压力高于泵进口压力等，还有一种是支管的位置标高高于干管的标高，当干管出现压力波动时，支管压力高于干管压力。压力倒流在目前情况下只有倒流防止器产品可以防止，国内已有阀门生产厂生产这种产品，建设部已制定了该产品的行业标准。管道倒流防止器是由进口止回阀、自动泄水阀和出口止回阀组成，阀前水压不应小于 0.12MPa，才能保证水能正常通过流动，当管路出现倒流防止器出口端压力高于进口端压力时，只要止回阀无渗漏，泄水阀不会打开泄水，管道中的水也不会出现倒流。当两个止回阀中有一个渗漏时，自动泄水阀就会泄水，防止了倒流的产生。

能预见到的以下情况应设置管道倒流防止器或其他有效的防止倒流污染的装置：

(1) 单独接出消防用水管道（不含室外给水管道上接出的室外消火栓）时，在消防用水管道的起端。从生活饮用水贮水池抽水的消防水泵出水管起端。

(2) 从城市给水管道上直接吸水的水泵，其吸水管起端应设置防倒流装置。从城市给水管网上直接吸水的水泵，因泵后压力高于泵前压力，必须防止水的倒流。

(3) 当游泳池、水上游乐池、按摩池、水景观赏池、循环冷却水集水池等的充水或补水管道出口与溢流水位之间的空气间隙小于出口管径 2.5 倍时，在充（补）水管上应设置防倒流装置。

非淹没出流的出水管、补水管当空气间隙不足时，要防止因管网失压引起的倒流。

(4) 由城市给水管直接向锅炉、热水机组、水加热器、气压水罐等有压容器或密闭容器注水的注水管上应设置防倒流装置。

由市政给水管道直接向锅炉，热水机组、水加热器供水，因水加热后膨胀而压力升高，故应设倒流防止器。此条不含家用的小型燃气热水机组，但该机组的冷水进水管上应装有弹簧的止回阀。

(5) 垃圾处理站、动物养殖场（含动物园的饲养展览区）的冲洗管道及动物饮水管道的起端应设置防倒流装置。

垃圾处理站，动物养殖场的冲洗管、动物饮水管口等，被认为已受污染，故应防止其管内水倒流。

(6) 绿地等自动喷灌系统，当喷头为地下式或自动升降式时，其管道起端应设置防倒流装置。

(7) 从城市给水环网的不同管段接出引入管向居住小区供水，且小区供水管与城市给水管形成环状管网时，其引入管上（一般在总水表后）应设置防倒流装置。

居住小区从城市管网不同管段接入供水时，由于城市环网不同管段的水压不可能相同，这样就使小区干管成了城市环网中的一条连通管兼配水管，使水由压力高的接口向压力低的接口流动，造成水表倒转和小区管网内的水污染城市管网内的水的情况，故应设倒流防止器。另外，由于设了倒流防止器后小区管网的水不会进入城市管网，城市管网要维修任何一段，都不必人工去关闭连接点处的阀门。

倒流防止器的开启压力需 0.06～0.1MPa，这是因为止回阀阀瓣两面的受压面积差而引起的（所有止回阀都存在一个开启压力），而开启后由于阀瓣两面的受压面积相同，此开启压力不存在，但水流阻力引起的水头损失就表现出来。倒流防止器，在正常流速下其水头损失在0.025～0.035MPa，流速增大时（约大于3.0m/s），水头损失将增大。在给水管道防回流设施的设置点，不应重复设置。

4. 严禁生活饮用水管道与大便器（槽）直接连接

严禁生活饮用水管道采用普通阀门连接和控制直接冲洗大便器或大便槽。

大便器延时自闭冲洗阀，因具备延时自闭和虹吸自动破坏两个功能，故可使用。普通阀门即使阀门出口段上装有虹吸破坏装置，亦不得用于大便器（槽）的直接冲洗，因为它没有自闭功能，会造成水的大量浪费。

5. 生活饮用水管道应避开毒物污染区，当条件限制不能避开时，应采取防护措施

6. 在非饮用水管道上接出水嘴或取水短管时，应采取防止误饮误用的措施

这是为了防止误饮误用，国际上相关法规中都有此规定。一般做法是挂牌，牌上写上"非饮用水" "此水不能喝"等字样，如有外国人活动的场所，还应配有英文，如No Drinking或Can't Drinking Water。

（二）贮水池、水箱的防水质污染

1. 供单体建筑的生活饮用水池（箱）应与其他用水的水池（箱）分开设置

在民用建筑内生活饮用水贮水池或高位水箱应与消防用水的贮水池或高位水箱完全分开，原因如下：

（1）依据《二次供水设施卫生规范》（GB 17051—1997）的规定。

（2）合用水池因要保证消防用水不被动用，且一般存在消防用水存水量大于生活用水存水量的情况，使水在池（箱）中停留时间过长，水在池中的流动性差，有死角，使池（箱）中水的水质一般达不到生活饮用水卫生标准的要求。

（3）消防管网中的水，因长期不动而水质恶化，一旦倒流或渗流入合用水池或水箱，将使池（箱）中的水质受污染。

工业建筑中，亦应将生活饮用水池与工业用水水池分开独立设置，需合用时必须得到当地疾病控制中心的批准。

2. 埋地式生活饮用水贮水池周围10m以内，不得有化粪池、污水处理构筑物、渗水井、垃圾堆放点等污染源；周围2m以内不得有污水管和污染物口

当达不到此要求时，应采取以下防污染措施：

（1）提高生活饮用水贮水池池底标高，使池底标高高于化粪池等的池顶标高。

（2）在生活饮用水贮水池与化粪池之间设置防渗墙，防渗墙的长度应满足两池之间的折线净间距（化粪池端至墙端与墙端至贮水池端距离之和）大于10m，防渗墙的墙底标高不应高于贮水池池底标高，防渗墙墙顶标高不应低于化粪池池顶标高。

（3）新建的化粪池，池体应采用钢筋混凝土结构，并做防水处理。

（4）新建的生活饮用水贮水池，宜采用双层池体结构，双层池体分层缝隙的渗水，应能自流排走（自流入集水坑抽走）。

3. 建筑物内的生活饮用水水池（箱）体应采用独立结构形式，不得利用建筑物的本体结构作为水池（箱）的壁板、底板及顶盖

生活饮用水水池（箱）与其他用水水池（箱）并列设置时，应有各自独立的分隔墙，不得共用一幅分隔墙，隔墙与隔墙之间应有排水措施。

该规定出于以下因素考虑：

(1) 建筑本体结构的外面存在有地下水时，如池体结构与本体结构共用，一旦本体结构出现渗水时，室外的地下水就会渗入水池而污染水质，故要求水池池体结构与建筑本体结构完全脱开，两者之间至少应有一条可供渗水自流排出的缝隙。

(2) 生活饮用水的水中含有氯离子，要防止它渗入建筑本体结构后对钢筋的腐蚀作用而引起对本体结构强度的损害，所以亦要求池体结构与建筑本体结构完全脱开，两者之间至少应有一条可供渗水自流排出的缝隙。

(3) 生活饮用水水池（箱）不得与其他用水水池（箱）共用分隔池壁，是指它们并列在一起时，两者之间不得只用一幅分隔墙壁，必须各自有独立的池壁，两壁之间的缝隙渗水，应能自流排出，以防止因共用分隔墙壁渗水而造成水质的交叉污染。

4. 建筑物内的生活饮用水水池（箱）宜设在专用房间内，其上方的房间不应有厕所、浴室、盥洗室、厨房、污水处理间等

位于地下室的生活饮用水池设在专用房间内，有利于水位配管及仪表的保护，防止非管理人员乱动引发事故。位于屋顶的屋顶水箱，不论是结冻地区还是不结冻地区，都宜设置在专用房间，有利于防冻和“热污染”。

生活饮用水贮水池上方，应是洁净且干燥的用房，不应设置厕所、浴室、盥洗室、厨房、污水处理间等需经常冲洗地面的用房，以免楼板产生渗漏时污染水质。

5. 人孔、通气管、溢流管应有防止生物进入水池（箱）的措施

(1) 人孔、通气管、溢流管应有防止昆虫爬入水池（箱）的措施。

人孔的盖与盖座之间的缝隙是昆虫进入水池（箱）的主要通道，人孔盖与盖座应吻合和紧密，并用富有弹性的无毒发泡材料嵌在接缝处。暴露在外的人孔盖应有锁（外围有围护措施，已能防止非管理人员进入者除外）。

通气管门和溢流管的喇叭口处应有铜丝网网罩或其他耐腐材料做的网罩，网孔为14～18目（25.4mm 长度上有 14～18 条金属丝）。

溢流管出口离池（箱）外地面高度 200～300mm，出口上宜装轻质拍门或网罩，以防爬虫。不应当从池壁开孔，接一无任何防护措施的短管作溢流管。

(2) 进水管应在水池（箱）的溢流水位以上接入，当溢流水位难以确定时，进水管口的最低点高出溢流边缘的高度等于进水管管径，但最小不应小于 25mm，最大不大于 150mm。

当进水管口为淹没出流时，管顶应钻孔，孔径不宜小于管径的 1/5。孔上宜装设同径的吸气阀或其他能破坏管内产生真空的装置（不存在虹吸倒流的低位水池，其进水管不受此限制，但进水管仍宜从最高水面以上进入水池）。

进水管应在高出水池（箱）溢流水位以上进入水池（箱），是为了防止进水管出现压力倒流或破坏，进水管可能出现虹吸倒流时管内真空的需要。

由于确定溢流水位相当困难，所以仍以高出溢流边缘的高度来控制。对于管径小于 25mm 的进水管，空气间隙不能小于 25mm；对于管径在 25～150mm 的进水管，空气间隙等于管径；管径大于 150mm 的进水管，空气间隙可均取 150mm。这是经过测算的，当进水管径为 350mm 时，喇叭口上的溢流水深约为 149mm，建筑给水中水池（箱）进水管径大于 200mm 者已少见。

进水管采用淹没出流可以大大降低进水的噪声，为了防止进水管产生虹吸倒流，国内有

在水箱内溢流水位之上的进水管弯头内侧开小孔的做法，既可淹没出流降噪，亦可防止虹吸倒流的发生。

（3）进出水管布置不得产生水流短路，必要时应设导流装置。

（4）不得接纳消防管道试压水、泄压水等回流水或溢流水。

（5）泄空管和溢流管的出口，不得直接与排水构筑物或排水管道相连接，应采取间接排水的方式。

（6）水池（箱）材质、衬砌材料和内壁涂料，不得影响水质。

以上（1）、（2）、（3）、（6）的规定，同样适用于以城市给水作为水源的消防贮水池（箱）。设置在地下室中的水池，尤其是设置在地下二层或以下的水池，当池中的最高水位比建筑物的给水引入管管底低 300mm 以上时，此水池可被认为不会产生虹吸倒流。

6. 当生活饮用水水池（箱）内的贮水，48h 内不能得到更新时，应设置水消毒处理装置

水池（箱）内的水停留时间超过 48h，一般被认为水中的余氯已挥发完了，故应进行再消毒。

第五节 高层建筑给水系统

一、高层建筑给水的特点

高层建筑是指 10 层及 10 层以上的住宅建筑或建筑高度超过 24m 的其他民用建筑等。

这些高层建筑对室内给水的设计施工、材料及管理方面提出了更高的要求。高层建筑同单层及多层建筑比较有以下特点：

（1）高层建筑室内卫生设备较为完善，用水量标准较高，使用人数较多，所以供水安全可靠性要求高。

（2）高层建筑层数多，如果从底层到顶层采用一套管网系统供水，则管网下部管道及设备的静水压力很大，一般管材、配件及设备的强度难以适应。所以，给水管网必须进行合理的竖向分区。

（3）高层建筑对防振、防沉降、防噪声、防漏等要求较高，需要具有可靠的保证。

（4）高层建筑对消防要求较高，必须设置可靠的室内消防给水系统，以保证有效地扑灭火灾。

高层建筑室内给水系统竖向分区，原则上应根据建筑物的使用要求、材料及设备的性能、维护管理条件并结合建筑物层数和室外给水管网水压等情况来确定。如果分区压力过高，不仅出水量过大，而且阀门启闭时易产生水锤，使管网产生噪声和振动，甚至损坏，增加了维修的工作量，降低了管网使用寿命，同时，也将给用户带来不便；如果分区压力过低，势必增加给水系统的设备、材料及相应的建设费用以及维护管理费用。目前国内外对竖向分区尚无统一规定。根据国内各类高层建筑工程实践经验及其国产设备、材料和配件的性能，参考国外有关资料，建议竖向分区最低的卫生器具给水配件处的静水压力控制在以下范围内：

旅馆、饭店、住宅、公寓、医院及其功能类似的建筑为 0.30～0.35MPa，其他建筑为 0.35～0.45MPa。

进行竖向分区时，应充分利用室外管网水压，可在建筑物下面几层采用由室外管网直接

供水，因为一般旅馆和公共建筑用水量较大的部门如洗衣房、浴池、食堂等都设置在建筑物的底部几层，这样对节省能源，安全供水都是有利的。

由于高层建筑各分区内的各层配水点处压差较大，所以各层配水点出水量相差亦较大。据调查，住宅一层的出水量比五层的出水量多20%～30%，为使各层配水点出水量控制在设计流量内，应在各层的分支管段上设置孔板、调节阀、节水龙头等减压节流装置。

竖向分区供水有串联分区、并联分区等多种方式，设计时应结合工程实际选用。

二、高层建筑给水方式

下面介绍几种常用的高层建筑给水方式。

(1) 分区并联单管供水方式，如图1-19所示，分区设置高位水箱，集中统一加压，单管输水至各区水箱，低区水箱进水管上装设减压阀。

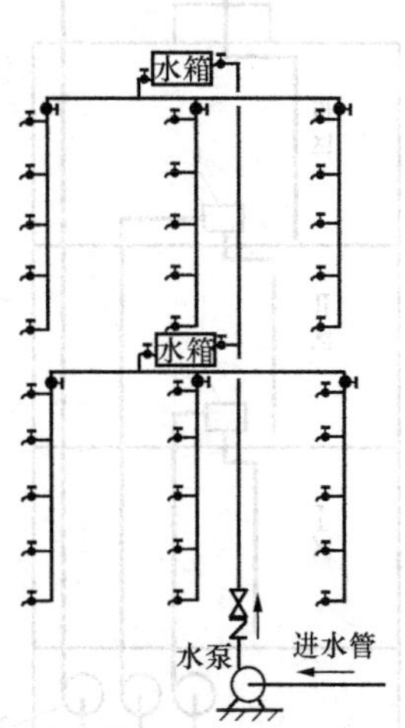

图1-19　分区并联单管供水方式图

这种供水方式的优点是供水可靠，管道、设备数量较少，投资较节省，维护管理较简单；缺点是未利用外网水压，低区压力损耗过大，能源消耗量大，水箱占用上层使用面积。

该给水方式适用于允许分区设置高位水箱且分区不多的建筑，外网不允许直接抽水，电价较低的地区。

在使用该供水方式时，低区水箱进水管上宜设置减压阀，以防控制阀损坏并可减缓水锤作用。在可能条件下，下层应利用外网水压直接供水。

(2) 分区串联供水方式，如图1-20所示，分区设置水箱和水泵，水泵分散布置，自下区水箱抽水供上区用水。

这种供水方式的特点是：供水较可靠，设备与管道较简单，投资较节省，能源消耗较小。但水泵设在上层，振动和噪声干扰较大，占用建筑上层使用面积比较大，设备分散，维护管理不便，上区供水受下区限制。

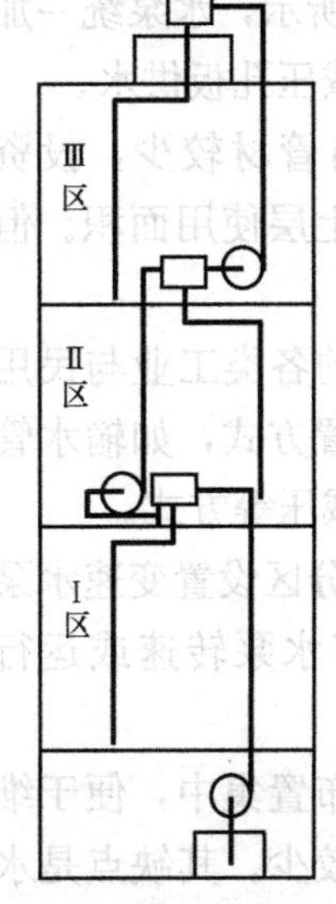

图1-20　分区串联供水方式

该给水方式适用于允许分区设置水箱和水泵的高层工业与民用建筑，贮水池进水管上应以液压水位控制阀代替传统的浮球阀。

在使用该供水方式时，水泵设计应有消声减振措施，可选用橡胶隔振垫、可曲挠接头、弯头与弹性吊架等。

(3) 分区并联供水方式，如图1-21所示，分区设置水箱和水泵，水泵集中布置在地下室内。

这种供水方式的特点是：各区独立运行互不干扰，供水可靠，水泵集中布置便于维护管理，能源消耗较小。但管材耗用较多，投资较大，水箱占用建筑上层使用面积。

该给水方式在允许分区设置水箱的各类高层建筑中广泛采用，贮水池进水管上应尽量装置液压水位控制阀。

在使用该供水方式时，水泵宜采用相同型号不同级数的多级水泵。

(4) 分区水箱减压供水方式，如图1-22所示，分区设置水箱，水泵统一加压，利用水箱减压，上区供下区用水。

这种供水方式的特点是供水比较可靠，设备与管道比较简单，投资比较节省，设备布置比较集中，维护管理比较方便，缺点是下区供水受上区的限制，能源消耗较大。

该给水方式适用于允许分区设置高位水箱，电力供应比较充足，电价较低的各类高层建筑。

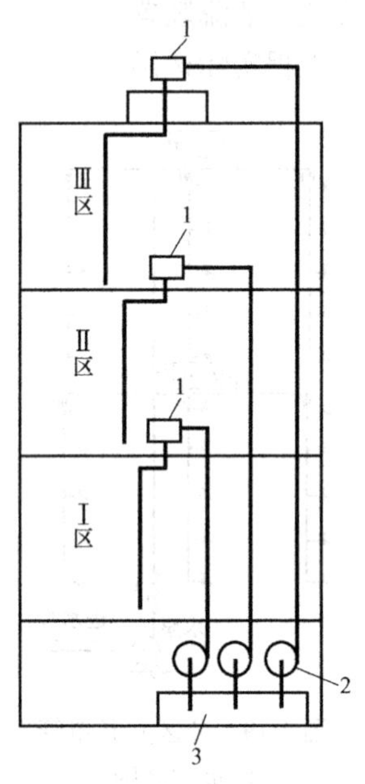

图 1-21　分区并联供水方式
1—水箱；2—水泵；3—水池

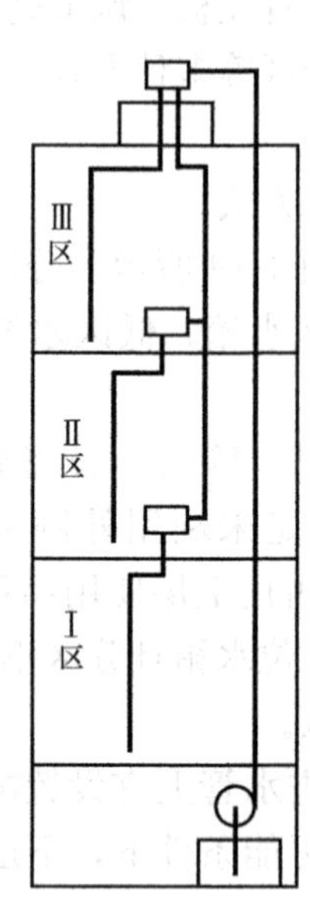

图 1-22　分区水箱减压供水方式

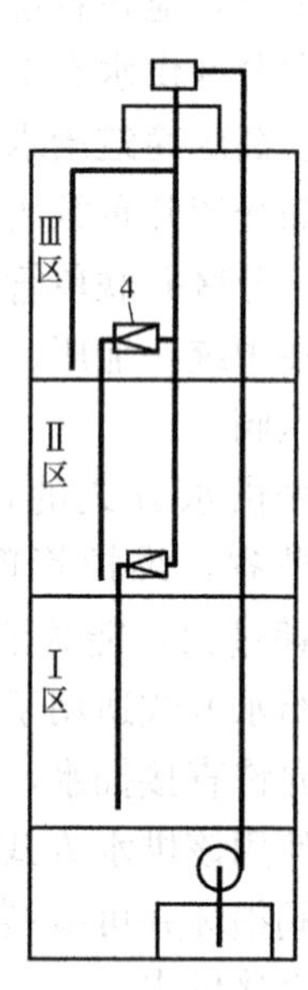

图 1-23　分区减压阀减压的供水方式

在使用该供水方式时，中间水箱进水管上最好安装减压阀，以防浮球阀损坏并可减缓水锤作用。

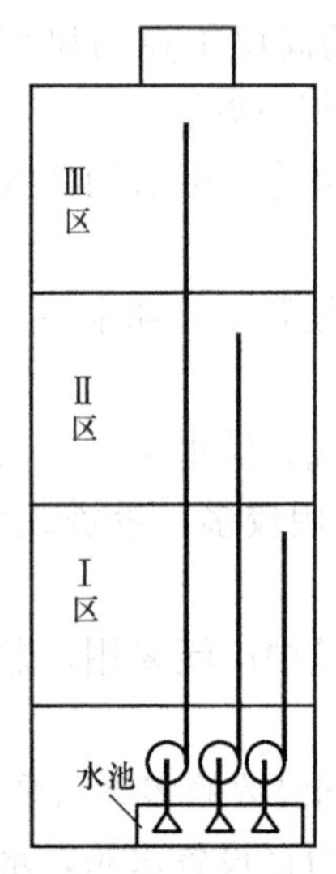

图 1-24　分区无水箱供水方式

(5) 分区减压阀减压的供水方式，如图 1-23 所示，水泵统一加压，仅在顶层设置水箱，下区供水利用减压阀或减压孔板供水。

这种供水方式的特点是：供水可靠，设备与管材较少，投资省，设备布置集中，便于维护管理，不占用建筑上层使用面积。但下区供水压力损失较大，有点浪费电力能源。

该给水方式适用于电力供应充足，电价较低的各类工业与民用高层建筑。根据建筑物形式，减压阀可有各种设置方式，如输水管减压、配水立管减压、配水干管减压及配水支管减压等方式。

(6) 分区无水箱供水方式，如图 1-24 所示，分区设置变速水泵或多台并联水泵，根据水泵出水量或水压，调节水泵转速或运行台数。

这种供水方式的特点是：供水较可靠，设备布置集中，便于维护与管理，不占用建筑上层使用面积，能源消耗较少。其缺点是水泵型号、数量比较多，投资较多，水泵控制调节较麻烦。

该给水方式适用于各种类型的高层工业与民用建筑。在使用该供水方式时，水泵宜用出水流量或压力控制和调节。

三、高层建筑给水系统的分区原则

(1) 高层建筑生活给水系统应竖向分区，竖向分区应符合下列要求：

1) 各分区最低卫生器具配水点处的静水压不宜大于 0.45MPa，特殊情况下不宜大于 0.55MPa。

2) 水压大于 0.35MPa 的入户管（或配水横管），宜设减压或调压设施。

3) 各分区最不利配水点的水压，应满足用水水压要求。

(2) 建筑高度不超过 100m 的建筑的生活给水系统，宜采用垂直分区并联供水或分区减压的供水方式；建筑高度超过 100m 的建筑，宜采用垂直串联供水的方式。

思考题与习题

1-1 建筑给水系统基本组成有哪几部分？

1-2 如何计算给水系统所需水压？

1-3 建筑给水系统最基本的给水方式有哪几种？各适用于怎样的水源条件？它们有哪些用水特点？

1-4 高层建筑给水系统为什么要进行竖向分区？分区压力一般如何确定？

1-5 常用高层建筑给水方式有哪几种？其主要特点是什么？

1-6 饮用水管道与卫生器具及其他管道相连时，防止水质污染的措施有哪些？

1-7 室内给水管道布置的原则和要求？

1-8 给水管道敷设方式有哪几种？适于怎样的建筑？

1-9 室内给水管道常用的防腐、防冻和防结露的做法有哪些？

1-10 某市拟建一座 8 层旅馆，地下 1 层，地上 7 层，其中 1 层为大厅，层高 5m，2～7层为客房，屋高 2.8m，地下室层高 3m，1 层与室外地面高差 1m，城市供水保证压力为 200kPa，试选用合理的给水方式。

第二章　建筑给水管材、附件及设备

第一节　常用管材及附件

给水系统是由管道和各种管件、附件连接而成的。因此，掌握其性能，合理选用，对保证工程质量，降低工程造价及系统的正常运行都是很重要的。

一、给水管道的常用管材及配件

建筑给水用管材按材料分有两大类：金属管材和非金属管材。

1. 金属管材

金属管材又可分为钢管和铸铁管。

建筑给水常用的钢管有低压流体输送用焊接钢管（GB/T 3092—1993）和低压流体输送用镀锌焊接钢管（GB/T 3091—1993）及无缝钢管等。

低压流体输送用焊接钢管和镀锌焊接钢管由（GB/T 700—1988）炭素结构钢 1、2、3 号乙类钢制造。

根据钢管的壁厚又分为普通焊接钢管和加厚焊接钢管两类。普通焊接钢管出厂试验水压力为 2.0MPa，用于工作压力小于 1.0MPa 的管路；加厚焊接钢管出厂试验水压力为 3.0MPa，用于工作压力小于 1.6MPa 的管路。其常用管件如图 2-1 所示。

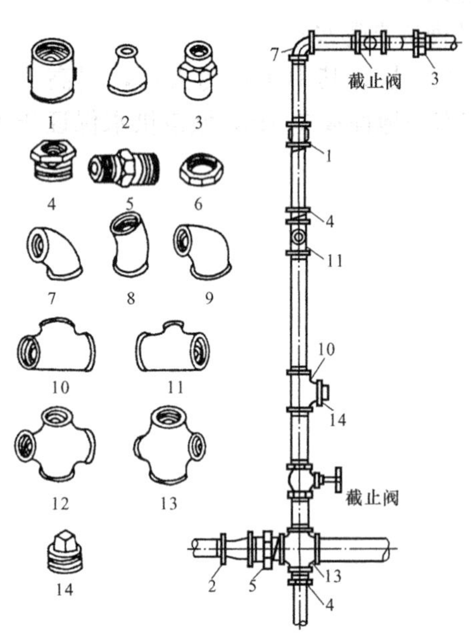

图 2-1　常用钢管管件

1—管箍；2—异径；3—活接头；4—补芯；5—外螺丝；6—根母；7—90°弯头；8—45°弯头；9—90°异径弯头；10—等径三通；11—异径三通；12—等径四通；13—异径四通；14—管堵

钢管具有强度高、承受内压力大、抗振性能好、重量比铸铁管轻、光滑，容易加工和安装等优点，但抗腐蚀性能差，造价较高。

给水铸铁管采用铸造生铁以离心法或砂型法铸造而成。我国生产的给水铸铁管有低压管（工作压力不大于 0.45MPa）、普压管（工作压力不大于 0.75MPa）和高压管（压力不大于 1MPa）三种，其常用管件如图 2-2 所示。

与钢管比较，铸铁管具有耐腐性强、使用寿命长、价格低等优点。其缺点是性脆、重量大、长度小。

生活给水管管径大于 150mm 时，可采用给水铸铁管，管径大于或等于 75mm 的埋地生活给水管道宜采用给水铸铁管；生产和消防给水管道一般采用非镀锌焊接钢管或给水铸铁管。

2. 非金属管材

建筑给水非金属管材常用塑料管。

随着我国有机化学工业的发展以及对化学建材的推广应用，应用于建筑给水系统的塑料管材逐渐增多，塑料管与管件的材质种类很多，最主要的材料是一些高分子化合物。目前的种类有：硬聚氯乙烯（UPVC）、高密度聚乙烯（HDPE）、交联聚乙烯（PEX）、聚丁烯（PB）、丙烯腈—丁二烯—苯乙烯（ABS）、氯化聚氯乙烯（CPVC）、铝塑复合管（PE，PEX—AL—PEX）、改性聚丙烯（PP—R，PP—C）、钢塑复合管等。

塑料管具有密度小（是钢材的 0.2～0.125 倍）、比强度大、化学稳定性好、耐腐蚀、管内壁光滑、水力条件好、重量轻、安装方便、容易切割，在热状态下可以焊接和粘合等特点。另外，塑料管线性膨胀系数较大，其施工方法与传统管材的施工方法有较大的区别，需要在工程实际中正确处理。缺点是不能抵抗强氧化剂的作用，强度低，耐热性差。

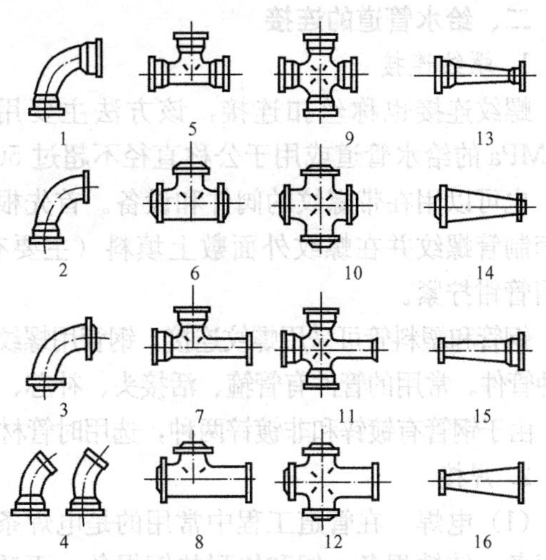

图 2-2　常用铸铁管管件

1—90°双成弯头；2—90°承插弯头；3—90°双盘弯头；4—45°和 22.5°承插弯头；5—三承三通；6—三盘三通；7—双承三通；8—双盘三通；9—四承四通；10—四盘四通；11—三承四通；12—三盘四通；13—双承异径管；14—双盘异径管；15—承插异径管；16—承插异径管

塑料管可适用于工业与民用建筑内冷水、热水和饮用水系统，用于热水系统的管材，其工作压力和温度与管道的寿命关系密切。由于其材质差异，UPVC 和 PEX—AL—PEX 管道，不能用于热水系统，只适用于冷水供水系统。塑料管的性能见表 2-1。

表 2-1　塑料管的性能表

品　种	优　　点	缺　　点
UPVC	抗腐蚀力强，易于粘合，价廉，质地坚硬	有 UPVC 单体和添加剂渗出，不适用于热水输送；接头粘和技术要求高，固化时间较长
HDPE	韧性好，有较好的疲劳强度，耐温度性能好；质轻，可挠性和抗冲性能好	熔接需要电力；机械连接，连接件大
PEX	耐温性能好，抗蠕变性能好	只能用金属件连接，不能回收重复利用
PB	耐温性能好，有良好的抗拉、压强度，耐冲击，有低蠕变，高柔韧性	原材料价格高
PP—R	耐温性能好	同等压力和介质温度条件下，管壁最厚
CPVC	耐温性最好，抗老化性能好	价格高，仅适用于热水系统
PEX—AL—PEX	易弯曲成型，完全消除氧渗透，线涨系数小	管壁厚薄不均匀
ABS	强度大，耐冲击	耐紫外线差，粘接固化时间较长

建筑给水管材的管径规格常用的表示方法有以下几种：镀锌焊接钢管、不镀锌焊接钢管、铸铁管的管径常以公称直径 DN 表示；电焊钢管、无缝钢管的管径以 D(外径)×(壁厚)表示；塑料管材的管径以 D_e(外径)×(壁厚)表示，单位均为 mm。

二、给水管道的连接

1. 螺纹连接

螺纹连接也称丝扣连接，该方法主要用于公称直径不超过 150m、公称压力不超过 1.0MPa 的给水管道或用于公称直径不超过 50mm，工作压力不超过 0.2MPa 的饱和蒸汽管道，也可以用在带螺纹的阀件和设备。首先根据管径选用相应的套螺纹板和板牙，然后在管端套制管螺纹并在螺纹外面敷上填料（主要有麻、铅油、石棉线及聚四氟乙烯生料带等），再用管钳拧紧。

钢管和塑料管可采用螺纹连接。钢管用螺纹连接时，其延长、分支、转弯及变径等处，要用各种管件。常用的管件有管箍、活接头、补芯、根母、三通、四通、弯头、管堵等，如图 2-1 所示。由于钢管有镀锌和非镀锌两种，选用时管材与管件应一致，镀锌钢管一律采用螺纹连接。

2. 焊接

（1）电焊。在管道工程中常用的是电焊条手工电弧焊。使用的焊条有结构钢焊条、低温钢焊条、铸铁焊条、钼和铬耐热钢焊条、不锈钢焊条、堆焊焊条、镍及镍合金焊条、铜及铜合金焊条、铝及铝合金焊条等。焊接时要求焊缝的焊肉波纹粗细、厚薄均匀，加强面符合强度要求，无裂缝、气孔及夹渣，外表面无残渣、弧坑及明显的焊瘤。焊接完毕后应进行严密性检查和强度抽检。焊接的优点是接头紧密、不漏水、施工迅速、不需配件，缺点是不能拆卸。焊接只能用于非镀锌钢管。

（2）气焊。气焊就是借助于气体燃烧产生的热能，将被焊接的两部分金属连接处熔化，使它们连接成为一个整体的过程。当钢管的壁厚小于 3.5nm 时，适用气焊。

（3）塑料焊接。塑料焊接可分为热风焊接和热熔压焊接，其焊口形式有插口、套管和对接三种，适用于各种塑料管的连接。

3. 法兰连接

法兰连接是在管径较大（50mm 以上）的管道上，常将法兰盘（见图 2-3）焊接（或用螺纹连接）在管端部，再以螺栓固定。法兰连接的特点是拆卸方便、严密性好、强度高、耗材多、造价高，主要适用于钢管、铸铁管、塑料管等管材。

4. 塑料黏结

塑料黏结是指通过胶黏剂在胶黏的两个物件表面产生黏结力的作用，将两个相同或不同材料的物件牢固地黏结在一起。其与法兰连接、焊接方式相比剪切强度大，应力分布均匀，可以黏结任意不同的材料，施工简便，价格低廉。该黏结方式多用于塑料管的连接，如图2-4所示。

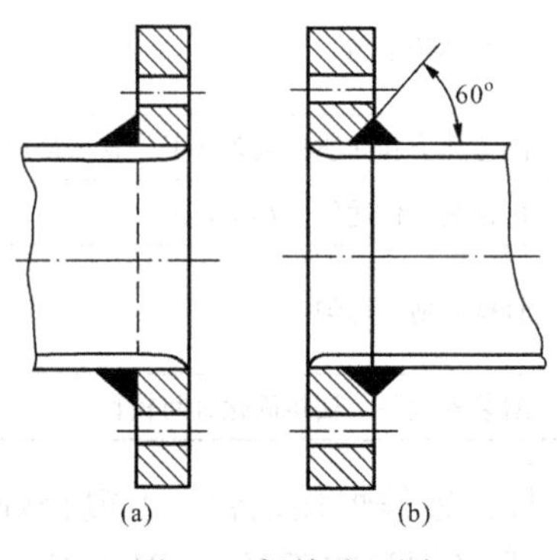

图 2-3 焊接法兰图

（a）普通法兰；（b）加强法兰

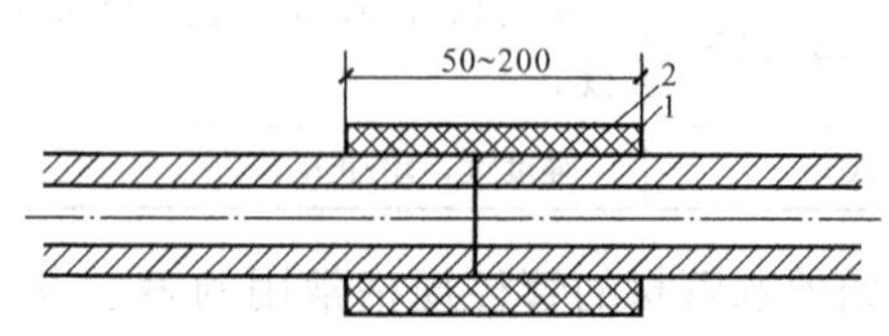

图 2-4 塑料管黏结

1—软板条；2—酚醛胶泥

5. 承插连接

在建筑给水工程中，常用承插连接的管材有铸铁管、塑料管等。铸铁管承插连接分为刚性接口和柔性接口两种。用油麻、水泥、石棉水泥混合料、膨胀水泥、青铅等材料为填充物做承口连接的接口，称为刚性接口；以橡胶圈、胀圈、浸油麻绳、封口胶等为填充物做承口连接的接口，称为柔性接口。铸铁管承插连接如图 2-5 所示。

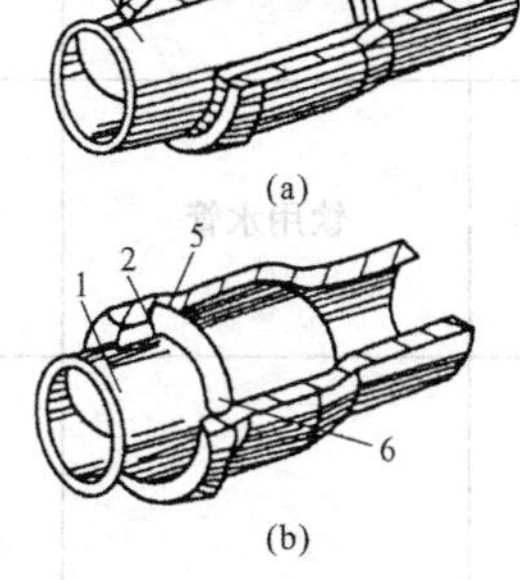

图 2-5　铸铁管承插连接

(a) 刚性接口；(b) 柔性接口

1—铸铁管直管；2—承口；3—水泥；4—浸油麻绳；5—橡胶圈凹槽；6—橡胶

三、给水管道管材的选用

给水管管材应根据给水要求，按下列规定采用：

(1) 给水系统采用的管材和管件，应符合现行产品标准的要求。管道和管件的工作压力不得大于产品标准公称压力或标称的允许工作压力。

(2) 小区室外埋地给水管道采用的管材，应具有耐腐蚀和能承受相应地面荷载的能力。可采用塑料给水管、有衬里的铸铁给水管、经可靠防腐处理的钢管。

(3) 室内的给水管道，应选用耐腐蚀和安装连接方便可靠的管材，可采用塑料给水管，塑料和金属复合管、铜管、不锈钢管及经可靠防腐处理的钢管。

(4) 生活给水管管径小于或等于 150mm 时，应采用镀锌钢管或给水塑料管；管径大于 150mm 时，可采用给水铸铁管。

生活给水管埋地敷设，管径等于或大于 75mm 时，宜采用给水铸铁管。

(5) 生产和消火栓系统消防给水管一般采用非镀锌钢管或给水铸铁管；自动喷水灭火系统消防给水管应采用镀锌钢管或镀锌无缝钢管。

(6) 大便器、大便槽和小便槽的冲洗管，宜采用给水塑料管。

(7) 各种管道应采用与该类管材相应的专用配件。

(8) 根据水质要求和建筑使用要求等因素，生活给水管可采用钢管、聚乙烯管、铝塑复合管、涂塑钢管或钢塑复合管等管材。

(9) 消防、生活共用给水管网、消防给水管管材应采用与生活给水管相同的管材。

建筑给水管材的选用及管道连接方式见表 2-2。

表 2-2　建筑给水管材的选用及管道连接方式

序号	管　名	敷设方式	管径 (mm)	管　材	连　接　方　式
1	生活给水管 生产给水管 中水给水管	明装或暗设	$DN\leqslant 100$	镀锌钢管 涂塑钢管 给水塑料管 铜管 铝塑复合管	螺纹连接 螺纹连接 密封圈连接、胶黏连接 银焊、铜焊、锡焊 焊接连接、金属件连接
			$DN>100$	镀锌无缝钢管 给水塑料管	法兰连接 弹性密封圈连接
		埋　地	$DN<75$	镀锌钢管 给水塑料管	螺纹连接 密封圈连接、胶黏连接
			$DN\geqslant 75$	给水铸铁管 给水塑料管	石棉水泥接口 密封圈连接、胶黏连接

续表

序号	管 名	敷设方式	管径（mm）	管 材	连 接 方 式
2	生活热水管 热水循环管	明装或暗设	$DN\leqslant100$	镀锌钢管 铜管	螺纹连接 焊接连接（铜、锡、银焊）
			$DN>100$	镀锌无缝钢管	法兰连接
3	饮用水管	明装或暗设	$DN\leqslant100$	不锈钢管 铜管 镀锌钢管	焊接连接 焊接连接 螺纹连接
4	消火栓给水管	明装或暗设	$DN\leqslant65$	焊接钢管 镀锌钢管	螺纹连接
			$DN\geqslant80$	焊接钢管 镀锌钢管	法兰及焊接连接 螺纹连接
		埋地或地沟	$DN\leqslant100$	镀锌钢管	螺纹连接
			$DN\geqslant150$	无缝钢管 给水铸铁管	法兰连接及焊接连接 石棉水泥接口
5	自动喷洒管 （干式或湿式）	明装或暗设	$DN\leqslant100$	镀锌钢管	螺纹连接
			$DN\geqslant150$	镀锌无缝钢管	法兰连接

四、给水管道附件

给水管道附件分为配水附件和控制附件两大类。

（一）配水附件

配水附件用以调节和分配水量，如装在卫生器具及用水点的各式水龙头，常用的有普通水龙头、皮带水龙头等。

（1）截止阀式配水龙头。装设在洗脸盆、污水盆、盥洗槽上的水龙头均属此类，水流经过此类水龙头因流向改变，故压力损失较大。

（2）旋塞式配水龙头。该水龙头的旋塞转 90°时，即完全开启，短时间可获得较大的流量，由于水流呈直线通过，其阻力较小。缺点是启闭迅速时易产生水锤，一般用于压力为 0.1MPa 左右的配水点处，如浴池、洗衣房、开水间等。

（3）混合配水龙头。此类水龙头用以调节冷、热水的温度，如盥洗、洗涤、浴用热水等，式样较多，可结合实际选用。

除上述配水龙头外，还有小便器角形水龙头、皮带水龙头、电子自控水龙头、实验室鹅颈水龙头、洒水龙头等专用水龙头。为节约用水，国家现正推广使用陶瓷阀芯的水龙头。图 2-6 为几种常用水龙头。

（二）控制附件

控制附件用来调节水量和水压，关断水流等。如截止阀、闸阀、止回阀、浮球阀、安全阀、倒流防止器、真空破坏器等。几种控制附件如图 2-7 所示。

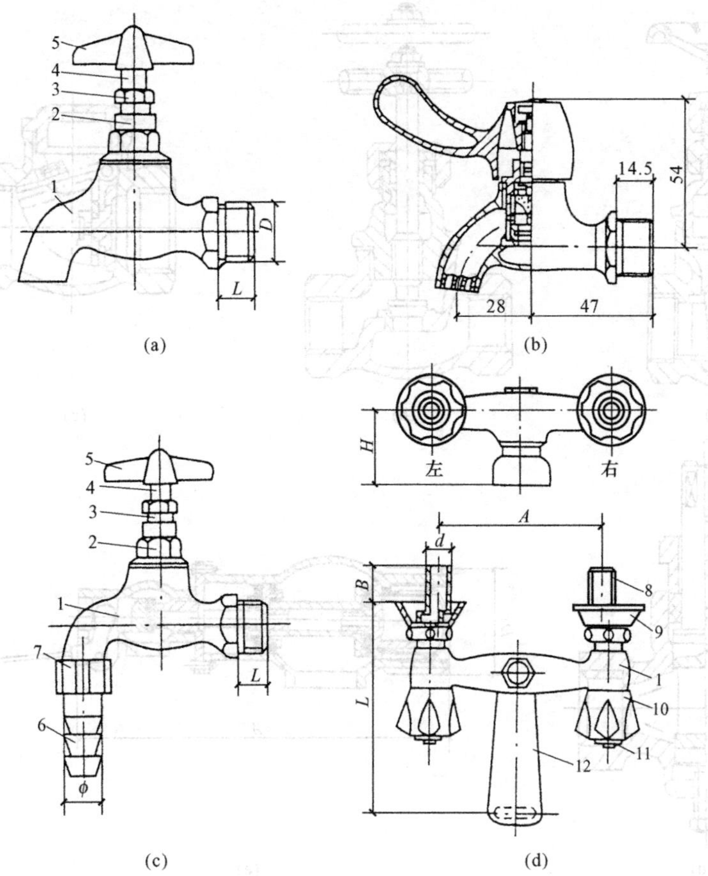

图 2-6 常用水龙头

(a) 普通水龙头；(b) 陶瓷阀芯龙头；(c) 皮带水龙头；(d) 混合水龙头

1—阀体；2—阀盖；3—填料盖；4—阀杆；5—手柄 6—接管；

7—紧固螺母；8—偏心接管；9—护盘；10—手轮；11—标记；12—出水口

1. 控制附件的种类

阀门的种类很多，建筑给水工程中常用的阀门按阀体结构形式和功能可分为截止阀、闸阀、蝶阀、球阀、旋塞阀、止回阀、倒流防止器、真空破坏器、减压阀、安全阀、排气阀、疏水阀、电磁阀等类。按照驱动动力分为手动、电动、液动、气动等 4 种方式，按照公称压力分高压、中压、低压 3 类，建筑给水工程中常用的大都为低压或中压阀门，以手动为主。

给水管道上使用的各类阀门的材质，应耐腐蚀和耐压，根据管径大小和所承受压力的等级及使用温度，可采用全铜，全不锈钢、铁壳铜芯和全塑阀门等。

下面简要介绍几类常用阀门的特点：

(1) 闸阀，该阀全开时水流呈直线通过，因而压力损失小。但水中杂质沉积阀座时，阀板关闭不严，易产生漏水现象。

(2) 截止阀，该阀关闭严密，但水流阻力较大。

(3) 旋塞阀，又称转心门，装在需要迅速开启或关闭的地方，为了防止因迅速关断水流而引起水击，用于压力较低和管径较小的管道。

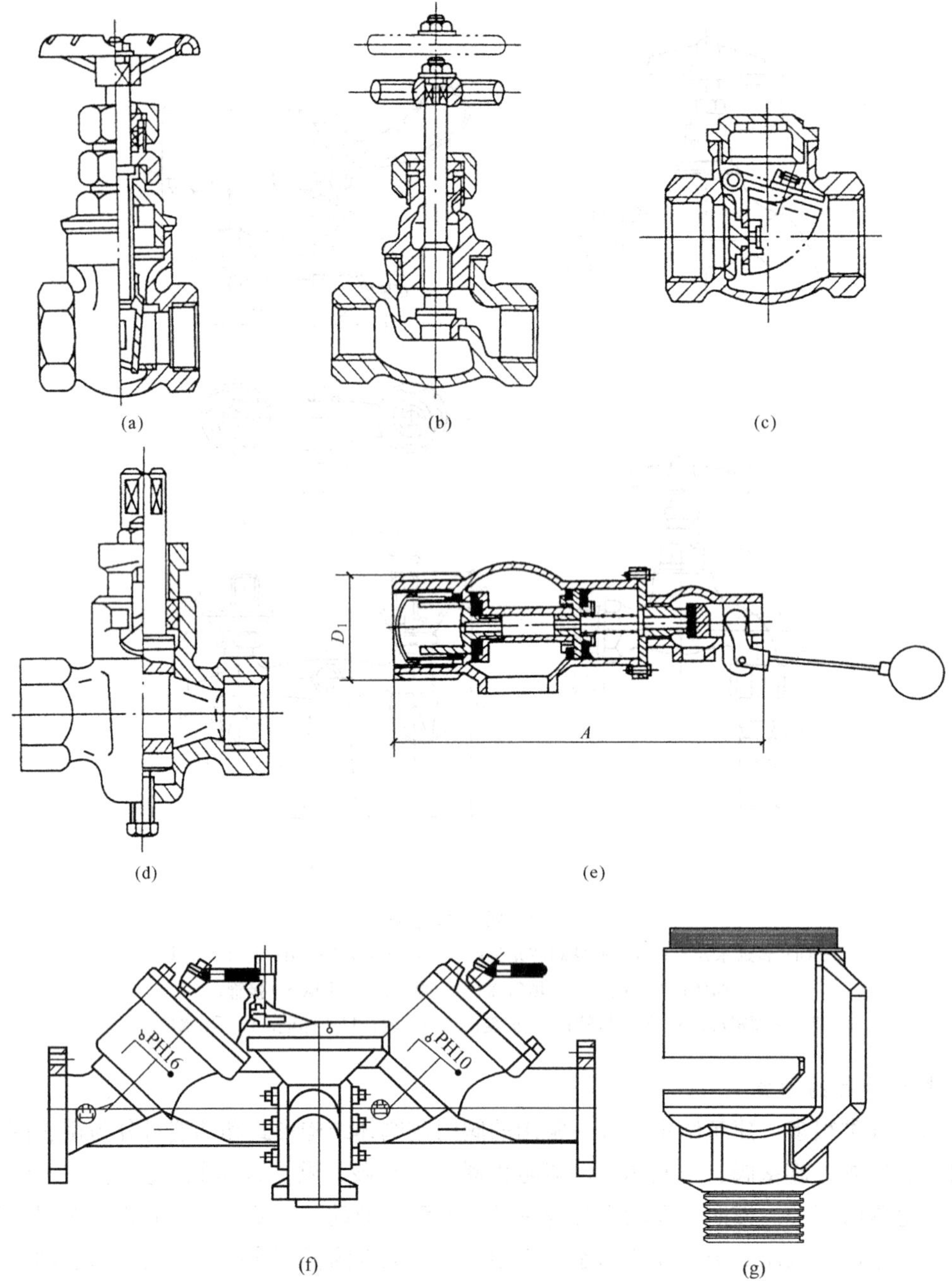

图 2-7 控制附件

(a) 闸阀；(b) 截止阀；(c) 止回阀；(d) 旋塞阀；(e) 浮球阀；(f) 倒流防止器；(g) 真空破坏器

（4）止回阀，室内常用的止回阀有升降式止回阀和旋启式止回阀，其阻力均较大，旋启式止回阀可水平安装或垂直安装，垂直安装时水流只能朝上而不能朝下。

（5）倒流防止器，是一种采用止回部件组成的可防止给水管道水流倒流的装置。也称为防污隔断阀。目前倒流防止器主要分为低阻力倒流防止器和减压型倒流防止器两类。

（6）真空破坏器，是一种可导入大气压消除给水管道内水流因虹吸而倒流的装置。广泛应用于各种容易产生真空的系统，在系统形成负压的时候及时吸入空气保护系统，分为大气型、压力型和软管型。真空破坏器的进气口应向下。

(7) 浮球阀，是一种利用液位的变化而自动启闭的构件，一般设在水箱、水池的进水管上，用以开启或切断水流，选用时应注意规格和管道一致。

(8) 安全阀，是保证系统和设备安全的阀件，安全阀有杠杆式和弹簧式两种。

(9) 减压阀，用于消除管网或给水龙头前的多余水头，以保证给水系统均衡供水，达到节水、节能的目的。

2. 控制附件的设置

给水管道上的阀门，应根据管径大小、接口方式、水流方式和启闭要求等因素设置。

给水管道的下列部位应设置阀门：

(1) 居住小区给水管道从市政给水管道的引入管段上。

(2) 居住小区室外环状管网的节点处，应按分隔要求设置，环状管段过长时，宜设置分段阀门。

(3) 从居住小区给水干管上接出的支管起端或接户管起端。

(4) 入户管，水表前和各分支立管。

(5) 室内给水管道向住户、公用卫生间等接出的配水管起端；配水支管上配水点在 3 个及 3 个以上时应设置。

(6) 水池、水箱、加压泵房、加热器、减压阀、管道倒流防止器等应按安装要求配置。

阀门应装设在便于检修和易于操作的位置。

给水管道上使用的阀门，应根据使用要求按下列原则选型：

(1) 需调节流量、水压时，宜采用调节阀，截止阀。

(2) 要求水流阻力小的部位（如水泵吸水管上），宜采用闸板阀、球阀、半球阀。

(3) 安装空间小的场所，宜采用蝶阀、球阀。

(4) 水流需双向流动的管段上，不得使用截止阀。

(5) 口径较大的水泵，出水管上宜采用多功能阀。

3. 止回阀的设置

给水管网的下列管段上，应装设止回阀：

(1) 引入管上。

(2) 密闭的水加热器或用水设备的进水管上。

(3) 水泵出水管上。

(4) 进出水管合用一条管道的水箱、水塔、高地水池的出水管段上。

(5) 生产设备的内部可能产生的水压高于室内给水管网水压的设备配水支管。

装有管道倒流防止器的管段，不需再装止回阀。

止回阀的阀型选择，应根据止回阀的安装部位、阀前水压、关闭后的密闭性能要求和关闭时引发的水锤大小等因素确定，应符合下列要求：

(1) 阀前水压小的部位，宜选用旋启式、球式和梭式止回阀。

(2) 关闭后密闭性能要求严密的部位，宜选用有关闭弹簧的止回阀。

(3) 要求削弱关闭水锤的部位，宜选用速闭消声止回阀或有阻尼装置的缓闭止回阀。

(4) 止回阀的阀瓣或阀芯，应能在重力或弹簧力作用下自行关闭。

4. 减压阀的设置

给水管网的压力高于配水点允许的最高使用压力时，应设置减压阀，减压阀的配置应符合下列要求：

（1）比例式减压阀的减压比不宜大于3：1；当采用减压比大于3：1时，应避免气蚀区。可调式减压阀的阀前与阀后的最大压差不应大于0.4MPa，要求环境安静的场所不应大于0.3MPa。当最大压差超过规定值时，宜串联设置。

（2）阀后配水件处的最大压力应按减压阀失效情况下进行校核，其压力不应大于配水件的产品标准规定的水压试验压力。当减压阀串联使用时，按其中一个失效情况下，计算阀后最高压力；配水件的试验压力一般按其工作压力的1.5倍计。

（3）减压阀前的水压宜保持稳定，阀前的管道不宜兼作配水管。

（4）阀后压力允许波动时，宜采用比例式减压阀；阀后压力要求稳定时，宜采用可调式减压阀。

（5）供水保证率要求高，停水会引起重大经济损失的给水管道上设置减压阀时，宜采用两个减压阀，并联设置，一用一备用，但不得设置旁通管。

减压阀的设置应符合下列要求：

（1）减压阀的公称直径应与管道管径相一致。

（2）减压阀前应设阀门和过滤器；需拆卸阀体才能检修的减压阀后应设管道伸缩器；检修时阀后水会倒流时，阀后应设阀门。

（3）减压阀节点处的前后应装设压力表。

（4）比例式减压阀宜垂直安装，可调式减压阀宜水平安装。

（5）设置减压阀的部位，应便于管道过滤器的排污和减压阀的检修，地面宜有排水设施。

5. 其他特殊阀门的设置

当给水管网存在短时超压工况，且短时超压会引起使用不安全时，应设置泄压阀，泄压阀的设置应符合下列要求：

（1）泄压阀用于管网泄压，阀前应设置阀门。

（2）泄压阀的泄水口应连接管道，泄压水宜排入非生活用水水池，当直接排放时，应有消能措施。安全阀阀前不得设置阀门，泄压口应连接管道将泄压水（汽）引至安全地点排放。

给水管道的下列部位应设置排气阀：

（1）间歇性使用的给水管网，其管网末端和最高点应设置自动排气阀。

（2）给水管网有明显起伏积聚空气的管段，宜在该段的峰点设自动排气阀或手动阀门排气。

（3）气压给水装置，当采用自动补气式气压水罐时，其配水管网的最高点应设自动排气阀。

给水系统的调节水池（箱），除进水能自动控制切断进水者外，其进水管上应设自动水位控制阀，水位控制阀的公称直径应与进水管管径一致。

第二节 水 表

一、水表的类型和性能参数

水表是一种计量建筑物或设备用水量的仪表。室内给水系统中广泛使用流速式水表。

流速式水表是根据管径一定时，通过水表的水流速度与流量成正比的原理来量测的。流速式水表按叶轮构造不同，分旋翼式（又称叶轮式）和螺翼式两种，如图 2-8 所示。

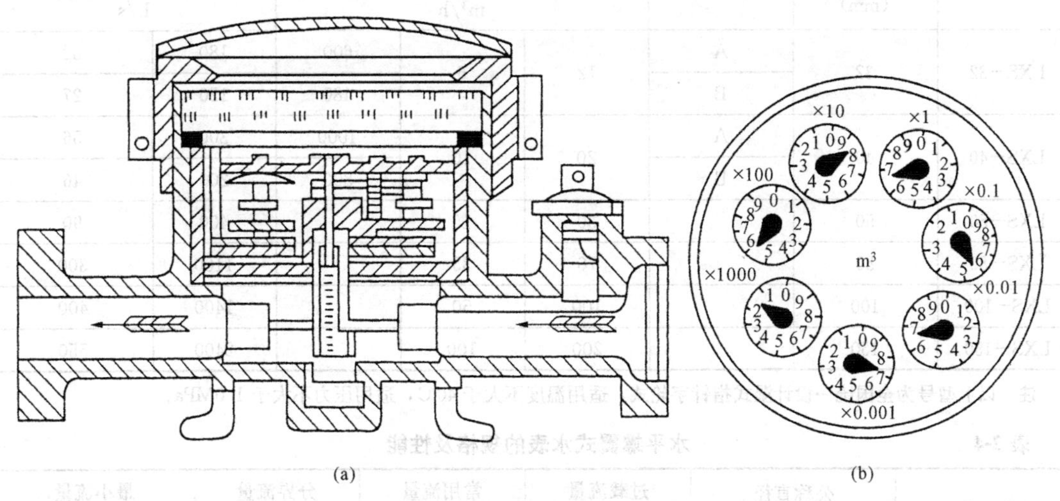

图 2-8 旋翼式（叶轮式）水表

旋翼式的叶轮转轴与水流方向垂直，阻力较大，启步流量和计量范围较小，多为小口径水表，用以测量较小流量；螺翼式水表叶轮转轴与水流方向平行，阻力较小，启步流量和计量范围比旋翼式水表大，适用于流量较大的给水系统。

旋翼式水表按计数机件所处的状态又分为干式和湿式两种。干式水表的计数机件和表盘与水隔开，湿式水表的计数机件和表盘浸没在水中，机件较简单，计量较准确，阻力比干式水表小，应用较广泛，但只能用于水中无固体杂质的横管上。湿式旋翼式水表，按材质又分为塑料表（*DN*15—25）与金属表（*DN*15—150）两类。

螺翼式水表依其转轴方向又分为水平螺翼式和垂直螺翼式两种，前者又分为干式和湿式两类，而后者只有干式一种。

随着科技的发展，为了便于抄表，出现了由一次表（远传水表）和二次表（流量集中计算仪）组成的流量集中检测仪。

一次表（普通水表）安装在用户管道上，二次表安装在公共场所墙上集中显示便于抄表。适用于多层及高层住宅。

旋翼式冷水表的规格及性能见表 2-3，水平螺翼式水表的规格及性能见表 2-4。

表 2-3 **旋翼式冷水表的规格及性能**

型 号	公称直径 (mm)	计量等级	过载流量	常用流量	分界流量	最小流量	始动流量
			m^3/h			L/s	
LXS—15	15	A	3	1.5	150	45	14
		B			120	30	10
LXS—20	20	A	5	2.5	250	75	19
		B			200	50	14
LXS—25	25	A	7	3.5	350	105	23
		B			280	70	17

续表

型号	公称直径(mm)	计量等级	过载流量	常用流量	分界流量	最小流量	始动流量
			m³/h			L/s	
LXS－32	32	A	12	6	600	180	32
		B			480	120	27
LXS－40	40	A	20	10	1000	300	56
		B			800	200	46
LXS－50	50		30	15		400	90
LXS－80	80		70	35		1100	300
LXS－100	100		100	50		1400	400
LXS－150	150		200	100		2400	550

注 以上型号为全国统一设计湿式指针字轮式，适用温度不大于40℃，适用压力不大于1.0MPa。

表 2-4 水平螺翼式水表的规格及性能

型号	公称直径(mm)	过载流量	常用流量	分界流量	最小流量
		m³/h			
LXL	200	600	300		12
	300	1500	750		35
	400	2800	1400		60

二、水表的选用

（一）水表的设置原则

（1）当需对水量进行计量的建筑物，应在引入管上装设水表。

（2）建筑物的某部分或个别设备需计量时，应在其配水管上装设水表；住宅建筑应装设分户水表，分户水表或分户水表的数字显示宜设在户门外。

（3）由市政管网直接供水的独立消防给水系统的引入管上，可不装设水表。

（4）水表应装设在管理方便、不致结冻、不受污染和不易破坏的地方。

（5）水表前后直线管段的长度，应符合产品标准规定的要求。

当必须对水量进行计量，而又不能采用水表时，应采用其他流量测量仪表，装置前后应设规定长度的直线管段。

（二）水表口径的确定应符合以下规定

（1）用水量不均匀的给水系统，以给水设计秒流量来选定水表的过载流量，从而确定水表的公称口径。水表的过载流量为水表在短时间内允许超负荷使用的流量上限值。

（2）用水量均匀的给水系统，以给水设计秒流量来选定水表的常用流量，从而确定水表的公称口径。水表的常用流量为水表长期正常运转时的流量上限值。

（3）在消防时除生活用水外尚需通过消防流量的水表，应以生活用水的设计流量叠加消防流量进行校核，校核流量不应大于水表的过载流量。

（4）管径$DN\leqslant 50$mm时，采用旋翼式水表，螺纹连接；$DN>50$mm时，采用螺翼式水表，法兰连接；当日用水量变化较大时，采用复式水表。在干式和湿式水表中，应优先采用湿式水表。

(5) 一般情况下，新建住宅的分户水表，采用公称口径为 15mm 的旋翼式水表，若装有自闭式大便器冲洗阀时，采用公称口径为 20～25mm 的旋翼式水表。高层及多层住宅在有条件时，宜设置流量集中检测仪，以便集中抄表。

(6) 消防和生活、生产共用给水系统的建筑物，只有一条引入管时，应绕水表设旁通管，旁通管管径应与引入管管径相同。

(三) 水表的压力损失计算

水表的压力损失按下式计算：

$$h_d = \frac{q_g^2}{K_b} \tag{2-1}$$

式中　h_d——水流通过水表的压力损失，kPa；

q_g——通过水表的设计流量，m^3/h；

K_b——水表特性系数（由水表生产厂提供）。

对于旋翼式水表：

$$K_b = \frac{Q_t^2}{100} \tag{2-2}$$

Q_t——水表过载流量，m^3/h。

但是，水表的压力损失值，对于旋翼式水表应不大于 25kPa；螺翼式水表应不大于 13kPa；消防时应分别不大于 49kPa 和 30kPa。

【例 2-1】 某十层住宅楼，共 60 户，每户设有洗脸盆、洗涤盆；浴盆、坐便器各一个，有热水供应。室内给水系统设计流量为 4.6L/S。试选择系统总水表，并计算水流通过水表时的压力损失值。

解 由于住宅用水不均匀性较大，应以设计流量去选定水表的过载流量确定水表的直径。据 Q_g=4.6L/S=16.59m^3/h，由表 2-3 选用 LXS-40 旋翼式湿式水表，有关参数如下：

$$Q_t: 20m^3/h, >Q_g=16.59m^3/h$$

水流通过水表的压力损失为：

水表特性系数

$$K_b=\frac{Q_t^2}{100}=\frac{20^2}{100}=4$$

水表压力损失

$$h_d=\frac{q_g^2}{K_b}=\frac{16.59^2}{4}=68.8kPa>25kPa$$

水表的压力损失值大于允许值，改选 LXS-80 旋翼式湿式水表，有关参数如下：

$$Q_t: 70m^3/h, >Q_g=16.59m^3/h$$

水流通过水表的压力损失为：

水表特性系数

$$K_b=\frac{Q_t^2}{100}=\frac{70^2}{100}=49$$

水表压力损失

$$h_d=\frac{q_g^2}{K_b}=\frac{16.59^2}{49}=5.62kPa<25kPa$$

第三节　建筑给水设备——水泵、贮水池和吸水井

一、水泵

水泵是一种输送和提升液体的机械，广泛应用于建筑给水系统中，离心泵是建筑给水系统中最常用的一种。通过建筑给水方式介绍可知，其中某些方式需设水泵，为此需要进行水泵选型、水泵机组布置和吸水管路压水管路布置等项工作。

（一）水泵选择

为使水泵运行经常处在最佳工作状态（水泵工作点在特性曲线效率最高段），应充分了解水泵性能，合理选用水泵型号，以满足管网系统最不利配水点或消火栓所需水压和水量。

1. 水泵扬程确定

（1）当水泵与高位水箱结合供水时。

$$H_b \geqslant H_y + H_s + \frac{v^2}{2g} \tag{2-3}$$

式中　H_b——水泵扬程，mH_2O；

H_y——扬水高度，mH_2O，即贮水池最低水位至高位水箱入口处的几何高差；

H_s——水泵吸水管和出水管（至高位水箱入口）的总水头损失，mH_2O；

v——水箱入口流速，m/s。

（2）当水泵单独供水时。

$$H_b \geqslant H_y + H_s + H_c \tag{2-4}$$

式中　H_y——扬水高度，mH_2O，即贮水池最低水位至最不利配水点或消火栓的几何高差；

H_s——水泵吸水管和出水管（至最不利配水点或消火栓）的总水头损失，mH_2O；

H_c——最不利配水点或消火栓要求的流出水头，mH_2O。

（3）水泵直接从室外给水管网吸水时，水泵扬程应考虑外网的最小水压，同时应按外网可能最大水压核算水泵扬程是否会对管道、配件和附件造成损害。

2. 水泵出水量确定

（1）在水泵后无流量调节装置时，水泵出水量应按设计秒流量确定。

（2）在水泵后有水箱等流量调节装置时，水泵出水量应按最大小时流量确定；当高位水箱容积较大用水量较均匀时，可按平均小时流量确定；对于重要建筑物，为提高供水的可靠性，也有按设计秒流量确定的。

生活、生产用调速水泵的出水量应按设计秒流量确定。生活、生产和消防共用调速水泵，在消防时其流量除保证消防用水总量外，还应满足防火规范关于生活、生产用水量的要求。

（3）水泵采用人工操作定时运行时，则应根据水泵运行时间计算确定。

$$Q_b = \frac{Q_d}{T_b} \tag{2-5}$$

式中　Q_b——水泵出水量，m^3/h；

Q_d——最高日用水量，m^3；

T_b——水泵每天运行时间，h。

3. 水泵类型选择

(1) 优先选用效率高、占地面积小、运行可靠的卧式或立式离心水泵，并考虑到水泵要便于安装、运行和维护管理。

(2) 根据建筑内用水量变化和所需压力变化选择和搭配水泵型号、台数，以适应其用水水泵机组恒速运行，它适用于用水量和压力变化小的用户。

(3) 水泵机组调速运行，采用变频调速水泵，由于它的优越性能，运用日益广泛，但在选泵时应注意以下要求。

1) 电源要可靠，应采用双电源或双回路供电方式。

2) 应有自动调节水泵转速和软启动的功能，还应有过载、短路、过压、缺相、欠压、过热等保护功能。

3) 水泵工作应在水泵主高效区范围内。

4) 计算的用水工况宜在水泵流量——扬程曲线的右侧。

5) 调整转速范围宜在0.75～1.00范围内(37～50Hz)，在高效区内可容许下调20%。

6) 当用水不均匀时，为减少零流量时的能耗，该种泵宜采用并联配有小型加压泵的小型气压水罐在夜间供水。

(二) 水泵设置

(1) 水泵装置宜设计成自动控制运行方式，间接抽水时水泵应尽可能设计成自灌式(特别是消防水泵)，卧式离心泵的泵顶放气孔、立式多级离心泵吸水端第一级(段)泵体可置于最低设计水位标高以下。在不可能或不合理时才设计成吸上式。当泵中心线高出吸水井或贮水池水位时，均需设置引水装置，以保证水泵的正常启动。常用的引水装置设有底阀、水环式真空泵、水射器、引水筒和水上式底阀等。

(2) 每台水泵宜设计单独吸水管(特别是消防泵应有单独吸水管)，若设计成共用吸水管一般至少两条，并设连通管与每台泵吸水管连接，当一条引水管发生故障时，其余引水管应能通过全部设计流量。每条引水管上应设闸门。自吸式水泵每台应设置独立从水池吸水的吸水管。水泵吸水水平管变径处，应采取偏心异径管并使管顶平。吸水管应有向水泵不断上升的坡度。吸水管内水流速度一般为1.0～1.2m/s。吸水管口应设置喇叭口。喇叭口宜向下，低于水池最低水位不宜小于0.3m，当达不到此要求时，应采取防止空气被吸入的措施。

(3) 每台水泵出水管上应装设阀门、止回阀和压力表。消防水泵的出水管应不少于两条，与环状管网相连，并应装设试验和检查用的放水阀门。出水管设计流速，一般采用1.2～2.0m/s。

(4) 当水泵直接从室外给水管网抽水时，应在吸水管上装设阀门、止回阀和压力表，并应绕水泵设置装有阀门的旁通管，如图2-9所示。

(5) 室外给水管网允许直接抽水时，水泵(特别是消防水泵)宜直接从室外管网吸水。应保证室外给水管网压力不得低于100kPa(从室外地面算起)。

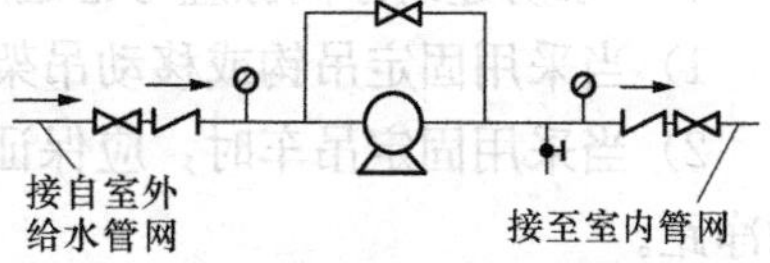

图2-9 水泵直接从室外给水管网抽水时的连接方式

(6) 吸上式水泵的吸水管应有向水泵不断上升且大于0.5%的坡度，以免存气。出水管可能滞留空气的管段上方应设排气阀。

(7) 水泵备用泵设置应视建筑物的重要性、对供水安全性要求和水泵装置运行可靠性等因素确定，一般高层建筑、大型民用建筑，建筑小区和其他较大型的给水系统应设一台备用泵，备用泵的容量应与最大一台水泵相同。生产水泵的备用量应按工艺要求确定。

（8）考虑因断水可能会引起事故情况时，除应设备用泵外，还应有不间断电源设施；当电网不能满足时，应设有其他动力备用供电设备。变频调速泵组宜采用双电源或双回路供电方式。

（9）对有安静要求的房间，在其上、下和毗邻的房间内，不得设置水泵；如在其他房间设置水泵时，应采用水泵的隔振措施。

（三）水泵房布置

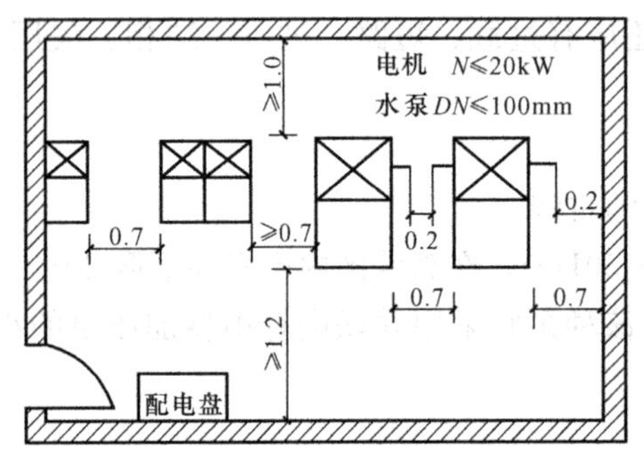

图 2-10 水泵机组布置间距

（1）在建筑物内布置水泵，应设置在远离要求安静房间（如病房、卧室，教室，客房等）的地方，在水泵的基础、吸水管和出水管上应设有隔振减噪装置（消防水泵除外）。

（2）水泵机组布置应符合下述要求，如图2-10所示。

1）电机容量小于及等于 20kW 或水泵吸水口直径小于及等于 100mm 时，机组的一侧与墙面之间可不留通道；两台相同机组可设在同一基础上，彼此不留通道；机组基础侧边之间和距墙面应有不小于 0.7m 的通道。

2）不留通道的机组突出部分与墙壁间的净距及相邻两个机组的突出部分间的净距不得小于 0.2m，以便安装维修。

3）水泵机组的基础端边之间和至墙面的距离不得小于 1.0m，电机端边至墙的距离还应保证能抽出电机转子。

4）水泵基础高出地面一般为 0.1～0.3m。

5）电机容量在 20～55kW 时，水泵机组基础间净距不得小于 0.8m，电机容量大于 55kW 时，净距不得小于 1.2m。

（3）泵房主要人行通道宽度不得小于 1.2m，配电盘前通道宽度，低压不得小于 1.5m，高压不得小于 2.0m。

（4）水泵基础尺寸，若水泵样本上未给定时，可根据水泵重量及其震动等因素计算确定，一般亦可采用下列数据。

1）基础平面尺寸应较水泵机座每边宽出 10～15cm。

2）基础深度根据机座底脚螺栓直径的 25～30 倍采取，但不得小于 0.5m。

（5）泵房建筑应为一、二级耐火等级，消防水泵房应设有直通室外的出口。

（6）泵房建筑净高除应考虑通风、采光条件外，尚应遵守下列规定。

1）当采用固定吊钩或移动吊架时，其净高不小于 3.0m。

2）当采用固定吊车时，应保证吊起物底部与吊运所越过的物体顶部之间有 0.5m 以上的净距。

（7）泵房一般应设有检修场地，其面积应根据水泵或电动机外形尺寸确定，并在周围留有宽度不小于 0.7m 的通道。

(8) 泵房的大门应保证能将搬运的机件进入，且应比最大件宽 0.5m。

(9) 泵房的窗户，采光面积要求等于地板面积的 1/6～1/7。

(10) 泵房要求采暖温度一般为 16℃，每小时换气次数为 2～3 次。辅助车间采暖温度为 18℃。

(11) 泵房内应考虑地面排水设施，地面应有 1%的坡度坡向排水沟，排水沟以 0.01 的坡度坡向排水坑。房内管道管外底距地面或管沟底面的距离，当管径小于等于 150mm 时，不应小于 0.20m；当管径大于等于 200mm 时，不应小于 0.25m。

二、贮水池

(一) 贮水池的有效容积

(1) 贮水池的有效容积与水源供水保证能力和用户要求有关，一般根据用水调节水量，消防贮备水量和生产事故备用水量确定，应满足下式要求：

$$V_y \geqslant (Q_b - Q_g)T_b + V_x + V_s \tag{2-6}$$

$$Q_g T_t \geqslant (Q_b - Q_g)T_b \tag{2-7}$$

式中 V_y——贮水池的有效容积，m^3；

Q_b——水泵出水量，m^3/h；

Q_g——水源的供水能力，m^3/h；

T_b——水泵运行时间，h；

V_x——火灾延续时间内室内外消防用水总量，m^3；

V_s——生产事故备用水量，m^3；

T_t——水泵运行间隔时间，h。

(2) 当资料不足时，贮水池的调节水量$(Q_b - Q_g)T_b$不得小于全日用水量的 8%～12%。

(二) 贮水池设置要点

(1) 生活贮水池位置应远离化粪池、厕所、厨房等卫生环境不良的房间，防止生活饮用水被污染，其溢流口底标高应高出室外地坪 100mm，保持足够的空气隔断，保证在任何情况下污水不能通过人孔、溢流管等流入池内。

(2) 贮水池进水管和出水管应布置在相对位置，以便池内贮水经常流动，防止滞留和死角，以防池水腐化变质。

(3) 贮水池一般应分为两格，并能独立工作或分别泄空，以便清洗与检修。消防水池容积如超过 500m^3 时应分成两个。

(4) 喷泉水池、水景镜池和游泳池在保证常年贮水条件下，可兼作消防贮备用水池。

(5) 室内贮水池贮水包括室外消防水量时，应在室外设有供消防车取水用的吸水口。

(6) 消防用水与生活或生产用水合用一个贮水池又无溢流墙时，其生活或生产水泵吸水管在消防水位面上应设小孔，以确保消防贮备水量不被动用。如图 2-11 所示。

(7) 贮水池溢水管口径应比进水管大一号。

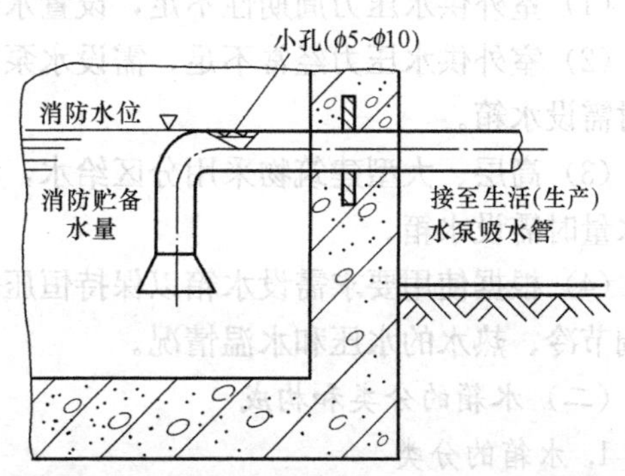

图 2-11 确保消防贮备水量不被动用的措施

（8）贮水池应设通气管，通气管口应用网罩盖住，通气管设置高度距覆盖层上不小于0.5m，通气管直径为d=200mm。

（9）贮水池应设水位指示器，将水位反映到泵房和操纵室。

三、吸水井

在不需设置贮水池外部管网又不允许直接抽水时，应设置吸水井。吸水井是不起贮存作用只满足水泵吸水要求的构筑物。

（一）吸水井的有效容积

（1）吸水井的有效容积不得小于最大一台水泵3min的出水量。吸水井的容积往往同时以最大一台水泵3min的出水量作为吸水井有效容积的下限。对于大中型水泵容积一般在1.5m^{3}以上是合理的；对于小型水泵，由于有效容积的上限未作限制，不存在吸水井容积偏小问题，可以根据布置安装要求确定吸水井容积，同时可以按水泵5～15min的出水量来确定吸水井的有效容积。

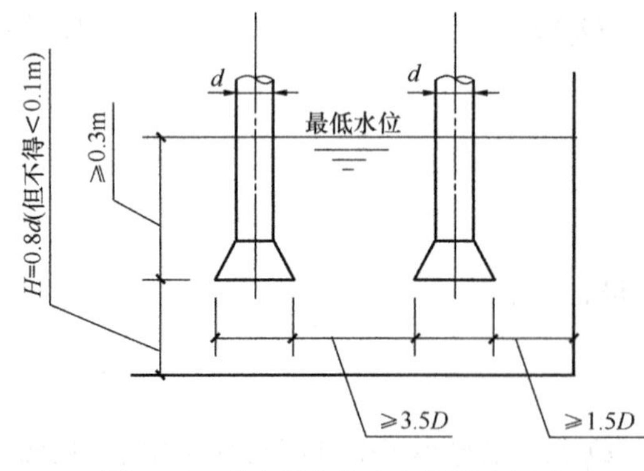

图2-12 吸水管在井内布置最小尺寸

（2）吸水井的尺寸应满足吸水管的布置、安装、检修和水泵正常工作的要求。喇叭口宜向下，低于水池最低水位不宜小于0.3m，吸水管喇叭口至池底的净距，不应小于0.8倍吸水管管径，且不应小于0.1m；吸水管喇叭口边缘与池壁的净距不宜小于1.5倍吸水管管径；吸水管与吸水管之间的净距，不宜小于3.5倍吸水管管径。吸水管在井内布置最小尺寸如图2-12所示。

（二）吸水井的设置要点

（1）吸水井可设置在室内底层或地下室，也可设置在室外地上或地下。

（2）对于生活饮用水，吸水井应有防治污染的措施。

第四节 建筑给水设备——水箱和气压给水设备

一、水箱

（一）水箱的设置原则

（1）室外供水压力周期性不足，设置水箱或水池以解决建筑物用水。

（2）室外供水压力经常不足，需设水泵加压，为减少水泵启动次数而需贮存一定调节水量时需设水箱。

（3）高层、大型建筑物采用分区给水，考虑贮存一定调节水量和按消防规范要求贮存消防水量时需设水箱。

（4）根据使用要求需设水箱以保持恒压供水的，如一些生产企业要求采取恒压供水方式或调节冷、热水的水压和水温情况。

（二）水箱的分类和构成

1. 水箱的分类

（1）水箱按形状分类分有圆形、方形、矩形、球形等不同形式水箱。

(2) 水箱按材质分有：

1) 金属材料，大小水箱均可使用。

2) 钢筋混凝土材料，适用于大型水箱。

3) 木质材料，仅用于小型水箱。

4) 其他材料，一些新材料，如塑料、玻璃钢等。

(3) 水箱按承压能力分有非承压（开口）、承压两种。

(4) 水箱按保温分有保温和不保温两种。

2. 水箱的构成

水箱一般设有进水管、出水管、溢流水管、泄水管、通气管、水位信号装置、人孔、仪表孔等附件，具体见图 2-13。

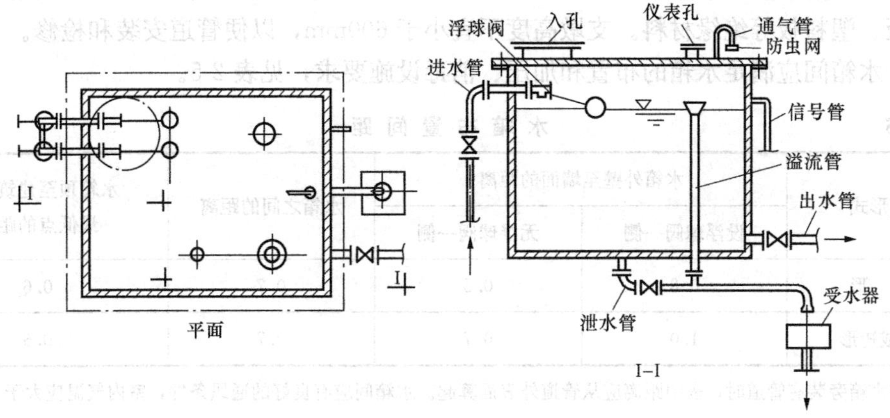

图 2-13　水箱附件示意图

(1) 进水管及浮球阀。进水管一般从箱壁接入，当水箱利用管网压力进水时，进水管入口应装浮球阀。浮球阀数量一般不少于两个，且管径应与进水管管径相同。在浮球阀前装设阀门，以便检修。当水箱利用水泵加压供水、并利用水箱水位信号装置自动控制水泵运行时，可不装设浮球阀。水箱水位上部应留有一定空间，以便安装浮球阀。当一组水泵供给多个水箱进水时，在进水管上宜装设电讯号控制阀，由水位监控设备实现自动控制。

(2) 出水管及止回阀。出水管可从箱壁或箱底接出，出水管管口应高出水箱内底不小于 50mm，并应装设阀门。贮水箱兼作消防贮水时，应有保证消防水量不被动用的措施，如采用液位计控制水泵启动，采用顶上打孔的虹吸管破坏真空而停止出水等。

水箱进、出水管宜分别设置，并应采取防止短路的措施。当进水管和出水管为同一条管道时，应在水箱的出水管上装设止回阀。与消防合用的水箱，出水管应设止回阀。当消防时，水箱中出现消防低水位情况应能确保止回阀启动。

(3) 溢流管。溢流管宜从箱壁接出，管径应比进水管大一级，溢流管上不得装设阀门。溢流管口最好做成朝上喇叭形，沿口应比最高水位高 20～30mm。其出口处应设网罩，并采取断流排水或间接排水方式。

(4) 通气管。供生活饮用水的水箱应设密封箱盖，箱盖上应设检修人孔和通气管。通气管可伸至室内或室外，但不得伸到有有害气体的地方。管口应有防止灰尘、昆虫和蚊蝇进入的滤网，一般将管口朝下。通气管上不得装阀门、水封等，通气管不得与排水系统和通风管道连接。

（5）泄水管。泄水管应从水箱底部接出，并应装阀门，泄水管可与溢流管相连，但不得与排水系统直接连接。

（6）水位信号装置。一般应在水箱侧壁上安装玻璃液位计，用以就地指示水位。若水箱液位与水泵连锁，则应在水箱内设液位计。常用的液位计有浮球式、杆式、电容式和浮子式等。液位计停泵液位应比溢流水位低不少于 100mm，启泵液位应比设计最低水位高不小于 200mm。

3. 水箱设置

（1）非钢筋混凝土水箱应放置在混凝土、砖的支墩或槽钢（工字钢）上，其间宜垫以石棉橡胶板、塑料板等绝缘材料。支墩高度不宜小于 600mm，以便管道安装和检修。

（2）水箱间应满足水箱的布置和加压、消毒设施要求，见表 2-5。

表 2-5　水箱布置间距　m

水箱形式	水箱外壁至墙面的距离		水箱之间的距离	水箱顶至建筑结构最低点的距离
	设浮球阀一侧	无浮球阀一侧		
圆　形	0.8	0.5	0.7	0.6
方形或矩形	1.0	0.7	0.7	0.6

注　在水箱旁装有管道时，表中距离应从管道外表面算起。水箱间应有良好的通风条件，室内气温应大于 5℃。

（3）水箱应设人孔密封盖，并应有保护其不受污染的防护措施。水箱出水若为生活饮用水时，应加设二次消毒措施（如设置臭氧消毒、加氯消毒、加次氯酸钠发生器消毒、二氧化氯发生器消毒、紫外线消毒等），并应在水箱间留有该设备放置和检修位置。

（4）贮存生活饮用水时，水箱内壁材质不应对水质污染，可以考虑采取衬砌或涂刷涂料等措施，如喷涂瓷釉涂料、食品级玻璃钢面层、无毒的饮用水油漆和贴瓷砖等，并应取得当地卫生防疫站批准。

（三）水箱有效容积的确定

用于水量调节和贮存的水箱的有效容积，应根据调节水量、生活和消防贮备水量和生产事故备用水量按下列规定确定：

（1）调节水量应根据用水量和流入量的变化曲线确定。如无上述资料时，可根据最高日用水量的百分数确定。

水箱有效容积，理论上应根据用水和流入水流量变化曲线确定，但实际上这种曲线很难获得，所以常按经验确定：

当水泵为自动开关时，水箱不得小于日用水量的 5%；

当水泵为人工开关时，不得小于日用水量的 12%；

对在夜间进水的水箱，应按用水人数和用水定额确定。

由于外部管网的供水能力相差很大，水箱有效容积应根据具体情况分析确定。有时可按最大高峰用水量确定，有时可按全天用水量的 1/2 确定，有时可按夜间进水白天全部由水箱供水确定。

(2) 生产事故的备用水量，应按工艺要求确定。在水箱需要贮备事故用水时，则高位水箱的有效容积除上述容积外，还应根据使用要求增加事故贮水量。生产事故贮水量应按工艺要求确定。

(3) 消防的贮备水量，应按现行的有关建筑设计防火规范确定。

在生活或生产水箱兼作消防用水贮备时，水箱的有效容积除包括前述生活或生产调节水量外，还需贮备消防专用水量（一般为10min），这部分水平时不准动用，要时刻贮备待用。

(四) 水箱设置高度

(1) 水箱的设置高度，应使其最低水位的标高满足最不利配水点或消火栓的流出水头要求，按式 (2-8) 计算

$$Z_x \geqslant Z_b + H_c + H_s \tag{2-8}$$

式中　Z_x——高位水箱最低水位的标高，m；

Z_b——最不利配水点的标高，m；

H_c——最不利配水点需要的流出水头，m；

H_s——水箱出口至最不利配水点总水头损失，m。

(2) 对于贮备消防用水的水箱，在满足消防流出水头确有困难时，应采取其他适当措施满足消防要求（详见第四章）。

二、气压给水设备

气压给水设备是利用密闭贮罐内的压缩空气作媒介，向给水系统加压送水的一种给水设备，它又可以调节水量、贮存水量和保持系统所需水压，其作用相当于高位水箱或水塔。它适用于工业、民用给水、居住小区、高层建筑、农村、施工现场等需要加压供水的场所。

(一) 气压给水设备的类型

1. 变压式气压给水设备

外部管网压力经常不足时，宜用气压给水设备加压和流量调节，用户对水压允许有一定波动时，常采用变压式气压给水设备，如图 2-14 所示。

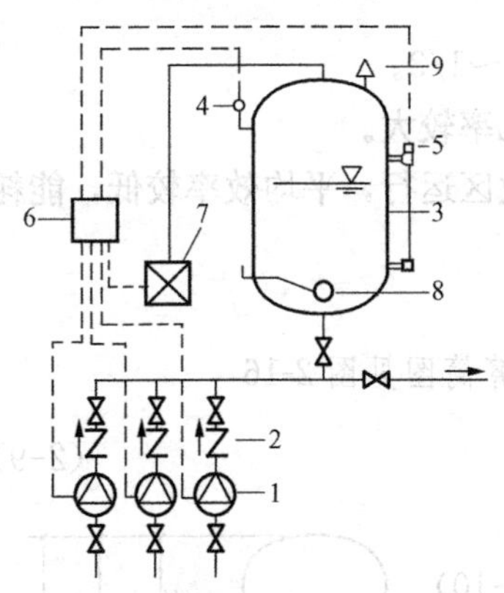

图 2-14　变压式气压给水设备

1—水泵；2—止回阀；3—气压水罐；4—压力信号器；5—液位信号器；6—控制器；7—补气装置；8—排气阀；9—安全阀

由于该种给水方式中设水泵向室内给水系统加压供水，使罐中的空气被压缩过程中不断获得能量，直至使罐中的起始压力高于系统所需求的设计压力，罐中的水在压缩空气压力下，被压送至给水管网，随着罐内水量减少，空气体积膨胀，压力减小。当压力降至设计最小工作压力时，压力控制器动作，使水泵启动。水泵出水除供用户外，多余部分进入气压水罐，空气又被压缩，压力上升。当压力升至最大工作压力时，压力控制器动作，使水泵关闭。

2. 定压式气压给水设备

在用户要求水压稳定时，可在变压式气压给水装置的

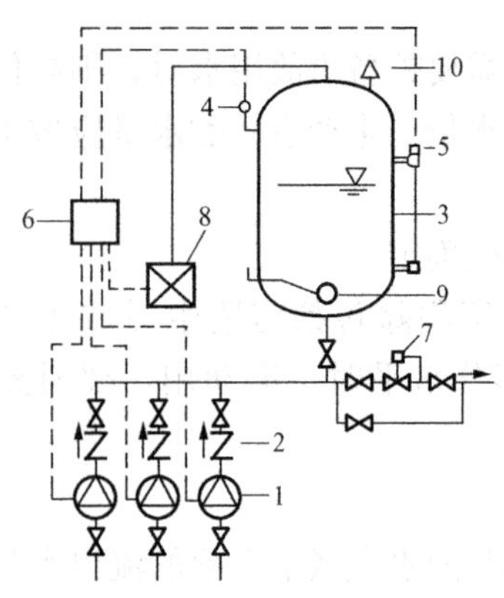

图 2-15 定压式气压给水设备

1—水泵；2—止回阀；3—气压水罐；4—压力信号器；5—液位信号器；6—控制器；7—压力调节阀；8—补气装置；9—排气阀；10—安全阀

供水管上安装调压阀，调节阀后水压在要求范围内，使管网处于恒压下工作，如图 2-15 所示。

（二）气压给水的特点

气压给水设备与高位水箱相比，有如下优点：

(1) 灵活性大。

1) 气压水罐可设在任何高度。

2) 施工安装简便，便于扩建、改建和拆迁。

3) 给水压力可在一定范围内进行调节。

4) 地震区建筑、临时性建筑和因建筑艺术等要求不宜设置高位水箱和水塔的建筑，可用气压给水设备代替高位水箱或水塔。

5) 有隐蔽要求的建筑，可用气压水罐代替高位水箱或水塔，以便达到隐蔽要求。

(2) 水质不易被污染。气压给水设备为密闭系统，故水质不会受外界污染。气压式装置虽有可能受补充空气和压缩机润滑油的污染，然而与高位水箱相比，被污染机会较少。

(3) 投资省，建筑周期短。气压给水设备可在工厂加工或成套购置，且施工安装简便，施工周期短，土建费用较低。

(4) 便于实现自动控制。气压给水设备可利用简单的压力和液位继电器等实现水泵的自动控制，无需专人值班管理。

(5) 便于集中管理。气压水罐可设在水泵房内，且设备紧凑、占地较小，便于水泵等集中管理。

气压给水设备同样也存在着明显的缺点：

(1) 给水压力变动较大。变压式气压给水的压力变动较大时，可能影响给水配件使用寿命。

(2) 气压罐调节容积小。有效容积一般只占总容积的 1/6～1/3。

(3) 给水安全性较差。一旦发生断电或自控失灵，断水几率较大。

(4) 经常费用较高。水泵频繁启动，且不可能在水泵高效区运行，平均效率较低，能耗较大。

（三）气压给水设备计算

1. 气压罐的各项容积按式（2-9）～式（2-13）计算，计算简图见图 2-16

$$V_{\mathrm{T}}=\frac{Cq_{\mathrm{b}}}{4n} \tag{2-9}$$

$$V=\frac{\beta V_{\mathrm{T}}}{1-\alpha_{\mathrm{b}}}=\frac{P_1}{(P_2-P_1)}\frac{P_2}{P_0}V_{\mathrm{T}} \tag{2-10}$$

$$V_1=\frac{V_{\mathrm{T}}}{1-\alpha_{\mathrm{b}}}=\frac{P_2}{P_2-P_1}V_{\mathrm{T}} \tag{2-11}$$

$$V_2=\frac{\alpha_{\mathrm{b}}}{1-\alpha_{\mathrm{b}}}V_{\mathrm{T}}=\frac{P_1}{P_2-P_1}V_{\mathrm{T}} \tag{2-12}$$

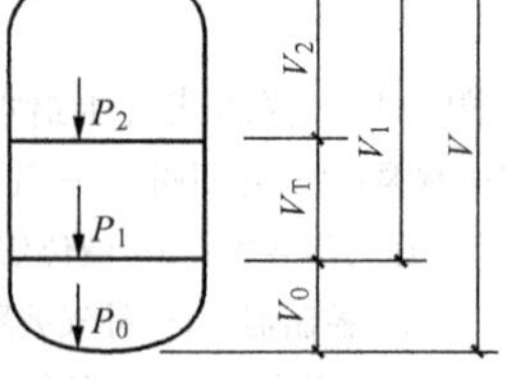

图 2-16 计算简图

$$V_0=\frac{\beta-1}{1-\alpha_b}V_T=\frac{(P_1-P_0)P_2}{(P_2-P_1)P_0}V_T \tag{2-13}$$

$$\alpha_b=\frac{P_1}{P_2} \tag{2-14}$$

$$\beta=\frac{P_1}{P_0}=\frac{V_0}{V_1} \tag{2-15}$$

$$P_1=(9.81H_1+H_2+H_3+H_4+H_5)/1000 \tag{2-16}$$

$$P_2=\frac{P_1}{\alpha_b} \tag{2-17}$$

式中 V_T——气压罐的调节水容积，m^3；

V——气压罐总容积，m^3；

V_1——设计最低工作压力时罐内空气容积，m^3；

V_2——设计最高工作压力时罐内空气容积，m^3；

V_0——水的保护容积，即设计最低工作压力时罐内水容积，m^3；

q_b——工作水泵的计算流量，其值应为工作泵组中最大一台水泵在气压罐最高工作压力和最低工作压力之和的一半时的流量，m^3/h；

n——水泵在1h内启动次数，宜采用6～8次；

C——安全系数，宜采用1.0～1.3；

α_b——气压罐内最低工作压力与最高工作压力比，一般为0.65～0.85，有特殊要求时可取0.5～0.9；

β——气压罐容积系数，补气式卧式气压罐宜为1.25，补气式立式气压罐宜为1.10，隔膜式气压罐宜为1.05；

P_0——气压罐的初始压力（绝对压力），即启动气压罐时罐内充气压力，MPa；

P_1——气压罐内最低工作压力（绝对压力），其值按管网最不利点所需水压，MPa；

P_2——气压罐内最高工作压力（绝对压力，MPa），不得使管网最大水压处配水点的水压大于0.55MPa。

H_1——水源最低水位至管网最不利配水点的高差，m；

H_2——由水源最低水位至管网最不利配水点的管路沿程水头损失和局部水头损失之和，kPa；

H_3——水表的水头损失，kPa；

H_4——最不利处配水点用水设备的流出压力，kPa；

H_5——为不可预见因素留有余地而予以考虑的富裕水头，一般按20kPa计。

2. 水泵的选择

（1）变压式气压给水设备。选泵时应根据 P_1（等于给水系统所需压力）和采用的 α_b 值确定 P_2，要尽量使水泵在压力为 P_1 时水泵流量接近设计秒流量，当压力为 P_2 时，水泵流量接近最大小时流量；罐内平均压力时，水泵流量应不小于最大小时流量的1.2倍，以上两种工作情况下水泵的效率都较高。

（2）定压式气压给水设备。定压式气压给水设备计算与变压式气压给水设备相同，但水泵扬程应根据 P_1 选择，流量应不小于设计秒流量。

气压给水设备中水泵装置也可以采用流量较小的几台水泵并联运行，以使水泵在较高效率下运行。适用于气压给水设备的专用泵应具有以下特点：

1）特性曲线高效区宽，如 MS 型卧式多级离心泵，流量变化范围大。

2）流量——扬程性能曲线较陡，具有该特征的水泵可使罐内工作压力的上下限比值 α_b 减小，从式（2-10）可看出当 V_T 和 β 为定值时，α_b 越小，需求的总容量也越小。当选用 W 型旋涡泵或 DA 型多级离心水泵，虽然它们的效率低，但其特性曲线陡直，能适合气压给水的要求。

3）立式水泵，可以减少占地面积。

思考题与习题

2-1 建筑给水常用钢管的种类有哪些？各适用范围如何？有哪些连接方法？

2-2 建筑给水常用塑料管材的种类有哪些？各适用范围如何？有哪些连接方法？

2-3 建筑给水附件的构造、作用及适用条件是什么？

2-4 室内常用水表有哪几种？其规格如何？怎样选择水表？

2-5 某住宅楼共有 56 户，每户设洗脸盆、洗涤盆、浴盆、家用洗衣机水龙头和自闭延时冲洗阀大便器各一个，系统设计流量为 4.45L/s。试选择水表，并计算水表的压力损失值？

2-6 若上题为生活、消防共用给水系统，已知消防流量为 5.0L/s。试选用水表并计算水表的压力损失值。

2-7 调节水箱上应设置哪些管道和配件，各有何作用？设置管道和配件时应注意哪些问题？

2-8 水箱布置最小净距离的规定说明了什么问题？水箱设置的高度如何确定？

2-9 如何确定水箱的调节容积和消防贮水量？

2-10 变压式气压水罐的容积如何确定？怎样选择气压水罐的水泵？

2-11 某住宅小区，最大时供水量为 $50m^3$，最不利用水点压力为 280kPa，拟采取隔膜式气压给水设备，求贮罐总容积和水泵选型。

2-12 某集体宿舍给水系统为自动启动水泵供水至管网格水箱，水泵出水量为 $40m^3/h$，求水箱的调节容积。

第三章　建筑给水管道计算

第一节　用　水　定　额

一、住宅最高日生活用水定额

住宅最高日生活用水定额及小时变化系数，应根据住宅类别、建筑标准、卫生器具完善程度和区域等因素，可按表 3-1 确定。

表 3-1　　住宅最高日生活用水定额及小时变化系数

住宅类别		卫生器具设置标准	每人每日生活用水定额（最高日，L）	小时变化系数
普通住宅	Ⅰ	有大便器、洗涤盆	85～150	3.0～2.5
	Ⅱ	有大便器、洗脸盆、洗涤盆、洗衣机、热水器和淋浴设备	130～300	2.8～2.3
	Ⅲ	有大便器、洗脸盆、洗涤盆、洗衣机、集中热水供应（或家用热水机组）和淋浴设备	180～320	2.5～2.0
别墅		有大便器、洗脸盆、洗涤盆、洗衣机、洒水栓，家用热水机组和淋浴设备	200～350	2.3～1.8

在按表 3-1 选用用水定额时，应注意以下几点：

(1) 住宅生活用水定额只是住宅自身用水量，不包括其他建筑。包括正常冷水量和生活用热水用水量和饮水量。

(2) 别墅用水定额中含庭院绿化用水和汽车抹车用水。

(3) 卫生器具完善程度是影响住宅生活用水定额的首要因素，卫生器具类型、器具负荷人数、地区、气温，气象、居民生活习惯、职业经济状况和水费收付办法等均属影响生活用水定额的因素，在选用时应予考虑。

(4) 厨房只设污水盆（池）时，可按洗涤盆考虑。

二、集体宿舍、旅馆和其他公共建筑的生活用水定额

集体宿舍、旅馆和其他公共建筑的生活用水定额及小时变化系数，根据卫生器具完善程度和区域条件，可按表 3-2 确定。

在按表 3-2 选用用水定额时，应注意以下几点：

表 3-2　　集体宿舍、旅馆和公共建筑生活用水定额及小时变化系数

序号	建筑物名称		单　位	生活用水定额（最高日，L）	使用时数（h）	小时变化系数
1	宿舍	Ⅰ类、Ⅱ类	每人每日	150～200	24	3.0～2.5
		Ⅲ类、Ⅳ类	每人每日	100～150	24	3.5～3.0
2	招待所、培训中心、普通旅馆	设公用盥洗室	每人每日	50～10	24	3.0～2.5
		设公用盥洗室、淋浴室	每人每日	80～130		
		设公用盥洗室、淋浴室、洗衣室	每人每日	100～150		
		设单独卫生间、公用洗衣室	每人每日	120～200		

续表

序号	建筑物名称		单　位	生活用水定额（最高日，L）	使用时数（h）	小时变化系数
3	酒店式公寓		每人每日	200～300	24	2.5～2.0
4	宾馆客房	旅客	每床位每日	250～400	24	2.5～2.0
		员工	每人每日	80～100		
5	医院住院部	有公用盥洗室	每床位每日	100～200	24	2.5～2.0
		设公用盥洗室、淋浴室	每床位每日	150～250	24	2.5～2.0
		设单独卫生间	每床位每日	250～400	24	2.5～2.0
		医务人员	每人每班	150～250	8	2.0～1.5
		门诊部、诊疗所	每病人每次	10～15	8～12	1.5～1.2
		疗养院、休养所住房部	每床位每日	200～300	24	2.0～1.2
6	养老院、托老所	全托	每人每日	100～150	24	2.5～2.0
		日托	每人每日	50～80	10	2.0
7	幼儿园、托儿所	有住宿	每儿童每日	50～100	24	3.0～2.5
		无住宿	每儿童每日	30～50	10	2.0
8	公共浴室	淋浴	每顾客每次	100	12	2.0～1.5
		浴盆、淋浴	每顾客每次	120～150	12	
		桑拿浴（淋浴、按摩池）	每顾客每次	150～200	12	
9	理发室、美容院		每顾客每次	40～100	12	2.0～1.5
10	洗衣房		每 kg 干衣	40～80	8	1.5～1.2
11	餐饮业	中餐酒楼	每顾客每次	40～60	10～12	1.5～1.2
		快餐店、职工及学生食堂	每顾客每次	20～25	12～16	
		酒吧、咖啡馆、茶座、卡拉 OK 房	每顾客每次	5～15	8～18	
12	商场 员工及顾客		每 m^3 营业厅面积每日	5～8	12	1.5～1.2
13	图书馆		每人每次 员工	5～10 50	8～10 8～10	15～1.2 15～1.2
14	书店		员工每人每班	30～50	8～12	1.5～1.2
			每 m^2 营业厅	3～6	8～12	1.5～1.2
15	办公楼		每人每班	30～50	8～10	1.5～1.2
16	教学、实验楼	中小学校	每学生每日	20～40	8～9	1.5～1.2
		高等院校	每学生每日	40～50	8～9	1.5～1.2
17	电影院、剧院		每观众每场	3～5	3	1.5～1.2
18	会展中心（博物馆、展览馆）		员工每人每班	30～50	8～16	1.5～1.2
			每 m^2 展厅每日	3～6		
19	健身中心		每人每次	30～50	8～12	1.5～1.2

续表

序号	建筑物名称		单　位	生活用水定额（最高日，L）	使用时数（h）	小时变化系数
20	体育场（馆）	运动员淋浴	每人每次	30～40	—	3.0～2.0
		观众	每人每场	3	4	1.2
21	会议厅		每座位每场	6～8	4	1.5～1.2
22	客运站旅客、展览中心观众、航站楼		每人次	3～6	8～16	1.5～1.2
23	菜市场地面冲洗及保鲜用水		每 m^2 每日	10～20	8～10	2.5～2.0
24	停车场地面冲洗水		每 m^2 每次	2～3	6～8	1.0

（1）生活用水定额应根据建筑物卫生器具完善程度、地区等影响用水定额的因素确定。

（2）宾馆的星级与用水定额的关系，一般可按如下采用：二星、三星级最高取 300L/(每床·每日)；四星级最高取 350L/(每床·每日)；五星级最高取 400L/(每床·每日)。

（3）餐饮业中，对海鲜酒楼，还应另加海鲜养殖水量。

（4）表 3-2 所规定的用水定额为生活用水，包括生活用热水用水量和饮水量，也包括正常漏水量和间接用水，如清洁用水在内。但不包括空调、采暖、水景绿化、场地和道路浇洒等用水。

（5）生活用水定额除注明外，不包括员工生活用水。员工生活用水定额为每人每班40～60L。

（6）商场用水定额中，营业员和顾客用水均已包含在内，选取用水定额时，位于城市集中商业区的商场选上限，一般街道的商场选下限。不设对顾客开放的卫生间的小商店，只需计营业员用水。

（7）表 3-2 中未列入的建筑物的用水定额可参照类似建筑物采用，如银行、邮电局、设计楼、计算机楼可参照办公楼、展览馆、俱乐部、音乐厅。杂技场可参照电影院和剧院，洗染店可参照洗衣房，饮食店、酒吧、咖啡厅可参照营业食堂等。

（8）生活用水定额除包括冷水用水定额外，还包括热水用水定额和饮水定额。

（9）除养老院、幼儿园、托儿所的用水定额中含食堂用水，其他均不含食堂用水。

（10）医疗建筑用水中已含医疗用水。

（11）对附属在公共建筑或住宅楼的地下车库，可不另计地面冲洗水。

三、工业企业建筑生活用水定额

工业企业建筑，管理人员的生活用水定额可取 30～50L／（人·班）；车间工人的生活用水定额应根据车间性质确定，一般宜采用 30～50L/（人·班），小时变化系数为 1.5～2.5，用水使用时间宜取 8h。

工业企业建筑淋浴用水定额，应按表 3-3 确定，延续供水时间宜取 1h。

四、生产用水定额

生产用水定额、水压及用水条件，应按工艺要求确定。

五、消防用水量标准

建筑物内、外消防用水量、供水延续时间、供水水压等，应按现行的《高层民用建筑设计防火规范》（GB 50045—1995）、《建筑设计防火规范》（GB 50016—2006）、《自动喷水灭火系统设计规范》（GB 50084—2001）、《水喷雾灭火系统设计规范》（GB 50219—1995）等有关消防设计规范的规定确定。

六、卫生器具给水额定流量

卫生器具给水的额定流量、当量、连接管公称管径和最低工作压力，应按表 3-3 确定，但应注意表后备注中的有关问题。

表 3-3　　工业企业建筑淋浴用水定额

车间卫生特征			每人每班淋浴用水定额（L）
有毒物质	生产性粉尘	其他	
极易经皮肤吸收引起中毒的剧毒物质（如有机磷、三硝基甲苯、四乙基铅等）		处理传染性材料、动物原料（如皮毛等）	60
易经皮肤吸收或有恶臭的物质，或高毒物质（如丙烯腈、吡啶、苯酚等）	严重污染全身或对皮肤有刺激的粉尘（如炭黑、玻璃棉等）	高温作业、井下作业	
其他毒物	一般粉尘（如棉尘）	重作业	40
不接触有毒物质及粉尘，不污染或轻度污染身体（如仪表、金属冷加工、机械加工等）			

第二节　设 计 流 量 计 算

室内用水量是通过各种卫生器具和用水设备来消耗的，除了工业生产中每昼夜中均衡耗水的生产设备外，都存在着用水量不均衡、用水时间间断。

由最高日最高时用水量求出的平均秒流量确定市政给水干管的方法确定建筑内的给水管网显然不妥；建筑内给水管网的设计秒流量与建筑物的性质、人数、人们活动的情况、水的使用方法、适当的卫生器具设置数、卫生器具给水流率有关。为此，需要找出最大时内的最大秒流量才可作为确定建筑内的给水管管径和压力损失的依据。制定出建筑内给水管网秒流量计算方法，寻求出相应的计算公式。

建筑物的给水引入管的设计流量，应符合下列要求：

（1）当建筑物内的生活用水全部由室外管网直接供水时，应取建筑物内的生活用水设计秒流量。

（2）当建筑物内的生活用水全部自行加压供给时，引入管的设计流量应为贮水调节池的设计补水量。设计补水量不宜大于建筑物最高日最大时生活用水量，且不得小于建筑物最高日平均时生活用水量。

（3）当建筑物内的生活用水既有室外管网直接供水，又有自行加压供水时，应按第（1）、（2）条计算设计流量后，将两者叠加作为引入管的设计流量。高层建筑的室内给水系统，一般都是低层区由室外给水管网直接供水，室外给水管网水压供不上的楼层，由建筑物内的加压系统供水。加压系统设有调节贮水池，它的补水量经计算确定，一般介于平均用水时流量与最大用水时流量之间。所以建筑物的给水引入管的设计秒流量，就由直接供水部分的设计秒流量加上加压部分的补水流量组成。如尚需通过消防流量时，应加消防流量校核。

一、住宅建筑的生活给水设计秒流量计算

（一）出流概率的计算

1. 最大用水时卫生器具给水当量平均出流概率的计算

根据住宅配置的卫生器具给水当量、使用人数、用水定额、使用时数及小时变化系数，按式（3-1）计算出最大用水时卫生器具给水当量平均出流概率

$$U_0=\frac{q_0 m K_h}{0.2 N_g T\times 3600} \tag{3-1}$$

式中　U_0——生活给水管道的最大用水时卫生器具给水当量平均出流概率，%；

q_0——最高用水日的用水定额，按表 3-1 取用；

m——每户用水人数；

K_h——小时变化系数，按表 3-1 取用；

N_g——每户设置的卫生器具给水当量数；

T——用水时数，h；

0.2——一个卫生器具给水当量的额定流量，L/s。

表 3-4　住宅的卫生器具给水当量最大用水时平均出流概率参考值

建筑物性质	U_0 参考值（%）
普通住宅Ⅰ型	3.0～4.0
普通住宅Ⅱ型	2.5～3.5
普通住宅Ⅲ型	2.0～2.5
别墅	1.0～2.0

为了使卫生器具最大用水时平均出流概率计算不致偏差过大，表 3-4 列出了住宅的卫生器具最大用水时平均出流概率 U_0 供参考。

2. 卫生器具给水当量的同时出流概率

根据计算管段上的卫生器具给水当量总数，按式（3-2）计算得出该管段的卫生器具给水当量的同时出流概率

$$U=\frac{1+\alpha_c(N_g-1)^{0.49}}{\sqrt{N_g}} \tag{3-2}$$

式中　U——计算管段的卫生器具给水当量同时出流概率，%；

α_c——对应于不同 U_0 的系数，查附录Ⅰ；

N_g——计算管段的卫生器具给水当量总数。

式（3-2）有它的局限性，它只适用于 $U_0=1.0\%\sim36.0\%$ 的范围，$U_0>36.0\%$ 的给水管道的用水工况被认为属密集型用水，它使用同时用水百分比的概念来计算设计流量，即按式（3-9）计算，$U_0<1.0\%$ 的给水管道在工程中没有见到。饮用净水系统的 $U_0<1.0\%$，该系统另有计算方法。

（二）住宅建筑的生活给水管道的设计秒流量计算

（1）根据计算管段上的卫生器具给水当量同时出流概率，按式（3-3）计算得计算管段的设计秒流量

$$q_g=0.2UN_g \tag{3-3}$$

式中　q_g——计算管段的设计秒流量，L/s。

为了计算快速、方便，在计算出 U_0 后，即可根据计算管段的 N_g 值，从附录Ⅱ的计算

表中直接查得给水设计秒流量。该表可用内插法。

当计算管段的卫生器具给水当量总数超过附录Ⅱ的计算表中的最大值时，其流量应取最大用水时平均秒流量，即 $q_g=0.2\cdot U_0\cdot N_g$。

（2）有两条或两条以上具有不同最大用水时卫生器具给水当量平均出流概率的给水支管的给水干管，该管段的最大时卫生器具给水当量平均出流概率按式（3-4）计算

$$\overline{U}_0=\frac{\Sigma U_{0i}N_{gi}}{\Sigma N_{gi}} \tag{3-4}$$

式中 $\overline{U}_0$——给水干管的卫生器具给水当量平均出流概率；

U_{0i}——支管的最大用水时卫生器具给水当量平均出流概率；

N_{gi}——相应支管的卫生器具给水当量总数。

使用本公式时应注意：

1）本公式只适用于各支管的最大用水时发生在同一时段的给水管道。而对最大用水时并不发生在同一时段的给水管道，应将设计秒流量小的支管的平均用水时平均秒流量与设计秒流量大的支管的设计秒流量叠加成干管的设计秒流量。

2）本公式只适用于枝状管网的计算，不适用于环状管网的管段设计流量的确定，环状管网应根据情况分配管段设计流量。

二、宿舍（Ⅰ、Ⅱ类）、酒店式公寓、旅馆、宾馆、疗养院、幼儿园、养老院、图书馆、书店、办公楼、商场、客运站、航站楼、会展中心、中小学教学楼、公共厕所等建筑的生活给水设计秒流量计算

（一）计算公式

宿舍（Ⅰ、Ⅱ类）、酒店式公寓、旅馆、宾馆、疗养院、幼儿园、养老院、图书馆、书店、办公楼、商场、客运站、航站楼、会展中心、中小学教学楼、公共厕所等建筑的用水特点属分散型，用水时间长，用水设备使用情况不集中，同时给水百分数（出流率）随卫生器具数量增加而减少；因此其生活给水设计秒流量，应按式（3-5）计算：

$$q_g=0.2\alpha\sqrt{N_g} \tag{3-5}$$

式中 q_g——计算管段的给水设计秒流量，L/s；

N_g——计算管段的卫生器具给水当量总数；

α——根据建筑物用途而定的系数，应按表 3-5 采用。

表 3-5 根据建筑物用途而定的系数 α 值

建筑物名称	α值	建筑物名称	α值
幼儿园、托儿所、养老院	1.2	学校	1.8
门诊部、诊疗所	1.4	医院、疗养院、休养所	2.0
办公楼、商场	1.5	酒店式公寓	2.2
图书馆	1.6	宿舍（Ⅰ、Ⅱ类）、旅馆、招待所、宾馆	2.5
书店	1.7	客运站、会展中心、公共厕所、航站楼	3.0

（二）计算注意事项

（1）当 q_g 值大于该管段上按卫生器具额定流量累加所得流量值时，应按卫生器具给水额定流量累加所得流量值采用。

例如：某Ⅱ类宿舍中有一给水支管装在盥洗槽上，该支管上装有6个普通水龙头，该支管的设计秒流量按式（3-1）计算为

$$q_g=0.2\times2.5\sqrt{6}=0.2\times2.5\times2.45=1.225\text{L/s}$$

6个水龙头的流量累加值为：0.2×6=1.2L/s，应为本给水支管设计秒流量。

（2）如果计算值小于该管段上一个最大卫生器具给水额定流量时，应采用一个最大的卫生器具给水额定流量作为设计秒流量。

例如：在幼儿园建筑中只有一个普通水龙头的管段，该支管的设计秒流量按公式（3-1）计算为

$$q_g=0.2\times1.2\sqrt{2.2}=0.2\times1.2\times1.48=0.2\times1.779=0.356\ \text{L/s}$$

一个普通水龙头额定流量为：0.44 L/s，应为本给水支管起始流量。

这种现象多出现在起始管段、单个给水器具当量值大于1的情况。

（3）给水管段上有大便器延时自闭式冲洗阀的设计秒流量计算，这时大便器延时自闭式冲洗阀的给水当量均以0.5计，计算得到的流量值附加1.10L/s后，为该管段的给水设计秒流量，采用式（3-2）计算

$$q_g=0.2\alpha\sqrt{N_g}+1.1 \tag{3-6}$$

式中 q_g——计算管段的给水设计秒流量，L/s；

N_g——计算管段的卫生器具给水当量总数（大便器延时自闭式冲洗阀的给水当量均以0.5计）；

1.1——流量附加值，L/s。

例如：某门诊部厕所内设有两个洗涤盆和两个大便器配自闭式冲洗阀，分布在一给水支管上，求该给水支管起始秒流量，应采用公式（3-2）计算

$$q_g=0.2\times1.4\sqrt{2.0\times2+0.5\times2}+1.1=1.73\text{L/s}$$

采用1.73L/s为该支管起始设计流量。

（4）综合楼的α值和k值应按加权平均法计算，即

$$\alpha=\frac{\alpha_1N_1+\alpha_2N_2+\cdots+\alpha_nN_n}{\Sigma N} \tag{3-7}$$

$$k=\frac{k_1N_1+k_2N_2+\cdots+k_nN_n}{\Sigma N} \tag{3-8}$$

式中 α——综合楼总引入管的α值；

k——综合楼总引入管的k值；

N——综合楼给水当量总数；

α_1、α_2、…、α_n——综合楼内不同用途部分的α值；

k_1、k_2、…、k_n——综合楼内不同用途部分的k值；

N_1、N_2、…、N_n——综合楼内不同用途部分的给水当量数。

三、宿舍（Ⅲ、Ⅳ类）、工业企业生活间、公共浴室、洗衣房、公共食堂、实验室、影剧院、体育场等公共建筑的生活给水管道设计秒流量计算

宿舍（Ⅲ、Ⅳ类）、工业企业生活间、公共浴室、洗衣房、公共食堂、实验室、影剧院、体育场等公共建筑的密集型生活给水管道设计秒流量计算公式为

$$q_g=\Sigma q_0n_0b \tag{3-9}$$

式中 q_g——计算管段的给水设计秒流量，L/s；

q_0——同类型的一个卫生器具给水额定流量，L/s；

n_0——同类型卫生器具数；

b——卫生器具同时给水百分数，应按表 3-6～表 3-9 采用。

表 3-6 宿舍（Ⅲ、Ⅳ类）、工业企业生活间、公共浴室、洗衣房卫生器具同时给水百分数

卫生器具名称	宿舍（Ⅲ、Ⅳ类）	工业企业生活间	公共浴室	影剧院	体育场馆
洗涤盆（池）	30	33	15	15	15
洗手盆	—	50	50	50	70（50）
洗脸盆、盥洗槽水嘴	60～100	60～100	60～100	50	80
浴盆	—	—	50	—	—
无间隔淋浴器	100	100	100	—	100
有间隔淋浴器	80	80	60～80	（60～80）	（60～100）
大便器冲洗水箱	70	30	20	50（20）	70（20）
大便槽自动冲洗水箱	100	100	—	100	100
大便器自闭式冲洗阀	2	2	2	10（2）	15（2）
小便器自闭式冲洗阀	10	10	10	50（10）	70（10）
小便器（槽）自动冲洗水箱	—	100	100	100	100
净身盆	—	33	—	—	—
饮水器	—	30～60	30	30	30
小卖部洗涤盆	—	—	50	50	50

注 1. 表中括号内的数值系电影院、剧院的化妆间，体育场馆的运动员休息室使用。
2. 健身中心的卫生间，可采用本表体育场馆运动员休息室的同时给水百分率。

表 3-7 公共饮食业卫生器具和设备同时给水百分数

卫生器具和设备名称	同时给水百分数	卫生器具和设备名称	同时给水百分数
污水盆（池）、洗涤盆（池）	50	小便器	50
洗手盆	60	煮 锅	60
洗脸盆	60	生产性洗涤机	40
淋浴盆	100	器皿洗涤机	90
大便器冲洗水箱	60	开水器	90

表 3-8 实验室卫生器具同时给水百分数

卫生器具名称	同时给水百分数		卫生器具名称	同时给水百分数	
	科学研究实验室	生产实验室		科学研究实验室	生产实验室
单联化验龙头	20	30	双联或三联化验龙头	30	50

表 3-9　影剧院、体育场、游泳池卫生器具同时给水百分数

卫生器具和设备名称	同时给水百分数		卫生器具和设备名称	同时给水百分数	
	电影院、剧院	体育场、游泳池		电影院、剧院	体育场、游泳池
洗手盆	50	70	小便器手动冲洗阀	50	70
洗脸盆	50	80	小便器自动冲洗水箱	100	100
淋浴器	100	100	小便槽多孔冲洗管	100	100
大便器冲洗水箱	50	70	小卖部的污水盆（池）	50	50
大便器自闭式冲洗阀	10	15	饮水器	30	30
大便槽自动冲洗水箱	100	100			

在用式（3-9）计算中，如计算值小于该管段上一个最大卫生器具给水额定流量时，应采用一个最大的卫生器具给水额定流量作为设计秒流量。

第三节　建筑给水管道水力计算

建筑给水管道水力计算的目的在于经济合理地确定室内给水管网中各管段的管径，各管段通过设计流量时所产生的压力损失值，确定给水系统所需水压，复核室外给水管网的水压能否满足室内用水要求，以确定给水方式和增压措施。

计算中应尽可能利用室外管网所提供的水压及满足室内管网中最不利配水点的水压要求。

室内给水管道水力计算是在绘出室内管道平面布置图和系统图后进行的。

一、给水管道管径计算

在求得管网中各设计管段的设计流量后，可根据水力学中流量公式计算管径

$$d=\sqrt{\frac{4q_g}{\pi v}} \tag{3-10}$$

式中　d——管径，m；

q_g——管段设计秒流量，m^3/s；

v——管道中选定的流速，m/s。

由公式可知只要选定了设计流速，便可求得管径 d。

管道中设计流速应根据节省工程造价和节省运行管理费用，以及建筑对噪声要求等因素，经过经济技术比较后确定。

给水管道的水流速度，应符合下列规定：

（1）生活或生产给水管道内的水流速度，不宜大于 2.0m/s。

当有防噪声要求，且管径小于或等于 25mm 时，生活给水管道内的水流速度可采用 0.8～1.0m/s。

（2）消火栓系统消防给水管道的水流速度不宜大于 2.5m/s。

（3）自动喷水灭火系统给水管道的水流速度，应符合现行的国家标准《自动喷水灭火系统设计规范》的要求。

一般情况下推荐采用流速：干管 v=1.2～2.0m/s；支管 v=0.8～1.2m/s，并且结合室外给水管道所能提供的压力在取值范围内确定，压力较大可选用流速值的上限，反之选下限。

二、给水管道压力损失计算

给水管道的压力损失包括沿程阻力压力损失和局部压力损失之和，建筑给水管道一般采用塑料管、钢管和铸铁管。

（一）管道沿程压力损失按下式计算

$$h_f = iL \tag{3-11}$$

式中 h_f——计算管段的沿程压力损失，kPa；

i——管段单位长度压力损失，kPa/m；

L——计算管段长度，m。

在计算中，管道单位长度沿程压力损失 i 的数值可以从水力计算表中查得，附录 3 为塑料给水管水力计算表；附录 4 为钢管水力计算表；附录 5 为给水铸铁管水力计算表。表中给出了设计流量 q_g、管径 d、流速 v 和单位长度沿程压力损失 i 四个参数间的关系，已知其中两个参数，便可查得其他两个参数。

（二）由于建筑给水管道上设有许多给水配件及管道附件，所以还应计算管道的局部压力损失，其数值的计算可按水力学中局部阻力计算公式确定

在实际室内给水管道局部水头损失计算时，由于管件数量很多，不做逐个计算，而是按不同给水系统沿程水头损失的百分数采用，其值如下；

（1）生活给水管网为 25%～30%。

（2）生产给水管网，生活、消防共用给水管网，生活、生产、消防共用给水管网均为 20%。

（3）消火栓系统消防给水管网为 10%。

（4）生产、消防共用给水管网为 15%。

三、管道水力计算的方法和步骤

由于给水管网可为树状或环状、上行或下行的差异，确定计算管道的方法也有所不同。下面我们着重介绍一下树状管网水力计算的方法和步骤。

作为树状管网，可将最常用的给水方式分为下面两种类型进行水力计算，现分述如下：

1. 下行上给的给水方式

（1）根据具体情况选择给水方式。

（2）根据建筑图上的卫生器具的分布，建筑功能综合要求及图中提供的空间，布置给水管道，并绘制其平面和系统图。

（3）对管网中的节点进行编号，并标明由绘图比例确定的管段长度。

（4）把管网各个末端拟定为不利点，试算后比较来确定整个系统的最不利点。

（5）从室外管线和室内引入管的节点至最不利点的给水管路作为计算路。

（6）按建筑物性质及已提供的公式计算各管段的设计秒流量。

（7）进行水力计算，在允许范围内确定流速，计算设计管路中各管段的直径和水头损失；管网中其他管段管径和水头损失也按（4）～（7）进行确定。如选用水表，应计算出水表的压力损失。

（8）确定建筑物所需的总水头并与城市给水系统提供的资用水头比较，确定选用的给水方式。

具体方法见［例 3-1］。

【例 3-1】 已知室外给水管网供水压力为 0.25MPa，引入管起端标高为−1.80m（以室内地坪为±0.00m），采用的管材为镀锌钢管。试进行某Ⅱ类宿舍盥洗间给水管道水力计算。图 3-1 为盥洗间给水系统图。

解 计算步骤如下：

(1) 根据给水系统图，确定最不利配水点为最上层管网末端配水龙头，即图中 1 点；确定 1 点至引入管起端 11 点之间管路作为计算管路。

(2) 对计算管路进行节点编号，如图 3-1 所示。

(3) 查表 1-1，算出各管段卫生器其给水当量总数。一个盥洗槽普通水龙头的给水当量数为 1.0。

(4) 选用设计流量计算式（3-5），计算各管段给水设计流量，即

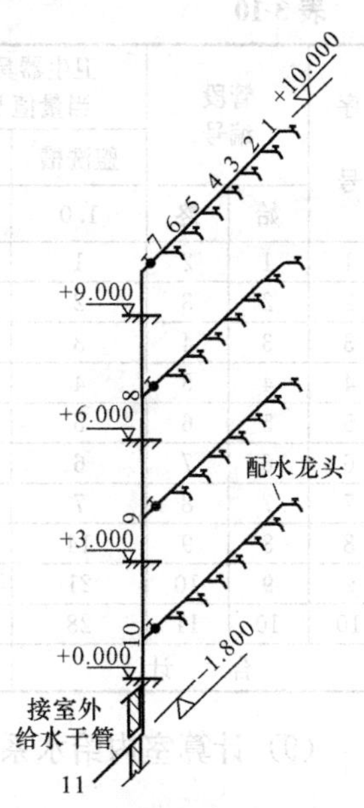

图 3-1 盥洗间给水系统图

$$q_g = 0.2\alpha\sqrt{N_g}$$

对于集体宿舍 $\alpha = 2.5$。

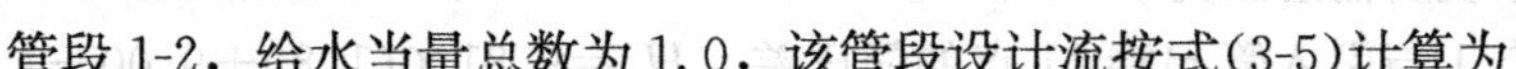

管段 1-2，给水当量总数为 1.0，该管段设计流按式(3-5)计算为

$$q_g = 0.2\times 2.5\sqrt{1.0} = 0.5 \ (\text{L/s})$$

其值大于该管段上卫生器其给水额定流量累加所得的流量值，按规定，应以该管段上盥洗槽的给水额定流量 0.2L/s 作为管段1-2的设计流量。

同理：

管段 2-3 $N_g = 2.0$ q_g 取 0.4L/s

管段 3-4 $N_g = 3.0$ q_g 取 0.6L/s

管段 4-5 $N_g = 4.0$ q_g 取 0.8L/s

管段 5-6 $N_g = 5.0$ q_g 取 1.0L/s

管段 6-7 $N_g = 6.0$ q_g 取 1.2L/s

管段 7-8 $N_g = 7.0$ $q_g = 0.2\times 2.5\sqrt{7.0} = 1.32$L/s

管段 8-9 $N_g = 14.0$ $q_g = 1.87$L/s

管段 9-10 $N_g = 21.0$ $q_g = 2.29$L/s

管段 10-11 $N_g = 28.0$ $q_g = 2.65$L/s

(5) 从系统图中按比例量出各设计管段长度 L。

(6) 根据各管段设计流量 q_g 和流速 v 查附录 3，确定各管段管径 d、管段单位长度的沿程压力损失 i 值。

(7) 按式（3-11）

$$h_f = iL$$

计算各管段的沿程压力损失值及计算管路沿程压力损失值。

(8) 将各种计算数据列于表 3-10 中。

表 3-10 ［例 3-1］数据列表

序号	管段编号		卫生器具名称、当量值及数量		总当量数 (N)	流量 Q (L/s)	管径 D (mm)	流速 v (m/s)	单位管长压力损失 i (Pa/m)	管长 L (M)	管段沿程压力损失 h (Pa)
	始	终	盥洗槽 1.0								
1	1	2	1		1.0	0.2	20	0.62	271.74	0.7	190.22
2	2	3	2		2.0	0.4	20	1.24	2580.03	0.7	1806.02
3	3	4	3		3.0	0.6	25	1.13	1559.79	0.7	1091.80
4	4	5	4		4.0	0.8	32	0.84	619.99	0.7	433.99
5	5	6	5		5.0	1.0	32	1.05	938.32	0.7	657.17
6	6	7	6		6.0	1.20	32	1.27	1324.35	0.7	927.05
7	7	8	7		7.0	1.32	40	1.05	776.95	3.7	2872.87
8	8	9	14		14.0	1.87	50	0.88	398.29	3.0	1194.87
9	9	10	21		21.0	2.29	50	1.08	580.75	3.0	1742.25
10	10	11	28		28.0	2.65	50	1.25	169.20	3.3	558.36
合计				$\Sigma h_f=11474.85\text{Pa}=11.475\text{kPa}$							

（9）计算室内给水系统所需总压力 H，按公式（1-1）计算。

$$H=9.81H_1+H_2+H_3+H_4+H_5$$

式中 H——室内给水系统所需总压力，kPa；

H_1——计算配水点 1 与引入管起端 11 点的静压差，$H_1=9.81\times(1.80+9.00+1.00)=115.76\text{kPa}$；

H_2——建筑内部给水管网沿程和局部水头损失之和，计算中取局部水头损失为沿程水头损失的 30%，则 $H_2=11.475\times(1+30\%)=14.92\text{kPa}$；

H_3——水表的水头损失，因管路中无水表，故 $H_3=0$；

H_4——最不利处配水点 1 所需流出水头，查表 1-1，水龙头的流出压力为 50kPa；

H_5——为不可预见因素留有余地而予以考虑的富裕水头，按 20kPa 计。

因此：

$$H=115.76+14.92+0+50+20=200.68\text{kPa}=0.200\text{MPa}$$

室外给水管网供水压力为 0.25MPa，大于室内给水系统所需总压力 0.200MPa，满足设计要求。

2. 上行下给的给水方式

在上行干管中，应选择要求压力最大的管路作为计算管路；如系统中设有水箱，求出的计算管路的总水头损失，由此确定水箱底的安装高度。

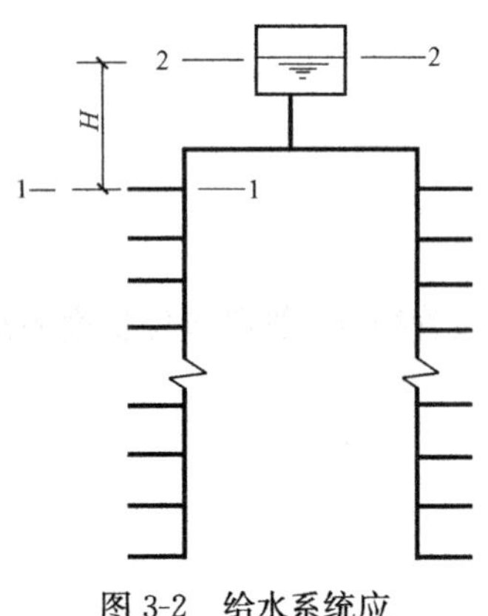

图 3-2 给水系统应具有的最低水压

低层建筑设置屋顶水箱或高层建筑在给水系统竖向分区时，不但要避免过大的水压，而且还应保证用水点所需最低水压，避免顶层给水配件处产生“负压回流”现象（即开启上层给水配件不但不出水，反而吸气）。当水箱高度 H 过小，水平总管径太小和下层不采取减压限流措施时，就容易产生上述现象。因此各分区水箱的设置高度，应根据最不利配水点所需的水压及管路压力损失计算决定。

根据图 3-2 分析其截面 1-1 和 2-2 能量关系可得出：

$$\frac{p}{\gamma}=H-\left(\frac{V^2}{2g}+\Sigma h\right)>0$$

才能避免负压回流现象的出现。一般分区水箱宜设置在该供水压2～3层以上，即给水系统最不利点的最小静压应具有70～100kPa（如供消防用水，应按消防要求计算）。

思考题与习题

3-1　如何选用设计流量计算公式？

3-2　室内给水系统水力计算的目的和要求是什么？

3-3　如何确定给水系统中最不利配水点和最不利管路？为什么要按最不利管路计算给水系统所需的水压？

3-4　试述室内给水系统水力计算的方法和步骤。

3-5　如何使用给水管道水力计算表？

3-6　下行上给式系统与上行下给式系统水力计算方法有什么不同？

3-7　已知一民用住宅，共60户，每户设有低水箱坐式大便器，一个阀开式洗脸盆，一个阀开式洗涤盆，一个阀开式浴盆各一个，求该住宅给水引入管设计流量（只设一条给水引入管）。

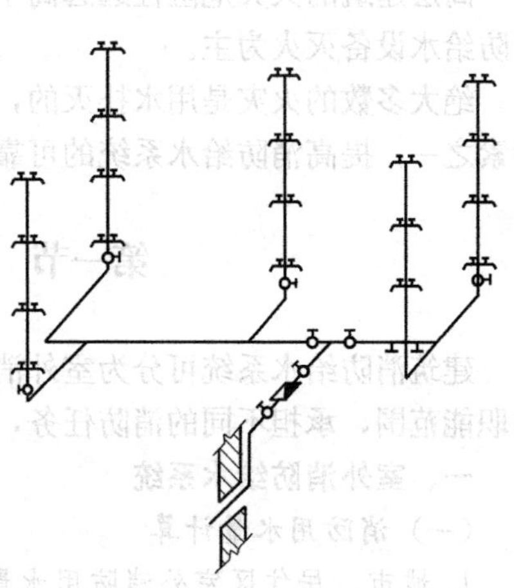

图3-3　习题3-8计算图示

3-8　如图3-3为某4层住宅楼。已知各层楼高为3.0m（包括楼板厚度），其中进户（包括室内至干管管段）长10m，横干管上各立管间距离（右侧自进户管接点算起）为3、7、6m。每根立管上支管为进各户支管供洗脸盆1个，坐便器1个，浴盆1个和厨房洗涤盆1个。室外给水管的最低工作水压为20mH$_2$O，试配管。

第四章　建筑消防给水系统

工业与民用建筑物，都存在一定程度的火灾险情，为此，应按有关规范配备消防设备，减少火灾损失，保障人民生命财产安全。

高层建筑的火灾危险性远远高于低层建筑，高层建筑消防应完全立足于自救，且以室内消防给水设备灭火为主。

绝大多数的火灾是用水扑灭的，是否有完善的消防给水设施是能够有效扑灭火灾的主要因素之一，提高消防给水系统的可靠性和完备功能是十分必要的。

第一节　建筑消防给水系统的分工

建筑消防给水系统可分为室外消防给水系统和室内消防给水系统，它们之间有明确的消防职能范围，承担不同的消防任务，又有紧密的衔接性、配合和协同工作关系。

一、室外消防给水系统

（一）消防用水量计算

1. 城市、居住区室外消防用水量

消防用水量与城市人口数量、建筑密度和建筑物的规模有关。随着城市人口数量的增加，建筑密度、建筑规模的增加，灭火难度相应提高，导致一次消防用水量增大。我国大多数城市消防队第一次出动到达火场，常出两支19mm水枪扑救初期火灾，每支水枪的平均出水量在5L/s以上，因此，室外消防用水量的起点流量不应小于10L/s，并以100L/s作为一次消防用水量的上限值基本能满足城镇要求，其室外消防用水量为同一时间内的火灾次数和一次灭火用水量的乘积，一般情况下由市政管网供应，超出上述上限用水量时，采用贮水池解决。

同一时间内的火灾次数和一次灭火用水量不应小于表4-1的规定。

表4-1　城镇、居住区室外消防用水量

人数（万人）	同一时间内的火灾次数（次）	一次灭火用水量（L/s）	人数（万人）	同一时间内的火灾次数（次）	一次灭火用水量（L/s）
≤1.0	1	10	≤40.0	2	65
≤2.5	1	15	≤50.0	3	75
≤5.0	2	25	≤60.0	3	85
≤10.0	2	35	≤70.0	3	90
≤20.0	2	45	≤80.0	3	95
≤30.0	2	55	≤100	3	100

注　城镇的室外消防用水量应包括居住区、工厂、仓库（含堆场、储罐）和民用建筑的室外消火栓用水量。当工厂、仓库和民用建筑的室外消火栓用水量按表4-2和表4-3计算，其值与按本表计算不一致时，应取其较大值。

2. 工厂、仓库和民用建筑的室外消防用水量

工厂、仓库和民用建筑的室外消防用水量应按同一时间火灾次数和一次灭火用水量确定，见表 4-2 和表 4-3。

表 4-2 建筑物的室外消火栓一次灭火用水量 L/s

耐火等级	建筑物名称及类别			建筑体积（m³）					
				V≤1500	1500<V≤3000	3000<V≤5000	5000<V≤20 000	20 000<V≤50 000	V>50 000
一、二级	工业建筑	厂房	甲、乙	15		20	25	30	35
			丙	15		20	25	30	40
			丁、戊	15					20
		仓库	甲、乙	15		25		—	
			丙	15		25		35	40
			丁、戊	15					20
	民用建筑	住宅		15					
		公共建筑	单层及多层	15			25	30	40
			高层	—			25	30	40
	地下建筑（包括地铁）、平战结合的人防工程			15			20	25	30
三级	工业建筑		乙、丙	15	20	30	40	45	—
			丁、戊	15			20	25	35
	单层及多层民用建筑			15		20	25	30	—
四级	丁、戊类工业建筑			15		20	25	—	
	单层及多层民用建筑			15		20	25		

注 1. 成组布置的建筑物应按消火栓设计流量较大的相邻两座建筑物的体积之和确定。

2. 火车站、码头和机场的中转库房，其室外消火栓设计流量应按相应耐火等级的丙类物品库房确定。

3. 国家级文物保护单位的重点砖木、木结构的建筑物室外消火栓设计流量、按三级耐火等级民用建筑物消火栓设计流量确定。

4. 当单座建筑的总建筑面积大于 500 000m² 时，建筑物室外消火栓设计流量应按本表规定的最大值增加一倍。

表 4-3 同一时间的火灾次数表

名称	基地面积（ha）	附有居住区人数（万人）	同一时间内的火灾次数	备注
工厂	≤100	≤1.5	1	按需水量最大的一座建筑物（或堆场、储罐）计算
		>1.5	2	工厂、居住区各一次
	>100	不限	2	按需水量最大的两座建筑物（或堆场、储罐）计算
仓库民用建筑	不限	不限	1	按需水量最大的一座刀过竹解物（或堆场、储罐）计算

注 采矿、选矿等工业企业，如分散基地有单独的消防给水系统时可分别计算。

（1）工厂、仓库和民用建筑在同一时间内的火灾次数不应小于表 4-3 的规定。

（2）建筑物的室外消火栓用水量，不应小于表 4-2 的规定。

(3) 一个单位有泡沫设备、带架水枪、自动喷水灭火设备，以及其他消防用水设备时，其消防用水量，应为将上述设备所需的全部消防用水量加上表 4-2 规定的室外消火栓用水量的 50%，但采用的水量不应小于表 4-2 的规定。

（二）室外消防管道

室外消防给水管道可采用高压管道、临时高压管道和低压管道。

1. 高压给水系统

管网内经常保持能够满足灭火用水所需的压力和流量，扑救火灾时，不需要启动消防水泵加压而直接进行灭火的消防给水系统。

例如，一些具备能满足建筑物室内外最大消防用水量及水压要求，发生水灾时可直接向灭火设备供水的高位水池等给水系统。

高压给水系统所需的条件苛刻，一般很难做到。城镇、工厂企业有可能利用地势设置高位消防水池，或由于生产需要设置集中高压水泵房的，可采用该系统，但无须刻意追求。

2. 临时高压给水系统

平时水压和流量不满足管网内最不利点灭火的需要，在水泵房（站）内设有消防水泵，着火时启动，使管网内的压力和流量达到灭火时要求。

临时高压给水系统是最常用的消防给水系统，一般由消防水池、消防水泵和稳压设施等组成。

采用变频调速水泵恒压供水的生活、生产与消防合用的给水系统，由于启用消防设备时需要消防水泵由变频转换为工频状态或需要启动其他水泵增加管道流量，故属于临时高压给水系统。

3. 低压给水系统

管网内平时的压力较低但不小于 0.1MPa，灭火需要的水压、流量由消防车或其他方式解决。

室外低压给水管道的水压，当生活、生产和消防用水量达到最大时不应小于 0.1MPa（从室外地面算起）。

生产、生活和消防共用给水系统，均应按生产、生活的最大用水量设置，保证满足最不利点消防用水的水压和水量；城镇、居住区、企业事业单位的室外消防给水管道，在有可能利用地势设置高位水池，或设置集中高压水泵房时，可以采用高压给水系统。在一般情况下，采用临时高压消防给水系统。

对于高层建筑，一般情况下，能直接采用室外高压或临时高压消防给水系统的很少见到。因此，常采用区域（即数幢或几幢建筑物）合用泵房加压或独立（即每幢建筑物设水泵房）的临时高压给水系统，保证室内消防系统的水压要求。

区域高压或临时高压的消防给水系统，可以采用室外或室内均为高压或临时高压的消防给水系统；也可以采用室内为高压或临时高压，而室外为低压消防给水系统。

（三）消防水源

消防水源，可以是市政或企业供水系统、天然水源或者是专设的消防水池。

1. 市政给水管网供消防用水

城镇、居住区、企业事业单位的室外消防给水，一般均采用低压给水系统（消防时管网中最不利点的供水压力不小于 0.1MPa），为了维护管理方便和节约投资，消防给水管道宜与生产、生活给水管道合并设计和使用。

2. 天然水源作为消防水源，直接供水

我国有些地区天然水源很丰富，且建筑物紧靠天然水源，该情况下可用天然水源作为消防用水水源。天然水源可以是江、河、湖、泊、池、塘等地表水，也可以是地下水。系统采用的天然水源，应符合下列要求：

(1) 水量，确保枯水期最低水位时的消防用水量，即保证常年有足够的水量（一般为25年一遇）。

(2) 水质，消防用水对水质虽无特殊要求，但必须无腐蚀、无污染和不含悬浮杂质，以便保证设备和管道畅通及不被腐蚀和污染，被油污染或含有其他易燃、可燃液体的水源不能作消防水源。

(3) 取水：必须使消防车易于靠近水源，必要时可修建取水码头或回车场等保障设施。消防车取水时的吸水高度不大于6m。当水井作为消防水源时，还应设置探测水井的水位测试装置。

(4) 防冻，寒冷地区应有可靠的防冻措施，使冰冻期内仍能保证消防用水。

3. 消防水池

消防水池是储存消防用水的设施，生活用水、生产用水也往往需要储备，因此，除独立设置的消防水池外，还可以合建。

当生产、生活用水量达到最大时，因市政给水管的管径小或区域进水管管径小，以及天然水不能保证供水时，导致室内外消防用水量无保障时；市政给水管道为树状或只有一条区域进水管，且消防用水量超过20L/或建筑高度超过50m；市政消防给水设计流量小于建筑内外消防给水设计流量。具有上述情况之一者应设消防水池。

用天然水源供消防用水，当其水位低、水量小或枯水季节不能保证供水时，也应设消防水池。

消防水池的设置应符合下列要求：

(1) 消防水池应设置取水口（井），且吸水高度不应大于6.0m；

(2) 取水口（井）与建筑物（水泵房除外）的距离不宜小于15m；

(3) 取水口（井）与甲、乙、丙类液体储罐等构筑物的距离不宜小于40m；

(4) 取水口（井）与液化石油气储罐的距离不宜小于60m，当采取防止辐射热保护措施时，可为40m。

4. 室外消防给水管道和室外消火栓

(1) 室外消防给水管道的布置要求。室外消防给水管道系指从市政给水干管接往居住小区、工厂区和公共建筑物的室外的消防给水管道。

1) 室外消防给水管网应布置成环状，以增加供水的可靠性能；除建筑高度超过54m的住宅外，或室外消火栓设计水量不超过20L/s时，可采用一路外消防供水。

2) 环状管网的输水干管（指环网中承担输水的主要管道）及向环状管网输水的输水管（指市政管网管向小区环网的进水管）均不小于两条，输水管中一条发生故障后，其余输水管仍应保证供应100%的生产、生活、消防用水量。

3) 管网上应设消防分隔阀门。阀门应设在管道的三通、四通处，三通处设两个、四通处设三个，皆设在下游侧，当两阀门之间消火栓的数量超过5个时，在管网上应增设阀门。

4）接市政消火栓的环状给水管网的管径不应小于 *DN*150，枝状管网的管径不宜小于 *DN*200，当城镇人口小于 2.5 万人时，接市政消火栓的给水管网的管径可适当减少，环状管网时不应小于 *DN*100，枝状管网时不宜小于 *DN*150。

（2）室外消火栓的布置要求。

1）室外消火栓应沿道路设置，道路宽度超过 60m 时，宜在道路两边设置消火栓，并宜靠近十字路口。

2）甲、乙、丙类液体储罐区和液化石油气罐罐区的消火栓，应设在防火堤外。但距罐壁 15m 范围内的消火栓，不应计算在该罐可使用的数量内。消火栓距路边不应超过 2m，距房屋外墙不宜小于 5m。

3）室外消火栓的间距不应超过 120m。

4）室外消火栓的保护半径不应超过 150m；在市政消火栓保护半径 150m 以内，如消防用水量不超过 15L/s 时，可不设室外消火栓。

5）室外消火栓的数量应按室外消防用水量计算决定，每个室外消火栓的用水量应按 10～15L/s 计算。

6）室外地上式消火栓应有一个直径为 150mm 或 100mm 和两个直径为 65mm 的栓口。

7）室外地下式消火栓应有直径为 100mm 和 65mm 的栓口各一个，并有明显的标志。

（3）室外消火栓规格，见表 4-4。

表 4-4　　室外消火栓规格

类别	参数					
	型号	公称压力（MPa）	进水口 *DN*（mm）	出水口（栓口）		计算出水量（L/s）
				口径	个数（个）	
地上式	SS100-1.0	1.0	100	65	2	10～15
				100	1	
	SS100-1.6	1.6	100	65	2	10～15
				100	1	
	SS150-1.0	1.0	150	65	2	15
				150	1	
	SS150-1.6	1.6	150	65	2	15
				150	1	
地下式	SX100×65-1.0	1.0	100	65	1	10～15
				100	1	
	SX100×65-1.6	1.6	100	65	1	10～15
				100	1	

二、低层建筑消火栓给水系统

对于九层及九层以下的住宅（包括底层设置商业服务网点的住宅）和建筑高度不超过 24m 的其他民用建筑以及建筑高度超过 24m 的单层公共建筑（建筑高度为建筑物室外地面到其女儿墙顶部或檐口的高度），单层、多层和高层工业建筑，按《建筑设计防火规范》（GB 50016—2014）设置 *DN*65 的室内消火栓。

(一) 下列建筑或场所应设置室内消火栓系统

(1) 建筑占地面积大于 $300m^2$ 的厂房和仓库。

(2) 高层公共建筑和建筑高度大于 21m 的住宅建筑。

注：建筑高度不大于 27m 的住宅建筑，设置室内消火栓系统确有困难时，可只设置干式消防竖管和不带消火栓箱的 *DN*65 的室内消火栓。

(3) 体积大于 $5000m^3$ 的车站、码头、机场的候车（船、机）建筑、展览建筑、商店建筑、旅馆建筑、医疗建筑和图书馆建筑等单、多层建筑；

(4) 特等、甲等剧场，超过 800 个座位的其他等级的剧场和电影院等以及超过 1200 个座位的礼堂、体育馆等单、多层建筑。

(5) 建筑高度大于 15m 或体积大于 $10\ 000m^3$ 的办公建筑、教学建筑和其他单、多层民用建筑。

(二) 不符合上述及符合上述规定同时满足下列条件的建筑或场所，可不设室内消火栓系统，但宜设置消防软管卷盘或轻便消防水龙

(1) 耐火等级为一、二级且可燃物较少的单、多层丁、戊类厂房（仓库）。

(2) 耐火等级为三、四级且建筑体积不大于 $3000m^3$ 的丁类厂房；耐火等级为三、四级且建筑体积不大于 $5000m^3$ 的戊类厂房（仓库）。

(3) 粮食仓库、金库、远离城镇且无人值班的独立建筑。

(4) 存有与水接触能引起燃烧爆炸的物品的建筑。

(5) 室内无生产、生活给水管道，室外消防用水取自储水池且建筑体积不大于 $5000m^3$ 的其他建筑。

(三) 国家级文物保护单位的重点砖木或木结构的古建筑、宜设置室内消火栓系统

(四) 人员密集的公共建筑、建筑高度大于 100m 的建筑和建筑面积大于 $200m^2$ 的商业服务网点内应设置消防软管卷盘或轻便消防水龙。高层住宅建筑的户内宜配置轻便消防水龙

三、高层建筑室内消火栓给水系统

对于下列新建、扩建和改建的高层建筑及其裙房，适用于《高层民用建筑设计防火规范》(GB 50045—2005)。

(1) 十层及十层以上的居住建筑（包括首层设置商业服务网点的住宅）。

(2) 建筑高度超过 24m 的公共建筑。

对于超过消防车能够直接有效扑救火灾高度范围的建筑物，其室内任何点火灾的扑救，主要依靠室内消防给水设备来完成。因此，高层和低层消防给水系统的划分主要取决于消防车的供水能力。消防车靠自带设备能够救火的建筑最大高度确定。

第二节 低层建筑室内消火栓给水系统

一、室内消防用水量

当建筑物室内设有自动喷水灭火系统、水喷雾灭火系统、泡沫灭火系统或固定消防炮灭火系统等一种或两种以上自动灭火系统全保护时，高层建筑当高度不超过 50m 且室内消火栓设计流量超过 20L/s 时，其室内消火栓设计流量可按表 4-5 减少 5L/s；多层建筑室内消

火栓设计流量可减少 50%，但不应少于 10L/s。

室内消火栓灭火系统的用水量与建筑类型、大小、高度、结构、耐火等级和生产性质有关。室内消火栓用水量应根据同时使用水枪数量和充实水柱长度，由计算决定，但不应小于表 4-5 的规定。

表 4-5　　室内消火栓用水量

<table>
<tr><th colspan="3">建筑物名称</th><th>高度 h（m）、层数、体积 V（m²）、座位数 m（个）、火灾危险性</th><th>消火栓设计流量（L/s）</th><th>同时使用消防水枪数（支）</th><th>每根竖管最小流量（L/s）</th></tr>
<tr><td rowspan="19">民用建筑</td><td rowspan="19">单层及多层</td><td rowspan="2">科研楼、试验楼</td><td>V≤10 000</td><td>10</td><td>2</td><td>10</td></tr>
<tr><td>V>10 000</td><td>15</td><td>3</td><td>10</td></tr>
<tr><td rowspan="3">车站、码头、机场的候车（船、机）楼和展览建筑（包括博物馆）等</td><td>5000<V≤25 000</td><td>10</td><td>2</td><td>10</td></tr>
<tr><td>25 000<V≤50 000</td><td>15</td><td>3</td><td>10</td></tr>
<tr><td>V>50 000</td><td>20</td><td>6</td><td>15</td></tr>
<tr><td rowspan="4">剧场、电影院、会堂、礼堂、体育馆等</td><td>800<n≤1200</td><td>10</td><td>2</td><td>10</td></tr>
<tr><td>1200<n≤5000</td><td>15</td><td>3</td><td>10</td></tr>
<tr><td>5000<n≤10 000</td><td>20</td><td>4</td><td>15</td></tr>
<tr><td>n≥10 000</td><td>30</td><td>6</td><td>15</td></tr>
<tr><td rowspan="3">旅馆</td><td>5000<V≤10 000</td><td>10</td><td>2</td><td>10</td></tr>
<tr><td>10 000<V≤25 000</td><td>15</td><td>3</td><td>19</td></tr>
<tr><td>V>25 000</td><td>20</td><td>4</td><td>15</td></tr>
<tr><td rowspan="3">商店、图书馆、档案馆等</td><td>5000<V≤10 000</td><td>15</td><td>3</td><td>10</td></tr>
<tr><td>10 000<V≤25 000</td><td>25</td><td>5</td><td>15</td></tr>
<tr><td>V>25 000</td><td>40</td><td>8</td><td>15</td></tr>
<tr><td rowspan="2">病房楼、门诊楼等</td><td>5000<V≤25 000</td><td>10</td><td>2</td><td>10</td></tr>
<tr><td>V>25 000</td><td>15</td><td>3</td><td>10</td></tr>
<tr><td>办公楼、教学楼、公寓、宿舍等其他建筑</td><td>高度超过 15m 或 V>10 000</td><td>15</td><td>3</td><td>10</td></tr>
<tr><td>住宅</td><td>21<h<27</td><td>5</td><td>2</td><td></td></tr>
<tr><td colspan="3" rowspan="2">国家级文物保护单位的重点砖木或木结构的古建筑</td><td>V≤10 000</td><td>20</td><td>4</td><td>10</td></tr>
<tr><td>V>10 000</td><td>25</td><td>5</td><td>15</td></tr>
<tr><td colspan="3" rowspan="4">地下建筑</td><td>V<10 000</td><td>10</td><td>2</td><td>10</td></tr>
<tr><td>1000<V≤10 000</td><td>20</td><td>4</td><td>15</td></tr>
<tr><td>10 000<V≤25 000</td><td>30</td><td>6</td><td>15</td></tr>
<tr><td>V≥25 000</td><td>40</td><td>8</td><td>20</td></tr>
</table>

续表

	建筑物名称	高度 h (m)、层数、体积 V (m^2)、座位数 m (个)、火灾危险性	消火栓设计流量 (L/s)	同时使用消防水枪数 (支)	每根竖管最小流量 (L/s)
人防工程	展览厅、影院、剧场、礼堂、健身体育场所等	$V\leqslant1000$	5	1	5
		$1000<V\leqslant2500$	10	2	10
		$V>2500$	15	3	10
	商场、餐厅、旅馆、医院等	$V\leqslant5000$	5	1	5
		$5000<V\leqslant10\,000$	10	2	10
		$10\,000<V\leqslant25\,000$	15	3	10
		$V\leqslant25\,000$	20	4	10
	丙、丁、戊类生产车间、自行车库	$V\leqslant2500$	5	1	5
		$V\geqslant2500$	10	2	10
	丙、丁、戊类物品库房、图书资料档案库	$V\leqslant3000$	5	1	5
		$V>3000$	10	2	10

注 1. 丁、戊类高层厂房（仓库）室内消火栓的设计流量可按本表减少 10L/s，同时使用消防水枪数量可按本表减少 2 支。
2. 消防软管卷盘、轻便消防水龙及多层住宅楼梯间中的形式消防竖管，其消火栓设计流量可不计入室内消防给水设计流量。
3. 当一座多层建筑有多种使用功能时、室内消火栓设计流量应分别按本表中不同功能计算，且应取最大值。

二、室内消火栓给水系统的类型

1. 无加压泵和水箱的室内消火栓给水系统

此系统如图 4-1 所示，在建筑物高度不大，室外给水管网的水压和水量任何时候都能满足室内最不利点消火栓的设计水压和水量时常采用该类型。特点是常高压，消火栓打开即可用。

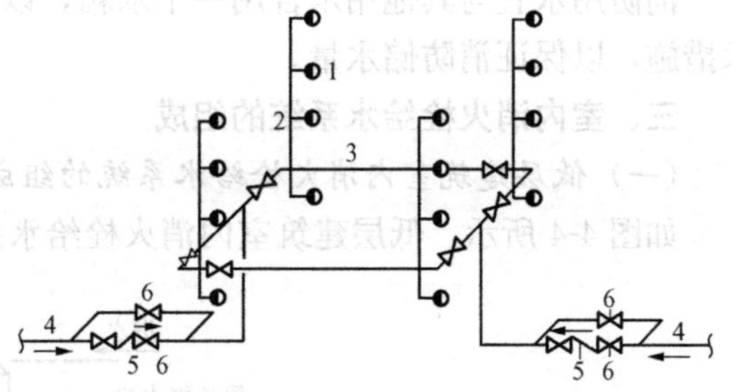

图 4-1 无加压泵和水箱的室内消火栓给水系统
1—室内消火栓；2—室内消防竖管；3—干管；4—进户管；5—止回阀；6—旁通管及阀门

2. 设有水箱的室内消火栓给水系统

设有水箱的室内消火栓给水系统如图4-2所示，常用在水压变化较大的城市和居住区，当生活、生产用水量达到最大时，室外管网不能保证室内最不利点消火栓的压力和流量，而当生活、生产用水量较小时，室内管网的压力又能较高出现，昼夜内间断地满足室内需求。因此，可常设水箱调节生活、生产用水量，同时又储存 10min 的消防用水量，10min 后，由消防车加压通过水泵接合器进行灭火。生活、生产、消防合用的水箱，应有保证消防用水不作他用的技术措施。水箱的安装高度应满足室内管网最不利点消火栓水压和水量的要求。

3. 设置消防泵和水箱的室内消火栓给水系统

设置消防泵和水箱的室内消火栓给水系统如图 4-3 所示。当室外给水管网的水压和水量经常不能满足室内消火栓给水系统的水压和水量要求，或室外采用消防水池作为消防水源时，室内应设置消防水泵加压，同时设置消防水箱。其设置高度应保证室内最不利点消火栓的水压，并在消火栓处设置远距离启动消防泵的按钮。

这种给水系统，生活、生产给水和消防给水宜分开设置水泵。此时水泵应保证供应生活、生产、消防用水的最大秒流量，并应满足室内管网最不利点消火栓的水压和水量。

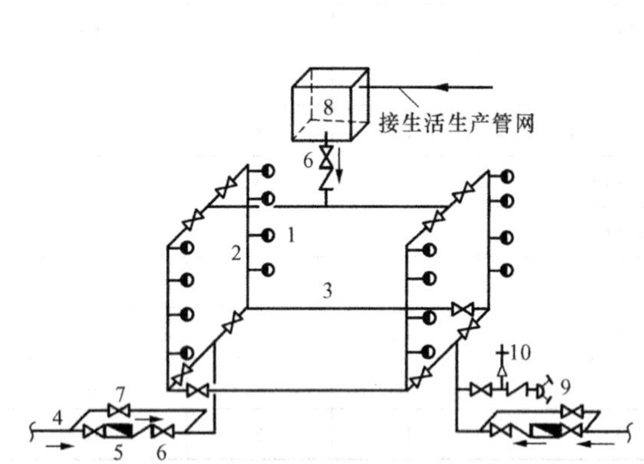

图 4-2 设有水箱的室内消火栓给水系统

1—室内消火栓；2—室内消防竖管；3—干管；4—进户管；5—水表；6—止回阀；7—旁通管及阀门；8—水箱；9—水泵接合器；10—安全阀

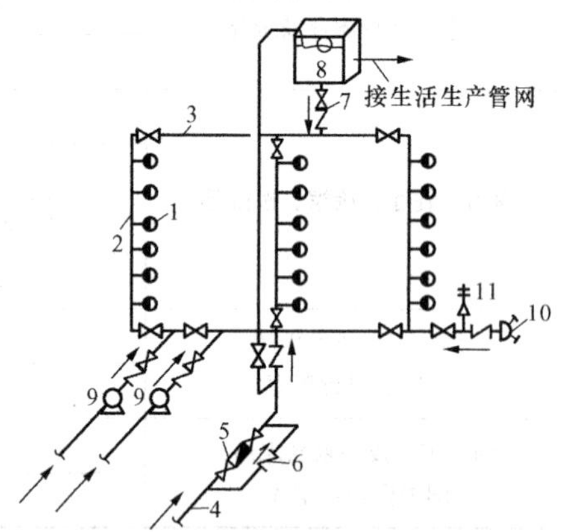

图 4-3 设置消防泵和水箱的室内消火栓给水系统

1—室内消火栓；2—室内消防竖管；3—干管；4—进户管；5—水表；6—止回阀；7—旁通管及阀门；8—水箱；9—消防水泵；10—水泵接合器；11—安全阀

消防用水宜与其他用水合用一个水箱，以防水质变坏，但必须有消防用水不被他用的技术措施，以保证消防储水量。

三、室内消火栓给水系统的组成

（一）低层建筑室内消火栓给水系统的组成

如图 4-4 所示，低层建筑室内消火栓给水系统通常由四部分组成：

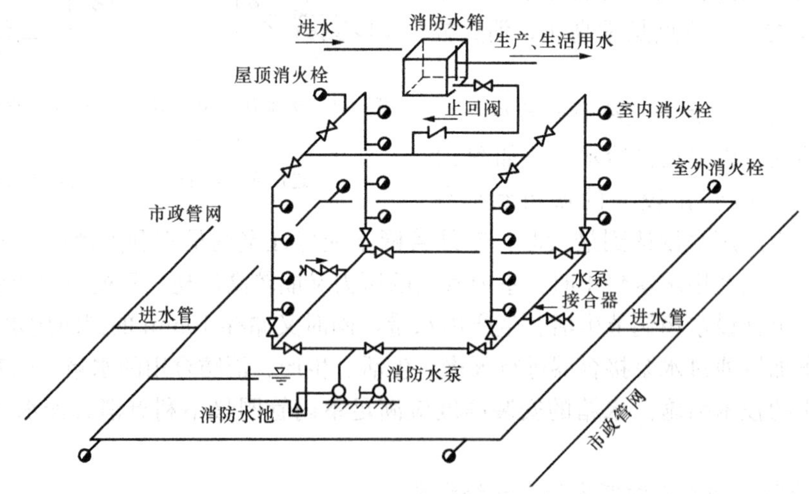

图 4-4 低层建筑室内消火栓给水系统的组成

(1) 消防供水水源——市政给水管网、天然水源、消防水池。

(2) 消防供水设备——消防水箱、消防水泵、水泵接合器。

(3) 室内消防给水管网——进水管、水平干管、消防立管等。

(4) 室内消火栓——水枪、水带、消火栓、消火栓箱等。

其中消防水池、消防水箱和消防水泵的设置需根据建筑物的性质、高度以及市政给水的供水情况而定。

(二) 室内消火栓给水系统的主要组件

1. 消火栓

消火栓有单阀和双阀之分，单阀消火栓又分单出口和双出口，双阀消火栓为双出口。一般情况下推荐使用单出口消火栓。单阀双出口消火栓一般情况下不用，特别在高层建筑中，双阀双出口消火栓除用在塔式住宅外，一般不宜采用。栓口直径有 *DN*50 和 *DN*65 两种：前者用于每支水枪最小流量为 2.5～5.0L/s，后者用于每支水枪最小流量大于 5.0L/s。

2. 水带

常用的有麻质水带、帆布水带和衬胶水带，口径有 *DN*50 和 *DN*65 两种，长度有 15m、20m 和 25m 三种。

3. 水枪

一般采用直流式，喷嘴口径有 13、16、19 三种、喷嘴口径 13mm 水枪配 *DN*50 水带，16mm 水枪可配 *DN*50 和 *DN*65 水带，用于低层建筑内。19mm 水枪配 *DN*65mm 水带，用于高层建筑中。

4. 消防卷盘（消防水喉设备）

消防软管卷盘（消防水喉）是在启用室内消火栓之前供建筑物内一般人员自救初期火灾的消防设施。它由 *DN*25 的小口径消火栓，内径 19mm 的胶带和口径不小于 6mm 的消防卷盘喷嘴组成。

通常将消火栓水枪和水带按要求配套置于消火栓箱内，需要设置消防卷盘时，可按要求配套单独装入一箱内或将以上四种组件装于一个箱内，如图 4-5 所示。

5. 水泵接合器

消防水泵接合器是消防队使用消防车从室外水源或市政给水管取水，向室内管网供水的接口。

水泵接合器一端与室内消防给水管道连接，另一端可供消防车加压向室内管网供水。水泵结合器有地上、地下和墙壁式三种，如图 4-6 所示。

四、室内消火栓给水系统的布置及要求

(一) 室内消防给水管道

建筑物内的消防给水系统单独设置或和其他给水系统合并，应根据建筑物的性质和使用要求确定。

单独消防系统的给水管一般采用非镀锌钢管（水煤气钢管）或给水铸铁管。与生活、生产给水系统合用时，采用镀锌钢管或给水铸铁管。

室内消防给水管道布置要求：

(1) 下列消防给水应采用环状给水管网；

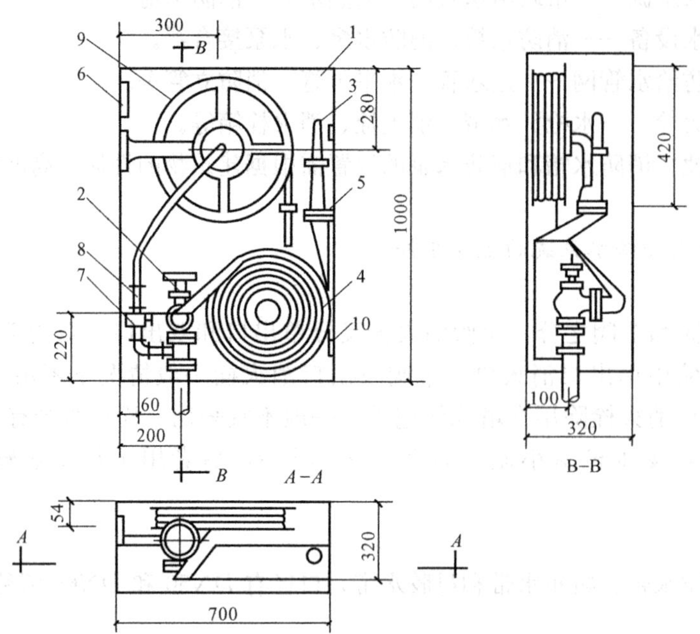

图 4-5 室内消火栓、消防卷盘组合型安装图

1—消火栓箱；2—消火栓；3—水枪；4—水龙带；5—接扣；
6—消防按钮；7—闸阀；8—软管；9—消防软管和卷盘；10—合页

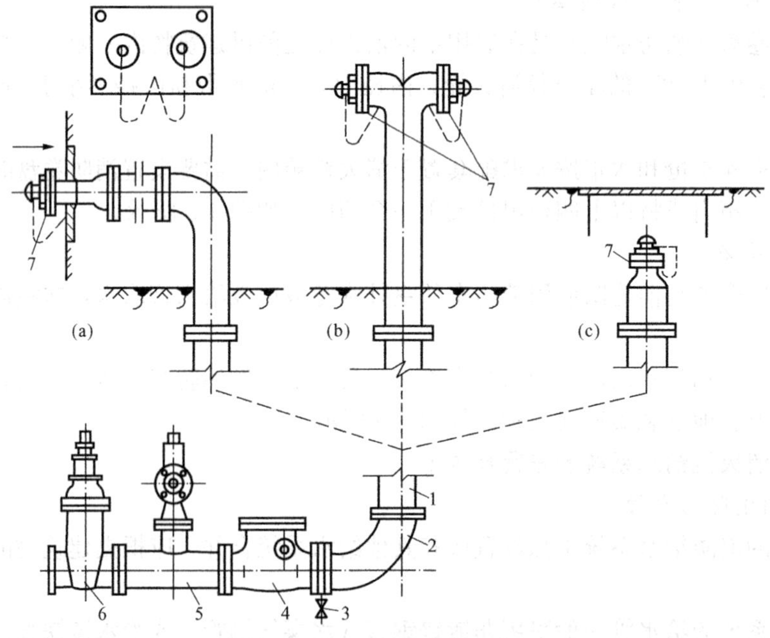

图 4-6 消防水泵接合器

（a）SQB 型壁式；（b）SQ 型地上式；（c）SQX 型地下式

1—法兰接管；2—弯管；3—放水阀；4—升降式止回阀；5—安全阀；6—楔式闸阀；7—进水用消防接口

1）向两栋或两座及以上建筑供水时；

2）向两种及以上水灭火系统供水时；

3）采用设有高位消防水箱的临时高压消防给水系统时；

4）向两个及以上报警阀控制的自动水灭火系统供水时。

室内消火栓超过 10 个且室内消防用水量大于 20L/s 时，室内消防给水管道至少应有两条进水管与室外环状管网连接，并应将室内管道连成环状或进水管与室外管道连成环状。不满足上述条件时可以布置成枝状。当环状管网的一条进水管发生事故时，其余的进水管应仍能供应全部用水量。

七至九层的单元住宅和不超过 8 户的通廊式住宅，给水管可为枝状，进水管可用一条。

（2）超过六层的塔式和通廊式住宅，超过五层或体积超过 10 000m^3 的其他民用建筑，超过四层的厂房和库房，当室内消防竖管为两根或多于两根时，应至少每两根竖管相连组成环状管道。

每条竖管的直径应按最不利点消火栓出水并根据表 4-5 规定的流量确定。其具体做法是查表 4-5，根据建筑物的名称和规模（高度、层数、体积等）确定每根竖管最小流量。当每根竖管最小流量分别不小于下列值时：

1）5.0L/s 时，按最上一层消火栓出水进行计算竖管管径。

2）10.0L/s 时，按最上二层消火栓出水进行计算竖管管径。

3）15.0L/s 时，按最上三层消火栓出水进行计算竖管管径。

（3）高层工业建筑室内消防竖管应成环状，且管道的直径不应小于 100mm。

（4）室内消防给水管道应用消防阀门分成若干独立段。某段消防给水管道损坏时，停止使用的消火栓数量每层不应超过 5 个。

多层建筑及高层工业建筑室内的某段给水管道损坏时，关闭的竖管不应超过 1 条（立管总数超过 3 条时，可关闭不相邻的 2 条）。阀门应经常处于开启状，并应有明显的启闭标志。

（5）室内消火栓给水管网与自动喷水灭火设备的管网宜分开设置，如有困难，应在报警阀前分开设置。

（6）消防用水与其他用水合并的室内管道，当其他用水达到最大秒流量时，应能供应全部消防用水量。但其中淋浴用水量可按计算用水量的 15%计算，洗刷用水量可不计算在内。

（7）室外环状给水管网能保证室内消防用水要求时，可直接从室外消防给水管网取水，但应经当地市政部门同意。若室外管网能满足消防流量要求，而不能满足水压要求，需设加压水泵时，消防水泵也可直接从室外消防管网取水，加压后供应室内消防用水，可不设置调节水池。

（8）消防引入管上设置的计量装置，不应降低引入管的过水能力。水表的额定流量，应按生活、生产用水量的最高日最大小时流量和消防最大秒流量之和计算，并用生活用水和生产用水平均小时流量的 6%～8%校核水表的灵敏度。

水表两侧和水表的旁通管上应设阀门，以确保水表检修时能通过消防用水。若旁通管上的阀门在火警时能自动开启，则水表可按生活用水和生产用水的需要进行选择。

（9）消防给水管要注意管道的防冻。对于敷设在寒冷地区室温低于 4℃场所（包括厂房、库房等）的管道，应采取防冻措施。如采用干式系统，在进水管上应设快速开启阀（如蝶阀），管道最高处应设排气阀，最低处应设放空阀，平时将管网放空。

（10）消防管道安装完成后的水压试验压力为 1.5 倍工作压力，试验压力表应位于系统或试验部分的最低部位。

（二）室内消火栓

（1）室内消火栓的选型应根据使用者，火灾危险性、火灾类型和不同灭火功能等因素综合确定。

（2）室内消火栓的配置应符合下列要求：

1）应采用 *DN*65 室内消火栓。并可与消防软管卷盘或轻便水龙设置在同一箱体内；

2）应配置公称直径 65 有内衬里的消防水带、长度不宜超过 25.0m；消防软管卷盘应配置内径不小于 ϕ19 的消防软管，其长度宜为 30.0m；轻便水龙应配置公称直径 25 有内衬里的消防水带，长度宜为 30.0m；

3）宜配置当量喷嘴直径 16mm 或 19mm 的消防水枪，但当消火栓设计流量为 2.5L/s 时宜配置当量喷嘴直径 11mm 或 13mm 的消防水枪；消防软管卷盘和轻便水龙应配置当量喷嘴直径 6mm 的消防水枪。

（3）设置室内消火栓的建筑，包括设备层在内的各层均应设置消火栓。

（4）消防电梯前室应设置室内消火栓，并应计入消火栓使用数量。

（5）建筑室内消火栓的设置位置应满足火灾扑救要求，并应符合下列规定：

1）室内消火栓应设置在楼梯间及其休息平台和前室、走道等。明显易于取用，以及便于火灾扑救的位置；

2）住宅的室内消火栓宜设置在楼梯间及其休息平台；

3）汽车库内消火栓前设置不应影响汽车的通行和车位的设置，并应确保消火栓的开启；

4）同一楼梯间及其附近不同层设置的消火栓、其平面位置宜相同；

5）冷库的室内消火栓应设置在常温穿堂或楼梯间内。

（6）建筑室内消火栓栓口的安装高度应便于消防水龙带的连接和使用，其距地面高度宜为 1.1m；其出水方向应便于消防水带的敷设，并宜与设置消火栓的墙面成 90°角或向下。

（7）设有室内消火栓的建筑应设置带有压力表的试验消火栓、其设置位置应符合下列规定：

1）多层和高层建筑应在其屋顶设置、严寒、寒冷等冬季结冰，地区可设置在顶层出口处或水箱间内等便于操作和防冻的位置。

2）单层建筑宜设置在水力最不利处，且应靠近出入口。

（8）室内消火栓宜按直线距离计算其布置间距，并应符合下列规定：

1）消火栓按 2 支消防水枪的 2 股充实水柱布置的建筑物，消火栓的布置间距不应大于 30.0m；

2）消火栓按 1 支消防水枪的干股充实水柱布置的建筑物，消火栓的布置间距不应大于 50.0m。

3）消火栓的保护半径：

消火栓的保护半径可按公式（4-1）计算

$$R = L_d + L_s \tag{4-1}$$

$$L_s = S_k \times \cos\alpha \tag{4-2}$$

式中　R——消火栓的保护半径，m；

L_d——水带敷设长度，m，每根水带长度不应超过 25m，否则应乘以水带的转弯曲折系数 0.8；

L_s——水枪充实水柱在平面上的投影长度；

S_k——所需水枪的喷射充实水柱长度，m；

α——水枪倾角，一般为 45°～60°。

4）消火栓的间距。

室内消火栓间距应由计算确定，并且高层工业建筑，高架库房，甲、乙类厂房，室内消火栓的间距不应超过 30m；其他单层和多层建筑室内消火栓的间距不应超过 50m。

① 当室内宽度较小只有一排消火栓，并且要求有一股水柱达到室内任何部位时，其消火栓布置间距如图 4-7 所示，消火栓的间距按下式计算

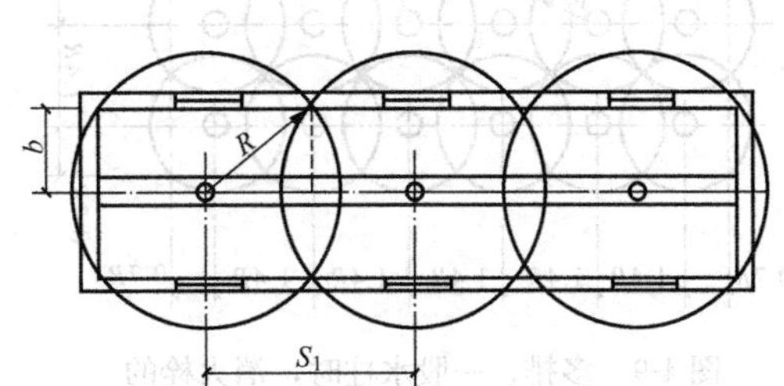

图 4-7　单排、一般水柱时，消火栓的布置间距

$$S_1=2\sqrt{R^2-b^2} \tag{4-3}$$

式中　S_1——1 股水柱时消火栓间距，m；

R——消火栓的保护半径，m；

b——消火栓的最长保护宽度，m。外廊式建筑：b=建筑物宽度；内廊式建筑：b=走道两侧中较大一边的宽度。

② 当室内只有一排消火栓，且要求有两股水柱同时达到室内任何部位时，其消火栓布置间距如图 4-8 所示，消火栓的间距按下式计算

$$S_2=\sqrt{R^2-b^2} \tag{4-4}$$

式中　S_2——两股水柱时消火栓间距，m。

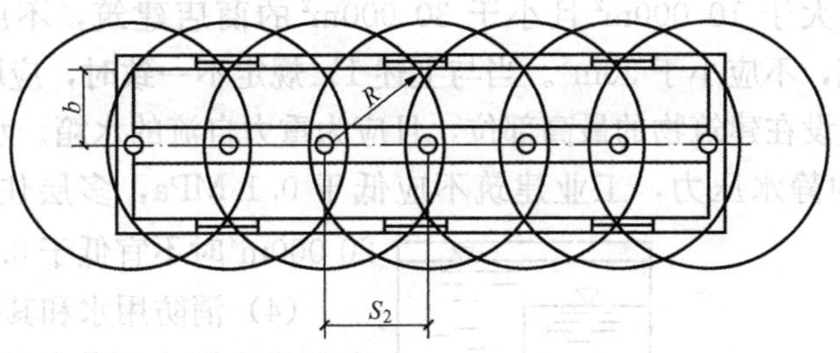

图 4-8　单排、两股水柱时，消火栓的布置间距

③ 当房间较宽，需要布置多排消火栓，且要求有一股水柱达到室内任何部位时，其消火栓间距可按图 4-9 布置。

④ 当室内需要布置多排消火栓，且要求有两股水柱达到室内任何部位时，可按图 4-10 布置。

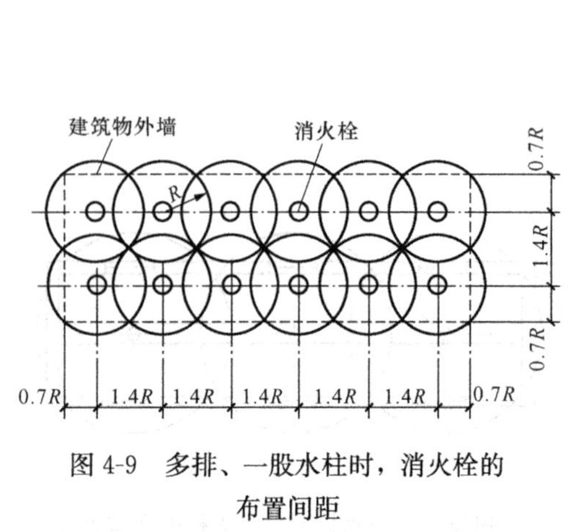

图 4-9 多排、一股水柱时，消火栓的布置间距

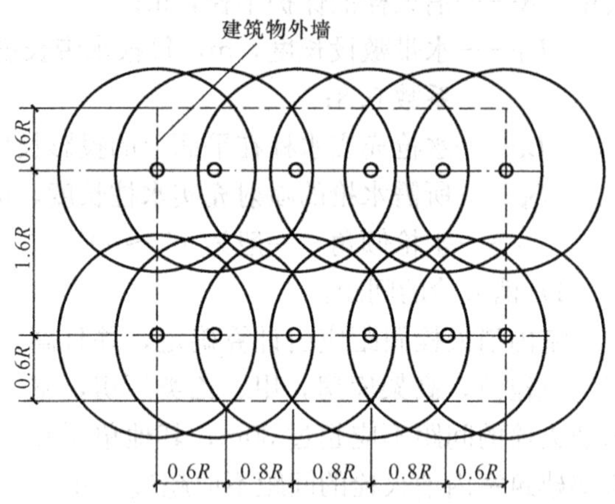

图 4-10 多排、两股水柱时，消火栓的布置间距

（9）消火栓栓口动压不应大于 0.5 MPa，消防水枪充实水柱长度按 10m 计算。厂房、库房和净空高度大于 8m 的民用建筑消火栓栓口不应小于 0.35 MPa，消防水枪充实水柱长度按 13m 计算。当消火栓栓口动压大于 0.7 MPa 时必须设置减压装置。

（三）消防水箱

（1）低层建筑物的室外消防给水系统为常高压给水系统，当即能保证建筑物内最不利消火栓和自动喷水灭火系统等的水量和水压时，可不设消防水箱。设置临时高压给水系统的建筑物，应设消防水箱（或气压水罐）。

（2）临时高压消防给水系统的高位消防水箱的有效容积应满足初期火灾消防用水量的要求，并应符合以下规定：

1）建筑高度大于 21m 的多层住宅，不应小于 $6m^3$。

2）工业建筑室内消防设计流量当小于或等于 25L/s 时，不应小于 $12m^3$。大于 25 L/s 时，不应小于 $18m^3$。

3）总建筑面积大于 10 000m^2 且小于 30 000m^2 的商店建筑，不应小于 $36m^3$。大于 30 000m^2 的商店建筑，不应小于 $50m^3$。当与上述 1）规定不一致时，应取较大值。

（3）消防水箱应设在建筑物的最高部位，且应为重力自流的水箱。水箱最低水位应满足灭火设施最不利点的静水压力，工业建筑不应低于 0.1 MPa，多层住宅、建筑体积小于 20 000m^3 时不宜低于 0.07MPa。

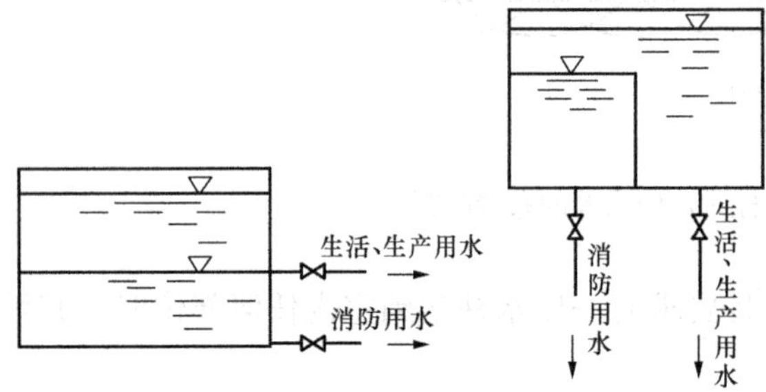

图 4-11 共用水箱消防及其他出水管的不同安装方式

（4）消防用水和其他用水合并的水箱，应有消防用水不作他用的技术措施，具体做法见图 4-11。

（5）消防水箱应利用生产或生活给水管补水，严禁采用消防水泵补水。

发生火灾后，由消防水泵供给的消防用水，不应进入消防水箱，以保证室内消火栓和自动喷水灭火系统等有足够的水压和水量。为此，在消防水箱的消防用水的出水管上，应设置止回阀，只允许水箱内的水进入消防管网，防止消防管网的水进入水箱。并且，止回阀设置的高度应保证其能正常工作。

（四）消防水池

（1）消防水池的设置条件。具有下列情况之一者应设消防水池：

1）当生产、生活用水量达到最大时，市政给水管网或入户管不能满足室内、室外消防给水设计流量；

2）当采用一路消防供水或只有一路入户引入管，且室外消火栓设计流量大于 20 L/s 或建筑高度大于 50m 时；

3）市政消防给水设计流量小于建筑室内外消防给水设计流量。

（2）消防水池的容量应满足在火灾延续时间内消防用水总量的要求。当消防水池有两条补水管，在火灾情况下能连续供水时，消防水池的容量可以减去火灾延续时间内补充的水量，该补水量应按管径较小的补水管计算。如水压不同时按补水量较小的补水管计算。当室外给水管网无资料时，补水量可按水池补水管（管径小的一条）管径在流速为 1.0m/s 时的流量计算。消防水池的最小容量不宜小于 $36m^3$。

（3）消防水池的补水时间不宜超过 48 小时，但缺水地区可延长到 96 小时。

（4）消防水池总容量超过 $500m^3$ 时，应分设成两个。

（5）供消防车取水的消防水池应设取水口或取水井，其水深应保证消防车的消防水泵吸入高度不超过 6.00m。

取水口或取水井的位置与被保护建筑的外墙距离不宜小于 15m；与甲、乙、丙类液体储罐的距离不宜小于 40m；与液化石油气储罐的距离不宜小于 60m，若有防止辐射热的保护设施时，可减为 40m。

（6）供消防车取水的消防水池，保护半径不应大于 150m。

（7）为防止生活、生产水质污染，消防水池一般与生活、生产、工艺用水储水池分开设置。当消防用水与其他用水共用水池时，应有确保消防用水不被动用的技术措施。还应采取防止水质变坏的措施。

（8）当消防水池是供二幢或二幢以上建筑物的消防用水时，其容量应满足消防用水量较大一幢建筑物的消防用水要求。

（9）利用游泳池、喷水池、循环冷却水池等专用水池兼作消防水池时，其功能除全部满足上述要求外，应保持全年有水、不得放空（包括冬季）。

（10）在寒冷地区的室外消防水池应有防冻措施。消防水池必须有盖板，盖板上须覆土保温；人孔和取水口设双层保温井盖。

（五）消防水泵

（1）当消防给水管网与生产、生活给水管网合用时，生产、生活、消防水泵的流量不小于生产、生活最大小时用水量和消防用水量之和。当消防给水管网与生产、生活给水管分别设置时，消防水泵的流量应不小于消防用水量。单台消防水泵的额定流量不应小于 10L/s，最大额定流量不应大于 320L/s。

（2）消防水泵的扬程应根据在满足消防用水量的前提下，保证最不利点消火栓所需水压值确定。

（3）消防水泵泵组的吸水管不应少于两条，其中一条损坏时，其余的吸水管应仍能通过全部用水量。高压和临时高压消防给水系统，其每台工作消防水泵应有独立的吸水管。

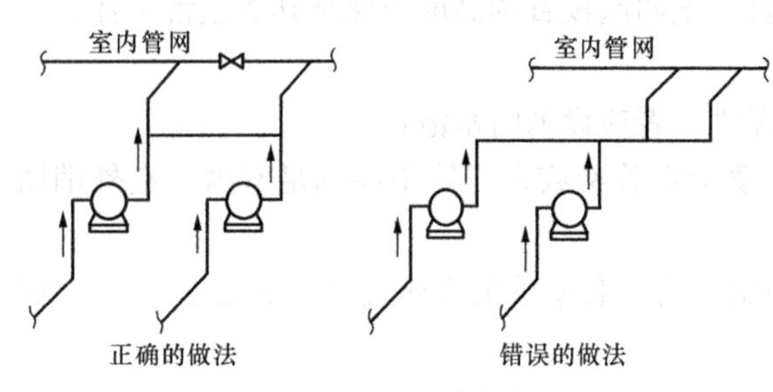

图 4-12 消防水泵组出水管与消防管网连接

(4) 消防水泵泵组应设不少于两条出水管与消防环状管网连接。当其中一条出水管检修时，其余的出水管应仍能供应全部用水量，见图 4-12。消防水泵的压水管上应设止回阀、闸阀（或蝶阀）以及试验和检查用的放水阀门和压力表。当管径大于 $DN300$ 时，应设置电动阀门。放水阀的口径为 $DN65$。

(5) 消防水泵宜采用自灌式引水，在自灌式引水的水泵吸水管上应装设阀门。当水泵从市政管网直接抽水时，应在水泵出水管上设置有空气隔断的导流防止器。

(6) 消防水泵所匹配驱动器的功率应满足所选水泵流量扬程性能曲线上任何一点运行所需功率要求。当采用电动机驱动的消防水泵时，应选择电动机干式安装的消防水泵。

(7) 当市政给水管网能满足消防时用水量要求，且市政部门同意水泵可从市政环形干管直接吸水时，消防泵应直接从室外给水管网吸水。

(8) 消防水泵应设备用泵，其工作能力不应小于一台主要泵。但符合下列条件之一时，可不设备用泵。

1) 建筑高度小于 54m 的住宅和室外消防给水设计流量小于 25 L/s 的建筑；

2) 室内消防给水设计流量小于 10L/s 的建筑。

(9) 消防水泵应保证在火警后 30s 内开始工作，并与动力机械直接连接以保证在火场断电时仍能正常运转。

(10) 水泵吸水管的流速可采用 1～1.2m/s（DN<250mm）或 1.2～1.6m/s（$DN\geqslant$250mm），水泵出水管的流速可采用 1.5～2.0m/s。

(11) 消防水泵房应设直通室外的出口，设在楼层上的消防水泵房应靠近安全出口。

(12) 消防水泵房宜设有与本单位消防队直接联络的通信设备。

（六）水泵接合器

(1) 下列场所的室内消火栓给水系统应设置消防水泵接合器。

1) 设有消防给水的住宅，超过五层的其他多层民用建筑；

2) 超过 2 层或建筑面积大于10 000m^2的地下或半地下建筑、室内消火栓设计流量大于10L/s 平战结合的人防工程；

3) 超过 4 层的多层工业建筑。

(2) 每栋建筑物的水泵接合器数量 n 按式（4-5）计算

$$n=\frac{Q}{q} \tag{4-5}$$

式中 n——水泵接合器的数量，个；

Q——室内消火栓消防用水量，L/s；

q——每个水泵接合器供水量，L/s，一般取 10～15L/s。

（3）设置位置。

1）水泵接合器应设在室外便于消防车接近、使用、不妨碍交通的地点。除墙壁式水泵接合器外，距建筑物外墙应有一定距离，一般不宜小于5m。

2）水泵接合器四周15～40m范围内，应有供消防车取水的室外消火栓或消防水池。

3）水泵接合器应与室内消防环网连接，在连接的管段上均应设止回阀、安全阀、闸阀和泄水阀。止回阀用于防止室内消防给水管网的水回流至室外管网。安全阀用于防止管网压力过高。

五、室内消火栓给水系统的水力计算

室内消火栓栓口的最低水压，按式（4-6）计算

$$H_{xh}=h_d+H_q=A_dL_dq_{xh}^2+\frac{q_{xh}^2}{B} \tag{4-6}$$

式中　H_{xh}——消火栓栓口的最低水压，kPa；

h_d——消防水带的水头损失，kPa；

H_q——水枪喷嘴造成一定长度的充实水柱所需水压，kPa；

A_d——水带的比阻，按表4-6采用；

L_d——水带的长度，m；

q_{xh}——水枪喷嘴射出流量，L/s；

B——水枪水流特性系数，见表4-7。

表4-6　水带的比阻 A_d 值

水带口径（mm）	水带的比阻 A_d 值	
	维尼龙帆布或麻质帆布水带	衬胶水带
50	0.150 1	0.067 7
65	0.043 0	0.017 2

表4-7　水枪水流特性系数 *B* 值

喷嘴直径（mm）	9	13	16	19	22	25
*B*值	0.007 9	0.034 6	0.079 3	0.158	0.283 4	0.472 7

表4-8　直流式水枪充实水柱与喷嘴压力、流量的关系

充实水柱 S_k（M）	不同喷嘴口径的压力和流量					
	13mm		16mm		19mm	
	压力（MPa）	流量（L/s）	压力（MPa）	流量（L/s）	压力（MPa）	流量（L/s）
6.0	0.079	1.7	0.078	2.5	0.074	3.5
7.0	0.094	1.8	0.090	2.7	0.088	3.8
8.0	0.110	2.0	0.103	2.9	0.103	4.1
9.0	0.127	2.1	0.123	3.1	0.118	4.3
10.0	0.147	2.3	0.137	3.3	0.132	4.6
11.0	0.167	2.4	0.157	3.5	0.147	4.9
11.3	—	—	—	—	0.154	5.0
11.5	0.177	2.5	—	—	—	—
12.0	0.186	2.6	0.172	3.8	0.167	5.2

续表

充实水柱 S_k（M）	不同喷嘴口径的压力和流量					
	13mm		16mm		19mm	
	压力（MPa）	流量（L/s）	压力（MPa）	流量（L/s）	压力（MPa）	流量（L/s）
12.5	0.211	2.7	0.191	4.0	0.181	5.4
13.0	0.235	2.9	0.216	4.2	0.201	5.7
13.5	0.260	3.0	0.235	4.4	0.221	6.0
14.0	0.289	3.2	0.260	4.6	0.240	6.2
15.0	0.324	3.4	0.284	4.8	0.265	6.5
15.5	0.363	3.6	0.314	5.1	0.289	6.8
16.0	0.407	3.8	0.348	5.3	0.319	7.1

【例 4-1】 某市有一幢长 38.28m、宽 14.34m、层高 2.8m 的八层集体宿舍楼，耐火等级为二级，建筑物体积为 12 000m³，平屋顶，室内消火栓灭火系统如图 4-13 所示。试确定系统各管段的管径及系统消防设计水压。

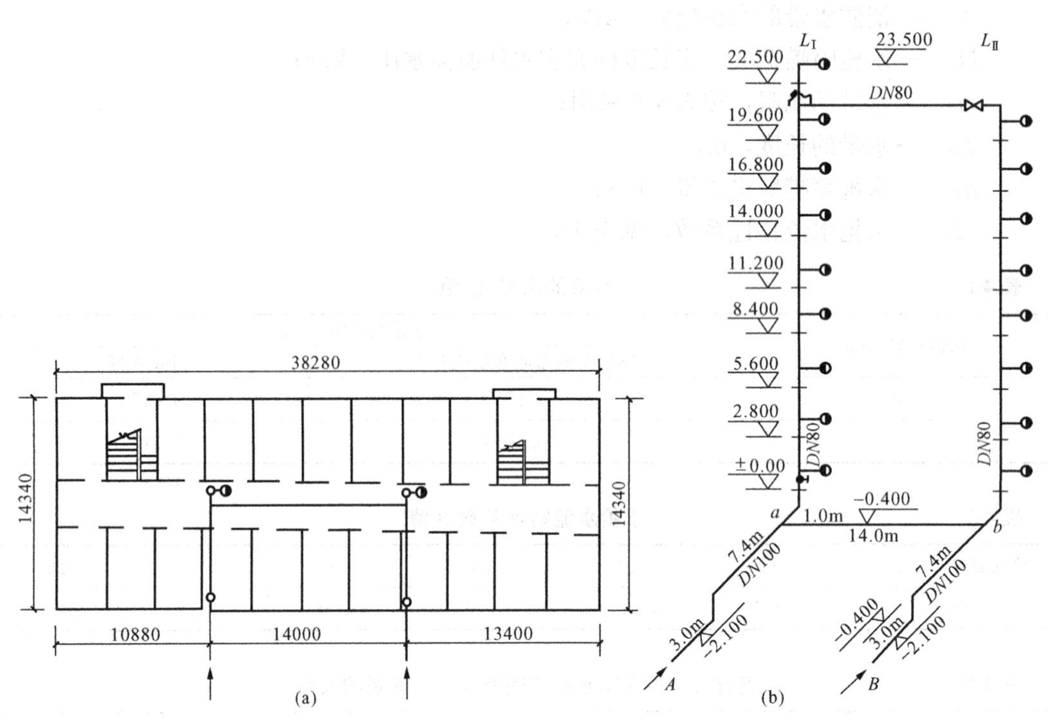

图 4-13 消火栓平面布置及系统图

（a）消火栓平面布置图；（b）消火栓系统图

已知系统用管材为低压流体输送用焊接钢管，SN65 直角单出口式室内消火栓，ϕ65 麻织水带，长度 25m，QZ65×19mm 直流式水枪，800× 650×200S163（甲型）钢制消火栓箱。

解 1. 消防设计流量的确定

本建筑属于其他类型建筑，从表 4-5 得：消火栓用水量为 15L/s，同时使用水枪数量为 3 支，每支水枪最小出流量为 5L/s，每根竖管最小流量为 10L/s。

由于本建筑层数超过六层，其充实水柱应大于等于 10m，据表 4-8 可知，选取喷嘴口径为 19mm 的消防水枪出流量为 5.0L/s，充实水柱为 11.3m。

2. 消火栓栓口处需用水压的确定

按式（4-6）确定消火栓栓口处需用水压为

$$H_{xh} = h_d + H_q = A_d L_d q_{xh}^2 + \frac{q_{xh}^2}{B} = 0.043 \times 25 \times 5.0^2 + \frac{5.0^2}{0.1577} = 185.40\text{kPa}$$

3. 系统压力损失的计算

（1）沿程压力损失的计算。为了供水安全，系统立管连成环状，但仍以枝状管网进行水力计算，并选定Ⅰ—a—b—B 为最不利计算管路。

将各计算值填入表 4-9 内。

（2）管路总压力损失为建筑消防给水管网沿程和局部水头损失之和，计算中取局部水头损失为沿程水头损失的 10%，则

$$\Sigma h = 49.62 \times (1 + 10\%) = 54.58\text{kPa}$$

表 4-9　消防系统水力计算表

序 号	管段号		管段设计流量（L/s）	管径（mm）	流速（m/s）	管道单位长度压力损失（kPa）	管段长度（m）	管段沿程压力损失（kPa）
	起	止						
1	Ⅰ	a	10	80	2.01	1.117	23.90	26.70
2	a	b	10	80	2.01	1.117	14.0	15.64
3	b	B	15	100	1.73	0.602	12.10	7.28
合 计	$\Sigma h_f = 49.62\text{kPa}$							

4. 系统所需总压力计算

$$H = 9.81H_1 + H_{xh} + \Sigma h = 9.81 \times (23.50 + 2.10) + 185.40 + 54.58 = 491.116\text{kPa}$$

第三节　高层建筑室内消火栓给水系统

不论何种形式的高层民用建筑，也不论何种情况（不能用水扑救的建筑部位除外）都必须规定设置室内、室外消火栓给水系统，在此基础上，还应按建筑类别和使用功能，再设置其他灭火系统，增加灭火的可靠性和完备性。

高层建筑是指十层及十层以上的居住建筑（包括首层设置商业服务网点的住宅）和建筑高度超过 24m 的公共建筑，其又可分为一类高层建筑与二类高层建筑，见表 4-10。当高层建筑的建筑高度超过 250m 时，建筑设计采取的特殊的防火措施，应提交国家消防主管部门组织专题研究、论证。

表 4-10　高层民用建筑分类

分类	一　类	二　类
住宅建筑	建筑高度大于 54m 的住宅建筑（包括设置商业服务网点的住宅）	建筑高度大于 27m 但不大于 54m 的住宅建筑（包括设置商业服务网点的住宅）

续表

分类	一 类	二 类
公共建筑	（1）建筑高度大于50m的公共建筑。 （2）建筑高度大于24m以上部分任一楼层建筑面积大于1000m²的商店、展览、电信、邮政、财贸金融建筑和其他多种功能组合的建筑。 （3）医院建筑、重要公共建筑。 （4）省级以上的广播电视和防灾指挥调度建筑、网局级和省级电力调度建筑。 （5）藏书超过100万册的图书馆、书库	除一类高层公共建筑以外的其他高层公共建筑

一、室内消防用水量

（1）高层建筑消火栓用水量，只能满足扑灭火灾的最低要求。根据我国《高层民用建筑防火规范》（GB 50045—2005），高层建筑消火栓给水系统室内外用水量见表4-11，不应低于表中规定（应按所需水枪射出的充实水柱长度计算，当小于表中规定值时，采用表中规定值）。

高层建筑的消火栓用水量，包括室内和室外用水量。室内用水量是供室内消火栓用来扑救建筑物初中期火灾的用水量，是保证建筑物消防安全所必须的最小水量；而室外用水量是供室外消防车支援室内扑救火灾时的用水量，控制和扑救高度50m以下部分的火灾。所以，计算室外给水管网通过的消防流量时，应为室内外消防流量的总和，但计算室内消防水量时不应将室内外消防流量相加，以免增加室内消防系统的投资。

（2）建筑物内设有消火栓、自动喷水、水幕和泡沫等灭火设备时，其室内消防用水量，应按实际需要同时开启的上述设备用水量之和计算，并应选取实际需要的同时开启设备用水量的最大值，同时可能开启的设备组合有：

1）消火栓给水系统加上自动喷水灭火设备。

2）消火栓给水系统加水幕消防设备或泡沫灭火设备。

3）消火栓给水系统加水幕消防设备和泡沫灭火设备。

4）消火栓给水系统加自动灭水设备、水幕消防设备或泡沫灭火设备。

5）消火栓给水系统加上自动喷水灭火设备、水幕消防设备、泡沫灭火设备。

表4-11　　高层建筑消火栓给水系统的用水量

建筑物名称	高度（m）	消火栓设计流量（L/s）	同时使用消防水枪数（支）	每根竖管最小流量（L/s）
住宅	$27<h\leqslant 54$	10	2	10
	$h>54$	20	4	10
二类公共建筑	$h\leqslant 50$	20	4	10
一类公共建筑	$h\leqslant 50$	30	6	15
	$h>50$	40	8	15

二、高层建筑室内消火栓给水系统的形式

（一）按管网的服务范围分

1. 独立的室内消火栓给水系统

即每幢高层建筑设置一个室内消防给水系统。这种系统安全性高，但管理分散，投资也

较大。在地震区、人防要求较高的建筑物以及重要建筑物宜采用独立的室内消防给水系统。

2. 区域集中的室内消火栓给水系统

即数幢或数十幢高层建筑物共用一个泵房的消防给水系统。这种系统便于集中管理。在某些情况下，可节省投资，但在地震区可靠性较低。在有合理规划的高层建筑区，可采用区域集中的高压或临时高压消防给水系统。

（二）按建筑高度分

根据建筑物的高度，消火栓给水系统可分为分区给水方式和不分区给水方式两种消防给水系统。

1. 不分区消防给水系统

建筑高度超过 24m，而不超过 50m 的高层建筑一旦发生火灾时，消防队使用一般消防车从室外消火栓或消防水池取水，通过水泵接合器向室内管道送水，仍可加强室内管网的供水能力，协助扑救室内火灾。因此，建筑高度不超过 50m，或最低消火栓处的静水压力不超过 0.8MPa 时，可采用不分区给水方式的给水系统，如图 4-14 所示。

有大型消防车的地区，由于该消防车能协助扑救高度达 80m 的建筑的火灾，因此，当建筑高度超过 50m 而不超过 80m 时，消防给水系统也可不分区。

2. 分区消防给水系统

符合下列条件时，消防给水系统应分区供水，如图 4-15 所示：

（1）系统工作压力大于 2.4 MPa。

（2）消火栓栓口静压大于 1.0 MPa。

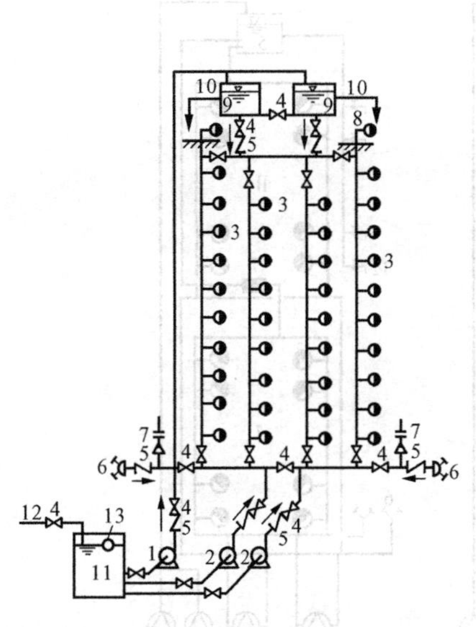

图 4-14　不分区消火栓给水系统

1—生活、生产水泵；2—消防水泵；3—消火栓和水泵远距离启动按钮；4—阀门；5—止回阀；6—水泵接合器；7—安全阀；8—屋顶消火栓；9—高位水箱；10—至生活、生产管网；11—贮水池门；12—来自城市管网；13—浮球阀

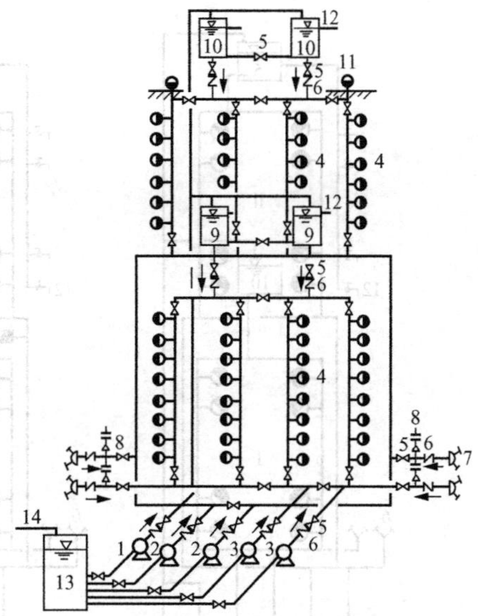

图 4-15　分区消火栓给水系统

1—生活、生产水泵；2—二区消防泵；3—一区消防泵；4—消火栓及远距离启动水泵按钮；5—阀门；6—止回阀；7—水泵接合器；8—安全阀；9—一区水箱；10—二区水箱；11—屋顶消火栓；12—至生活、生产管网；13—水池；14—来自城市管网

（三）按消防给水压力分

高层建筑消防给水系统按压力分为两类：高压消防给水系统和临时高压消防给水系统。

1. 高压消防给水系统

又称常高压消防给水系统。这种系统的消防给水管网内经常保持足够的压力，扑灭火灾时，不需使用消防车或其他移动式水泵加压，直接由消火栓接上水带和水枪灭火。当建筑物或建筑群附近有山丘，与山丘顶上消防水池（标高高于高层建筑一定数值）相连接的消防给水系统可形成高压消防给水系统。

2. 临时高压消防给水系统

（1）消防给水管网内经常保持足够的消火栓栓口所需的静水压力，压力由稳压泵或气压给水设备等增压设备维持。在水泵房内设有专用高压消防水泵，火灾时启动消防水泵，使管网的压力满足消防水压的要求。对水压的要求同高压消防给水系统。

（2）消防给水管网内平时水压不高，在水泵房内设有高压消防水泵，发生火灾时启动高压消防水泵，满足管网消防水压、水量的要求。

（四）按管道联接分

1. 并联给水

给水管网竖向分区，每区分别用各自专用水泵提升供水。它的优点是水泵布置相对集中于地下室或首层，管理方便，安全可靠。缺点是高区水泵扬程较高，需用耐高压管材与管件，对于高区超过消防车供水压力的上部楼层消火栓，水泵接合器将失去作用。供水的安全性不如串联的好。一般适用于分区不多的高层建筑。如建筑高度 100m 以内的高层建筑，如

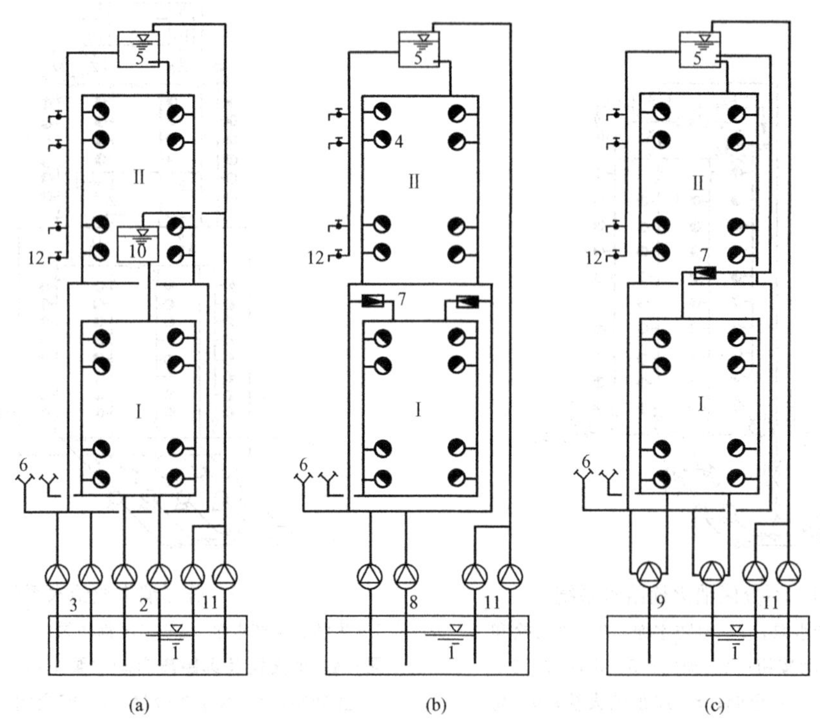

图 4-16 高层建筑消火栓分区给水图式举例

（a）采用不同扬程的水泵分区；（b）采用减压阀分区；（c）采用多级多出口水泵分区

1—水池；2—低区水泵；3—高区水泵；4—室内消火栓；5—屋顶水箱；6—水泵接合器；7—减压阀；8—消防水泵；9—多级多出口水泵；10—中间水箱；11—生活给水泵；12—生活给水

图 4-16（a）、（b）、（c）所示；或超高层建筑顶部 100m 范围内，如图 4-17（c）所示。

2. 串联给水

竖向各区由水泵直接串联向上［图 4-17（a）］或经中间水箱转输再由泵提升的间接串联［图 4-17（b）］两种给水方式。它们的优点是不需要高扬程水泵和耐高压的管材、管件；可通过水泵接合器并经各转输泵向高区送水灭火。它的供水可靠性比并联好。缺点是水泵分散在各层，管理不便；消防时下部水泵应与上部水泵联动，安全可靠性较差。一般适用于建筑高度超过 100m，消防给水分区超过两个区的超高层建筑。

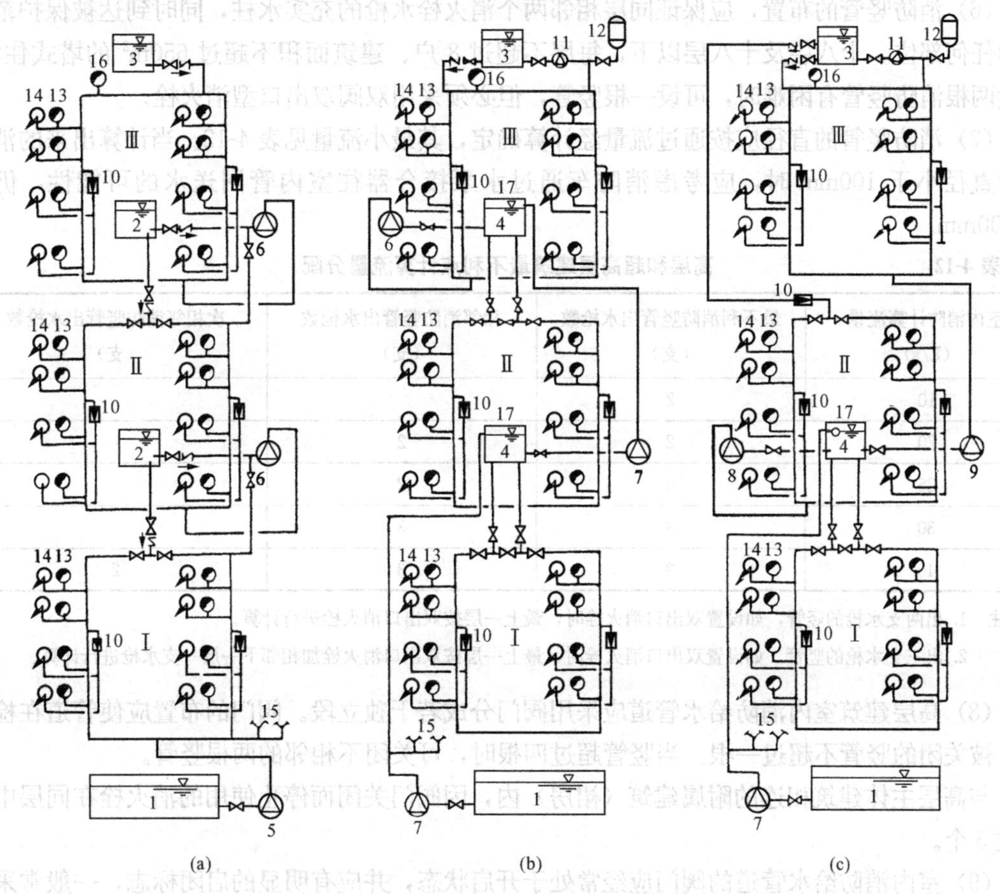

图 4-17　超高层建筑消火栓分区给水图式举例

（a）消防水泵直接串联给水；（b）消防水泵间接串联给水；（c）消防水泵混合给水

1—消防水池；2—中间水箱；3—屋顶水箱；4—中间转输水箱；5—消防水泵；6—中高区消防水泵；7—低、中区消防水泵兼转输；8—中区消防水泵；9—高区消防水泵；10—减压阀；11—增压水泵；12—气压罐；13—室内消火栓；14—消防卷盘；15—消防水泵结合器；16—屋顶消火栓；17—浮球阀

三、高层建筑室内消火栓给水系统的布置及要求

（一）室内消防给水管道

（1）高层建筑室内消防给水系统，应是独立的高压（或临时高压）给水系统或区域集中的室内高压（或临时高压）消防给水系统，室内消防给水系统不能和其他给水系统合并。

（2）消防管道宜采用非镀锌钢。

（3）室内消防给水管道应布置成环状，可根据建筑体型、消防给水管道和消火栓布置确定，但必须保证供水干管和每个消防竖管都能做到双向供水。

（4）室内管道的引入管不少于两条，当其中一条发生故障时，其余引入管仍能保障消防用水量和水压的要求，以提高管网供水的可靠性。

（5）室内消火栓给水管网与自动喷水灭火系统应分开设置，其可靠性强。若分开设置有困难时，可合用消防泵，但在自动喷水灭火系统的报警阀前（沿水流方向）必须分开设置，避免互相影响。

（6）消防竖管的布置，应保证同层相邻两个消火栓水枪的充实水柱，同时到达被保护范围内的任何部位。十八层及十八层以下，每层不超过 8 户、建筑面积不超过 650m^2 的塔式住宅，当设两根消防竖管有困难时，可设一根竖管，但必须采用双阀双出口型消火栓。

（7）消防竖管的直径应按通过流量经计算确定，其最小流量见表 4-12。当计算出来的消防竖管直径小于 100mm 时，应考虑消防车通过水泵接合器往室内管网送水的可能性，仍采用 100mm。

表 4-12　　高层和超高层建筑最不利点计算流量分配

室内消防计算流量（L/s）	最不利消防竖管出水枪数（支）	相邻消防竖管出水枪数（支）	次相邻消防竖管出水枪数（支）
10	2		
20	2	2	
25	3	2	
30	3	3	
40	3	3	2

注　1. 出两支水枪的竖管，如设置双出口消火栓时，最上一层按双出口消火栓进行计算。

2. 出三支水枪的竖管，如设置双出口消火栓时，最上一层按双出口消火栓加相邻下一层一支水枪进行计算。

（8）高层建筑室内消防给水管道应采用阀门分成若干独立段。阀门的布置应使管道在检修时，被关闭的竖管不超过一根。当竖管超过四根时，可关闭不相邻的两根竖管。

与高层主体建筑相连的附属建筑（裙房）内，因阀门关闭而停止使用的消火栓在同层中不超过 5 个。

（9）室内消防给水管道的阀门应经常处于开启状态，并应有明显的启闭标志，一般常采用明杆闸阀、蝶阀、带关闭指示的信号阀等。

（二）消火栓的设置

（1）高层建筑和裙房的各层（除无可燃物的设备层外）均应设室内消火栓，消火栓应设在明显易取用的地方，消防电梯间前室应设有消火栓，屋顶应设检验用消火栓，在北方寒冷地区，屋顶消火栓应有防冻和泄水装置。

（2）消火栓的出水方向宜向下或与设置消火栓的墙面成 90°，离地 1.0m，以便于操作。

（3）消火栓的间距不应大于 30m，与高层建筑直接相连的裙房不应大于 50m，以保证由相邻两个消火栓引出的两支水枪的充实水柱同时达到被保护的任何部位及尽快出水灭火。

（4）高层民用建筑室内消火栓水枪的充实水柱长度应通过水力计算确定，水枪充实水柱长度不应小于 13m。

(5) 一幢建筑物内，要求主体建筑和与其相连的附属建筑采用同一型号、规格的消火栓和与其配套的水带及水枪，否则上述三者无法配套使用。高层建筑室内消火栓栓口直径应采用消防队通用直径为65mm的水带配套，配备的水带长度不应超过25m，水枪喷嘴口径不应小于19mm，其目的是使水带、水枪与消防队常用的规格一致，便于扑救火灾。

(6) 消火栓栓口动压不应超过1.0MPa，且不应小于0.35 MPa。消火栓栓口出水压力大于0.5 MPa时，消火栓应设减压装置。

(7) 临时高压给水系统，每个消火栓处应设启动消防水泵的按钮，为防止误启动，要求按钮应有保护设施。

(8) 高级旅馆、重要办公楼，一类建筑的商业楼、展览楼、综合楼和建筑高度超过100m的其他高层建筑应增设消防卷盘（每套包括卷盘、口径25mm的小消火栓，胶带内径不小于19mm，喷嘴直径不小于6.0mm），以便于一般工作人员扑灭初期火灾。

（三）消防水箱

消防水箱是保证室内消防给水设备扑救初期火灾的水量和水压的有效设施。高层建筑中的消防水箱有屋顶水箱、分区中间水箱、中间转输水箱和分区减压水箱。

(1) 采用高压给水系统的高层建筑，可以不设屋顶消防水箱，而对于采用临时高压给水系统（独立设置或区域集中）的高层建筑物，均应设置屋顶消防水箱。

(2) 高层和超高层建筑中，在采用串联水泵消防给水时，应设置中间水箱或中间转输水箱。

(3) 当系统的工作压力大于2.4 MPa时，应采用消防水泵串联或减压水箱分区供水方式。

(4) 消防水箱不宜与其他用水的水箱合用，若消防与生活水、生产用水合用水箱，应有确保消防贮水不被他用的技术措施，还要采取防止水质变坏的措施。

(5) 高层建筑物内的消防水箱最好采用两个，如果一个水箱检修时，仍可保存必要的消防用水。

(6) 消防水箱宜用生活、生产给水管道充水，除串联消防给水系统外，发生火灾时由消防水泵供给的消防用水不应进入高位消防水箱，因此，消防水箱的出水管上应设置防止消防水泵的供水进入水箱的止回阀。

(7) 水箱的容积。

1) 临时高压给水系统的高位水箱的有效容积应满足下列要求：

一类高层公共建筑，不应小于36m^3，但当建筑高度大于100m时，不应小于50m^3，当建筑高度大于150m时，不应小于100m^3。二类高层公共建筑和一类高层住宅，不应小于18m^3，当一类高层住宅高度超过100m时，不应小于36m^3。二类高层住宅，不应小于12m^3。

2) 串联给水系统的分区转输水箱，容积不小于60m^3。转输水箱可作为高位水箱。

3) 分区减压消防水箱：分区减压消防水箱在配管时，应满足进水量大于出水量，故可不考虑消防储水，满足浮球阀件等安装即可，但一般不小于18m^3，且宜分为2格。

(8) 水箱的设置高度：高位消防水箱的设置高度应保证最不利点消火栓静水压力。一类高层公共建筑，不应低于0.1MPa，但当建筑高度超过100m时，不应低于0.15MPa。高层住宅、二类高层公共建筑，不应低于0.07MPa。当高位水箱无法满足上述要求时应设稳压泵。

（四）水泵接合器

(1) 高层建筑的室内消火栓给水系统和自动喷水灭火系统均应设水泵接合器。室内消防给水系统采取竖向分区供水时，在消防车供水压力范围内的每个分区均需分别设置水泵接合器。只有采用串联消防给水方式时，可仅在下区设水泵接合器供全楼使用。

(2) 水泵接合器应与室内消防环网连接，连接点应尽量远离固定消防水泵出水管与室内管网的接点。

(3) 当采用墙壁式水泵接合器时，其中心高度距室外地坪为700mm，接合器上部墙面不宜是玻璃窗或玻璃幕墙等易破碎材料，以防火灾时，破碎玻璃砸坏水龙带或砸伤消防人员。当必须在该位置设置水泵接合器时，其上部应有有效遮挡保护措施。

(4) 当室内消火栓系统和自动喷水灭火系统或不同消防分区的水泵接合器集中布置时，应有明显的标志加以区分。

(5) 水泵接合器宜采用地上式，当采用地下式水泵接合器时，应有明显标志。水泵接合器的其他设置要求，同低层建筑消防给水系统的水泵接合器。

（五）消防水泵

(1) 消防水泵设置中，对水泵吸水管和压水管的要求同低层消防给水系统，但是在备用泵的设置上有所不同，高层建筑消火栓给水系统中必须设置备用泵，其工作能力不应小于其中最大一消防泵。选泵所用流量应为水枪实际出流量。

(2) 高层建筑消防给水系统应采取防超压措施。

水泵的选取及设置上应注意以下几点：

1) 采用多台水泵并联运行的工作方式。

2) 选用流量——扬程曲线平缓的水泵作消防水泵。

3) 在消防水泵的供水管上设置安全阀或其他泄压装置。

4) 在消防水泵的供水管上设回流管泄压，回流水流入消防水泵吸水池。

(3) 当消防水泵房设在首层时，其出口宜直通室外。当设在地下室或其他楼层时，其出口应直通安全出口。

(4) 消防水箱的增压水泵的出水量，对消火栓给水系统不应大于5.0L/s，对自动喷水灭火系统不应大于1.0L/s，以利系统消防主泵及时启动供水。

(5) 高位水箱无法满足灭火系统最不利点静水压力时应设稳压泵。

1) 稳压泵宜采用离心泵。

2) 稳压泵的设计流量不应小于消防给水系统管网的正常泄露量和系统自动启动流量。

3) 稳压泵的设计压力应满足系统自动启动和管网充满水的要求。稳压泵的设计压力应保持系统最不利点处灭火设施在准工作状态时静水压力应大于0.15 MPa。

4) 设置稳压泵的临时高压消防给水系统应设置防止稳压泵频繁启停的技术措施。

（六）消火栓的减压

(1) 在高层建筑中，消火栓栓口的静水压力不应大于1.0MPa，当大于1.0MPa时，应采取分区给水系统。消火栓栓口的出水压力大于0.50MPa时，消火栓处应设减压装置。

(2) 当消防系统水泵由下向上供水时，消火栓孔板的减压数值等于该消火栓距最高消火栓的垂直高度及该消火栓和最高消火栓间管道内的水头损失之和。当由水箱从上向下供水时，等于该消火栓离最高消火栓的垂直距离减去该消火栓和最高消火栓间管道内的水头损失。

(3) 在实际工程中，只要求消火栓处的水压力超过 0.5MPa 时才采取减压措施。因此，在确定减压孔板型号时也就没有必要每层选择的型号都不同。应以设置孔板后消火栓的动水压力不超过 500kPa 和不小于 250kPa 为限，确定必须减压的楼层和孔板型号，这样可避免选用的孔板规格档次太多。

(4) 减压孔板的水头损失值见附录 5。

四、高层建筑室内消火栓给水系统的水力计算

【例 4-2】 有一栋十六层高层塔式民用住宅楼，住宅楼层高为 2.8m，考虑暖气走管，在八层和十六层层高取 3.1m，室内外高差取 1.2m，每层 9 户，建筑面积为 720m²。试设计其室内消防给水系统。

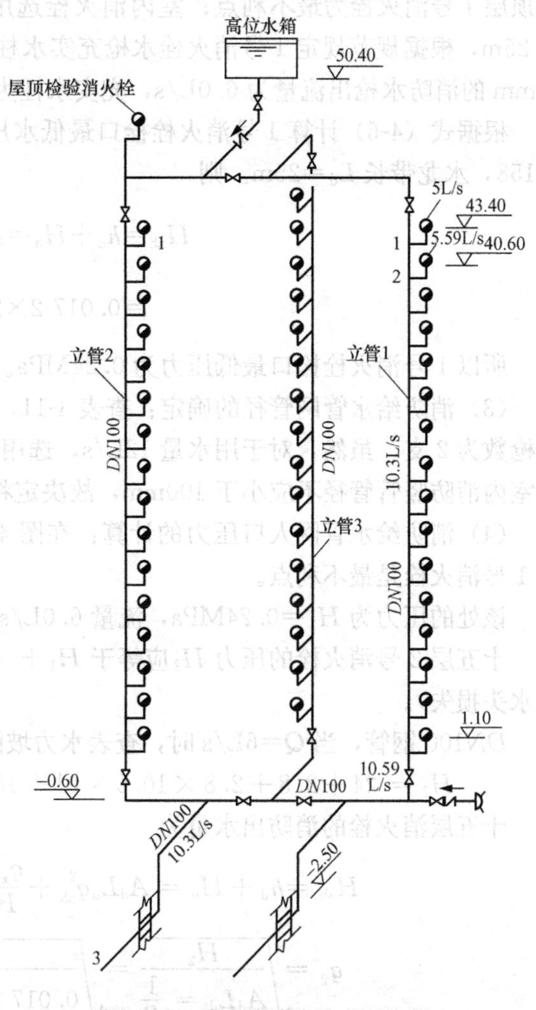

图 4-18　消火栓消防给水系统图

解　1. 消防管的设置

该建筑为建筑高度小于等于 50m 的普通住宅，属二类民用高层建筑。由于每层住宅多于 8 户，建筑面积超过 650m²，故楼内应至少设 2 条消防竖管。

结合楼内平面布置，根据应保证同层相邻两个消火栓的水枪的充实水柱，同时达到被保护范围内的任何部位的规定，楼内每层平面设 2 条消防竖管即可，同时在消防电梯前室另设 1 条消防竖管，全楼共设 3 条消火栓消防竖管。其消火栓给水系统如图 4-18 所示。

市政给水管网水压不能直接供至建筑物最高处，所以在楼外与其他高层住宅楼一起设立区域集中临时高压消防给水系统，并在楼内设屋顶消防水箱。

(1) 水箱的容积：对于二类居住建筑，水箱有效容积取 12m³。

(2) 水箱的设置高度：根据“当建筑高度不超过 100m 时，高层建筑最不利点消火栓静水压力不应低于 0.07MPa”的规定，水箱箱底的设置高度取

$$43.4+7.0=50.4\text{m}$$

2. 消火栓及管网的计算

(1) 底层消火栓所承受的静水压力为 50.40－1.10＝49.30＜80m，因此该消火栓系统可不分区。

(2) 最不利点消火栓栓口的压力计算：设图 4-18 中的 3 点为消防用水入口，那么立管 1

的顶层 1 号消火栓为最不利点；室内消火栓选用 SN65 型、水枪为 QZ19、衬胶水带 *DN*65 长 25m，根据规范规定 1 号消火栓水枪充实水柱不应低于 13m，查表 4-8，选取喷嘴口径为 19mm 的消防水枪出流量为 6.0L/s，充实水柱为 13.5m。

根据式（4-6）计算 1 号消火栓栓口最低水压，查表 4-6，$A_d=0.0172$，查表 4-7，$B=0.158$，水龙带长 $L_d=25$m。则

$$H_{xh}=h_d+H_q=A_dL_dq_{xh}^2+\frac{q_{xh}^2}{B}$$

$$=0.0172\times25\times6.0^2+\frac{6.0^2}{0.158}=243.33\text{kPa}=0.24\text{MPa}$$

所以 1 号消火栓栓口最低压力为 0.24MPa。

（3）消防给水管网管径的确定：查表 4-11，楼内消火栓消防用水量为 10L/s。立管上出水枪数为 2 支。虽然，对于用水量 12L/s，选用 *DN*80 钢管即可，但根据规范规定，高层建筑室内消防竖管管径不应小于 100mm，故决定将消防进水管及竖管都选用 *DN*100 钢管。

（4）消防给水管网人口压力的计算：在图 4-18 系统图中，消防用水从 3 点入口时，16 层 1 号消火栓是最不利点。

该处的压力为 $H_1=0.24$MPa，流量 6.0L/s。

十五层 2 号消火栓的压力 H_2 应等于 H_1＋（层高 2.8m）＋（十五～十六层的消防竖管的水头损失）。

*DN*100 钢管，当 $Q=6$L/s 时，查表水力坡降 $i=10.5$，则

$$H_2=24+2.8+2.8\times10.5\times(1+10\%)/1000=26.82\text{m}=0.27\text{MPa}$$

十五层消火栓的消防出水量为

$$H_{xh}=h_d+H_q=A_dL_dq_{xh}^2+\frac{q_{xh}^2}{B}$$

$$q_2=\sqrt{\frac{H_2}{A_dL_d=\frac{1}{B}}}=\sqrt{\frac{268}{0.0172\times25+\frac{1}{0.158}}}=6.49\text{L/s}$$

2 点与 3 点之间的流量：

$$q=q_1+q_2=6+6.49=12.49\text{L/s}$$

*DN*100 钢管，水力坡降 $i=41.98$，管道长 65.5m。则 2～3 点之间水头损失为

$$65.5\times41.98\times(1+10\%)\times0.001=3.02(\text{m})=0.03\text{MPa}$$

消防给水管网入口 3 点所需水压为

$$[43.40-(-2.50)]+24+(0.02+3.02)=72.94(\text{m})=0.73\text{MPa}$$

从上计算可知，十六层消火栓栓口动水压力为 0.24MPa；十五层消火栓栓口压力为 0.27MPa。同理，十四层消火栓处的压力应等于 H_2＋（层高 2.8m）＋（14～15 层）消防竖管的水头损失，应为

$$26.82+2.8+2.8\times41.98\times(1+10\%)/1000=29.75(\text{m})=0.3\text{MPa}$$

同理，计算出从十三层～一层的消火栓口动水压力。各消火栓的剩余压力即为动水压力减去保证消火栓流量为 6L/s 时栓口的水压为 24m。将计算结果列于表 4-13。

（5）从表 4-13 中看出：一～七层的消火栓动水压力超过 0.50MPa，有必要设置减压孔板。

计算第七层的消火栓给水管上设置的减压孔板。

已知第七层消火栓的水量 6.0L/s，管径 $DN65$ 剩余水压为 $H=0.27\text{MPa}$，则 $u=1.81\text{m/s}$。根据附录Ⅵ修正公式，计算得出

$$H_1=\frac{H}{v^2}\times 1=\frac{0.27}{1.81^2}=0.082\text{MPa}$$

查附录 6，当消火栓支管管径为 $DN65$ 时，选用 24mm 孔径的孔板。将一～七层各消火栓动水压力分别减去 0.27MPa，所得减压后的实际压力见表 4-13。压力均小于 0.50MPa，所以 1-4 层减压孔板孔径也是 24mm。竖管 2 和消防前室竖管上消火栓减压孔板的设置与竖管 1 相同。

表 4-13　　消火栓压力计算

消火栓所在楼层	消防水泵从下而上供水			
	动水压力（MPa）	剩余压力（MPa）	减压后的实际水（MPa）	孔板孔径（mm）
十六	0.24	0		
十五	0.27	0.03		
十四	0.30	0.06		
十三	0.33	0.09		
十二	0.36	0.12		
十一	0.39	0.15		
十	0.42	0.18		
九	0.45	0.21		
八	0.48	0.24		
七	0.51		0.24	
六	0.54		0.27	
五	0.57		0.30	d24
四	0.60		0.33	d24
三	0.63		0.36	d24
二	0.66		0.39	d24
一	0.69		0.42	d24

从理论上说，还应该考虑检修或有事故时，消防用水通过立管 2 供至 1 处消火栓的情况，但因管网的水头损失值相差甚微，为了简化计算，该过程从略。

另外一种计算工况，是消火栓消防用水从高位水箱由上而下供水，此时若仍从消火栓动水压力超过 50m 才设减压孔板，全楼基本上可不设减压孔板，但是这样在使用较低楼层的消火栓时，消防水箱的贮水量会在较短时间内被用完，因此是不合理的。故也有从剩余压力超过 0.24MPa（即消火栓出水量为 6L/s 时的栓口压力）的楼层开始设置减压孔板的做法。按此大致可从十层以下开始设减压孔板，既能保证高位水箱在火灾开始时的用水时间，也能使消火栓的栓口压力维持在 0.24～0.50MPa。

3. 水泵结合器的选定

楼内消火栓消防用水量为 10L/s，每个水泵结合器的流量为 10～15L/s，故选用一个水泵结合器即可。

第四节　自动喷水灭火系统

在发生火灾时，能自动喷水并发出火警信号的控火、灭火系统称为自动喷水灭火系统。

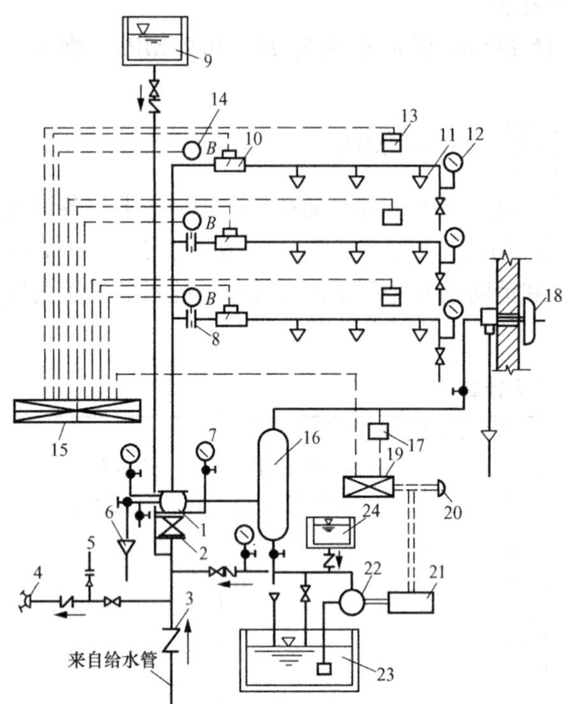

图 4-19 闭式自动喷水灭火系统的组成（湿式）

1—湿式报警阀；2—阀；3—1k 回阀；4—水泵接合器；5—安全阀；6—排水漏斗；7—压力表；8—节流孔板；9—高位水箱；10—水流指示器；11—闭式喷头；12—压力表；13—感烟探测器；14—火灾报警装置；15—火灾收信机；16—延迟器；17—压力继电器；18—水力警铃；19—电气自控箱；20—按钮；21—电动机；22—水泵；23—蓄水池；24—水泵灌水箱

该系统的应用在国外已有近百年的历史，国内应用也有五十余年的历史。我国 1978 年后逐渐推广使用。

国内外自动喷水灭火系统应用的实践证明：它具有安全可靠、控火灭火成功率高、经济实用、适用范围广、使用期长等优点。

目前我国使用的该种系统的类型有：湿式喷水灭火系统、干式喷水灭火系统、干湿兼用式喷水灭火系统、预作用喷水灭火系统、雨淋喷水灭火系统和水幕系统六种类型。前四种统称为闭式自动喷水灭火系统。

一、闭式自动喷水灭火系统

（一）闭式自动喷水灭火系统的组成和分类

闭式自动喷水灭火系统，一般由闭式喷头、管网、报警阀门系统、探测器、加压装置等组成，如图 4-19 所示。发生火灾时，建筑物内温度上升，当室温升高到足以打开闭式喷头上的闭锁装置时，喷头即自动喷水灭火，同时报警阀门系统通过水力警铃和水流指示器发出报警信号、压力开关启动相应给水管路上阀或消防水泵组。

1. 湿式喷水灭火系统

该系统由闭式喷头、湿式报警阀、报警装置、管网及供水设施等组成，如图 4-19 所示。由于该系统在报警阀的前后管道内始终充满着压力水，故称湿式喷水灭火系统。

其工作原理为：火灾发生的初期，建筑物的温度随之不断上升，当温度上升到以闭式喷头温感元件爆破或熔化脱落时，喷头即自动喷水灭火。此时，管网中的水由静止变为流动，水流指示器被感应送出电信号，在报警控制器上指示某区域已在喷水。持续喷水造成报警侧的上部水压低于下部水压，其压力差值达到一定值时原来处于闭装的报警阀就会自动开启。此时，消防水通过湿式报警阀，流向干管和配水管供水灭火。同时一部分水流沿着报警阀的环行槽进入延迟器、压力开关及水力警铃等设施发出火警信号。此外，根据水流指示器和压力开关的信号或消防水箱的水位信号，控制箱内控制器能自动启动消防泵向管网加压供水，达到持续自动供水的目的。

该系统结构简单、使用方便、使用可靠、便于施工、容易管理、灭火速度快、控火效率高、比较经济、适用范围广、占整个自动喷水灭火系统的 75%以上。适合安装在常年室温不低于 4℃且不高于 70℃能用水灭火的建筑物、构筑物内。鉴于上述特点，应优先考虑选用湿式喷水灭火系统。

2. 干式喷水灭火系统

该系统是由闭式喷头、管道系统、干式报警阀、干式报警控制装置、充气设备、排气设备和供水设施等组成，如图 4-20 所示。

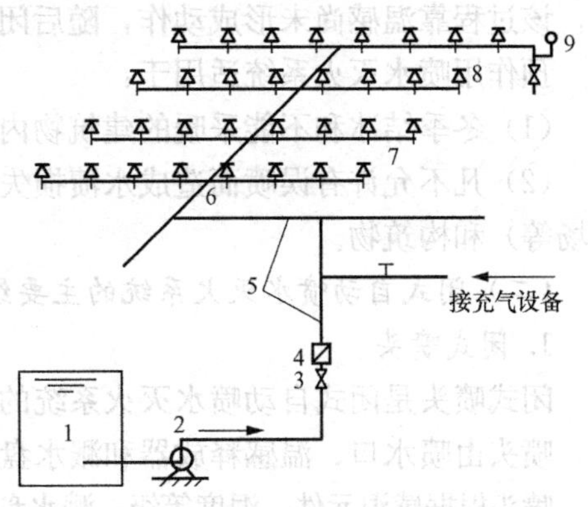

图 4-20　干式喷水灭火系统示意图

1—水池；2—水泵；3—总控制阀；4—干式报警阀；5—配水干管；6—配水管；7—水支管；8—闭式喷头；9—末端试水装置

该系统与上述系统类似，只是控制信号阀的结构和作用原理不同，配水管网与供水管间设置干式控制信号阀将它们隔开，而在配水管网中平时充满有压气体。火灾时，喷头首先喷出气体，致使管网中压力降低，供水管道中的压力水打开控制信号阀而进入配水管网，接着从喷头喷出灭火。

其特点是：报警阀后的管道无水，不怕冻、不怕环境温度高，也可用在水渍不会造成严重损失场所。

干式和湿式系统相比较，多增设一套充气设备，一次性投资高、平时管理较复杂、灭火速度较慢。

该系统适用于温度低于 4℃或温度高于 70℃以上场所，由于存在上述固有缺欠，尽量不采用该系统灭火。

3. 干湿兼用式喷水灭火系统

用于年采暖期少于 240 天的不采暖房间。冬季闭式喷水管网中充满有压气体，而在温暖季节则改为充水，其喷头应向上安装。

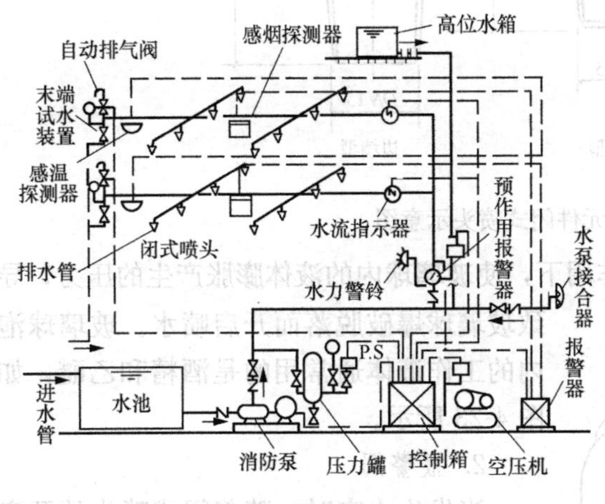

图 4-21　预作用系统示意图

干湿两用报警装置最大工作压力不超过 1.6MPa，喷水管网容积不宜超过 3000L，阀后充气压力与管网供水压力应相匹配。

4. 预作用喷水灭火系统

该系统由预作用阀门、闭式喷头、管网、报警装置、供水设施以及探测和控制系统组成，如图 4-21 所示。

该种系统综合运用了火灾自动探测控制技术和自动喷水灭火技术，兼容了湿式和干式系统的特点。系统平时为干式，火灾发生时立刻变成湿式，同时进行火灾初期报警。系统由干式转为湿式的过程含有灭火预备动作的功能，故称为预作用喷水灭火系统。这种系统由于有独到的功能和特点，因此，有取代干式灭火系统的趋势。

在雨淋阀（属干式报警阀）之后的管道系统，平时充以有压或无压气体（空气或氮气），当火灾发生时，与喷头一起安装在现场的火灾探测器，首先探测出火灾的存在，发出声响报警信号，控制器再将报警信号作声光显示的同时，开启雨淋阀，使消防水进入管网，并在很短时间内完成充水（不宜大于 3min），即原为干式迅速自动转变为湿式系统，完成预作用程序，该过程靠温感尚未形成动作，随后闭式喷头才会喷水灭火。

预作用喷水灭火系统适用于：

（1）冬季结冰和不能采暖的建筑物内。

（2）凡不允许有误喷而造成水渍损失的建筑物（如高级旅馆、医院、重要办公楼、大型商场等）和构筑物。

（二）闭式自动喷水灭火系统的主要组件

1. 闭式喷头

闭式喷头是闭式自动喷水灭火系统的关键组件，系统通过热敏释放机构的动作而喷水。

喷头由喷水口、温感释放器和溅水盘组成。

喷头根据感温元件、温度等级、溅水盘形式等进行分类。

按感温元件分：目前我国生产的有两种感温元件作为闭式喷头的闭锁装置，一是易熔合金锁片，二是玻璃球。

（1）易熔合金喷头。易熔合金喷头是在热的作用下，使易熔合金熔化脱落而开启喷水，如图 4-22 所示。

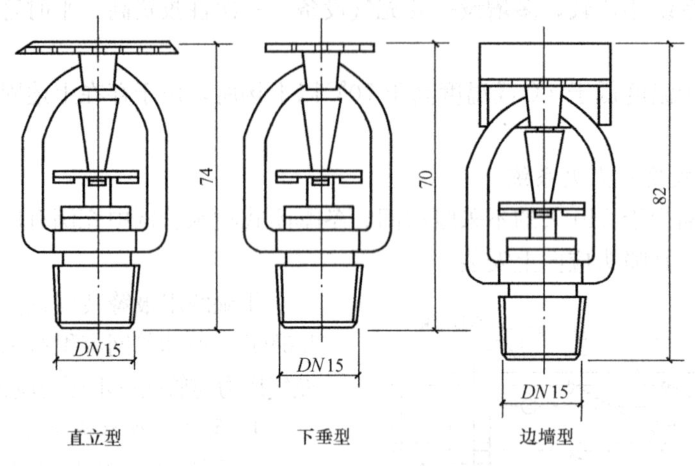

图 4-22 易熔金属元件闭式喷头示意图

（2）玻璃球喷头。玻璃球喷头是在热的作用下，使玻璃球内的液体膨胀产生的压力，导致玻璃球爆破脱落而开启喷水。玻璃球泡内的工作液体通常用的是酒精和乙醚，如图 4-23 所示。

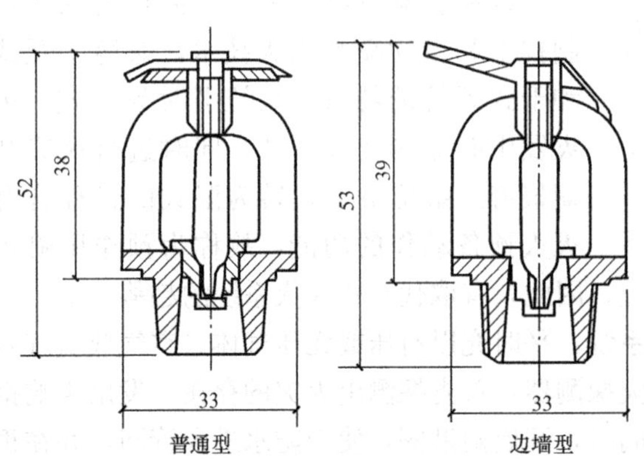

图 4-23 玻璃球闭式喷头示意图

2. 报警阀

当发生火灾时，随着闭式喷头的开启喷水，报警阀也自动开启发出流水信号报警，其报警装置有水力警铃和电动报警器两种。前者用水力推动打响警铃，后者用水压启动压力继电器或水流指示器发出报警信号。

用水流报警装置可报知闭式自动喷水

灭火系统中哪里的闭式喷头已开启喷水灭火。

3. 火灾探测器

火灾探测器接到火灾信号后，通过电气自控装置进行报警或启动消防设备。用感烟、感温、感光火灾探测器可报知在哪里发生了火灾。

火灾探测器的类型：

(1) 感烟式火灾探测器分离子感烟式和光电感烟式两类，根据其灵敏度分Ⅰ、Ⅱ、Ⅲ级。选用时要根据环境特点来确定。

(2) 感温式火灾探测器分有定温式、差温式、差定温式三种。

(3) 火焰探测器分有紫外火焰探测器及红外火焰探测器。

(4) 可燃气体探测器。

(三) 闭式自动喷水灭火系统设置的部位

(1) 等于或大于50000纱锭的棉纺厂的开包、清花车间；等于或大于5000锭的麻纺厂的分级、梳麻车间；服装、针织高层厂房；面积超过$1500m^2$的木器厂房；火柴厂的烤梗、筛选部位；泡沫塑料厂的预发、成型、切片、压花部位；占地面积大于$1500m^2$的或总建筑面积大于$3000m^2$的单、多层制鞋、制衣、玩具及电子等类似生产的厂房。

(2) 每座占地面积超过$1000m^2$的棉、毛、丝、麻、化纤、毛皮及其制品库房；每座占地面积超过$600m^2$的火柴库房；建筑面积超过$500m^2$的可燃物品的地下库房；可燃、难燃物品的高架库房和高层库房（冷库、高层卷烟成品库房除外）；邮政建筑内建筑面积大于$500m^2$的空邮袋库；设计温度高于0℃的高架冷库，设计温度高于0℃的且每个防火分区建筑面积大于$1500m^2$的非高架冷库；总建筑面积大于$500m^2$的可燃物品地下仓库；每座占地面积大于$1500m^2$的或总建筑面积大于$3000m^2$的其他单层或多层丙类仓库。

(3) 超过1500个座位的剧院观众厅、舞台上部（屋顶采用金属构件时）、化妆室、道具室、储藏室、贵宾室；超过2000个座位的会堂或礼堂的观众厅、舞台上部、储藏室、贵宾室；超过3000个座位的体育馆、观众厅的吊顶上部、贵宾室、器材间、运动员休息室；任一每层面积超过$1500m^2$或总建筑面积超过$3000m^2$的展览、商店、餐饮和旅馆建筑以及医院中同样建筑规模的病房楼、门诊楼和手术部；大中型幼儿园，总建筑面积大于$500m^2$的老年人建筑；总建筑面积大于$500m^2$的地下或半地下商店；设置在首层、二层和三层且任一层建筑面积大于$300m^2$的地上歌舞娱乐放映游艺场所（游泳场所除外）；藏书量超过50万册图书馆的书库；设有送回风道的集中空气调节系统且建筑面积大于$3000m^2$的办公楼。

(4) 建筑高度超过100m的住宅建筑；一类高层公共建筑及其地下、半地下室；二类高层公共建筑及其裙房的公共活动用房、走道、办公室和旅馆的客房、可燃物品库房、自动扶梯底部和垃圾道顶部；高层民用建筑内的歌舞娱乐放映游艺场所。

(四) 设计与计算

1. 基本设计数据

闭式自动喷水灭火系统的设计，应保证被保护建筑物的最不利点喷头有足够的喷水强度。民用建筑和工业厂房各危险等级的设计参数，应符合表4-14的规定。非仓库类高达净空场所、仓库等建筑的设计参数可以参考《自动喷水灭火系统设计规范》GB 50084—2001中5.0.1A条～5.0.12条。

表 4-14 **民用建筑和工业厂房的系统设计参数**

火灾危险等级		净空高度（m）	喷水强度（$L/min \cdot m^2$）	作用面积（m^2）
轻危险级		≤8	4	160
中危险级	Ⅰ级		6	
	Ⅱ级		8	
严重危险级	Ⅰ级		12	260
	Ⅱ级		16	

注 系统最不利点处得工作压力不应低于 0.05MPa。

2. 喷头选用与布置

（1）选用喷头时应注意下列情况。

1）应严格按环境温度来选用喷头的温级，选用的喷头的公称动作温度应比安装环境的最高温度高 30℃左右。对于安装在特殊场合，如大型炊事设备及通风空调系统附近的喷头，应实测使用位置的最高环境温度，以选择合适的公称动作温度。

在蒸汽压力小于 0.1MPa 的散热器附近 2m 以内的空间，宜采用高温级喷头（121～149℃）；2～6m 以内在空气热流趋向的一面采用中温级喷头（79～107℃）。

在设有保温的蒸汽管道上方 0.76m 两侧 0.3m 以内的空间，应采用中温级喷头（79～107℃）。在低压蒸汽安全阀旁 2m 以内，采用高温级喷头（121～149℃）。

在既无绝热措施（或隔热性能比较差），又无通风的木板或瓦楞铁皮房顶的闷顶、不通风的密闭空间和阁楼内以及受到日光曝晒的玻璃天窗下，应采用中温级喷头（79～107℃）。

在不通风的橱窗内和在装有高功率电气照明设备的天花板处，应装设中温级喷头。

2）在设置喷头的场所应注意防止腐蚀性气体的腐蚀，对有腐蚀介质存在的场所，应对喷头进行防腐处理或选用耐腐蚀的喷头，或选用特殊的防腐喷头。

3）应保护喷头不受外力撞击。在易于被碰撞的地方，可以选用直立型喷头，或设喷头防护罩等。

4）有特殊要求的场合，应根据安装环境的特点，选用特殊喷头。如燃烧比较猛烈的场所，可选大水滴喷头；不做吊顶的场所，当配水支管布置在梁下时，应采用直立型喷头；吊顶下安装的喷头，可选用吊顶型喷头、下垂型喷头等装饰性喷头；公共娱乐场所、中庭、医院及疗养院的病房及治疗区域、老年及儿童和残疾人的集体活动场所、超出水泵接合器供水高度的楼层、地下商业及仓储用房，或火灾对生命会产生严重威胁的场所要求喷头快速动作的，可选用快速反应喷头；有冻结危险的场所要求喷头向下安装时，应选用干式下垂型喷头；顶板为水平面的轻危险级、中危险级Ⅰ级的居室和办公室，可选用边墙型喷头；易被灰尘、纤维堆积的狭长气流区，应选用鹤嘴柱式喷头。

（2）喷头布置。

1）喷头之间的水平距离应根据不同火灾危险等级确定。其布置形式可采用正方形、长方形或菱形布置方式。

①正方形布置如图 4-24 所示，其间距按式（4-7）计算

$$S = 2R\cos 45^{\circ} \tag{4-7}$$

式中 R——喷头计算喷水半径，m；

S——喷头间距，m。

②采用长方形布置时，每个长方形对角线之长度不应超过 2R，如图 4-25 所示，喷头与边墙的距离不应超过喷头间距的一半。

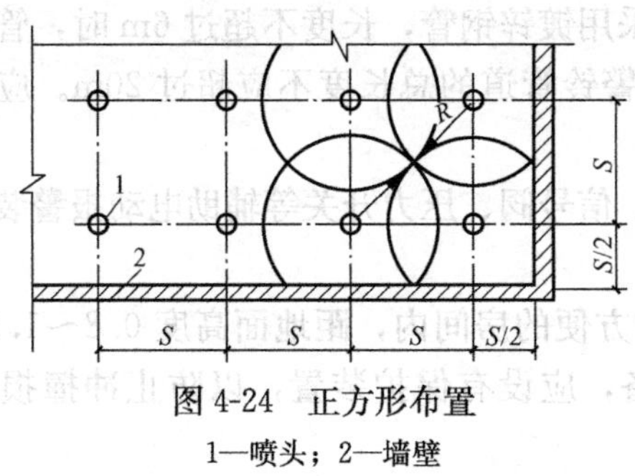

图 4-24 正方形布置

1—喷头；2—墙壁

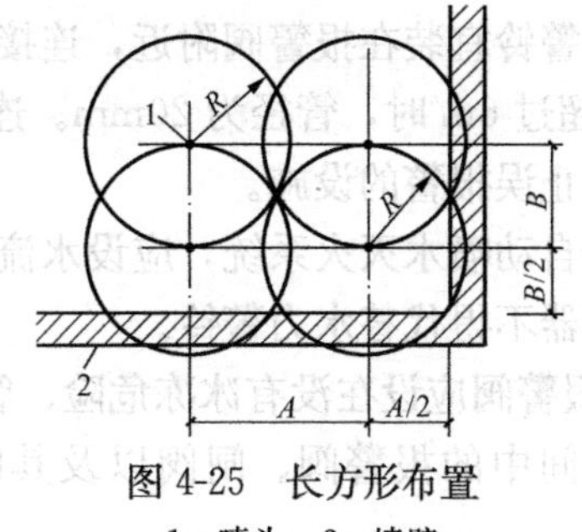

图 4-25 长方形布置

1—喷头；2—墙壁

③菱形布置如图 4-26 所示。

2）直立型、下垂型喷头的布置，包括同一根配水支管上喷头的间距及相邻配水支管的间距，应根据系统的喷水强度、喷头的流量系数和工作压力确定，并不应大于表 4-15 的规定，且不宜小于 2.4m。

表 4-15　同一根配水支管上喷头的间距及相邻配水支管的间距

喷水强度（L/min·m²）	正方形布置的边长（m）	矩形或菱形布置的长边边长（m）	一只喷头的最大保护面积（m²）	喷头与端墙的最大距离（m）
4	4.4	4.5	20.0	2.2
6	3.6	4.0	12.5	1.8
8	3.4	3.6	11.5	1.7
≥12	3.0	3.6	9.0	1.5

注 1. 仅在走道设置单排喷头的闭式系统，其喷头间距应按走道不留漏喷空白点确定。

2. 喷水强度大于 8L/min·m²时，宜采用流量系数 K>80 的喷头。

3. 货架内置喷头的间距均不应小于 2m，并不应大于 3m。

3. 管道与报警阀的布置

（1）供水管道与报警阀。

1）建筑物内的供水干管一般宜布置成环状，进水管不宜少于两条。当一条进水管发生故障时，另一条进水管仍能保证全部用水量和水压。

在自动喷水管网上应设置水泵接合器。

环状供水干管应设分隔阀。阀门的布置应保证某段供水管检修或发生事故时，半闭报警阀的数量不超过 3 个，分隔阀应设在便于维修、易于接近的地点。分隔阀应经常处于开启状态，且应有明显的启闭

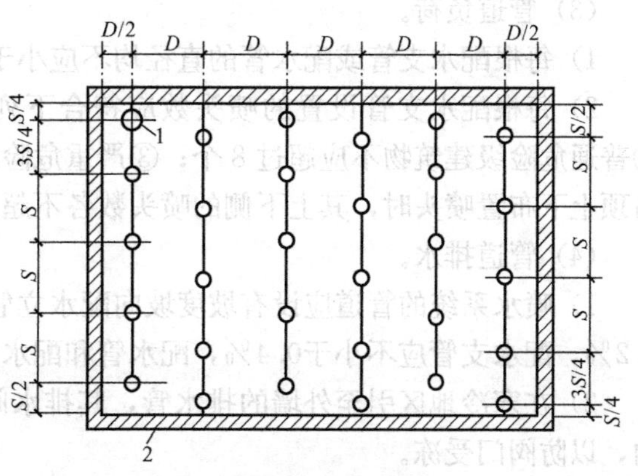

图 4-26 菱形布置

1—喷头；2—墙壁

标志，最好采用信号阀。

2）每个闭式自动喷水灭火系统应设有控制阀、报警阀、水力警铃和系统试验装置。进水控制阀应设有开、关指示装置。在报警阀前后和系统试验装置上，应装设校验用的仪表。

水力警铃宜装在报警阀附近，连接管道应采用镀锌钢管，长度不超过 6m 时，管径应为 15mm；超过 6m 时，管径为 20mm。连接水力警铃管道的总长度不应超过 20m。应设置延迟器等防止误报警的设施。

每个自动喷水灭火系统，应设水流指示器、信号阀、压力开关等辅助电动报警装置，但电动报警器不得代替水力警铃。

3）报警阀应设在没有冰冻危险、管理维护方便的房间内，距地面高度 0.8～1.5m。设在生产车间中的报警阀、闸阀以及其附属设备，应设有保护装置，以防止冲撞损坏和误动作。

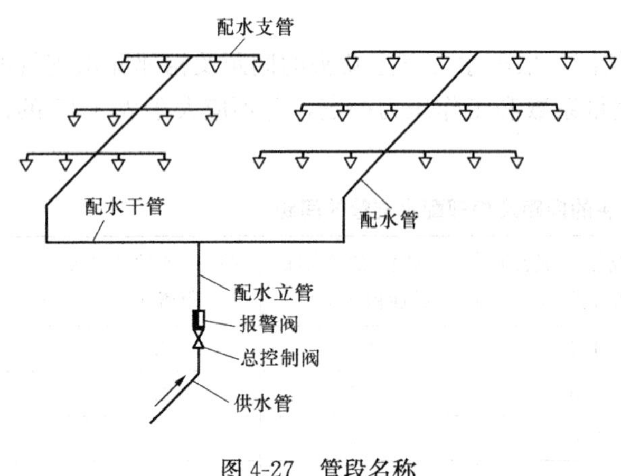

图 4-27　管段名称

4）室内消火栓给水管网与闭式自动喷水灭火设备报警阀后的管网，应分开独立设置。报警阀后的配水管上不应设阀门。

5）闭式自动喷水灭火系统的每个报警阀控制的喷头数，不宜超过 800 个；有排气装置的干式系统不宜超过 500 个；但无排气装置的干式系统，不宜超过 250 个。

（2）喷水管网，管段名称如图 4-27所示。

1）配水立管最好设在配水干管的中央。

2）配水管：宜在配水干管的两侧均匀分布。

3）配水支管：宜在配水管两侧均匀分布。

4）布置时应考虑管件施工与维护方便。

（3）管道负荷。

1）每根配水支管或配水管的直径均不应小于 25mm。

2）每根配水支管设置的喷头数应符合下列要求：①轻危险级建筑物不应超过 8 个；②普通危险级建筑物不应超过 8 个；③严重危险级建筑物不应超过 6 个；④同一配水支管向吊顶上下布置喷头时，其上下侧的喷头数各不超过 8 个。

（4）管道排水。

1）喷水系统的管道应设有坡度坡向配水立管，以便泄空。充水系统管道坡度应不小于 0.2%，配水支管应不小于0.4%，配水管和配水干管应不小于 0.2%。

2）在寒冷地区引至外墙的排水管，其排水阀以后的管段至少应有 1.2m 的长度设在室内，以防阀门受冻。

3）如充水系统的管道有局部下弯，则当下弯管段内喷头数少于 5 个时，可在管道上设置有丝堵的排出口。当喷头数为 5～20 个时，宜设置排水阀排水口；当喷头数多于 20 个时，宜设置带有排水阀的排水管，并接至排水管道。

4. 水力计算

(1) 消防用水流量。

1) 各危险等级的系统喷水灭火计算用水流量，见表4-11。

2) 设置自动喷水灭火系统的建筑物，同时必须设置消火栓。消火栓和自动喷水灭火系统的用水总流量应按同时使用计算。

3) 当建筑物内还同时设有水幕等消防系统时，应视这些系统是否同时作用来确定这些消防用水流量是否相加。

4) 消防用水通常按两种情况进行计算，即平时供水和加压供水。前者指火灾发生至消防水泵开动时10min内的供水情况，一般用贮在高位水箱、水塔、气压贮罐等贮水设备内的水供给。后者指消防水泵开动后的供水情况。

(2) 喷头出水量。

1) 喷头直径为15mm时的玻璃球喷头出水量，见表4-16。

表4-16 玻璃球喷头在各种水压式的喷头出水量 (*d*=15mm)

喷头工作压力 (kPa)	3.92	4.41	4.90	5.39	5.88	6.37	6.86	7.35
喷头出水量 (L/min)	50.60	53.67	56.57	59.33	61.97	64.50	66.93	69.28
喷头工作压力 (kPa)	7.84	8.33	8.82	9.31	9.80	10.29	10.78	11.27
喷头出水量 (L/min)	71.55	73.76	75.89	77.97	80.00	81.98	83.90	85.79
喷头工作压力 (kPa)	11.76	12.25	12.74	13.23	13.72	14.21	14.70	
喷头出水量 (L/min)	87.64	89.44	91.21	92.95	94.66	96.33	97.98	

2) 喷头直径为12.7mm时的易熔合金喷头出水量，见表4-17。

表4-17 易熔合金喷头在各种水压式的喷头出水量

喷头工作压力 (kPa)	0.4	0.45	0.50	0.55	0.6	0.65	0.7	0.75
喷头出水量 (L/s)	0.86	0.91	0.96	1.01	1.05	1.10	1.13	1.17
喷头工作压力 (10^4kPa)	0.8	0.85	0.9	0.95	1.0	1.05	1.10	1.15
喷头出水量 (L/s)	1.21	1.25	1.29	1.32	1.36	1.39	1.42	1.45
喷头工作压力 (10^4kPa)	1.20	1.25	1.30	1.35	1.40	1.45	1.50	
喷头出水量 (L/s)	1.49	1.52	1.55	1.58	1.60	1.63	1.66	

(3) 管道流量计算。

1) 自动喷头灭火系统设计流量计算，宜符合下列规定：

①自动喷水灭火系统流量宜按最不利位置作用面积和喷水强度计算。作用面积宜采用正方形或长方形。当采用长方形布置时，其长边应平行于配水支管，边长宜为作用面积值平方根的1.2倍。

注 1. 走道内仅布置一排喷头时，计算动作喷头数每层不宜超过5个。

2. 雨淋喷水灭火系统和水幕系统应按每个设计喷水区域内的全部喷头同时开启喷水计算。

②自动喷水灭火系统进行水力计算时，应保证作用面积内的平均喷水强度不小于表4-14的规定。但其中任意四个喷头组成的保护面积内的平均喷水强度，对轻危险级和中危险级建筑物、构筑物，不应小于上表4-14规定数值的85%；对严重危险级建筑物、构筑物，

应保证作用面积内任意四个喷头的实际保护面积内的平均喷水强度，不应小于表 4-14 的规定。

2）闭式自动喷水灭火系统设计秒流量，应按下列方法计算。

①从系统设计最不利点的喷头开始计算，至表 4-10 所列假定作用面积所包括的最后一个喷头为止，依次计算沿程、局部水头损失和各喷头处的压力、流量值。

②系统设计秒流量应满足式（4-8）要求

$$Q_{设计} = 1.15 \sim 1.30 Q_{理论} \tag{4-8}$$

式中 $Q_{设计}$——系统设计秒流量，L/s；

$Q_{理论}$——喷水强度与假定作用面积的乘积，L/s。

二、水幕消防系统

（一）水幕消防系统的组成及工作原理

水幕系统是由水幕喷头、控制阀（雨淋阀或干式报警阀等）、探测系统、报警系统和管道等组成的阻火、隔火喷水系统，如图 4-28 所示。

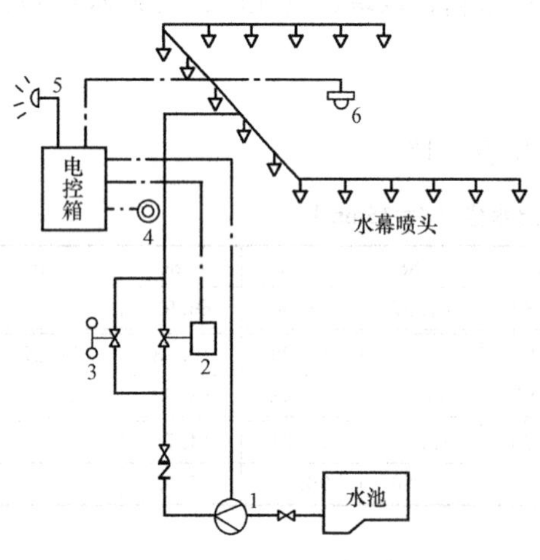

图 4-28 水幕消防系统

1—水泵；2—电动阀；3—手动阀；4—电钮；5—电铃；6—火灾探测器

水幕系统中采用开式水幕喷头，将水喷洒成水帘幕状，因此，它不能直接用来扑灭火灾，而是与防火卷帘、防火幕配合使用，对它们进行冷却和提高它们的耐火性能，阻止火势扩大和蔓延。也可单独使用，用来保护建筑物的门窗、洞口或在大空间造成防火水帘起防火分隔作用。

（二）下列部位应设水幕设备

（1）超过 1500 个座位的剧院和超过 2000 个座位的会堂、礼堂的舞台口，以及与舞台相连的侧台、后台的门窗洞口。

（2）应设防火墙等防火分隔物而无法设置的开口部位。

（3）防火卷帘或防火幕的上部。

（4）超过 800 个座位的剧院、礼堂和舞台口。

（三）系统主要组件

1. 水幕喷头

水幕喷头主要有以下几种：

（1）双隙式水幕喷头，这种喷头有两条平行的出水缝隙，水喷出后由于两层水流间的互相引射作用很快汇合成角度为 150°的板状水幕，两层水流汇合时的碰撞形成良好的水雾，起到加强冷却和削弱辐射的作用。

（2）单隙式水幕喷头，这种喷头有一条出水缝隙，喷洒角度 190°。以上两种喷头可设在舞台口分隔舞台和观众厅，设在露天生产装置区将其分隔成数个小区，或保护局部个别建筑物和设备等。

（3）雨淋式水幕喷头，这种喷头就是雨淋喷水灭火系统用的开式喷头，用于保护开口部位面积较大、造成防火水幕带的部位。

（4）窗口水幕喷头，用于防止火灾通过窗口蔓延扩大或增强窗扇、防火卷帘、防火幕的耐火性能。

（5）檐口水幕喷头，用于防止临近建筑火灾发生时对屋檐的威胁或增加屋檐的耐火能力而设置向屋檐洒水的喷头。

2. 控制阀

该系统的控制阀可采用雨淋阀、干式报警阀或手控制阀。

（四）水幕系统的设计特点和要求

1. 水幕的类型和设置

（1）冷却型水幕，主要起冷却作用，增强其耐火性能，防止火灾蔓延和扩大。为满足大型民用建筑的大跨度、大面积的空间需要，设防火卷帘的部位越来越多，由于生产工艺要求无法设置防火门、防火窗的部位，常采用简易防火分隔物（如防火卷帘等）来代替。这些简易防火分隔物在火灾情况下会在较短的时间内，失去阻火作用，故应在其上部设置水幕，增强其耐火性能。

（2）局部阻火型水幕，建筑物中一些孔洞、开口部位，面积不超过 3m²，难以采用防火门、窗，甚至难以采用防火卷帘进行分隔（例如皮带廊内）时，需设局部阻火水幕，防止火势蔓延扩大。

（3）防火水幕带，需要而无法设置防火分隔物的部位，例如百货楼营业厅、展览楼展览厅、剧院的舞台、吊车的行车道等，开口部位大于 3m²，难以设置防火墙，所以应设防火水幕带进行分隔，防止火灾通过该部位扩大和蔓延。

2. 水幕喷头的布置

（1）水幕喷头的布置，应根据喷水强度的要求，必须均匀布置，不要出现空白点，喷头的间距不应超过 2.5m。

（2）水幕系统作为冷却使用时，喷头可成单排布置，喷头安装的方向，应喷向防火幕、防火卷帘或其他保护对象。

（3）水幕系统作为局部阻火使用时，喷头应设在保护部位的上方，成单排（或双排）布置，以保证水幕能封闭整个开口部位。

（4）舞台口上方布置消防水幕带时，喷头应成双排布置，两排喷头之间的间距不应小于 1m，每排水幕喷头的间距应根据水幕喷头的流量和供水强度由计算确定。其消防水幕带的水源，可采用单管单侧供水、单管双侧供水和双管单侧供水。

（5）由于工艺需要而无法设置防火分隔物且开口面积超过 3m² 的部位（例如车间内的吊车行车道，地下铁道、地下隧道等），设置消防水幕带时，其水幕喷头宜采用雨淋式水幕喷头，且喷头布置不应少于三排，消防水幕带造成的水幕有效宽度不宜小于 5m。

（6）窗口、檐口喷头和转角处单向阀的布置。

1）窗口水幕喷头用于保护立面或斜面（如墙、窗、门、防火卷帘等）。窗口水幕喷头应设在窗口顶下 50mm 处。当保护多层建筑物时，中间层和底层窗口的水幕喷头与窗口玻璃的距离应符合图 4-29 的要求。

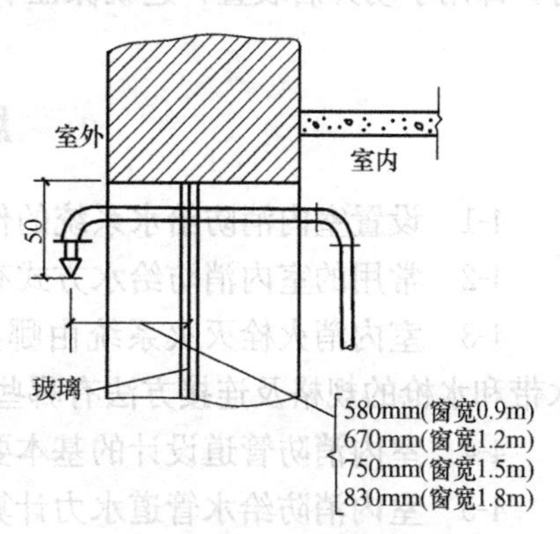

图 4-29　窗口的水幕喷头与玻璃面的距离

2）檐口水幕喷头应布置在顶层窗口或檐口板下约

200mm 处，其布置要求如图 4-30 所示。

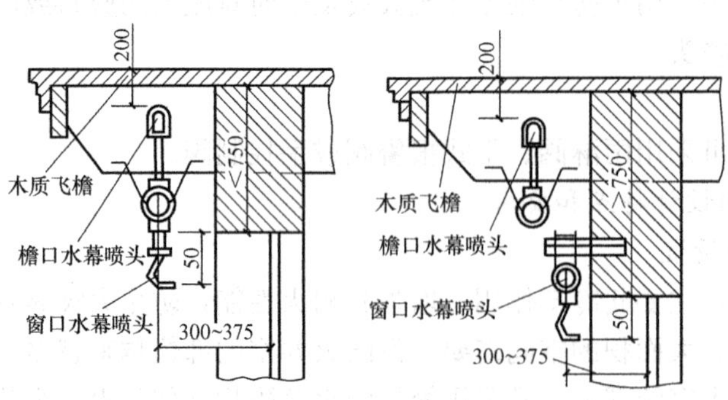

图 4-30 檐口水幕喷头的布置

3）建筑物转角处的阀门和止回阀的布置，应符合图 4-31 的要求，即在建筑物的某一侧开启水幕喷头时相邻侧的邻近一排窗口水幕喷头也应同时开启。

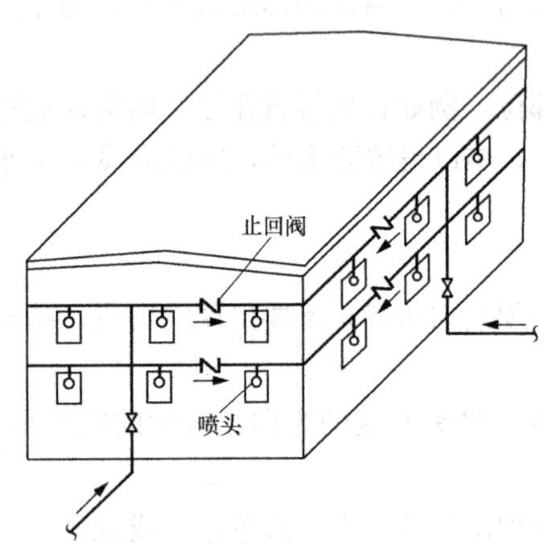

图 4-31 建筑物转角处的阀门布置

（7）为使水幕系统有较好的供水条件，规定每组水幕系统安装的喷头数不应超过 72 个，这样系统就不会太大，检修管网时影响范围较小。

（8）为了达到良好的保护或隔火作用，在同一配水支管上应布置相同口径的水幕喷头。

3. 水幕系统的开启装置

（1）该系统的开启装置可采取自动开启或手动开启。在建筑物内设有自动喷水灭火系统时，或者水幕与防火卷帘（防火幕）配合使用时，一般应与该区的同一保护对象的上述设施联动，必要时可单独设置。

（2）若水幕系统采用自动开启装置，应按雨淋自动喷水灭火系统相应的所有规定执行，但自动开启装置的水幕系统必须设有手动开启装置，万一停电或电源发生故障以及电动控制系统失灵时，即用手动开启装置，这就保证了该系统在任何情况下都处于良好的工作状态。

思考题与习题

4-1 设置室内消防给水系统的作用是什么？设置室内消防给水的原则有哪些？

4-2 常用的室内消防给水方式有哪些？各种给水方式有哪些适用的条件？

4-3 室内消火栓灭火系统由哪些部分组成？消火栓的布置原则有哪些？常用消火栓、水带和水枪的规格及连接方法有哪些？对消火栓安装有什么要求？

4-4 室内消防管道设计的基本要求有哪些？如何确定消防用水量？

4-5 室内消防给水管道水力计算与室内给水管道水力计算有何相同点？有何不同点？

4-6 如何布置室内消火栓、消防管道和设备？如何绘制消防系统图？如何确定管段管径和进行系统水力计算？

4-7　在什么条件下必须设消防水箱，对消防水箱有何要求?

4-8　消防给水系统设置水泵接合器的目的是什么?有哪些设置方式和要求?水泵接合器的接口有哪几种规格?

4-9　在什么条件下必须设消防水池?在什么条件下可不设消防水池?消防水池的容量和位置如何确定?

4-10　什么是闭式自动喷水灭火系统和开式自动喷水灭火系统?

4-11　设置闭式和开式自动喷水灭火系统的原则有哪些?闭式和开式自动灭火系统的组成及工作原理如何?

第五章 建筑排水系统

第一节 建筑排水体制的确定和排水系统的组成

建筑排水系统的任务就是将人们在生活、生产过程中使用过的废（污）水收集起来并尽快畅通地排至室外的排水管网系统。

一、建筑排水系统分类

（一）按所排除的污、废水性质，建筑排水系统分为以下几类：

（1）粪便污水排水系统，排除大便器（槽）、小便器（槽）等卫生设备排出的含有粪便污水的排水系统。

（2）生活废水排水系统，排除洗涤盆（池）、洗脸盆、淋浴设备、盥洗槽、化验盆、洗衣机等卫生设备排出废水的排水系统。

（3）生活污水排水系统，将粪便污水及生活废水合流排除的排水系统。

（4）生产污水排水系统，排除在生产过程中被严重污染的水的排水系统。

（5）生产废水排水系统，排除在生产过程中污染较轻及水温稍有升高的污水（如冷却废水等）的排水系统。

（6）工业废水排水系统，将生产污水与生产废水合流排除的排水系统。

（7）屋面雨水排水系统，排除屋面雨水及雪水的排水系统。

（二）按敷设方式，建筑排水系统分为以下几类：

（1）异层排水系统：排水支管需要穿越楼板，与卫生设备不处于同一层。

（2）同层排水系统：排水支管不需要穿越楼板，与卫生设备处于同一层。

现阶段，我国多数建筑采用同层排水系统。两种系统的组成基本相同，只是管道布置及施工要求有所差异。

二、建筑排水体制

建筑排水体制分为分流制排水体制与合流制排水体制两种。分流制排水体制即针对各类废污水分别设单独的管道系统输送和排放的排水制度；合流制排水体制即在同一排水管道系统中可以输送和排放两种或两种以上污水的排水制度。对于居住建筑和公共建筑采用“合流”与“分流”是指粪便污水与生活废水的合流与分流；对工业建筑来说，“合流”与“分流”是指生产污水和生产废水的合流与分流。

建筑排水体制是采用合流排水体制，还是采用分流排水体制，应根据污废水性质、污染程度、水量的大小并结合室外排水体制和污水处理设施的完善程度，以及有利于综合利用与处理的要求等情况确定。

（一）在下列情况下，建筑物需设单独的排水系统

（1）公共食堂、肉食品加工车间、餐饮业洗涤废水中含有大量油脂。

（2）锅炉、水加热器等设备排水温度超过40℃。

（3）医院污水中含有大量致病菌或含有放射性元素超过排放标准规定的浓度。

(4) 汽车修理间或洗废水中含有大量机油。

(5) 工业废水中含有有毒、有害物质需要单独处理。

(6) 生产污水中含有酸碱，以及业污水必须处理回收利用。

(7) 建筑中水系统中需要回用的生活废水。

(8) 消防排水、生活水池(箱)排水、游泳池放空排水、冷却塔及空调冷凝排水、车库和机房地面排水、水景排水等宜排入室外雨水管道。

(9) 建筑物雨水管道应单独排出。

(二) 在下列情况下，宜采用分流制排水系统

(1) 环卫部门要求污废水分流，生活污水需经化粪池处理后才能排入城镇排水管道时。

(2) 生活废水需回收利用时。

(三) 在下列情况下，建筑物内部可采用合流制排水系统

(1) 当生活废水不考虑回收，城市有污水处理厂时，粪便污水与生活废水可以合流排出。

(2) 生产污水与生活污水性质相近时。

三、污水排入城市管道的条件

工业废水和生活污水排入排水系统，应符合《污水排水城市下水道水质标准》(CJ 343—2010) 规定，根据城镇下水道末端污水处理厂的处理程度，将控制项目限值分为 A、B 、C 三个等级，见表 5-1 。

(1) 下水道末端污水处理厂采用再生处理时，排入城镇下水道的污水水质应符合 A 等级的规定。

(2) 下水道末端污水处理厂采用二级处理时，排入城镇下水道的污水水质应符合 B 等级的规定。

(3) 下水道末端污水处理厂采用一级处理时，排入城镇下水道的污水水质应符合 C 等级的规定。

下水道末端无污水处理设施时，排入城镇下水道的污水水质不得低于 C 等级的要求，应根据污水的最终去向，执行国家现行污水排放标准。

表 5-1　污水排入城镇下水道水质等级标准(最高允许值，pH 值除外)

序号	控制项目名称	单位	A 等级	B 等级	C 等级
1	水温	℃	35	35	35
2	色度	倍	50	70	60
3	易沉固体	mL/(L·15min)	10	10	10
4	悬浮物	mg/L	400	400	300
5	溶解性总固体	mg/L	1600	2000	2000
6	动植物油	mg/L	100	100	100
7	石油类	mg/L	20	20	15
8	pH 值	—	6.5～9.5	6.5～9.5	6.5～9.5
9	生化需氧量 (BOD_5)	mg/L	350	350	150
10	化学需氧量 (COD)[a]	mg/L	500 (800)	500 (800)	300

续表

序号	控制项目名称	单位	A 等级	B 等级	C 等级
11	氨氮（以 N 计）	mg/L	45	45	25
12	总氮（以 N 计）	mg/L	70	70	45
13	总磷（以 P 计）	mg/L	8	8	5
14	阴离子表面活性剂（LAS）	mg/L	20	20	10
15	总氰化物	mg/L	0.5	0.5	0.5
16	总余氯（以 Cl_2 计）	mg/L	8	8	8
17	硫化物	mg/L	1	1	1
18	氟化物	mg/L	20	20	20
19	氯化物	mg/L	500	600	800
20	硫酸盐	mg/L	400	600	600
21	总汞	mg/L	0.02	0.02	0.02
22	总镉	mg/L	0.1	0.1	0.1
23	总铬	mg/L	1.5	1.5	1.5
24	六价铬	mg/L	0.5	0.5	0.5
25	总砷	mg/L	0.5	0.5	0.5
26	总铅	mg/L	1	1	1
27	总镍	mg/L	1	1	1
28	总铍	mg/L	0.005	0.005	0.005
29	总银	mg/L	0.5	0.5	0.5
30	总硒	mg/L	0.5	0.5	0.5
31	总铜	mg/L	2	2	2
32	总锌	mg/L	5	5	5
33	总锰	mg/L	2	5	5
34	总铁	mg/L	5	10	10
35	挥发酚	mg/L	1	1	0.5
36	苯系物	mg/L	2.5	2.5	1
37	苯胺类	mg/L	5	5	2
38	硝基苯类	mg/L	5	5	3
39	甲醛	mg/L	5	5	2
40	三氯甲烷	mg/L	1	1	0.6
41	四氯化碳	mg/L	0.5	0.5	0.06
42	三氯乙烯	mg/L	1	1	0.6
43	四氯乙烯	mg/L	0.5	0.5	0.2
44	可吸附有机卤化物（AOX，以 Cl 计）	mg/L	8	8	5
45	有机磷农药（以 P 计）	mg/L	0.5	0.5	0.5
46	五氯酚	mg/L	5	5	5

a 括号内数值为污水处理厂新建或改、扩建，且 $BOD_5/COD>0.4$ 时控制指标的最高允许值。

四、排水系统的组成

建筑内部排水系统一般由污（废）水收集器、排水管道、通气管、清通设备、抽升设备、污水局部处理构筑物等部分组成，如图 5-1 所示。

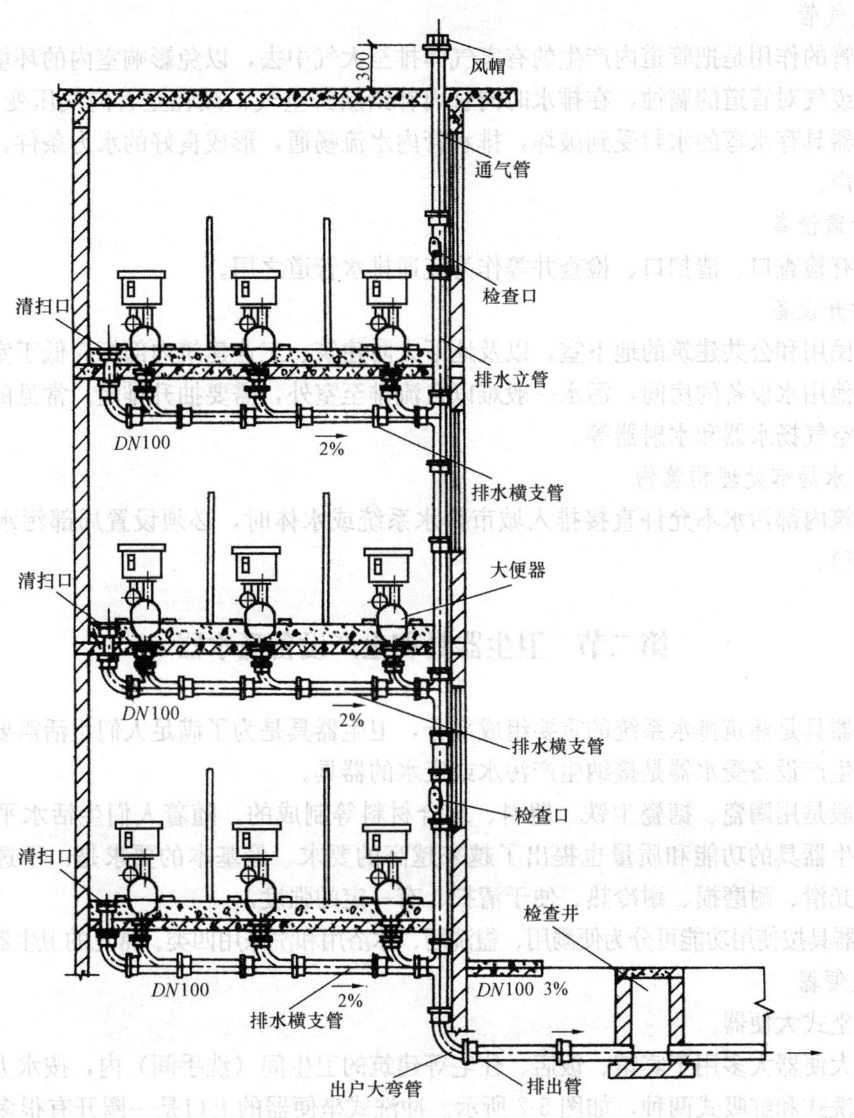

图 5-1 室内排水系统的基本组成

1. 污（废）水收集器

污（废）水收集器是用来收集污（废）水的器具，如室内的各种卫生器具、生产污（废）水的排水设备及雨水斗等。

2. 排水管道

排水管道由器具排水管、排水横支管、排水立管和排出管等组成。

(1) 器具排水管，连接卫生器具和排水横支管之间的短管，除坐式大便器等自带水封装置的卫生器具外，均应设水封装置。

（2）排水横支管，将器具排水管送来的污水转输到立管中去。

（3）排水立管，用来收集其上所接的各横支管排来的污水，然后再把这污水送入排出管。

（4）排出管，用来收集一根或几根立管排来的污水，并将其排至室外排水管网中去。

3. 通气管

通气管的作用是把管道内产生的有害气体排至大气中去，以免影响室内的环境卫生，减轻废水、废气对管道的腐蚀，在排水时向管内补给新鲜空气，减轻立管内气压变化的幅度，防止卫生器具存水弯的水封受到破坏，排水管内水流畅通，形成良好的水力条件，减少排水系统的噪声。

4. 清通设备

一般有检查口、清扫口、检查井等作为疏通排水管道之用。

5. 抽升设备

一些民用和公共建筑的地下室，以及地下人防建筑、工业建筑内部标高低于室外地坪的车间和其他用水设备的房间，污水一般难以自流排至室外，需要抽升排泄。常见的抽升设备有水泵、空气扬水器和水射器等。

6. 污水局部处理构筑物

当建筑内部污水不允许直接排入城市排水系统或水体时，必须设置局部污水处理设施（见第七章）。

第二节 卫生器具和生产设备受水器

卫生器具是建筑排水系统的重要组成部分，卫生器具是为了满足人们生活需要的各种卫生洁具，生产设备受水器是接纳生产污水或废水的器具。

它一般是用陶瓷、搪瓷生铁、塑料、复合材料等制成的。随着人们生活水平的不断提高，对卫生器具的功能和质量也提出了越来越高的要求。最基本的要求是：不透水、无气孔、表面光滑、耐磨损、耐冷热、便于清扫、有一定的强度。

卫生器具按使用功能可分为便溺用、盥洗用、沐浴用和洗涤用四类。常见的卫生器具有：

1. 大便器

（1）坐式大便器。

坐式大便器大多用于宾馆、饭店、住宅等建筑的卫生间（洗手间）内，按水力冲洗原理可分为冲洗式和虹吸式两种，如图 5-2 所示。冲洗式坐便器的上口是一圈开有很多小孔的冲洗槽，冲洗水经这些小孔出流并沿便器表面冲下，使器内水位涌高，从而将粪便冲出存水弯。这种便器由于受污面积大而水面面积小，一次冲洗不一定能够将粪便冲洗干净。虹吸式坐便器是靠虹吸作用将粪便全部吸出。同时，在冲洗槽进水口处有一个冲水缺口，部分水可沿缺口冲射出流，以加快虹吸作用。这种便器冲洗能力强，但因流速大会发生较大的噪声。近年来开发的喷射虹吸式坐便器和旋涡虹吸式坐便器则有所改进。

坐式大便器的冲洗设备有两种，一是延时自闭式冲洗阀（直接连接给水管，不允许采用普通阀门），如图 5-4 所示；二是低水箱（低水箱与坐体连体或分体），如图 5-3 和图 5-5 所示。

（2）蹲式大便器。

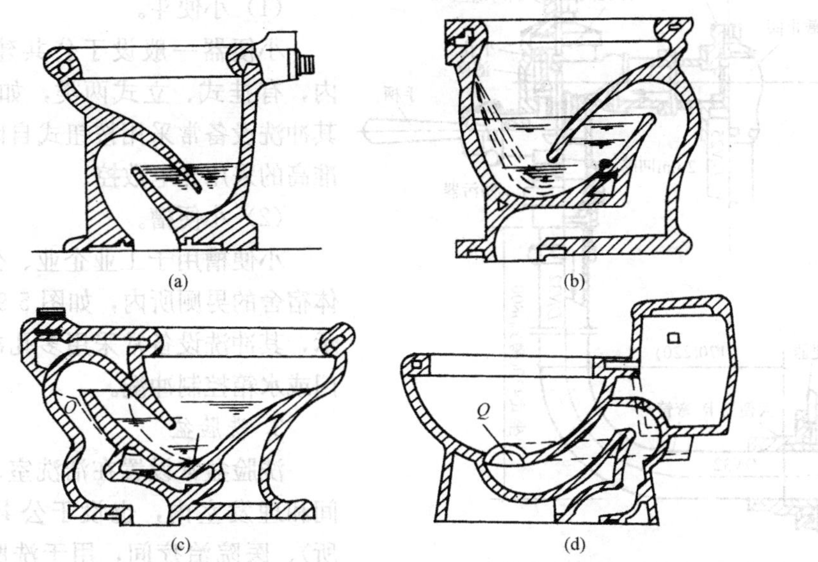

图 5-2 坐式大便器

(a) 冲洗式；(b) 虹吸式；(c) 喷射虹吸式；(d) 旋涡虹吸式

图 5-3 低水箱坐便器

(a) 智能隐蔽后排式大便器；(b) 新型低位水箱坐式大便器；(c) 智能落地式大便器

蹲式大便器一般用于集体宿舍、公共厕所、普通住宅，以及防止接触传染的医院厕所内，使用压力冲洗水经周边的配水孔进行冲洗。蹲式大便器的冲洗设备有两种：一是采用高位水箱（高位水箱有手动冲洗和自动冲洗两种）；二是直接连接给水管并加装延时自闭式冲洗阀，如图 5-6 和图 5-7 所示。

(3) 大便槽。

大便槽造价低廉，常用于学校、火车站、汽车站、码头等标准较低的公共场所，可代替成排的蹲式大便器。大便槽的槽宽一般为 200～300mm，起端槽深 350mm，槽底坡度不小于 0.015，末端设有高出槽底 150mm 的挡水坎，排水口需设存水弯。大便槽的冲洗设备一般为设在起端的自动控制冲洗水箱（有的还采用光电数控）。

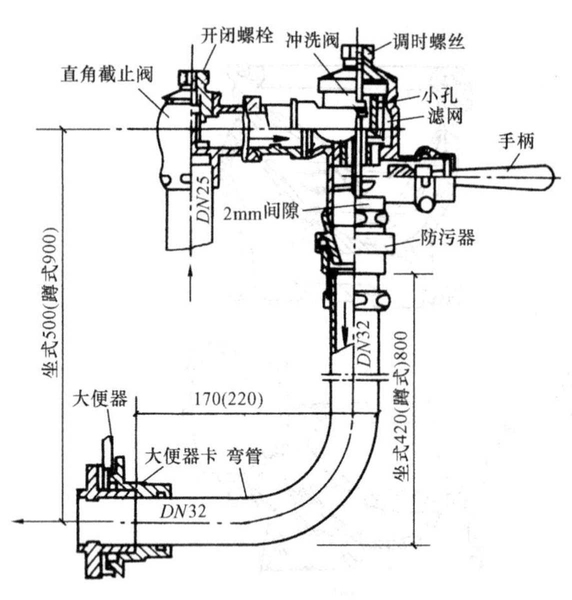

图 5-4　延时自闭式冲洗阀

2. 小便器

（1）小便斗。

小便器一般设于公共建筑的男厕所内，有挂式、立式两类，如图 5-8 所示。其冲洗设备常采用按钮式自闭冲洗阀，标准高的采用光电数控。

（2）小便槽。

小便槽用于工业企业、公共建筑、集体宿舍的男厕所内，如图 5-9 和图 5-10 所示，其冲洗设备常采用多孔冲洗管，用阀门或水箱控制冲洗。

3. 洗脸盆

洗脸盆常设置在洁洗室、浴室、卫生间和理发室内，也设于公共洗手间（厕所）、医院治疗间，用于洗脸、洗手、洗头，如图 5-11 所示。其形状有长方形、椭圆形和三角形。安装方式有墙架式、台式和柱脚式。洗脸盆配有塞子，可使用不流动水洁洗，但流动水比较卫生。与洗脸盆匹配的存水弯见图 5-12。

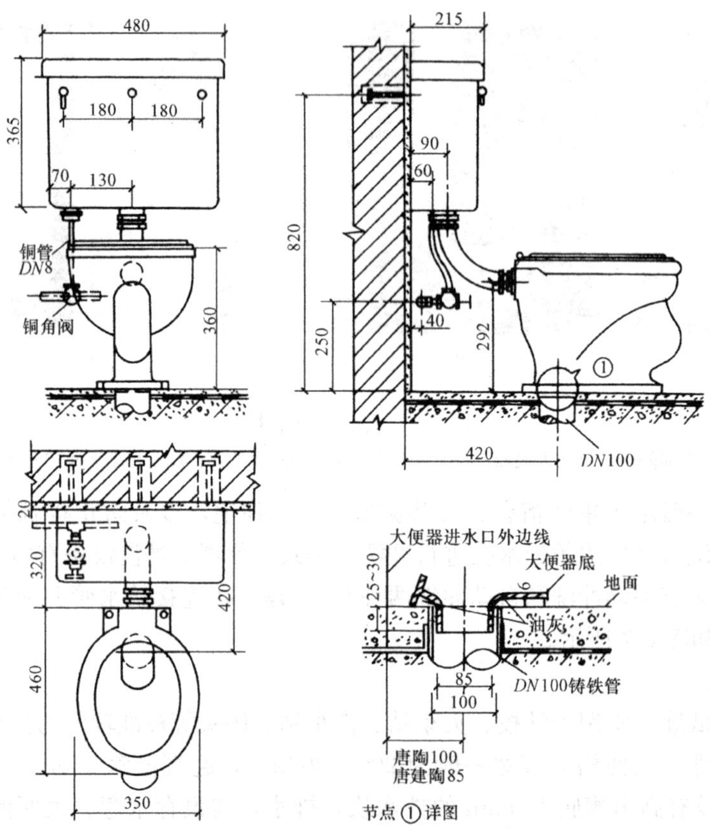

图 5-5　低水箱坐便器安装

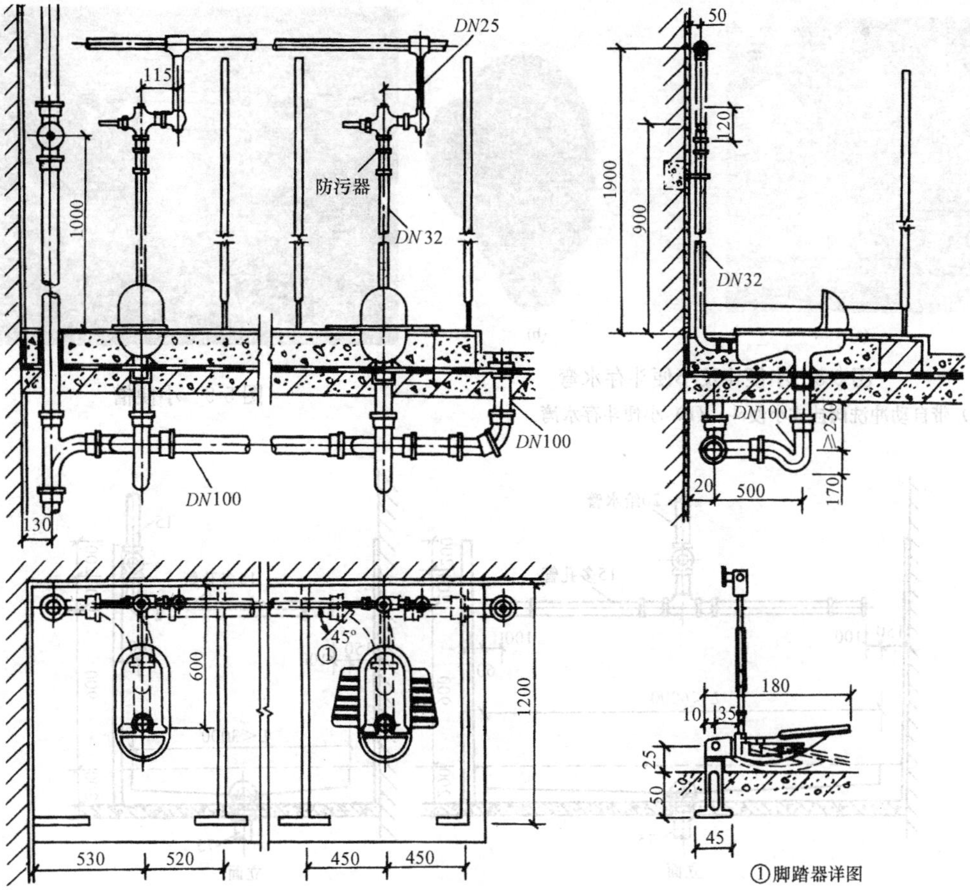

图 5-6　蹲式大便器安装

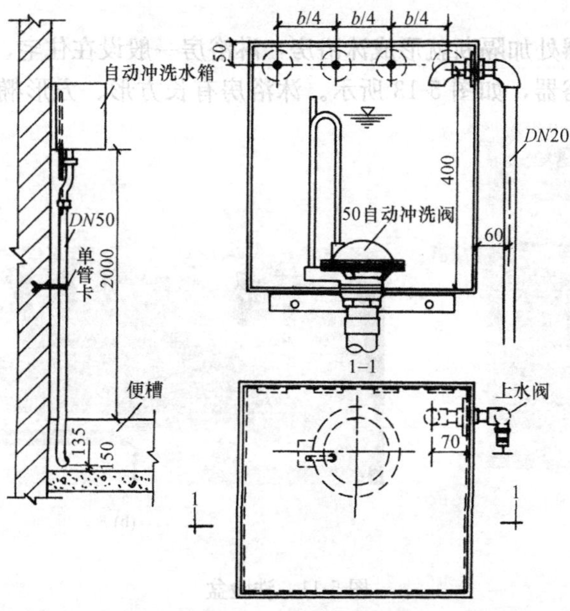

图 5-7　自动冲洗水箱安装

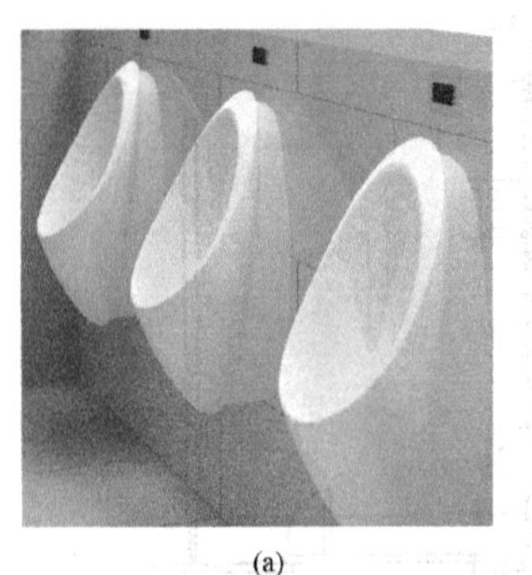

(a)

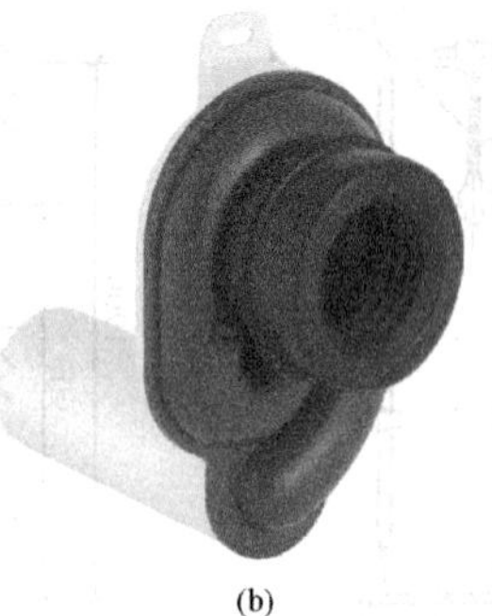

(b)

图 5-8　小便斗及小便斗存水弯

(a) 带自动冲洗阀挂式小便斗；(b) 小便斗存水湾

图 5-9　小便槽

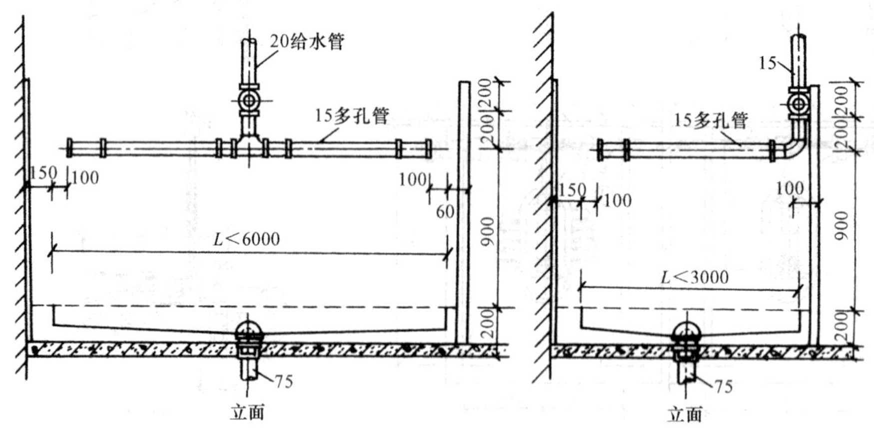

图 5-10　小便槽

4. 沐浴设备

(1) 淋浴房。

如在卫生间沐浴器处加隔断就形成沐浴房，淋浴房一般设在住宅、宾馆的卫生间内，配有冷热混水龙头和淋浴器，如图 5-13 所示。沐浴房有长方形、方形椭圆形等形状，其规格

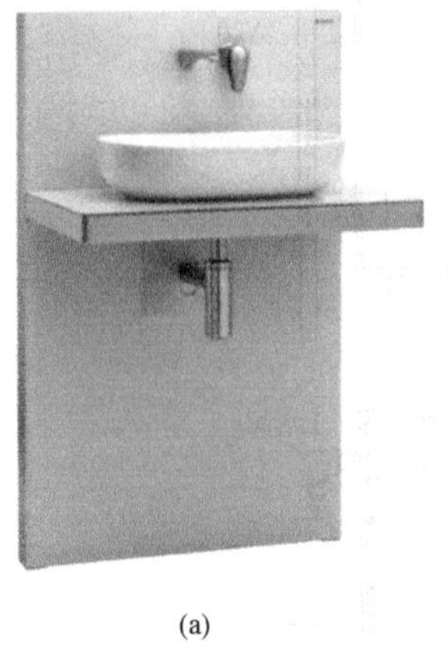

(a)

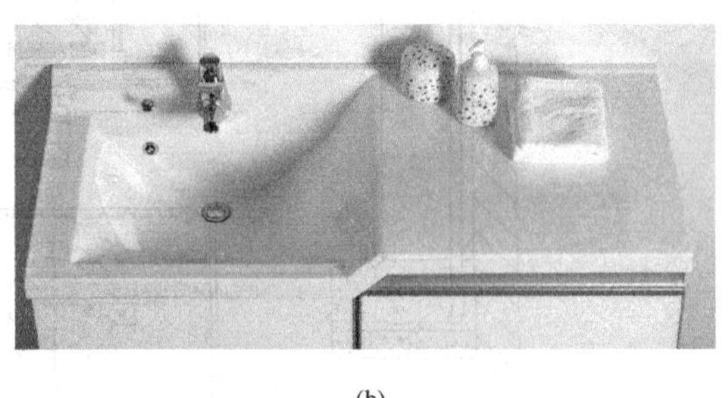

(b)

图 5-11　洗脸盆

(a) 台上盆；(b) 台下盆

图 5-12　洗脸盆不同类型的存水弯

图 5-13　淋浴房

有大型（183mm×810mm×440mm）、中型（1680mm×1520mm×410～350mm）、小型（1200mm×650mm×360mm），材质一般为玻璃、塑料、复合材料等。主要为满足卫生间装饰、布置及使用功能要求。随着人们生活水平的提高，具有保健功能（如装有水力按摩装置）。

（2）沐浴器。

沐浴器多用于工厂、学校、部队的公共浴室和体育馆内，也有占地面积小、清洁卫生、耗水量小、设备费用低等特点。沐浴器有成品供应，也有现场制作安装。如图 5-14 所示。

（3）浴缸。

浴缸一般设在住宅、宾馆的卫生间内，配有冷热水混合龙头和淋浴器，其种类、规格很多，有方的、有圆的、有普通的、有高档带智能按摩功能的等，见图 5-15。

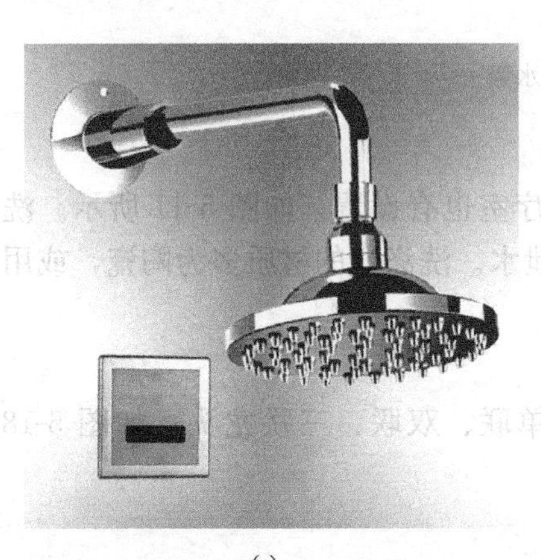

(a)

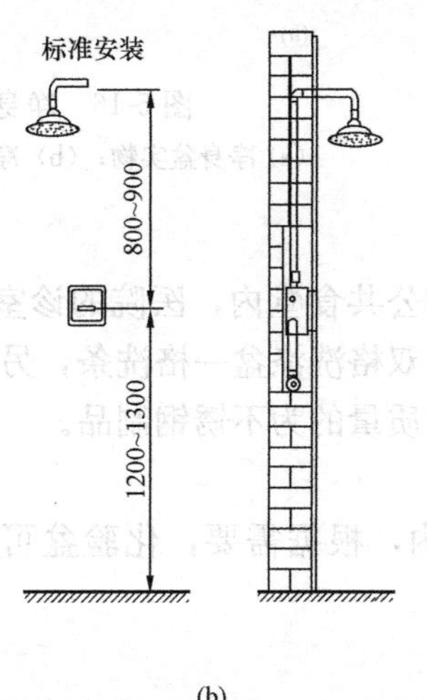

(b)

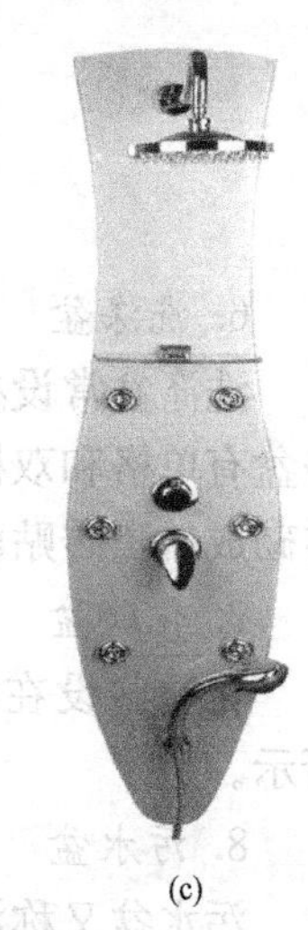

(c)

图 5-14　淋浴设备

(a) 感应淋浴器；(b) 感应淋浴器安装图；(c) 多功能淋浴控制板

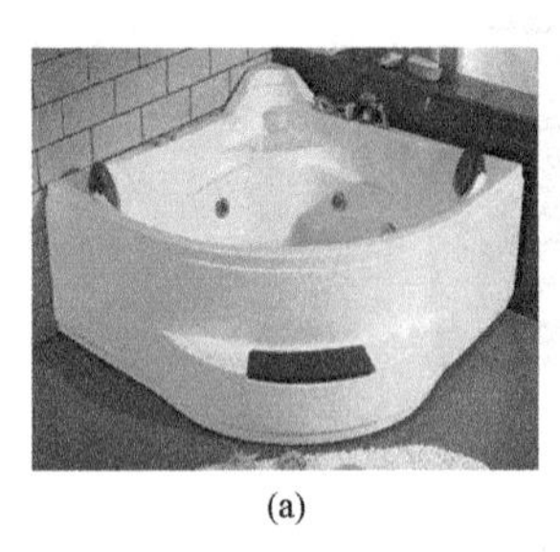

(a)

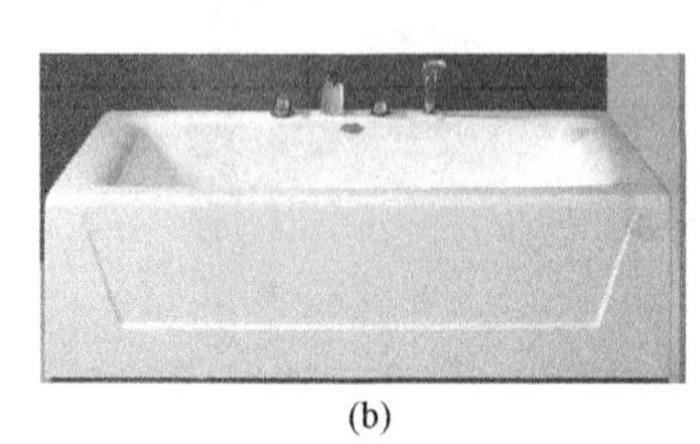

(b)

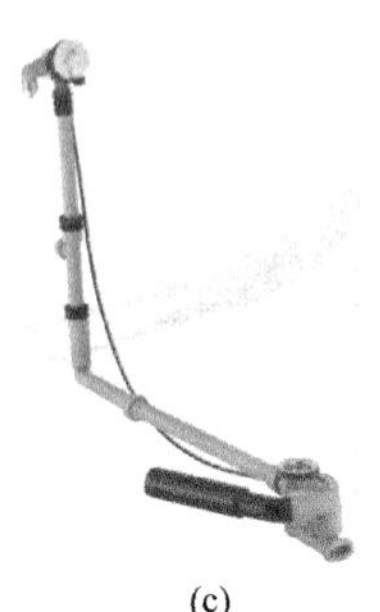

(c)

图 5-15　浴缸及浴缸存水湾

（a）智能浴缸；（b）普通浴缸；（c）浴缸落水

5．净身盘

净身盆与大便器配套安装，供便溺后洗下身，适合妇女和痔疮患者等使用。一般用于标准较高的家庭、宾馆、医院、疗养院卫生间等见图 5-16。

(a)

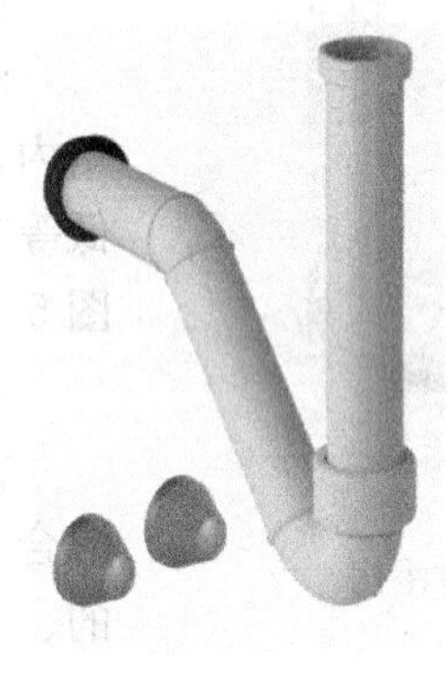

(b)

图 5-16　净身盆

(a) 净身盆实物；(b) 净身盆存水弯

6．洗涤盆

洗涤盆常设在厨房和公共食堂内，医院的诊室、治疗室也有设置，如图 5-17 所示。洗涤盆有单格和双格之分，双格洗涤盆一格洗条，另一格泄水。洗涤盆的材质多为陶瓷，或用砖砌成后瓷砖贴面，较高质量的为不锈钢制品。

7．化验盆

化验盆设在实验室内，根据需要，化验盆可配置单联、双联、三联龙头，如图 5-18 所示。

8．污水盆

污水盆又称污水池、拖布池、常设在公共建筑的厕所、盥洗间内，供拖把、打扫卫生、倾倒污水用，多用砖砌瓷砖贴面如图 5-19 所示。

图 5-17　洗涤盆

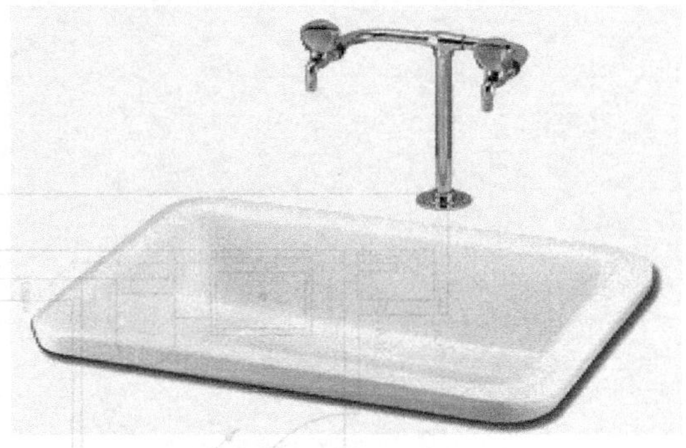

图 5-18　化验盆

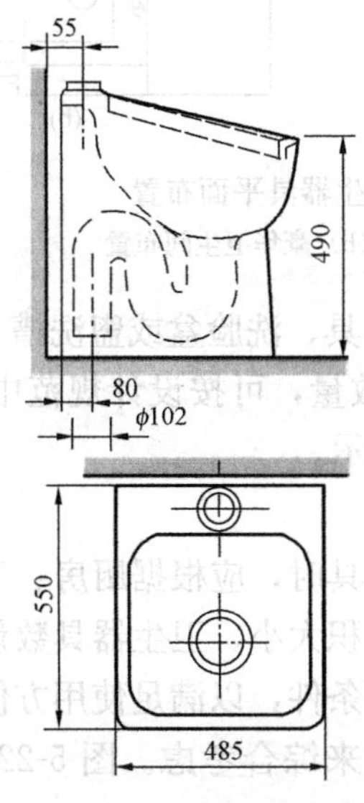

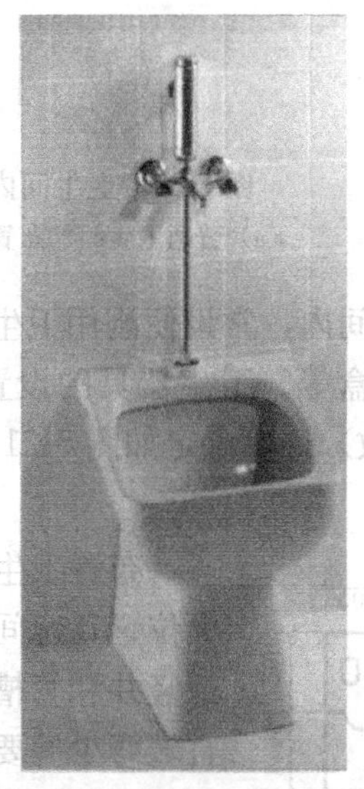

图 5-19　医院用粪便污水盆

第三节　卫生器具及设备的布置与安装

一、卫生器具的设置、布置与安装

1. 卫生器具的设置

在住宅的卫生间内，一般都应设置坐便器（或蹲便器）、淋浴间和洗脸盆三件卫生器具，如图 5-20（a）。标准高的设有二个卫生间，“主卫”内设坐便器、淋浴间和洗脸盆；“次卫”内设坐便或蹲便器、淋浴房或淋浴间和洗脸盆。在设计上还可以将洗脸盆和其他两件卫生器具分隔开，以方便使用，如图 5-20（b）。在住宅的厨房内，一般洗涤盆，标准高的设两个单格洗涤盆。

在宾馆、饭店的客房内，应设坐便器、浴盆和洗脸盆三件卫生器具，且洗脸盆应安装在盥洗台内。同时，还需附设浴巾毛巾架、浴帘、化妆镜、衣帽钩、剃须插座，标准高的可加设净身盆、烘手器、浴霸等。

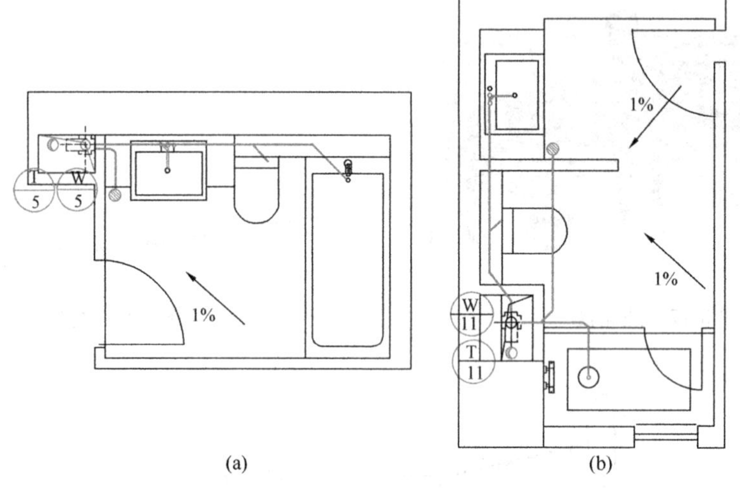

图 5-20 卫生间内卫生器具平面布置
(a) 普通卫生间的布置；(b) 豪华卫生间布置

在公共建筑的卫生间内，常设便溺用卫生器具、洗脸盆或盥洗槽、污水盆等，必要时附设镜片、烘手器、皂液盒等。卫生器具的设置数量，可按设计规范中的卫生器具设置定额（每一卫生器具使用人数）计算确定如图 5-21 所示。

2. 卫生器具的布置

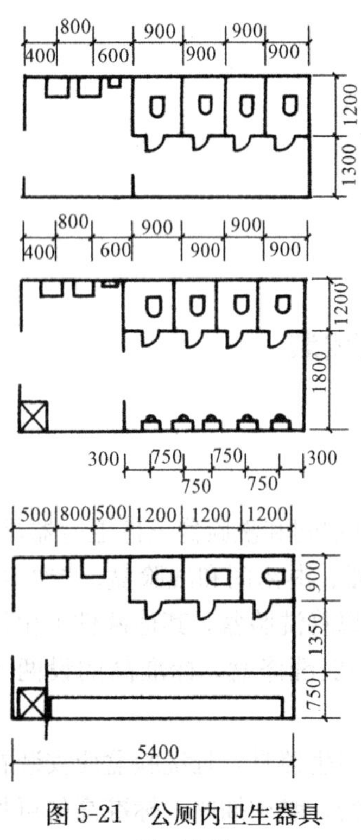

图 5-21 公厕内卫生器具平面布置

布置卫生器具时，应根据厨房、卫生间、公共厕所的平面位置、房间面积大小、卫生器具数量与单件尺寸、有无管道竖井和管槽等条件，以满足使用方便、容易清洁、管线短且转弯少等要求来综合考虑。图 5-22 为卫生器具的几种布置形式，可供参考。

3. 卫生器具的安装

卫生器具的安装应具备两个条件：一是土建施工基本完成但尚未收尾；二是给水管道和排水管道已追随土建进度安装完毕。给水支管的镶接则是在卫生器具安装完毕后进行的。

卫生器具安装的基本要求：

（1）位置正确。卫生器具的安装位置包括平面位置和立面位置（安装高度），一般由设计确定。当需要由安装者现场定位时，主要考虑使用方便、舒适、易检修等因素，尽量做到与建筑布置的整体协调和美观。施工中特别要注意器具排水管中心位置的准确性，否则有可能造成返工。一般是按照《给水排水标准图集》指示的有关尺寸来进行安装，部分卫生器具的安装高度见表 5-2。

（2）安装稳固。卫生器具的安装是否稳固，在很大程度

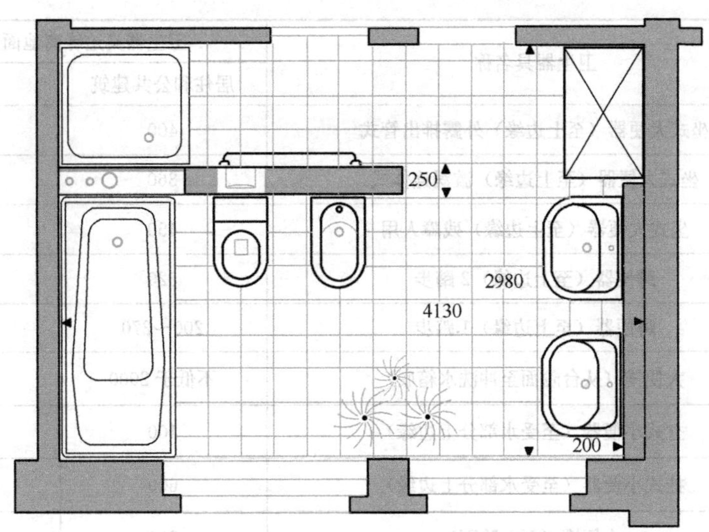

图 5-22　卫生器具平面平置

上取决于器具底座、支腿和支架安装的稳固，因此，在施工中要特别加以注意。

(3) 安装严密。为防止卫生器具使用时漏水，要特别注意与给水管道镶接处和与排水管道连接处的施工，加橡皮软垫的地方要压挤紧密，填油灰的地方要填塞密实。

表 5-2　部分卫生器具的安装高度

序号	卫生器具名称	卫生器具边缘离地面高度（mm）	
		居住和公共建筑	幼儿园
1	架空式污水盆（池）洗涤盆（池）（至上边缘）	800	800
2	落地式污水盆（池）（至上边缘）	500	500
3	浴盆（至上边缘）	480	
	残障人用浴盆、按摩浴盆（至上边缘）	450	
	淋浴盆	100	
4	洗脸盆（至上边缘）	800	500
	残障人用洗脸盆（至上边缘）	800	
5	洗手盆（至上边缘）	800	500
6	洗涤盆（池）（至上边缘）	800	800
7	盥洗槽（至上边缘）	800	500
8	蹲、坐式大便器（从台阶面至高水箱底）	1800	1800
9	蹲式大便器（从台阶面至低水箱底）	900	—
10	坐式大便器（至低水箱底）外露排出管式	510	
	坐式大便器（至低水箱底）虹吸喷射式	470	370
	坐式大便器（至低水箱底）冲落式	510	—
	坐式大便器（至低水箱底）漩涡连体式	250	—

续表

序号	卫生器具名称	卫生器具边缘离地面高度（mm）	
		居住和公共建筑	幼儿园
11	坐式大便器（至上边缘）外露排出管式	400	—
	坐式大便器（至上边缘）漩涡连体式	360	—
	坐式大便器（至上边缘）残障人用	450	—
12	蹲便器（至上边缘）2踏步	320	—
	蹲便器（至上边缘）1踏步	200～270	—
13	大便槽（从台阶面至冲洗水箱底）	不低于2000	—
14	立式小便器（至受水部分上边缘）	100	—
15	挂式小便器（至受水部分上边缘）	600	450
16	小便槽（至台阶面）	200	150
17	化验盆（至上边缘）	800	—
18	净身器（至上边缘）	360	—
19	饮水器（至上边缘）	1000	—

（4）安装美观。为使卫生器具的安装做到端正、平直，施工时应随时用线坠、水平尺等工具进行检验和校正。在管子配件与卫生器具的结合处，应按照“软结合”的原则进行安装，即在金属与瓷器之间加衬橡胶软垫。使用管钳等工具紧固有铜质或镀光质表面的配件时，应在配件着力点处包裹衬布，用软加力的方法进行紧固。与卫生瓷器的螺纹连接处，应先用手拧紧，再用工具缓缓加力紧固。安装过程中，工具不能放在卫生瓷器上。

（5）可拆卸性。为使卫生瓷器具有可拆卸性，在给水支管与卫生器具的最近连接处应加活接头，器具与排水短管、存水弯的连接处，应用油灰填塞密实。

（6）成品保护。卫生器具安装好后应进行适当保护，如切断水源、用草袋覆盖、封闭敞开的排水口等，以防止人为损坏，特别要注意防止土建施工时向敞开的排水口内倾倒废水和垃圾。

二、智能感应系列产品

随着人们生活水平的提高、消费观念的转变及节约能源的要求，智能感应系统产品应用的越来越广泛。特别是在公共场所，诸如感应龙头、小便斗充水感应器、蹲便、坐便充水感应器和卫生间洗手风干机等，给人们的生活提供了便利。

这类系统工作原理基本相同，即通过感应器对使用者进行探测，自动控制系统工作，既卫生又节水。

1. 智能感应水龙头及洗手风干机（如图5-23所示）

2. 智能大便器

智能大便器有挂式、落地式二种（见图5-24），它具有便后冲洗下身与烘干功能，水温与风温可以调节，但是这种产品价格较贵。

(a)

(b)

图 5-23 智能感应水龙头及洗手风干机

(a) 智能感应水龙头；(b) 智能感应手风干机

(a)

(b)

图 5-24 智能大便器

(a) 悬挂式智能大便器；(b) 落地式智能大便器

第四节 排水管材及附件

一、常用排水管材

对敷设在建筑内部的排水管道的要求是有足够的机械强度、抗污水侵蚀性能好、不渗漏。排水管材选择应符合下列要求：

(1) 建筑物内部排水管道应采用建筑排水塑料管及管件或柔性接口机制排水铸铁管及相应管件。

(2) 当排水温度大于 40℃时，应采用金属排水管或耐热塑料排水管。

下面重点介绍几种常用管材的性能及特点。

1. 排水铸铁管

排水铸铁管具有耐腐蚀性能强，具有一定的强度、使用寿命长、价格便宜等优点。常用排水铸铁管的规格，见表 5-3。

表 5-3　　排水铸铁管的规格

管内径（mm）	δ（mm）	L_1（mm）	L_2（mm）	D_1（mm）	D_2（mm）	重量（kg）
50	5	60	1500	50	80	10.3
75	5	65	1500	75	105	14.9
100	5	70	1500	100	130	12.6
125	6	75	1500	125	157	29.4
150	6	75	1500	150	182	34.9
200	7	80	1500	200	234	53.7

l_1
l_2
δ
3
3
D_2
D_1
D_3

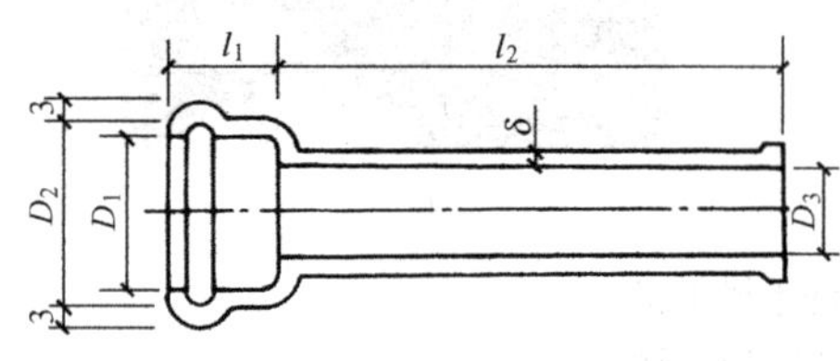

图 5-25　排水铸铁管承插口直径

直管长度一般为 1.0～1.5m。建筑内部排水铸铁管及连接管件，如图 5-25～图 5-27 所示。

铸铁管连接方式为承插口连接，常用的接口材料有普通水泥接口、石棉水泥接口、膨胀水泥接口等。在高层建筑中，有抗震要求地区的建筑物排水管道应采用柔性接口。

无承口铸铁管连接方式，采用橡胶圈卡箍连接。见图 5-28 所示，其优点是防火等级比较高，连接不需承口，最短管段可达 200mm，流

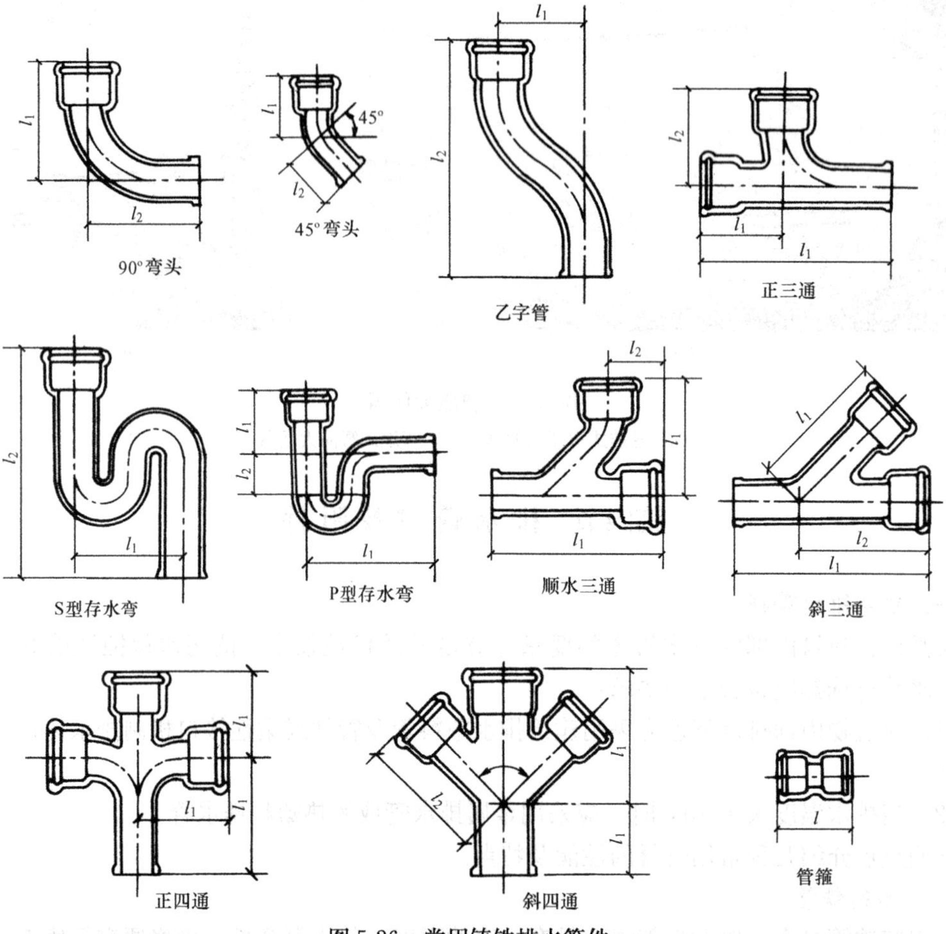

90°弯头
45°弯头
45°
乙字管
正三通
S型存水弯
P型存水弯
顺水三通
斜三通
正四通
斜四通
管箍

图 5-26　常用铸铁排水管件

动噪声低，但是价格较高。

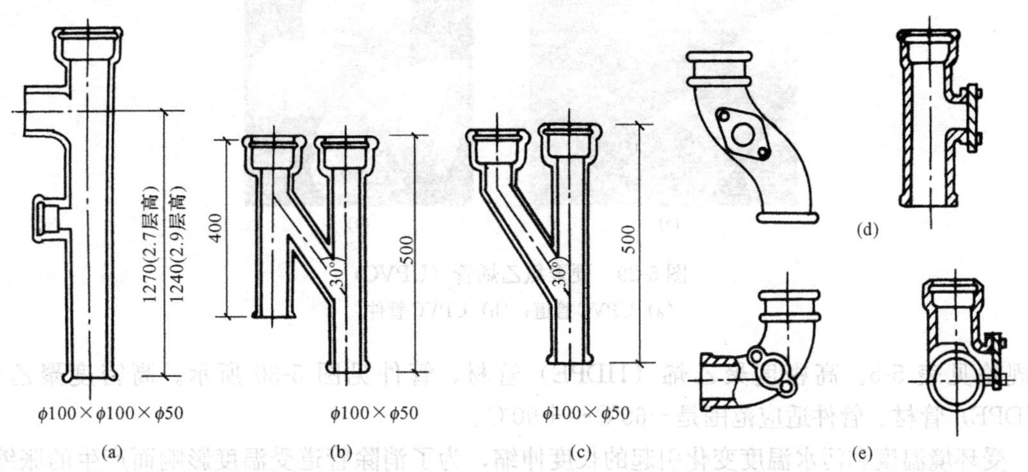

图 5-27 新型排水异型管件

(a) 二联三通异径管件；(b) H 型；(c) Y 型；(d) 90°弯头（左、右检查口)；(e) 承插弯曲管

图 5-28 铸铁排水管无承口安装

(a) 铸铁管无承口连接；(b) 无承口连接件

2. 塑料管

广泛用于建筑排水系统中的塑料管有硬聚氯乙烯管（UPVC）和高密度聚乙烯（HDPE）等。

(1) 塑料管 UPVC 具有质轻、便于安装、耐腐蚀、水流阻力小、外表美观、价格低廉等优点，如图 5-29 所示。缺点是许多安装工人没有经过培训，不易正确掌握操作步骤，导致管道粘接不好，出现渗漏。

UPVC 管是利用承插式粘接或承插密封圈连接。硬聚乙烯管规格见表 5-4。正确操作是：安装安装前需要用砂纸将承口内壁和插口内壁打磨，然后用干净抹布擦干净，沿管子纵向涂抹胶水。

(2) 高密度聚乙烯管（HDPE)；它具有质轻、强度高、易安装、抗老化、密封性能好、使用寿命 50 年以上等优点，国家规范要求 HDPE 管的线胀系数 3，HDPE 管的线胀系数，

(a)

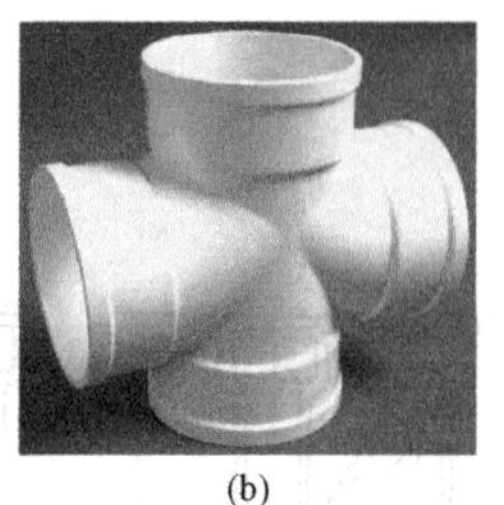
(b)

图 5-29　硬聚氯乙烯管（UPVC）
（a）UPVC 管道；（b）UPVC 管件

其规格见表 5-5。高密度聚乙烯（HDPE）管材、管件见图 5-30 所示。高密度聚乙烯（HDPE）管材、管件适应范围是－60℃～＋90℃。

受环境温度和污水温度变化引起的长度伸缩，为了消除管道受温度影响而产生的胀缩，通常采用设伸缩节及设置电熔圈锚固点控制的方法（详细说明本章第五节）。

表 5-4　　排水硬聚氯乙烯直管公称直径与壁厚及粘接承口　　mm

<table>
<tr><th rowspan="3">公称外径
D</th><th rowspan="3">平均外径
极限偏差</th><th colspan="4">直　管</th><th colspan="3">粘　接　承　口</th></tr>
<tr><th colspan="2">壁　厚 e</th><th colspan="2">长　度 L</th><th colspan="2">承口中部内径 d_3</th><th rowspan="2">承口深度
最小</th></tr>
<tr><th>基本尺寸</th><th>极限偏差</th><th>基本尺寸</th><th>极限偏差</th><th>最小尺寸 d_1</th><th>最大尺寸 d_2</th></tr>
<tr><td>40</td><td>+0.30</td><td>20</td><td>+0.40</td><td rowspan="7">4000
或 6000</td><td rowspan="7">±10</td><td>40.1</td><td>40.4</td><td>25</td></tr>
<tr><td>50</td><td>+0.30</td><td>20</td><td>+0.40</td><td>50.1</td><td>50.4</td><td>25</td></tr>
<tr><td>75</td><td>+0.30</td><td>23</td><td>+0.40</td><td>75.1</td><td>75.5</td><td>40</td></tr>
<tr><td>90</td><td>+0.30</td><td>32</td><td>+0.60</td><td>90.1</td><td>90.5</td><td>46</td></tr>
<tr><td>110</td><td>+0.40</td><td>32</td><td>+0.60</td><td>110.2</td><td>110.6</td><td>48</td></tr>
<tr><td>125</td><td>+0.40</td><td>32</td><td>+0.60</td><td>125.2</td><td>125.6</td><td>51</td></tr>
<tr><td>160</td><td>+0.50</td><td>40</td><td>+0.60</td><td>160.2</td><td>160.7</td><td>58</td></tr>
</table>

（3）静音管道与管件。

对噪声环境要求高的建筑设施及家庭住宅，通过使用静音管材、管件能使设施的环境噪声比使用普通管材、管件降低 15～30dB。静音管材、管件如图 5-31 所示。

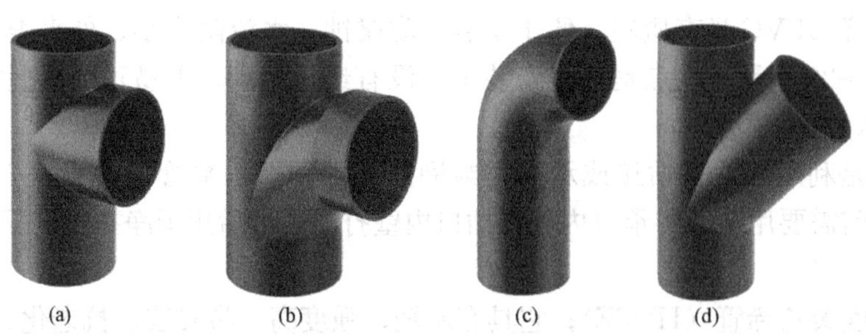
(a)　(b)　(c)　(d)

图 5-30　高密度聚乙烯（HDPE）管材、管件

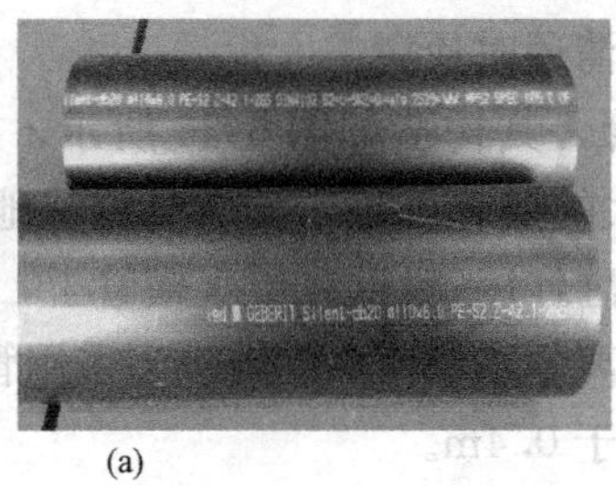
(a)

(b)

图 5-31　静音管材、管件
(a) 静音管道；(b) 静音管件

表 5-5　高密度聚乙烯管（HDPE）公称直径与壁厚　mm

公称外径 D	平均外径极限偏差	直管				管道焊接		
		壁厚 e		长度 L		管道对焊时间 t、压力 p、卷边高度 $h1$		
		基本尺寸	极限偏差	基本尺寸	极限偏差	P（kg）	$h1$（mm）	$T1$（s）
50	±5%	3.0	±5%	5000	±5%	8	0.5	45
56	±5%	3.0	±5%	5000	±5%	8	0.5	45
63	±5%	3.0	±5%	5000	±5%	9	0.5	45
75	±5%	3.8	±5%	5000	±5%	10	0.5	45
90	±5%	4.2	±5%	5000	±5%	15	0.5	45
110	±5%	4.8	±5%	5000	±5%	22	0.5	45
125	±5%	5.4	±5%	5000	±5%	28	1.0	50
160	±5%	6.2	±5%	5000	±5%	45	1.0	60
200	±5%	7.7	±5%	5000	±5%	57	1.0	70
250	±5%	9.7	±5%	5000	±5%	90	1.5	80
315	±5%	12.7	±5%	5000	±5%	140	1.5	100

二、排水管道附件

1. 存水弯（水封管）

存水弯、水封井等的水封装置能有效地隔断排水管道内的有害有毒气体窜入室内，保证室内环境卫生，保障人民身心健康，防止中毒窒息事故发生。

存水弯中弯曲段内存有一定高度的水柱，称为水封。如图 5-32 所示，水封深度不得小于 50mm。严禁采用活动机械密封替代水封。

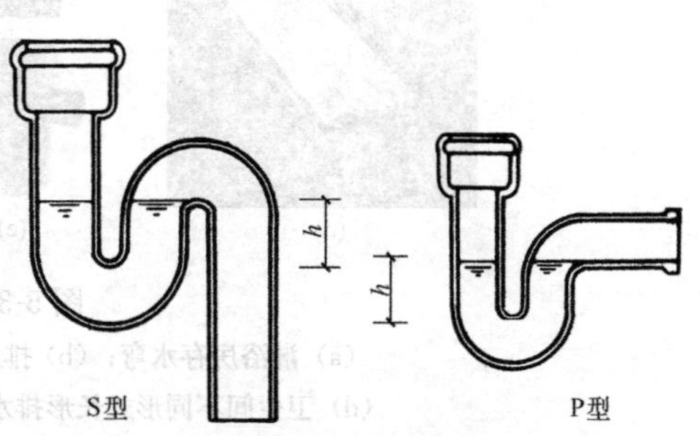

图 5-32　存水弯

下列设施与生活污水管道或其他可能产生有害气体的排水管道连接时，必须在排水口以下设存水弯：

(1) 构造内无存水弯的卫生器具或无水封的地漏。

(2) 其他设备的排水口或排水沟的排水口。

2. 检查口与清扫口

检查口和清扫口的作用是供管道清通时使用。

检查口是一个带盖板的开口短管，其构造如图 5-33 所示，拆开盖板便可以进行管道清通。检查口安装在排水立管及较大的横管段上，安装高度从地面至检查口中心为 1.0m。

清扫口构造，如图 5-34 所示。清扫口一般设在排水横管上，清扫口顶与地面相平。横管始端的清扫口与管道垂直的墙面距离不得小于 0.15m。当采用管堵代替清扫口时，为了便于清通和拆装，与墙面的净距不得小于 0.4m。

图 5-33 检查口

图 5-34 清扫口

埋地管道上的检查口应设在检查井内，以便清通操作，检查井直径不得小于 0.7m。

3. 地漏

地漏是一种特殊的排水装置，一般设在经常有水跌落的地面，如淋浴间、洁洗室、厕所、卫生间等。普通地漏如图 5-35（a）、（b）所示。

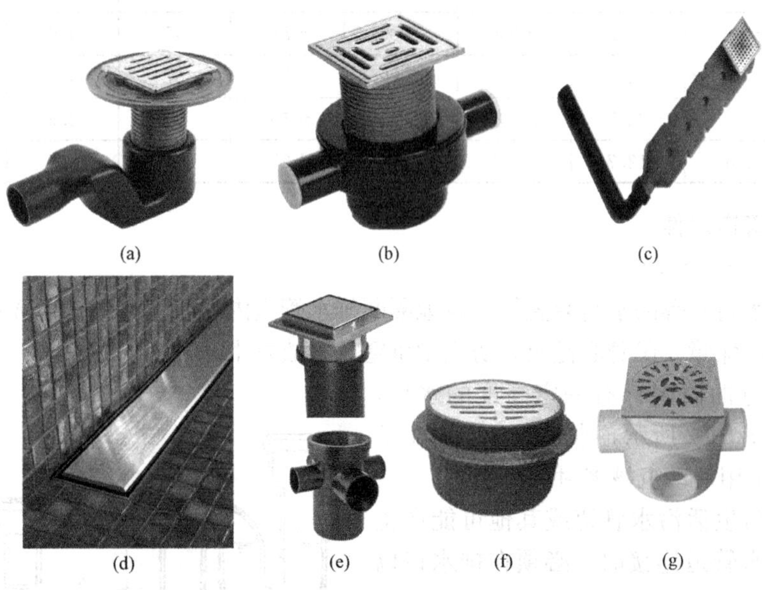

(a) (b) (c) (d) (e) (f) (g)

图 5-35 常用地漏

（a）淋浴房存水弯；（b）排水地漏；（c）超薄排水地漏（50m）；
（d）卫生间不同形式长形排水地漏；（e）同层大降板排水汇集器；
（f）网框式地漏；（g）多通道地漏

带水封的地漏水封深度不得小于 50mm。

地漏的选择应符合下列要求：

(1) 应优先采用具有防涸功能的地漏。

(2) 在无安静要求和无需设置环形通气管、器具通气管的场所，可采用多通道地漏。如图 5-35 (g)。

(3) 食堂、厨房和公共浴室等排水宜设置网框式地漏。如图 5-35 (f)。

(4) 不经常排水的地漏应采用密闭地漏。

(5) 事故排水地漏不宜设水封，连接地漏的排水管道应采用间接排水。

严禁采用钟罩（扣碗）式地漏。

4. 洗衣机受水设备（如图 5-36 所示）

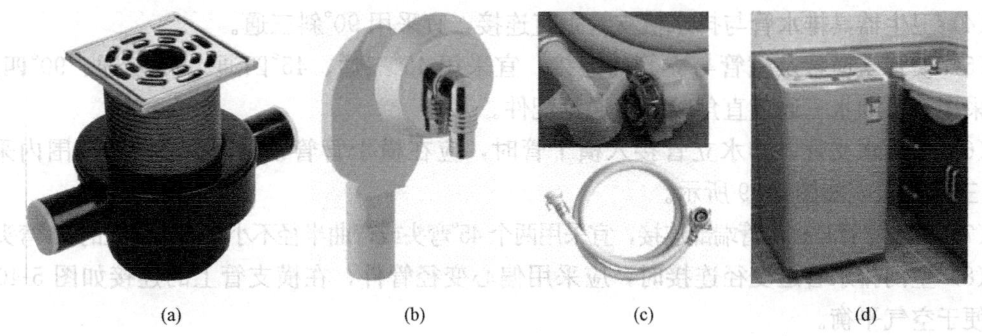

图 5-36 洗衣机及受水设备

(a) 洗衣机地漏；(b) 洗衣机存水弯；(c) 洗衣机进水管；(d) 洗衣机

5. 隔油器

隔油器对排入下水道前的含油脂污水进行初步处理，如图 5-37 所示，通常用于厨房等场所。隔油具安装在洗池的底板下面，也可装设在几个洗池的排水横管上。

6. 滤毛器

理发室、游泳池、浴池的排水中往往挟带毛发等，易造成管道堵塞，所以在以上场所的排水支管上应安装滤毛器，具有稳定有效果，如图 5-38 所示。

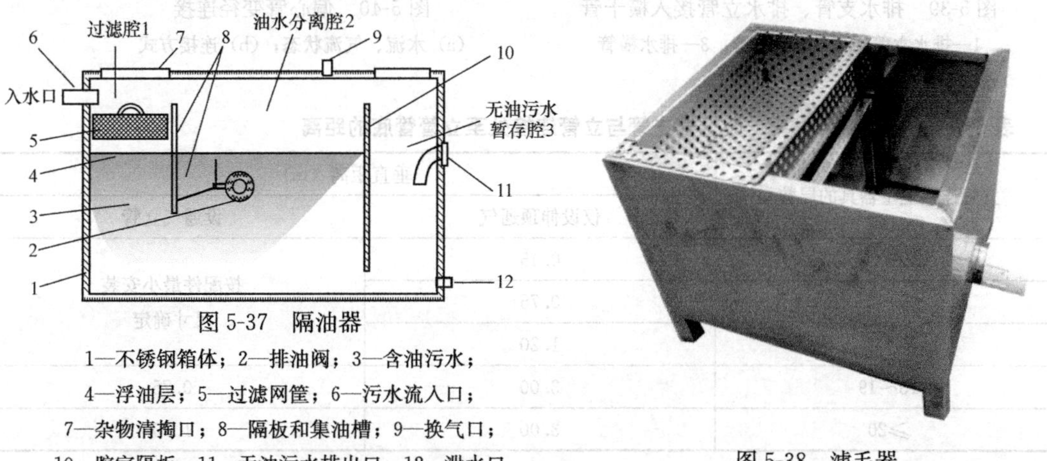

图 5-37 隔油器

1—不锈钢箱体；2—排油阀；3—含油污水；4—浮油层；5—过滤网筐；6—污水流入口；7—杂物清掏口；8—隔板和集油槽；9—换气口；10—腔室隔板；11—无油污水排出口；12—泄水口

图 5-38 滤毛器

第五节　排水管道布置与敷设

建筑物内部排水管道的布置与敷设，应满足排水通畅、水力条件好、维修方便、生产及使用安全、使用寿命长、防止水质及环境污染、经济美观等要求。下面介绍排水管道布置与敷设的要求及具体技术措施。

一、排水管道布置与敷设的基本要求

1. 管线短、水力条件

（1）排水立管应设在最脏、杂质最多及排水量最大的排水点处。

（2）排水立管应以最短距离通向室外。

（3）排水管应避免轴线偏置，当受条件限制时，宜采用乙字管或两个45°弯头连接。

（4）卫生器具排水管与排水横支管垂直连接，宜采用90°斜三通。

（5）横管与横管及横管与立管的连接，宜采用45°三通、45°四通、90°三通、90°四通。也可采用直角顺水三通或直角顺水四通等配件。

（6）当排水支管、排水立管接入横干管时，应在横干管管顶或其两侧45°范围内采用45°斜三通接入，如图5-39所示。

（7）排水立管与排水管端部连接，宜采用两个45°弯头或弯曲半径不小于4倍管径的90°弯头。

（8）室内排水管道变径连接时，应采用偏心变径管件，在横支管上的连接如图5-40所示，便于空气平衡。

（9）靠近排水立管底部的排水支管连接应符合下列要求；

1）当排水立管仅设伸顶通气时，最低排水横支管与立管连接，距排水立管管底垂直距离L（见图5-41），不得小于表5-6的规定。

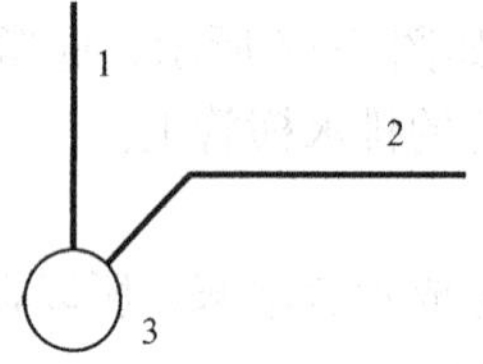

图5-39　排水支管、排水立管接入横干管

1—排水立管；2—排水支管；3—排水横管

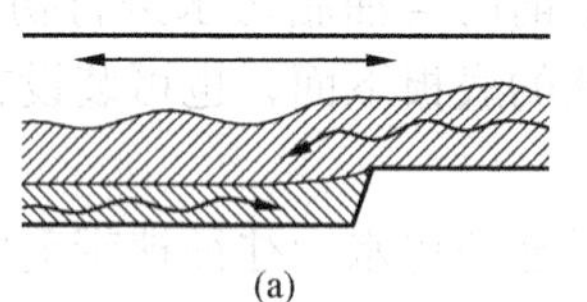

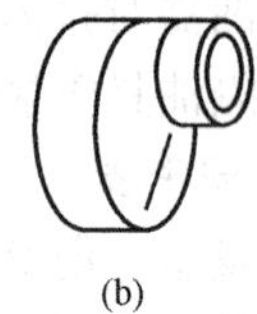

图5-40　偏心管变径连接

（a）水流、气流状态；（b）连接方式

表5-6　最低横支管与立管连接处至立管管底的距离

立管连接卫生器具的层数	垂直距离（m）	
	仅设伸顶通气	设通气立管
≤4	0.45	按配件最小安装尺寸确定
5～6	0.75	
7～12	1.20	
13～19	3.00	0.75
≥20	3.00	1.20

注　单根排水立管的排出管宜与排水立管相同管径。

2）排水支管连接在排出管或排水横干管上时，连接点距立管底部下游水平距离不得小于1.5m，如图5-41所示。

3）横支管接入横干管竖直转向管段时，连接点应距转向处以下不得小于0.6m。

（10）下列情况下底层排水支管应单独排至室外检查井或采取有效的防反压措施：

1）当靠近排水立管底部的排水支管的连接不能满足前述（9）的要求时。

2）在距排水立管底部1.5m距离之内的排出管、排水横管有90°水平转弯管段时。

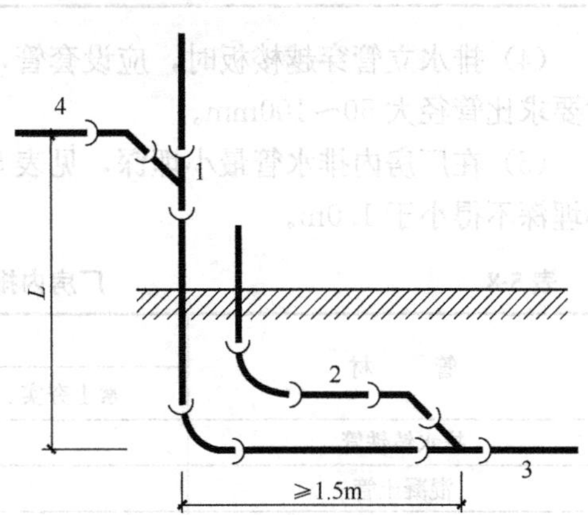

图5-41　排水横支管与排出管连接
1—排水立管；2—排水支管；
3—排水横管或排出管；4—排水横支管

2. 安装管维修和清通方便

（1）尽量避免排水与其他管道或设备交叉。

（2）排水管道宜在地下或楼板填层中埋设或在地面上、楼板下明设。当建筑有要求时，可在管槽、管道井、管窿、管沟或吊顶、架空层内暗设，但应便于安装和检修。在气温较高、全年不结冻的地区，可沿建筑物外墙敷设。

3. 安全生产及使用

（1）排水管道的位置不得妨碍生产操作、交通运输或建筑物的使用。

（2）排水管道不得布置在遇水引起燃烧、爆炸或损坏的原料、产品与设备上面。

（3）架空排水横管不得布置在食堂、厨房主副操作间的上方；当条件限制不能避免时，应采取防护措施。也不能布置在食品储藏间、大厅、图书馆和对卫生有特殊要求的厂房内。

（4）架空管道不得吊设在食品仓库、贵重商品仓库、通风室及配电间内。

（5）生活污水立管应尽量避免穿越卧室、病房等对卫生及安装要求较高的房间，并避免靠近与卧室相邻的内墙。

（6）排水管道不得穿越生活饮用水池部位的上方。

（7）当建筑物防结露要求时，应在管道外壁有可能结露的地方，采取防露措施。

（8）管道穿越地下室外墙或地下构建的墙壁处时，应采取防水措施。

（9）厨房间和卫生间的排水立管应分别设置。

（10）当建筑物沉降可能导致排出管倒坡时，应采取防倒坡措施。

（11）排水管道在穿越楼层设套管且立管底部架空时，应在立管底部设支墩或其他固定措施。地下室立管与排水横管转弯处也应设置支墩或固定措施。

4. 保护管道不受损坏

（1）室内排水埋地管道，不得布置在可能受重物施压处或穿越生产设备基础。在特殊情况下，应与相关专业协商处理。

（2）排水管道不得穿越沉降缝、烟道和风道，并不得穿越伸缩缝。当条件限制必须穿越时，应采取相应的技术措施。

（3）排水管道穿过承重墙或基础时，应预留孔洞，其尺寸见表5-7。并且管顶上部净空尺寸不得小于建筑物沉降重，一般不宜小于150mm。其做法见《给排水标准图集》S312。高层建筑的排水管应采取有效的沉降措施。

表 5-7　　排水管道穿过承重墙或基础处预留孔洞尺寸　　mm

管　　径（D）	50～75	>100
洞口尺寸（高×宽）	300×300	（D+300）×（D+200）

（4）排水立管穿越楼板时，应设套管，对于现浇楼板应预留孔洞或镶入套管，其孔洞尺寸要求比管径大 50～100mm。

（5）在厂房内排水管最小埋深，见表 5-8。在铁轨下应采用钢管或给水铸铁管，并且最小埋深不得小于 1.0m。

表 5-8　　厂房内排水管道最小埋深

管　　材	地面至管顶和距离（m）	
	素土夯实、缸砖、木砖地面	水泥、混凝土、沥青混凝土等地面
排水铸铁管	0.7	0.4
混凝土管	0.7	0.5
带釉陶土管	1.0	0.6
HDPE 管	1.0	1.0

（6）铸铁排水管在与下列情况下，应设置柔性接口。

1）高耸建筑物和建筑高度超过 100m 的建筑物内。

2）排水立管高度在 50m 以上或抗震设防的 9 度地区。

3）其他建筑在条件许可时，也可采用柔性接口。

（7）排水埋地管道除了 HDPE 管道外，其他管道应进行防腐处理。

（8）排水立管应采用管卡固定，管卡间距不得超过 3.0m，HDPE 管道按管径 15 倍间距布置，管卡宜设在立管接头处；悬空管道采用支、吊架固定，间距不大于 1.0m。

5. 防止水质污染

（1）下列设备和容器不得与污（废）水管道系统直接连接，应采取间接排水的方式。

1）生活饮用水贮水箱（池）的泄水管和溢流管；

2）开水器、热水器排水；

3）医疗灭菌消毒设备的排水；

4）蒸发式冷却器、空调设备冷凝水的排水；

5）贮存食品或饮料的冷藏库房的地面排水和冷风机溶霜水盘的排水；

6）员工餐厅洗碗机、洗肉池的排水。

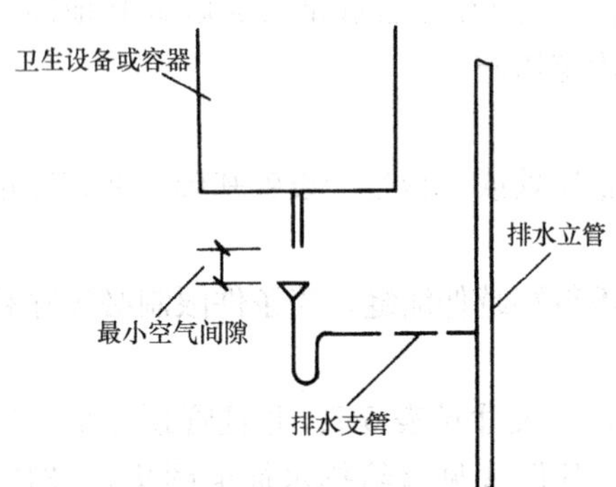

图 5-42　间接排水最小空气间隙

设备间接排水是指卫生器具或用水设备排出管（口）与排水管道不能直接相连，中间应有空气隔断，使排水管出口直接与大气相通，以防止水质受到污染。间接排水要求最小空气间隙，按表 5-9 确定，如图 5-42 所示。

（2）设备间的排水宜排入邻近的洗涤盆，如不可能时，可设置排水明沟、排水漏斗或容器。

（3）间接排水的漏斗或容器不得产生溅水、溢流，并应布置在容易检查、清洁的位置。

(4) 排水管与其他管道共同埋设时，最小水平净距为 1.0～3.0m，垂直净距为 0.15～0.2m。如果排水管平行设在给水管之上，并高出净距 1.5m 以上时，其水平净距不得小于 5.0m。交叉埋设时，垂直净距不得小于 0.4m，并且给水管应设有保护套管。

二、检查口、清扫口和检查井的设置要求

(1) 排水立管上应设置检查口，其间距不宜大于 10m，用机械清通时不宜大于 15m，但在建筑物最低层和设有卫生器具的二层以上坡顶建筑物的最高层，必须设置检查口，平顶建筑物可用通气管顶口代替检查口。当立管设上有乙字管时，在该层乙字管的上部应设检查口。

表 5-9　间接排水口最小空气间隙

间接排水管管径（mm）	排水口最小空气间隙（mm）
≤25	50
32～50	100
>50	150

注　饮料用贮水箱的间接排水口最小空气间隙，不得小于 150mm。

(2) 在排水管上设置检查口应符合下列规定：

1) 立管上设置检查口，应在地（楼）面以上 1.00m，并高于该层卫生器具上边缘 0.15m。

2) 埋地横管上设置检查口时，检查口应设在砖砌的井内。

可采用密闭塑料排水检查井替代检查口。

3) 地下室立管上设置检查口时，检查口应设置在立管底部之上。

4) 立管上检查口的检查盖应面向便于检查清扫的方位；横干管上的检查口应垂直向上。

(3) 在连接 2 个及 2 个以上的大便器或 3 个及 3 个以上卫生器具的铸铁排水横管上，宜设置清扫口。在连接 4 个及 4 个以上的大便器的塑料排水横管上宜设置清扫口。

(4) 在水流偏转角大于 45°的排水横管上，应设检查口或清扫口，可采用带清扫口的转角配件替代。

(5) 当排水立管底部或排出管上的清扫口至室外检查井中心的最大长度大于表 5-10 的数值时，应在排出管上设清扫口。

表 5-10　排水立管或排出管上的清扫口至室外检查井中心的最大长度

管径（mm）	50	75	100	100
最大长度（m）	10	12	15	20

(6) 排水横管的直线管段上检查口或清扫口之间的最大距离，应符合表 5-11 的规定。

表 5-11　污水横管直线上清扫口（检查口）的最大间距

管径（mm）	清扫设备种类	距离（m）	
		生产污水	生活废水
50～75	检查口	15	12
	清扫口	10	8
100～150	检查口	20	15
	清扫口	15	10
200	检查口	25	20

（7）在排水横管上设清扫口，宜将清扫口设置在楼板或地坪上，且与地面相平；排水横管起点的清扫口与其端部相垂直的墙面的距离不得小于 0.2m。当排水横管悬吊在转换层或地下室顶板下设置清扫口有困难时，可用检查口替代清扫口。

（8）排水管起点设置堵头代替清扫口时，堵头与墙面应有不小于 0.4m 的距离。可利用带清扫口弯头配件代替清扫口。

（9）在管径小于 100mm 的排水管道上设置清扫口，其尺寸应与管道同径；管径等于或大于 100mm 的排水管道上设置清扫口，应采用 100mm 直径清扫口。

（10）铸铁排水管道设置的清扫口，其材质应为铜质；塑料排水管道上设置的清扫口应与管道相同材质。

（11）排水横管连接清扫口的连接管及管件应与清扫口同径，并采用 45°斜三通和 45°弯头或由两个 45°弯头组合的管件。

（12）生活排水管道不宜在建筑物内设检查井。当必须设置时，应采取密封措施。

三、排水沟（渠）的适用条件及敷设要求

（1）对于不散发有害气体或不产生大量蒸汽的工业废水和生活污水，在下列条件下可采用有盖或无盖的排水沟排除。

1）污水中含有大量的悬浮物或沉淀物，需要经常冲洗。

2）生产设备排水支管较多，用管道连接有困难。

3）生产设备排水点的位置不固定。

4）地面需要经常冲洗。

（2）食堂、餐厅的厨房、公共浴池、洗衣房、车间等场合多采用排水沟排水。

（3）采用排水沟排水时，如果污水中挟带纤维或大块物体，应在排水沟与排水管道连接处设格网或格栅。

（4）在室内排水沟与室外排水管道连接处应设置水封装置。

四、硬聚氯乙烯管道布置及敷设要求

建筑排水硬聚氯乙烯管道（简称为 UPVC），除应符合前述基本要求外，还应符合《建筑排水硬聚氯乙烯管道工程技术规程》（CJJ/T 29—2010）的规定。

（1）排水立管宜设置在管井、管窿或采用装饰墙体暗藏。排水横管宜设置在吊顶内。

（2）厨房和卫生间的排水立管应分别设置，不得共用一根排水立管。

（3）在建筑物内墙体埋设或埋地敷设的排水塑料管的管段，不得采用橡胶密封圈连接。

（4）当建筑排水塑料管穿越一般墙体时，宜预埋硬聚氯乙烯套管，套管长度不宜大于墙体的厚度，套管内径宜大于管段外径 40mm；当穿越地下室外墙时，应预埋带止水翼环的防水套管。

（5）管道穿越楼层的部位，除应采取防渗漏措施外，还应设置固定支承。

（6）在民用建筑中，当排水管道水流噪声不符合要求时，应采取隔声措施。

（7）当建筑排水塑料管道有可能受到机械撞击时，应采取保护措施。当室内排水立管底部为非埋地敷设时，应采用带支座的管件或设置支墩。

（8）建筑排水塑料管道横干管与立管的连接，宜采用 45°斜三通。立管与排出管的连接应采用 90°大弯管件，当无大弯管件时可用 2 个 45°管件代替。

(9) 室内埋地排水管道起始端的管顶厚度不宜大于400mm。排出管在室内靠近外墙或基础时，应向下折弯后再排出。

(10) 排出管室外管段的管顶标高，不应大于当地最大冰冻深度以上500mm，且不宜小于300mm。

(11) 室外排水管道的检查井，宜采用塑料检查井。

(12) 管道不宜布置在热源附近，当不能避免时并导致管道表面温度大于60°时，还应采取隔热措施。立管与家用灶具边缘净距离不和小于0.4m。

(13) 高层建筑中室内排水管道，当管径大于或等于110mm时，应在下列部位设置阻火圈，见图5-43。

1) 横管穿过防火分区隔墙或防火墙的两侧。

2) 明敷立管，在立管穿越楼板层处，如图5-45所示。

3) 排水横支管，在穿越管道井或管窿壁处外侧，如图5-44所示，其安装方式如图5-45所示。

(14) 建筑排水塑料管应采取因排水温度变化而产生变形的补偿措施，见图5-46。

(15) 管道受环境温度变化而引起的伸缩量可按下式计算

$$\Delta L = La\Delta t \quad (5\text{-}1)$$

式中 ΔL——管道伸缩量，m；

L——管道长度，m；

a——线胀系数，采用（6～8）$\times 10^{-5}$，m/（m·℃）；

Δt——温差，℃。

图5-43 阻火圈

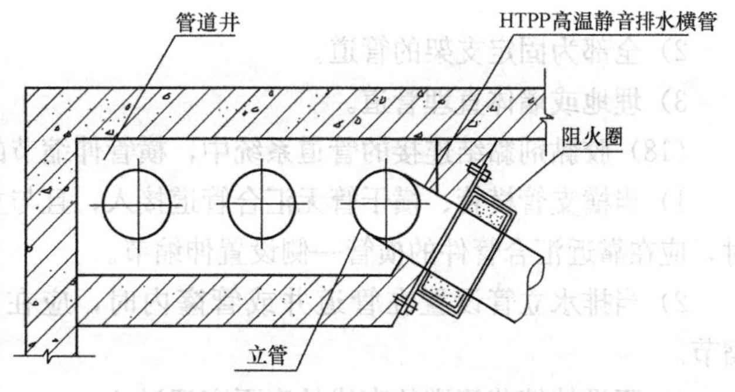

图5-44 横支管接入管道井立管阻火圈安装方式

(16) 胶黏剂黏结连接的排水管道及通气管系统应设伸缩节，且伸缩节最大允许伸缩量应符合表5-12的规定。

表5-12 伸缩节最大允许伸缩量 mm

公称外径 DN	50	75	90	110	125	160
最大允许伸缩量	12	15	20	20	20	25

(17) 下列管道可不设置伸缩节。

1) 橡胶圈密封连接的管道。

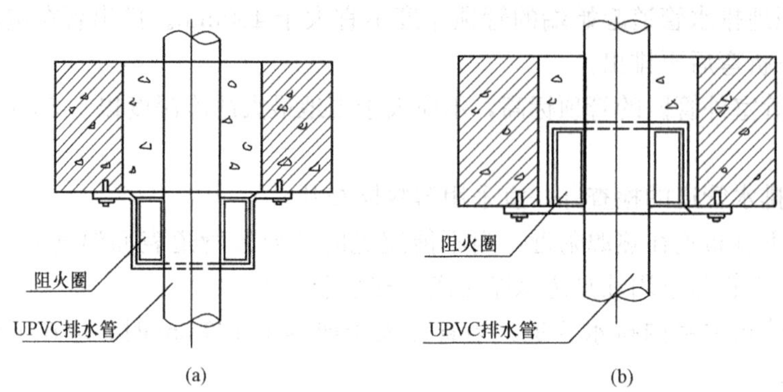

图 5-45 阻火圈安装方式
(a) 明装；(b) 暗装

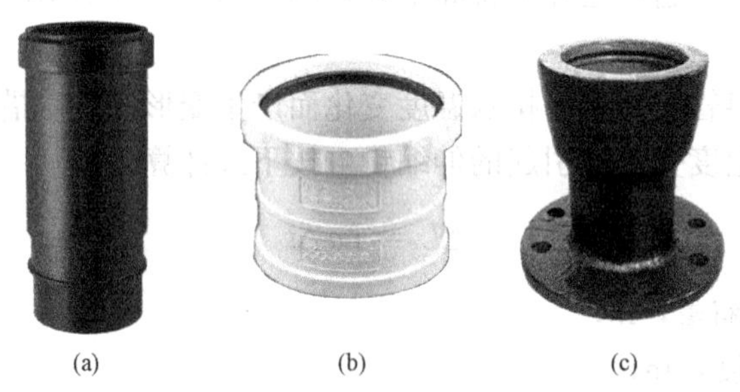

图 5-46 管道伸缩节
(a) HDPE 伸缩节；(b) PVC 伸缩节；(c) 铸铁伸缩节

2）全部为固定支架的管道。

3）埋地或墙体直埋管道。

（18）胶黏剂黏结连接的管道系统中，横管伸缩节的设置应符合下列规定：

1）当横支管横管、横干管无汇合管道接入，且与立管相连接管道的直线长度大于 2.2m 时，应在靠近汇合管件的横管一侧设置伸缩节。

2）当排水立管设置在管道井或管窿内时，应在靠近管道井或管窿墙体外侧设置伸缩节。

3）不设伸缩节管道的直线长度不宜超过 6m。

（19）排水立管伸缩节的设置应符合下列规定：

1）楼层内有横管接入，当排水支管在楼板的下部接入时，伸缩节应设置于水流汇合管件的下方，如图 5-47（a）所示；当排水支管在楼板上部且靠近地面接入时，伸缩节应设于水流汇合管件的上方，如图 5-47（b）所示。

2）立管上无上排水支管接入时，宜在距离地面 1～1.2m 处设置伸缩节，如图 5-47（c）所示。

3）高层建筑中，当排水立管穿越楼板部位为不封堵楼层时，伸缩节的最大间距应为 4m，且伸缩节应设置固定支承，如图 5-47（d）、（e）所示。

（20）当排水立管穿越楼层部位为固定支承，且层间立管长度大于 4m 时，伸缩节的数

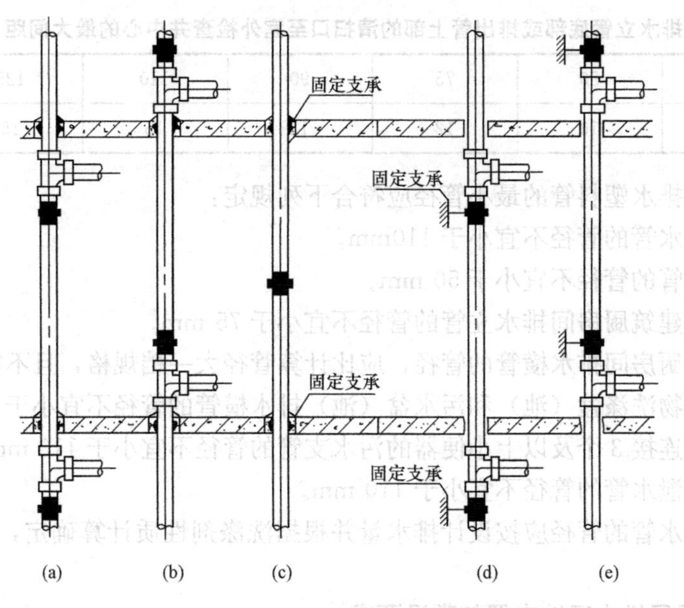

图 5-47 伸缩节设置

量应根据管道的计算变形量或伸缩节的允许伸缩量计算确定。

（21）排水立管的伸缩节不得用于横管系统。横管的伸缩节承压性能应大于 0.08MPa。

（22）清扫口或检查口设置应符合下列规定，见表 5-13。

1）立管宜每六层设一个检查口，但在建筑的最底层和设有卫生器具的二层以上建筑的最高层，均应设置检查口。

2）当排水立管水平拐弯或装有乙字管件时，在该层排水立管拐弯处或乙字管件的上部应设检查口。

3）在水流转角大于 45°的横干管上宜设检查口或清扫口。

4）公共建筑内，在连接 4 个或 4 个以上大便器的污水横管上宜设清扫口。

5）检查口或清扫口可采用带清扫口的转角管件代替。

6）在排水横管的直线管段，检查口或清扫口之间的最大间距应符合表 5-13 的规定。

7）排水立管底部或排出管上部的清扫口至室外检查井中心的最大间距应符合表 5-14 的规定。

表 5-13　　横管在直线管段上检查口或清扫口之间的最大距离

公称外径（mm）*DN*	管件种类	最大距离（m）	
		生活废水	生活污水
50～75	检查口	15	12
	清扫口	10	8
110～160	检查口	20	15
	清扫口	15	10
200	检查口	25	20

表 5-14　排水立管底部或排出管上部的清扫口至室外检查井中心的最大间距

公称外径 *DN*（mm）	50	75	90	110	125	160
最大间距（m）	10	12	12	15	15	20

（23）建筑内排水塑料管的最小管径应符合下列规定：

1）大便器排水管的管径不宜小于 110mm。

2）最小排出管的管径不宜小于 50 mm。

3）多层住宅建筑厨房间排水立管的管径不宜小于 75 mm。

4）公共食堂厨房间排水横管的管径，应比计算管径大一档规格，且不得小于 110 mm。

5）医院污染物洗涤盆（池）和污水盆（池）排水横管的管径不宜小于 75 mm。

6）小便槽或连接 3 个及以上小便器的污水支管的管径不宜小于 110 mm。

7）公共浴室泄水管的管径不宜小于 110 mm。

8）洗衣房排水管的管径应按设计排水量并根据洗涤剂性质计算确定，选用时应放大一档或二档规格。

五、隐蔽式同层排水系统布置与敷设要求

1. 同层排水系统

传统住宅卫生间排水系统，管道需要穿越楼板，在下一户的卫生间顶部敷设，容易发生渗漏，排水噪声大，同时容易发生堵塞，清通需要到下一户家中卸下天花板才能清通，产权不明晰，易起纠纷。

同层排水是指排水横支管布置在排水层或室外，器具排水管不穿楼层的排水方式。由于只有排水立管穿越楼板，排水横管的敷设、维护和检修等都在同一层面进行，不要到下一层去清通排堵，从而不干扰下层住户。同层排水系统见图 5-48 所示。

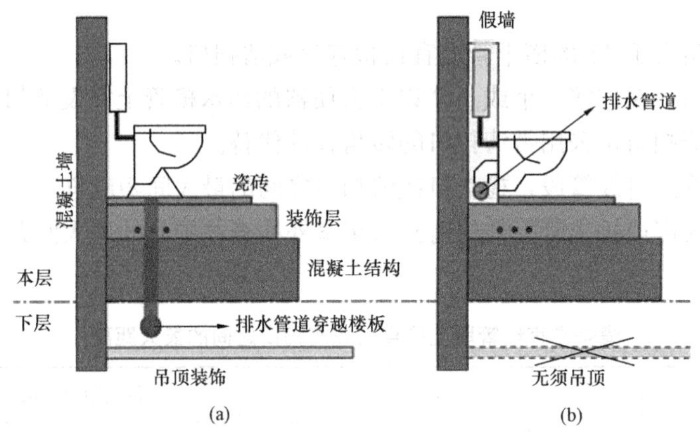

图 5-48　异层排水与同层排水的比较

（a）异层排水系统；（b）同层排水系统

2. 同层排水系统设置条件

下列情况下卫生器具排水横支管应设置同层排水：

（1）住宅卫生间的卫生器具排水管要求不穿越楼板进入他户时。

（2）按管道布置与敷设相关的规定受条件限制时。

3. 隐蔽式安装系统同层排水技术设计要点

住宅卫生间同层排水形式分为以隐蔽式安装系统为主要的同层排水技术、以排水集水器为主要的大降板同层排水技术及以局部降板形式为主要的同层排水技术，见图 5-49 和图 5-50。应根据卫生间空间、卫生器具布置、室外环境气温等因素，经技术经济比较确定。下面着重介绍隐蔽式安装系统的同层排水技术。

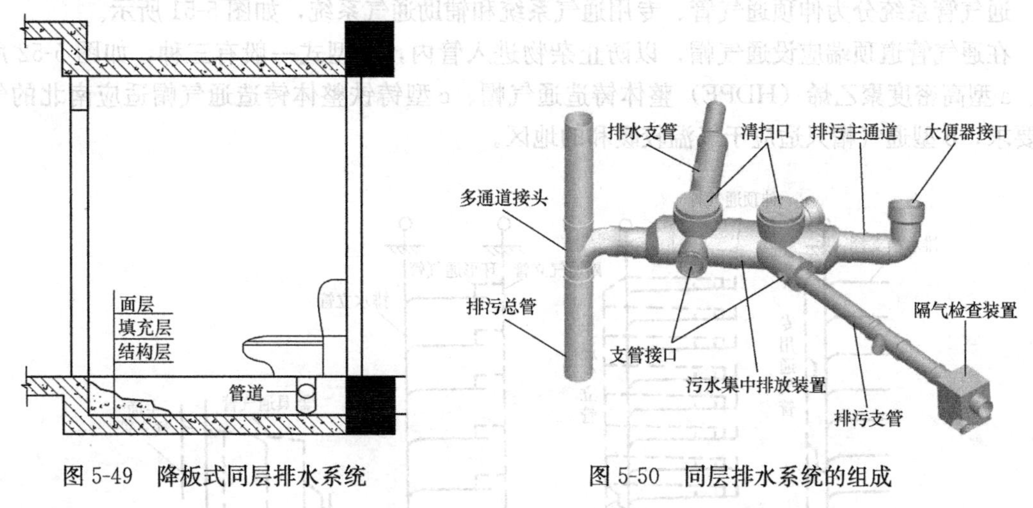

图 5-49 降板式同层排水系统

图 5-50 同层排水系统的组成

隐蔽式安装系统的同层排水技术，在设计时与传统做法有所不同，应着重注意以下问题：

(1) 采用污废水合流系统更为方便。

(2) 卫生器具应尽量布置在同一侧墙面上，或相邻墙面。若不能，则可分别采用隐蔽式安装系统。

(3) 隐蔽式安装系统能与任何品牌的卫生器具配套，但大便器建议采用挂壁坐式。其冲洗水箱建议采用吹塑成型工艺生产的扁薄形或超薄型隐蔽式水箱，以节省空间。冲洗水箱前端应填充泡沫塑料垫片，以有效防止墙面结露。

(4) 卫生器具排水支管宜分别独立接入排水立管，并应尽量减少横管长度，以改善排水管系内水力工况。当污废水合流时，接入排水立管的横管，废水管宜在污水管的上方。

(5) 同层排水系统设计时，排水管道管径、坡度和最大设计充满度应符合异层排水系统管道设计要求，并应充分考虑排水横管使用时的充满度，横管坡度不宜过大，坐式大便器的排出管管径宜为 90mm 以保证其充满度。

(6) 排水管材建议采用聚乙烯管（HDPE），因该管材内径面光滑，接口采用对口焊接或电焊管箍连接，工艺成熟、可靠。确保排水管连接牢固，同时改善水力工况，减少水流噪声和节省空间尺寸。埋设于填层中的管道不得采用橡胶圈密封接口。

(7) 排水管管件应与管材相配套，不同管径连接时应采用有跌落的变径接头，并充分强调存水弯的作用，保证存水弯水封深度。

(8) 当排水横支管设置在沟槽内时，回填材料、面层应能承载器具、设备的荷载。

(9) 不设地漏或少设地漏，当必须设置地漏时应采用既符合功能要求而高度较矮的新型地漏。

（10）卫生间地坪应采取可靠的防渗漏措施。

第六节 排水管道系统的通气系统

通气管系统分为伸顶通气管、专用通气系统和辅助通气系统，如图 5-51 所示。

在通气管道顶端应设通气帽，以防止杂物进入管内，其型式一般有三种，如图 5-52 所示。a 型高密度聚乙烯（HDPE）整体铸造通气帽、c 型铸铁整体铸造通气帽适应南北的气候要求，b 型通气帽只适应于气温较暖和的地区。

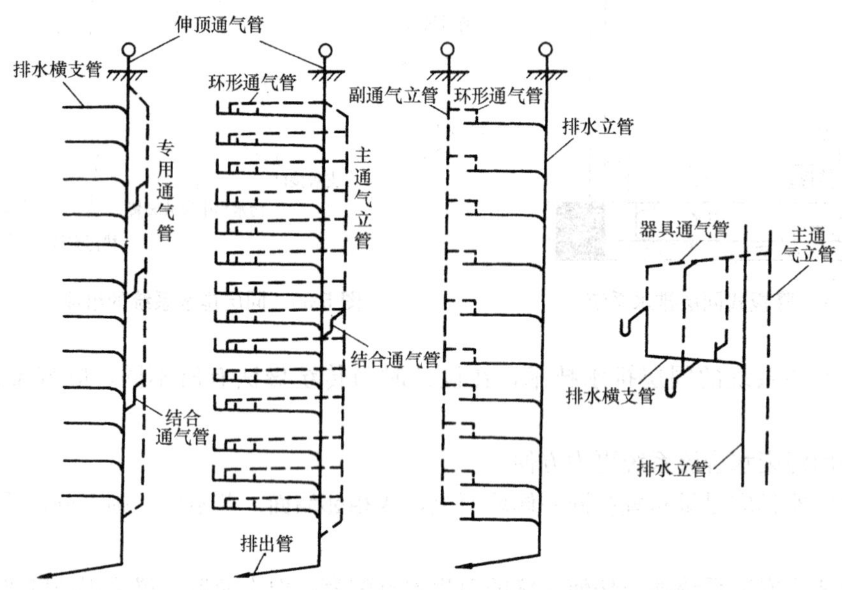

图 5-51 几种典型的通气方式

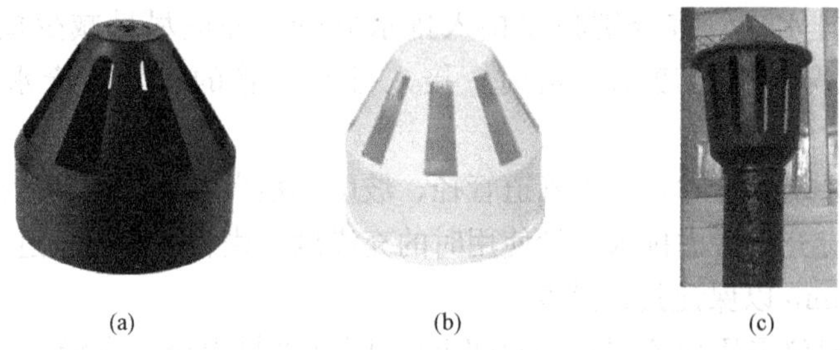

(a) (b) (c)

图 5-52 通气帽

(a) HDPE 通气帽；(b) UPVC 通气帽；(c) 铸铁通气帽

一、伸顶通气管设置条件与要求

（1）生活污水管道或散发有害气体的生产污水管道均应设置延伸到屋面以上的伸顶通气管。建筑物排水系统中有一根或一根以上污水立管伸到屋顶以上通气时，可设置不通气排水立管。不通气排水立管的排水能力，不能超过表 5-15 的规定。

表 5-15 不通气的生活排水立管最大排水能力

立管工作高度(m)	排水能力(L/s) 立管管径(mm)				
	50	75	100	125	150
≤2	1.00	1.70	3.80	5.00	7.00
3	0.64	1.35	2.40	3.40	5.00
4	0.50	0.92	1.76	2.70	3.50
5	0.40	0.70	1.36	1.90	2.80
6	0.40	0.50	1.00	1.50	2.20
7	0.40	0.50	0.76	1.20	2.00
≥8	0.40	0.50	0.64	1.00	1.40

注 1. 排水立管工作高度,按最高排水横支管和立管连接处距排出管中心线间的距离计算。
2. 如排水立管工作高度在表中是列出的两个高度之间时,可用内插法求得排水立管的最大排水能力数值。
3. 排水管管径为100mm的塑料管外径为110mm,排水管管径为150mm的塑料管外径为160mm。

(2) 通气管应高出屋面0.3m以上,并且应大于最大积雪厚度。通气管顶端应装设风帽或网罩,在冬季采暖温度高于−15℃的地区,可采用铅丝球。

(3) 在通气管口周围4m以内有门窗时,通气管口应高出窗顶0.6m或引向无门窗一侧。

(4) 在经常有人停留的平屋面上,通气管口应高出屋面2m,当伸顶通气管为金属管材时,应根据防雷要求设置防雷装置。

(5) 通气管口不宜设在建筑物挑出部分(如屋檐檐口、阳台和雨篷等)的下面。

(6) 通气管不得与建筑的通风管或烟道相连接。

二、专用通气系统设置条件及要求

1. 专用通气系统设置条件

(1) 若生活污水立管所承担的卫生器具排水设计流量超出设伸顶通气管的排水立管最大排水能力时,应设置专用通气立管。

(2) 建筑标准要求较高的多层住宅和公共建筑、10层及10层以上高层建筑的生活污水立管宜设置专用通气立管。

2. 专用通气系统设置要求

专用通气管应每两层设结合通气管与排水立管连接,其上端可在最高层卫生器具上边缘或检查口以上与污水立管的通气部分以斜三通连接,下端应在最低污水横支管以下与污水立管以斜三通相连接。

三、辅助通气系统设置条件及要求

辅助通气系统由主通气立管或副通气立管、伸顶通气管、环形通气管、器具通气管和结合通气管组成,其通气标准高于专用通气系统。

(1) 下列污水管段应设环形通气管。

1) 连接4个及4个以上卫生器具并与立管的距离大于12m的排水横支管。

2）连接6个及6个以上大便器的污水横支管。

3）设有器具通气管。

建筑物内的排水管道上设有环形通气管时，应设置连接各环形通气管的主通气立管或副通气立管。

（2）对卫生、安静要求较高的建筑物内，其生活排水管道宜设置器具通气管。

（3）通气管与排水管的相连，应遵守下列规定。

1）器具通气管应设在存水弯出口端。在横支管上设环形通气管时，应在最始端的两个卫生器具间接出，并应在排水支管中心线以上与排水支管呈垂直或45°连接。

2）器具通气管、环形通气管应在卫生器具上边缘之上不得小于0.15m处，以不小于0.01的上升坡度与通气立管相连接。

3）专用通气立管和主通气立管的上端可在最高层卫生器具上边缘0.15m或检查口以上与排水立管通气部分以斜三通连接，下端应在最低排水横支管以下与排水立管以斜三通连接。

4）结合通气管宜每层或隔层与专用通气立管、排水立管连接，与主通气立管、排水立管连接不宜多于8层；结合通气管下端宜在排水横支管以下与排水立管以斜三通连接，上端可在卫生器具上边缘0.15m处与通气立管以斜三通连接。

5）当采用H管件替代结合通气管时，其下端与排水横支管以下与排水立管相接。

6）当污水立管与废水立管合用一根通气立管时，结合通气管配件可隔层分别与污水立管和废水立管连接；但最低横支管连接点以下应与通气管以斜三通连接。

四、通气管管径的确定

（1）通气管管径应根据污水排水能力及管道长度确定，不宜小于排水管管径的1/2，其最小管径可按表5-16确定。通气立管长度在50mm以上时，其管径应与排水立管管径相同。

表5-16　通气管最小管径　mm

通气管名称	污水管管径				
	50	75	100	125	150
器具通气管	32	—	50	50	—
环形通气管	32	40	50	50	—
通气立管	40	50	75	100	100

注　表中通气立管系指专用通气立管、主通气立管、副通气立管。

（2）下列情况下通气立管管径应与排水立管管径相同：

1）专用通气立管、主通气立管、副通气立管长度在50m以上时；

2）自循环通气系统的通气立管。

（3）当管两根或两根以上污水立管的通气汇合时，汇合通气管的断面积应为最大一根通气管的断面面积加上其余通气管断面面积之和的为0.25倍。

（4）污水立管上部的伸顶通气管管径可与污水立管管径相同，但在最冷月平均气温低于−13℃的地区，应在室内平顶或吊顶以下为0.3m处将管径放大一级。

(5) 通气立管长度小于等于 50m 且两根及两根以上排水立管同时与一根通气立管相连，应以最大一根排水立管按表 5-15 确定通气立管管径，且其管径不宜小于其余任何一根排水立管管径。

(6) 结合通气管不宜小于通气立管管径。

(7) 排水系统采用高密度聚乙烯（HDPE）或硬聚氯乙烯管道时通气管管径的确定，应符合以下要求。

1) 其通气管最小管径，见表 5-17。

2) 两根及两根以上污水同时与一根通气立管相连时，应以最大一根污水立管确定通气管管径，并且管径不宜小于其余任何一根污水立管管径。

3) 通气管管材采用塑料管、排水铸铁管、镀锌钢管等。

表 5-17　硬聚氯乙烯通气管最小管径

通气管名称	排水管管径（mm）						
	40	50	75	90	110	125	160
器具通气管	40	40	—	—	50	—	—
环形通气管	—	40	40	40	50	50	—
通气立管	—	—	—	—	75	90	110

第七节　高层建筑排水系统

一、普通排水系统

普通排水系统的组成与低层建筑排水系统的组成基本相同，所以又称为一般排水系统。

在普通排水系统中，按污水立管与通气立管的根数，分为双管式和三管式两种排水系统。双管式排水系统是由两根主干立管组成，一根为排除粪便污水和生活废水的污水立管，另一根为通气立管，如图 5-53 所示。三管式排水系统有三根立管，粪便污水及生活废水分别各用一根立管排除，第三根立管为其二者共用的通气立管，如图 5-54 所示。

普通排水系统具有性能良好、运行可靠、维护管理方便等优点。但是，与新型排水系统相比，具有耗材多、管道系统复杂、占地及空间大、造价高等缺点。

二、新型排水系统

高层建筑新型同层排水系统是一根排水立管和一个苏维脱管件组成，所以又称为单立管排水系统。系统中的特殊管件安装在立管与横支管连接处，分为混流器、旋流器等，如图 5-55 所示。

这种系统材料使用高密度聚乙烯（HDPE）安装使用，具有良好的排水性能、使用寿命长，通气性能好等。与普通排水系统相比，该系统管道简单、占地及空间小，但配件较大、结构复杂、安装质量要求严格。

新型排水系统具有多种形式，其中较典型的混流式排水系统（苏维脱单立管排水系统）、旋流式排水系统（室克斯蒂阿单立管排水系统）和环流式排水系统（小岛德原配件排水系统）三种。图 5-56 为苏维脱单立管排水系统。

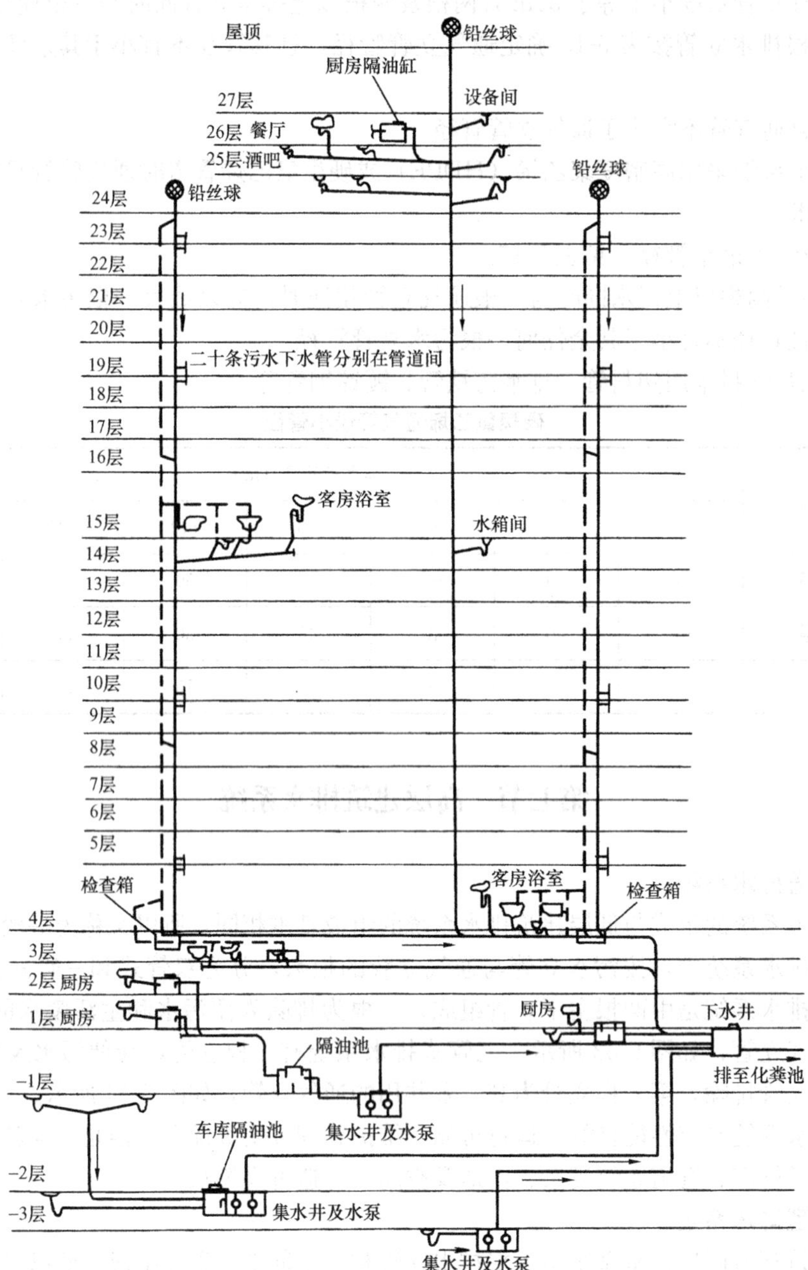

图 5-53 某饭店排水系统

三、新型排水系统设计与安装

（1）管径应根据立管所承担的卫生器具排水总量确定。

（2）在每一层的排水横支管与立管接入处，应设混流器。

（3）当排水立管需在中间层拐弯或立管底部与总排水横管连接处，应设置跑气器。混流器和跑气器的安装，如图 5-57 所示。

（4）新型排水系统特殊配件的构造和连接方式，见表 5-18。

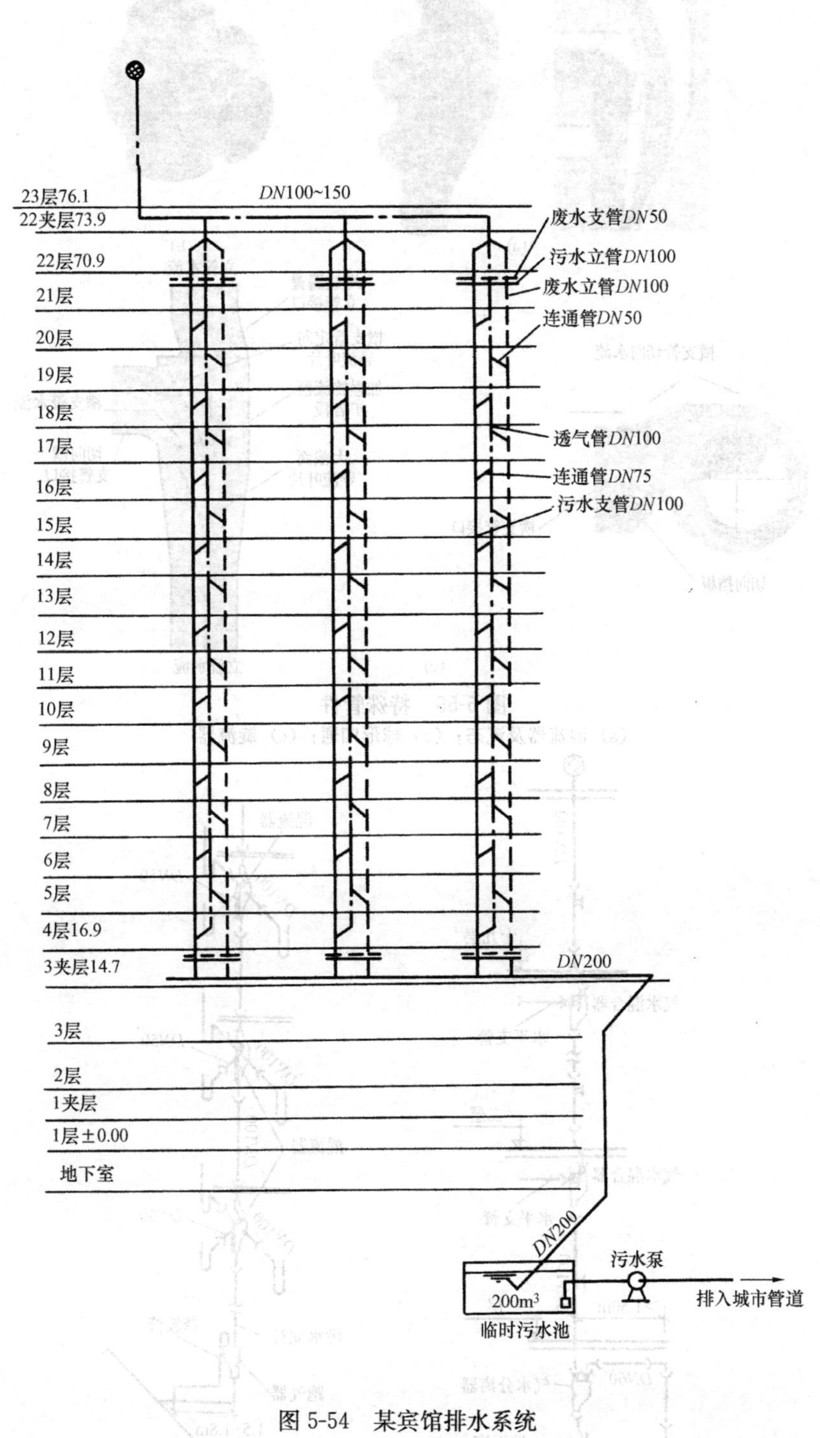

图 5-54 某宾馆排水系统

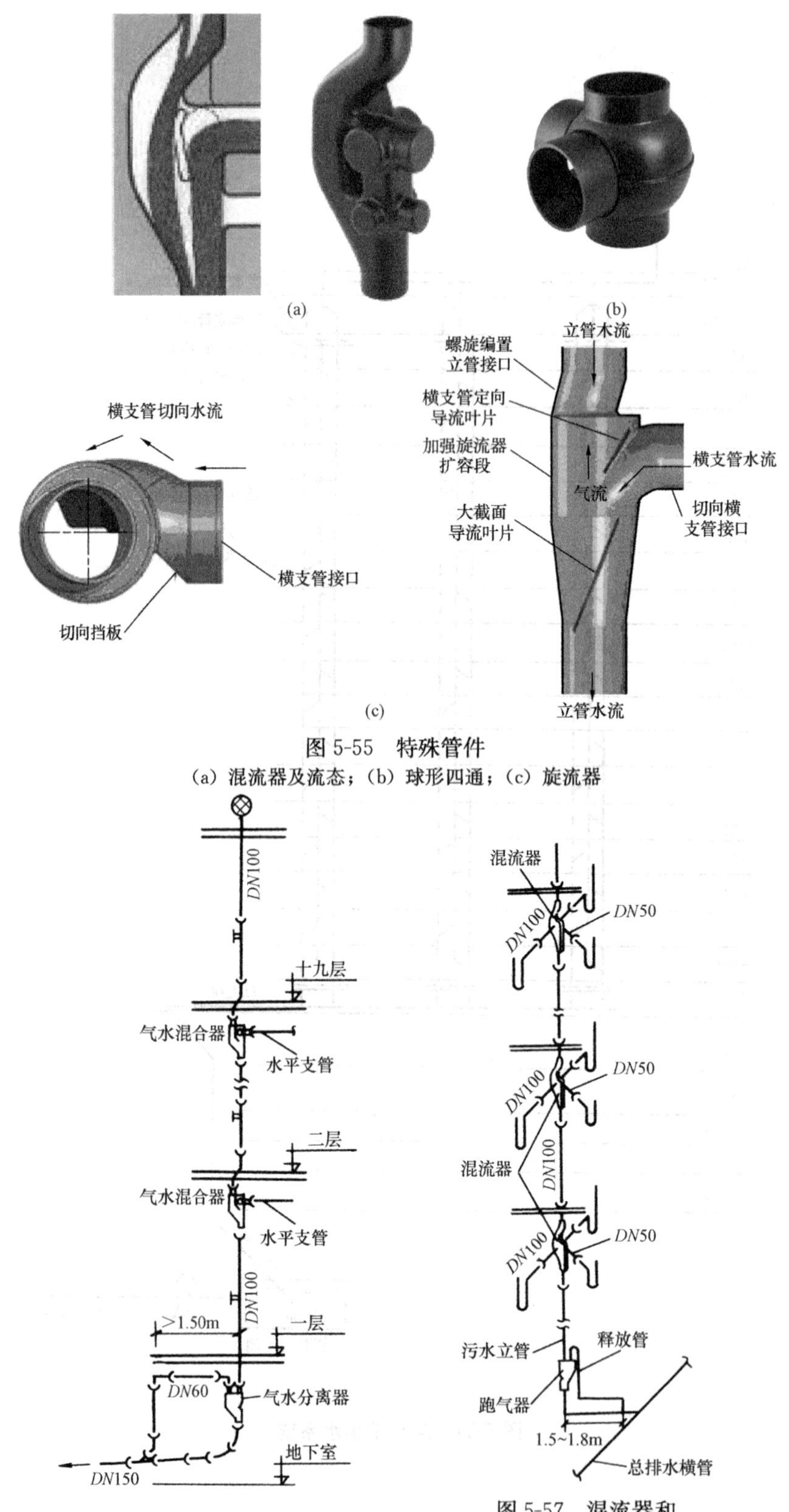

图 5-55　特殊管件

(a) 混流器及流态；(b) 球形四通；(c) 旋流器

图5-56　苏维脱单立管排水系统

图 5-57　混流器和跑气器安装示意图

表 5-18　　单 立 管 特 殊 配 件

特殊接头	混　合　器	旋　流　器	环　流　器	环　旋　器
简　图	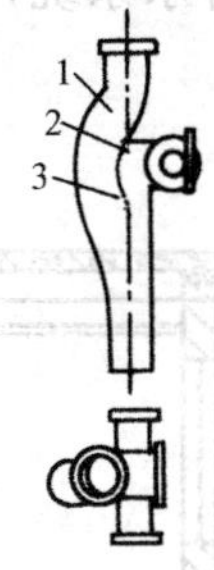	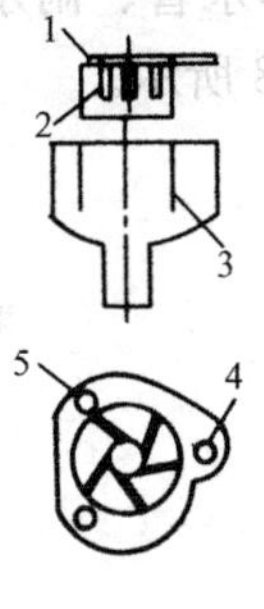	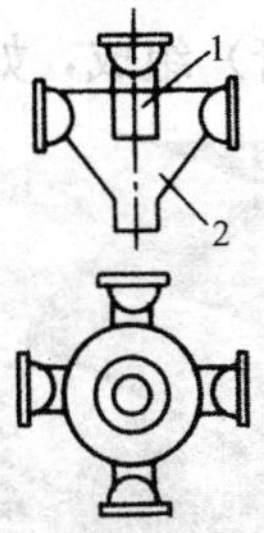	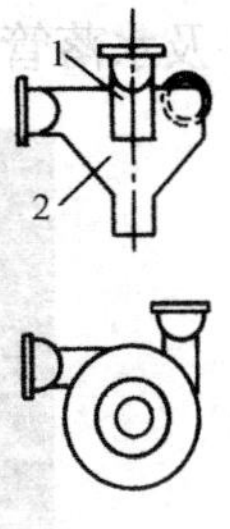
构造特点	1. 乙字弯 2. 缝隙 3. 隔板	1. 盖板 2. 叶片 3. 隔板 4. 侧管（污水） 5. 侧管（废水）	1. 内管 2. 扩大室	1. 内管 2. 扩大室
横管接入方式	三向平接入	垂直方向接入	环向正对接入	环向旋切接入

特殊弯头	跑　气　器	导　流　弯	角　笛　弯
简　图	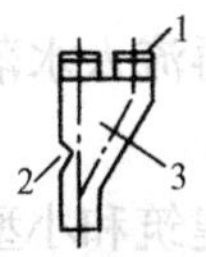		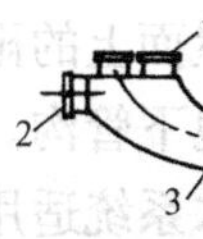
构造特点	1. 跑气口 2. 凸块 3. 分离室	导向叶片（装在“凸”岸）	1. 跑气口 2. 清扫口 3. 横管管径放大一级

第八节　建筑屋面雨水排水系统

一、屋面雨水排水方式

降落在屋面上的雨水和融化的雪水，在短时间内会形成积水，如果不能及时排除，则会造成屋面积水四处溢流，甚至造成屋面漏水，形成水患，影响人们的生产和生活。为了有效地排除屋面雨水，必须设置完整的屋面雨水排水系统。

屋面雨水排水系统可分为外排水系统、内排水系统和混合排水系统。在设计时应根据建筑物的类型、结构形式、屋面面积大小、当地气候条件及使用要求等因素来确定其排水方式。当技术经济比较合理时，屋面雨水宜采用外排水系统。

1. 雨水外排水系统

雨水外排水系统各部分均设在室外，因建筑物内部没有雨水管道，所以不会产生室内管道漏水及地面冒水等现象。按屋面有无天沟，外排水系统又可分为檐沟外排水和天沟外排水两种方式。

（1）檐沟外排水系统。

檐沟外排水系统又称为水落管（也称为落水管、雨水立管）排水系统，该系统由檐沟、雨水斗及水落管（雨水立管）组成，如图 5-58 所示。

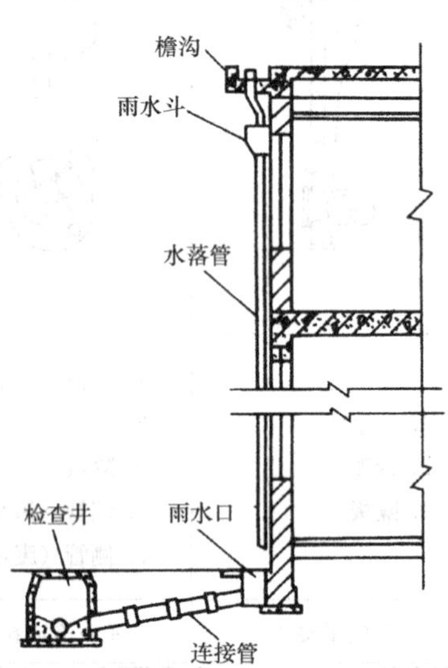

图 5-58 檐沟外排水

降落在屋面上的雨水沿屋面流入檐沟，然后流入雨水斗，再流入水落管，最后排至室外散水，流入地下管沟。

这种排水系统适用于一般居住建筑、屋面面积较小的公共建筑和小型单跨厂房等建筑屋面雨水的排除。

檐沟常用镀锌铁皮或混凝土制成。水落管多用 26 号镀锌铁皮制作，接口用锡焊，断面型式为圆形或方形。水落管也可采用 UPVC 管、铸铁管或石棉水泥管。

水落管的布置间距应根据当地暴雨强度、屋面汇水面积和水落管的通水能力来确定。据经验，一般为 15～20m 设一根 DN100mm 的落水管，其汇水面积不超过 250m^2，阳台上的水落管可采用 DN=50mm。

（2）天沟外排水系统。

天沟外排水系统由天沟、雨水斗、排水立管和排出管组成。该系统由天沟汇水后，流入雨水口和雨水立管，再由排出管流至室外雨水管渠。这种排水系统适用于长度不超过 100m 的多跨工业厂房，以及厂房内不允许布置雨水管道的建筑。

天沟外排水，应以建筑的伸缩缝或沉降缝作为屋面分水线。天沟的流水长度，应结合天沟的伸缩缝布置，一般不宜大于 50m，其坡度不宜小于 0.003。为防止天沟末端处积水，应在女儿墙、山墙上或天沟末端设置溢流口，溢流口比天沟上檐低 50～100mm。

天沟的断面型式可视屋面的情况而定，可以采用矩形、梯形、三角形或半圆形。天沟的做法，一般为在屋面板上铺设泡沫混凝土或炉渣，其上做防水层，上撒一层绿豆砂。天沟内用水泥砂浆抹面，也可采用预制钢筋混凝土槽，表面用 1∶2 水泥砂浆抹面。排水立管及排出管可采用铸铁管、UPVC管，低矮厂房也可采用石棉水泥管。

立管直接排水到地面时，需采取防冲刷措施，在湿陷性土壤地区，不准直接排水，冰冻地区立管需采取防冻措施。

天沟布置及立管敷设要求如图5-59所示；天沟雨水斗与立管连接如图5-60所示。

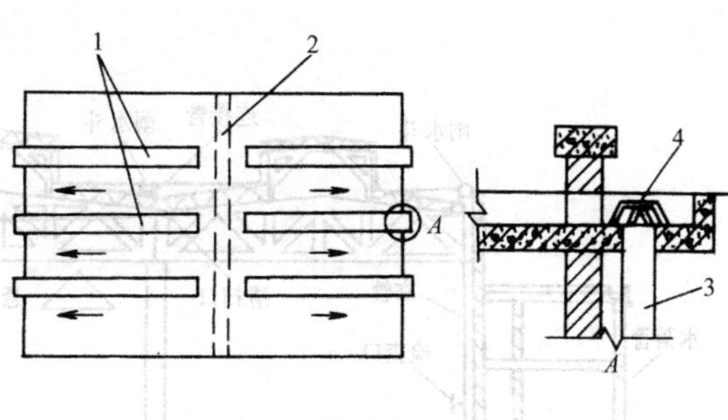

图5-59 屋面天沟布置示意图

1—天沟；2—伸缩缝；3—立管；4—雨水斗

2. 雨水内排水系统

在建筑物内部设有雨水管道的雨水排除系统称为雨水内排水系统。该系统由厂房设有的天沟、雨水斗、连接管、悬吊管、立管和排出管等部分组成，如图5-61所示。降落到屋面上的雨水沿屋面流入天沟后再流入雨水斗，经连接管、悬吊管流入排水立管，再经排除管流入雨水检查井，或通过埋地雨水干管将雨水排至室外雨水管道。

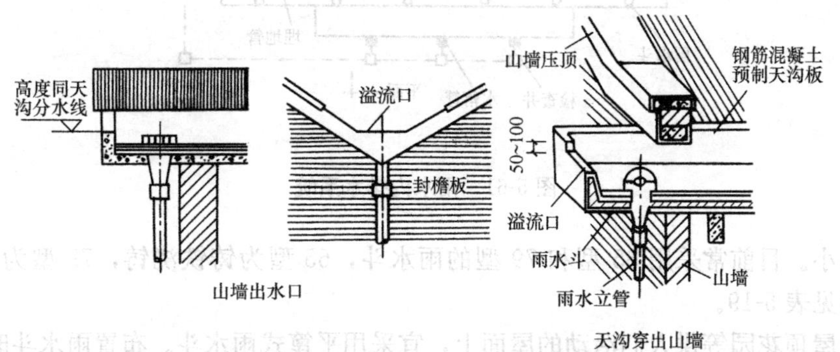

图5-60 天沟雨水斗与立管连接

(1) 雨水内排水系统分类。

按每根立管接纳雨水斗的个数，内排水系统分为单斗和多斗雨水排水系统。单斗排水系统一般不设悬吊管，在多斗排水系统中，悬吊管将几个雨水斗和排水立管连接起来。单斗系统较多斗系统排水的安全性好，所以应优先采用单斗雨水排水系统。

按排除雨水的安全程度，内排水系统分为敞开式和密闭式。敞开式内排水系统是重力排水，由架空的管道将雨水引入建筑物内的地下管道和检查井或明渠，并将其排出建筑物外。这种系统如果设计和施工欠妥，容易造成冒水现象，但该系统可接纳生产废水排入。密闭式排水系统为压力排水，在建筑物内设有密闭的埋地管和检查口，当雨水排泄不畅时，室内也不会发生冒水现象，该系统不能接纳生产废水排入。为安全起见，当屋面雨水为内排水系统时，宜采用密闭式系统。

(2) 屋面雨水排水系统的布置与安装。

建筑屋面雨水排水工程应设置溢流口、溢流堰、溢流管系等溢流设施。溢流排水不得危害建筑设施和行人安全。

1) 雨水斗。雨水斗的要求是泄水量大，斗前水位低，水流平稳、通畅，拦截杂物能力

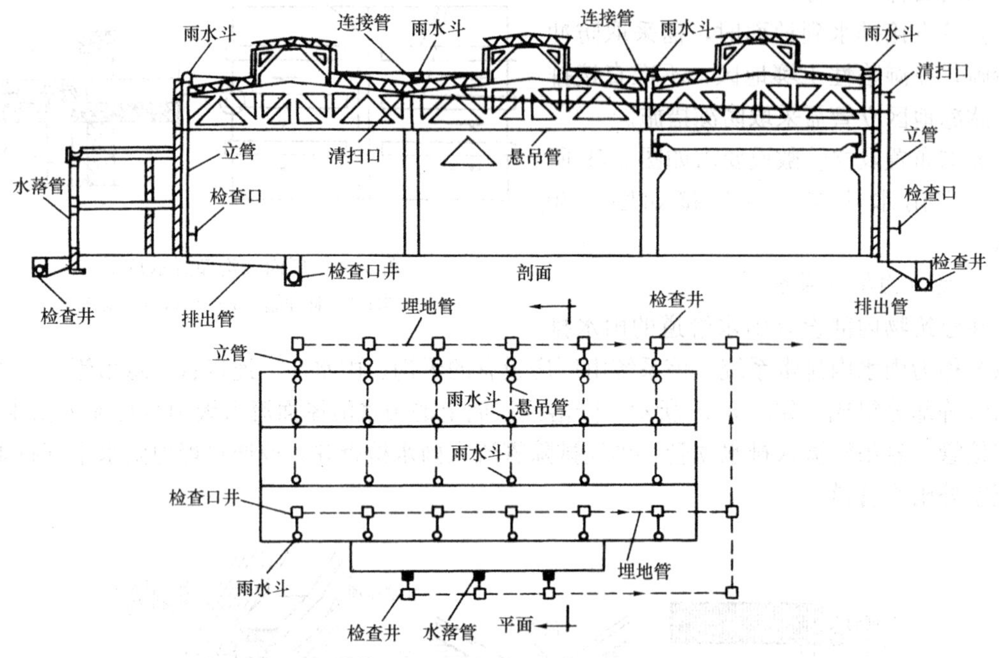

图 5-61 雨水内排水系统

强，掺气量小。目前常采用 65 型和 79 型的雨水斗，65 型为铸铁浇铸，79 型为钢板焊制，其基本性能见表 5-19。

晒台、屋顶花园等供人们活动的屋面上，宜采用平篦式雨水斗。布置雨水斗时，应以伸缩缝或沉降缝为排水分水线，否则应在该缝两侧各设一个雨水斗。当两个雨水斗连接在同一根立管或悬吊管上时，应采用伸缩接头，并保证密封。

表 5-19 常用雨水斗的基本性能

斗 型	出水管直径 d_d（mm）	进出口面积比	水力性能			材 料
			斗前水深	稳定性	掺气量	
65	100	1.5∶1	浅	稳定，旋涡少	较 少	铸铁
79	75、100、150、200	2.0∶1	较 浅	稳定，旋涡少	少	钢板
平篦	75、100	1.3∶1	较 深	不稳定，旋涡大	多	铸铁

在防火墙外设置雨水斗时，应在防火墙的两侧各设一个雨水斗。

在寒冷地区，雨水斗应尽量布置在受室内温度影响的屋面及雪水易融化的天沟范围内，雨水立管应布置在室内。

雨水斗的间距除按计算决定外，还应根据建筑结构的特点（如柱子的布置等）确定，一般采用 12～24m。天沟的坡度可采用 0.003～0.006。

接入同一根立管的雨水斗，其安装高度应相同，当雨水立管的设计流量小于最大设计泄流量时，可将不同高度的雨水斗接入同一立管或悬吊管内。

多斗雨水排水系统宜对立管作对称布置，并不得在立管顶端设置雨水斗。雨水斗与屋面连接处必须做好防水处理。雨水斗的出水管管径一般不小于100mm。设在阳台、窗井很小汇水面积处的雨水斗可采用50mm。

2）连接管。连接管如图5-66所示，连接管的管径不得小于雨水斗短管的管径，连接管应牢固地固定在建筑物承重结构（如桁架）上，管材可采用铸铁管或钢管。

多斗雨水排水系统中排水连接管应接至悬吊管上，连接管宜采用斜三通与悬吊管相连。

变形缝两侧雨水斗的连接管，如合并接入一根立管或悬吊管上时，应采用柔性接头，如图5-62所示。

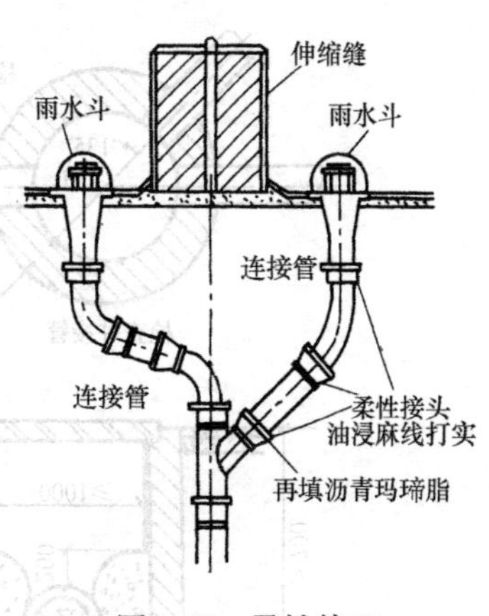

图5-62 柔性接口

3）悬吊管。悬吊管一般沿桁架或梁敷设，并牢固地固定其上。当采用多斗悬吊管时，一根悬吊管上设置的雨水斗不得多于4个。悬吊管管径不得小于其雨水斗连接管管径，沿屋架悬吊时，其管径不宜大于300mm，其敷设坡度不得小于0.005。与雨水立管连接的悬吊管，不宜多于两根。

悬吊管的长度超过15m时，应设置检查口，检查口间距不得大于20m，其位置应靠近墙柱。悬吊管一般采用铸铁管，石棉水泥接口。在可能受到振动和生产工艺等有特殊要求时，可采用钢管，焊接接口。

4）立管。立管一般沿墙、柱明装，有特殊要求时，可暗装于墙槽或管井内，但必须考虑安装和检修方便，要设有检查口，并在检查口处设检修门。检查口中心至地面的距离宜为1.0m。

立管的下端宜采用两个45°弯头或大曲率半径的90°弯头接入排出管。

立管一般采用铸铁管，石棉水泥接口，如管道有可能振动或工艺有要求时，可采用钢管焊接接口，外刷防锈漆。立管管径不得小于与其连接的悬吊管管径。当立管连接两根或两根以上悬吊管时，其管径不得小于最大一个悬吊管的管径。在寒冷地区雨水立管应布置在室内。

5）排出管。排出管的管径不得小于立管的管径。排出管管材宜采用铸铁管，石棉水泥接口。当排出管穿越地下室墙壁时，应采取防水措施。

6）埋地管。埋地管不得穿越设备基础及可能因水而发生危害的地下构筑物。埋地管的最小埋设深度可按建筑内部排水管道有关规定确定。埋地管坡度应按工业废水管道坡度的规定执行，并且不应小于0.003。封闭系统的埋地管道，应保证严密、不漏水。敞开系统的埋地管道起点检查井内，不宜接入生产废水排水管。

埋地雨水管道可采用非金属管，但立管至检查井的管段宜采用铸铁管。雨水封闭系统埋地管在靠近立管处，应设水平检查口。

7）检查井（口）。封闭系统埋地管道交叉处或长度超过30m时，应设水平检查口，并应设检查口井，如图5-63所示。

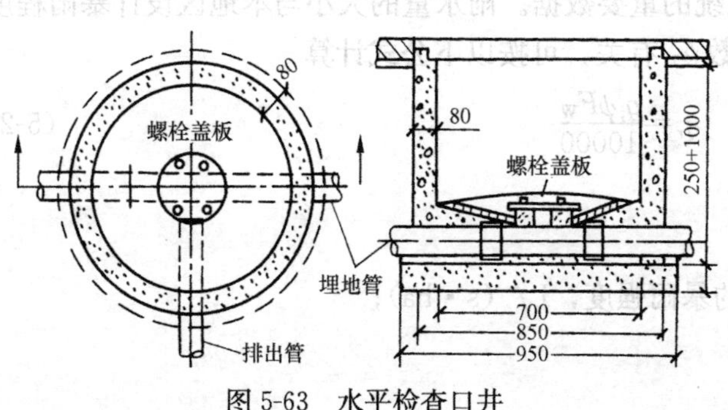

图5-63 水平检查口井

敞开式系统埋地管道交叉、转弯、坡度、管径改变，以及长度超过 30mm 处，均应设置检查井。井内接管应采用管顶平接、水平转角不得小于 135°。敞开式系统的检查井内，应做高流槽，槽应高出管顶 200mm，如图 5-64 所示。

敞开式系统的排水管应先接入放气井，如图 5-65 所示，然后再接入检查井，以便使水流稳定。

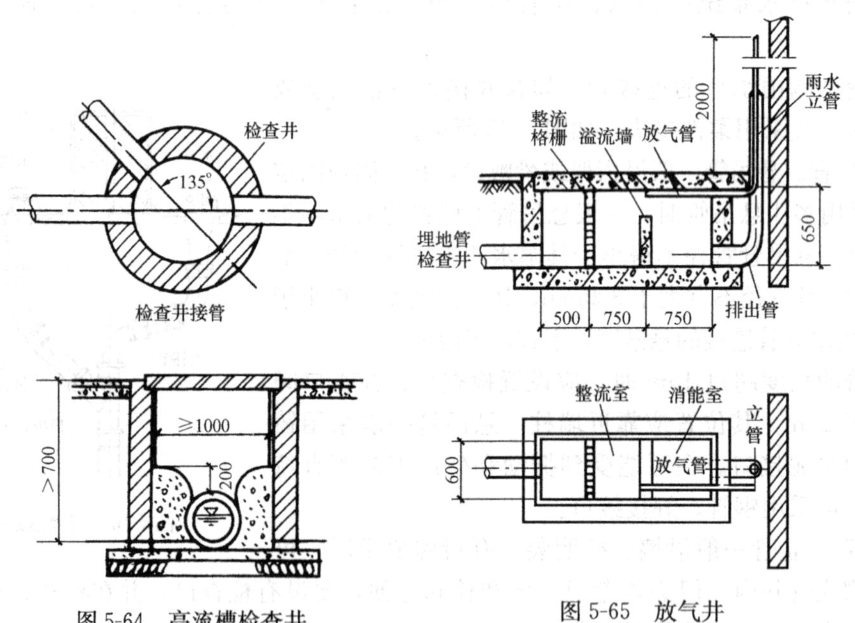

图 5-64 高流槽检查井

图 5-65 放气井

3. 混合式排水系统

当大型仓储及工业厂房的屋面比较复杂时，可在屋面的不同部位，采用几种不同形式的雨水排除系统，称为混合式排水系统。

混合式排水系统可采用内外排水系统结合，压力、重力排水结合，暗管、明沟结合等系统。它具有形式多样、使用灵活、容易满足排水和生产要求等优点。

如图 5-66 所示为混合式排水系统图。右跨为封闭式直接外排水系统，中跨为敞开式，左跨为檐沟式。

二、屋面雨水排水系统计算

1. 雨水量计算

屋面雨水量是设计计算雨水排水系统的重要数据。雨水量的大小与本地区设计暴雨程度 q、屋面汇水面积 F 及屋面宣泄能力系数 k_1 有关，可按以下公式计算

$$q_r=\frac{q_j\psi F_W}{10000} \tag{5-2}$$

式中 q_r——屋面雨水设计流量，L/s；

F_W——屋面设计汇水面积，m^2；

q_j——当地降雨历时为 5min 时的暴雨强度，L/（s·ha）；

ψ——径流系数，m^2。

(1) 设计降雨强度。

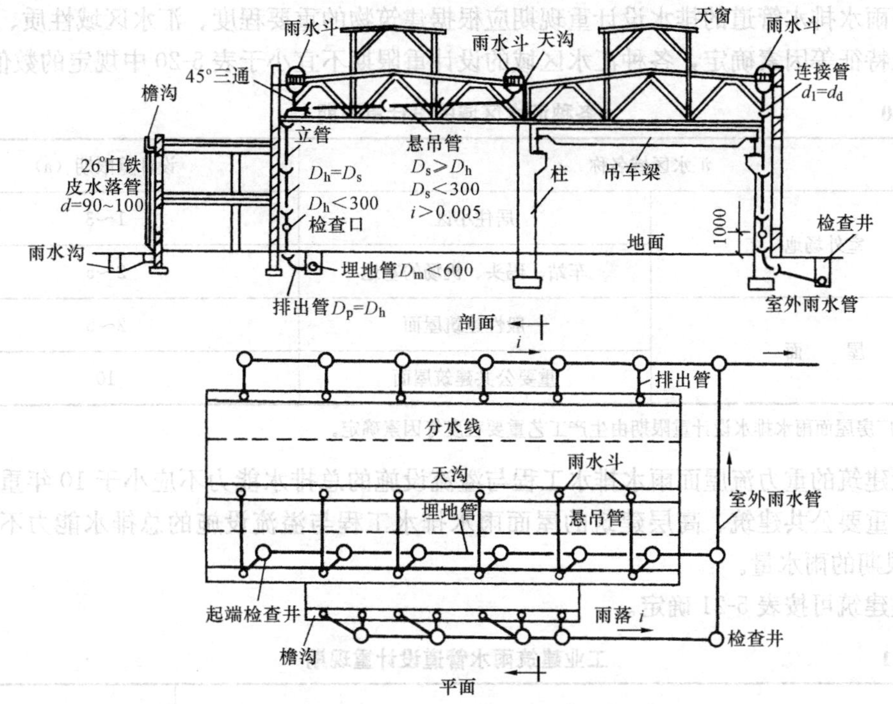

图 5-66　混合式排水系统

降雨强度是指单位时间降落到地面的雨水深度。设计降雨强度应按当地或相邻地区暴雨强度公式计算确定。

我国暴雨强度公式常采用以下公式计算

$$i=\frac{A_1(1+C\cdot \lg P)}{(t+b)^n} \tag{5-3}$$

式中　i——暴雨（降雨）强度，mm/min；

P——设计重现期，a；

t——降雨历时（屋面雨水集水时间），min；

A_1、b、C、n——当地降雨参数。

设计暴雨强度公式中有设计重现期 P 和降雨历时 t 两个参数。设计重现期 P 应根据生产工艺性质及建筑物性质来确定，一般采用屋面雨水，集水时间按 5min 计算。

在工程设计上，暴雨强度常用单位时间单位面积上的降雨体积表示，符号为 q，单位为 L/（s・10^4m^2）。q 与 i 的关系如下

$$q=\frac{10\,000\times 1000}{1000\times 60}i=167i \tag{5-4}$$

降雨历时为 5min 时的暴雨强度用符号 q_5 表示。有关我国部分城市 q_5 值，请参见《建筑给水排水设计手册》。

（2）降雨历时。

屋面雨水排水管道设计降雨历时按 5min 计算。

（3）降雨的设计重限期。

屋面雨水排水管道的排水设计重现期应根据建筑物的重要程度、汇水区域性质、地形特点、气象特征等因素确定，各种汇水区域的设计重限期不宜小于表 5-20 中规定的数值。

表 5-20 各种汇水区域的设计重限期

汇水区域名称		设计重限期（a）
室外场地	居住小区	1～3
	车站、码头、机场的基地	2～5
屋　　面	一般性建筑屋面	2～5
	重要公共建筑屋面	10

注　工业厂房屋面雨水排水设计重限期由生产工艺重要程度等因素确定。

一般建筑的重力流屋面雨水排水工程与溢流设施的总排水能力不应小于 10 年重限期的雨水量。重要公共建筑、高层建筑的屋面雨水排水工程与溢流设施的总排水能力不应小于 50 年重限期的雨水量。

工业建筑可按表 5-21 确定。

表 5-21 工业建筑雨水管道设计重现期

工　业　企　业　特　征		P/a
生产工艺因素	生产和机械设备不会因水受损害	0.5
	生产可能因水受影响，但机械设备不会因水受损害	1.0
	生产不会因水受影响，但机械设备可能因水受损害	1.5
	生产和机械设备均可能因水而受损害	2.0
土建因素	房屋最低层地板标高低于室外地面标高	0.5
	天窗玻璃位于天沟之上小于 100mm	0.5
	屋顶各个方向被屋面高出部分紧紧包围着妨碍雨水流动	0.5

注　1. 将表中 1、2 两项中有关相应的数值相加，即可求得计算 P 值。
2. 机械设备可能因受水损害的生产，系指下列类型工厂：丝绸厂、卷烟厂、棉纺厂、冶金厂，以及各种金属加工厂、化学联合企业等。

（4）汇水面积。

屋面的汇水面积按屋面的水平投影面积计算。由于风力吹动，造成侧墙兜水，因此，高出屋面的侧墙，应附加其最大受雨面正投影的一半作为有效汇水面积计算。窗井、贴近高层建筑外墙的地下汽车库出入口坡道和高层建筑裙房屋面的雨水汇水面积，应附加其高出部分侧墙面积的二分之一。

排入雨水管中的生产废水量如超过雨水量的 50%时，应计入雨水设计流量中，一般可将废水量按式（5-5）换算为“当量汇水面积”，即

$$F_e = KQ_w \tag{5-5}$$

式中　F_e——当量汇水面积，m^2；

Q_w——生产废水流量，L/s；

K——换算系数，$m^2 \cdot s/L$，见表5-22。

表 5-22　　降雨强度与系数 K 的关系

小时降雨厚度(mm/h)	50	60	70	80	90	100	110	120	140	160	180	200
系数 K 值	72	60	51.4	45	40	36	32.7	30	25.7	22.5	20	18

注　降雨强度介于表中两个数值之间时，K 值按内插法确定。

（5）雨水径流系数。

各种屋面的雨水径流系数可采用0.9（见第八章）。

2. 溢流口排水量

建筑物面雨水排水工程应设置溢流口、溢流堰、溢流管系等溢流设施。溢流排水不得危害建筑设施和行人安全。溢流口排水量按下式计算

$$q_{rL} = mb\sqrt{2gH^3} \tag{5-6}$$

式中　q_{rL}——溢流口的排水量，L/s；

H——溢流口前堰上水头，m；

b——溢流口宽度，m；

m——流量系数，一般可采用320。

3. 雨水排水系统的水力计算

（1）天沟外排水系统水力计算。

天沟外排水系统水力计算的目的，是在已知屋面需要排泄的雨水量及天沟坡度的情况下，确定天沟的断面尺寸、雨水斗及立管管径。檐沟外排水宜按重力流设计；长天沟外排水宜按压力流设计。

1）天沟内雨水水流速度计算公式。

$$v = \frac{1}{n} R^{2/3} i^{1/2} \tag{5-7}$$

式中　v——天沟内水流速度，m/s；

R——水力半径，m；

i——天沟坡度；

n——天沟粗糙系数，各种材料的 n 值，见表5-23。

表 5-23　　各种材料的 n 值

壁面材料的种类	n 值
钢管、石棉水泥管、水泥砂浆光滑水槽	0.012
铸铁管、陶土管、水泥砂浆抹面混凝土槽	0.012～0.013
混凝土及钢筋混凝土槽	0.013～0.014
无抹面的混凝土槽	0.014～0.017
喷浆护面的混凝土槽	0.016～0.021

续表

壁面材料的种类	n 值
表面不整齐的混凝土槽	0.020
豆砂沥青玛碲脂护面的混凝土槽	0.025

2）天沟过水断面面积计算公式。

$$\omega=\frac{q_r}{1000v} \tag{5-8}$$

式中 ω——天沟过水断面面积，m^2；

q_r——屋面雨水设计流量，L/s；

v——天沟内水流速度，m/s。

天沟过水断面型式多采用矩形、梯形、三角形、半圆形。天沟的实际断面面积应增加保护高度 50～100mm，天沟起端深度不宜小于 80mm。

3）天沟的坡度。天沟的坡度视屋顶情况而定，一般采用 0.003～0.006，当天沟较长时，天沟坡度不能太大，但最小坡度不得小于 0.003。

4）天沟排水立管。天沟排水立管的管径可按表 5-24 选用。

表 5-24　　雨水立管最大设计泄流量

管　径（mm）	75	100	125	150	200
最大设计泄流量（L/s）	9	19	29	42	75

注　75mm 管径的立管适用于阳台排放雨水。

5）溢流口。天沟末端山墙、女儿墙上设置溢流口，用以排泄超过排水立管泄水能力的那部分雨水量，其排水能力按宽顶堰计算，见式（5-6）。

（2）雨水内排水系统水力计算。

雨水内排水系统水力计算的任务主要是选择布置雨水斗，布置并计算确定连接管、悬吊管、立管、排出管和埋地管的管径。

1）雨水斗。雨水斗的泄流量与雨水斗前水深有关，斗前水深愈大，则泄流量愈大。斗前水深一般不超过 100mm。表 5-25 在雨水斗前水深约 83.7mm 时，实验得到的一个雨水斗最大允许泄流量，可在计算时选用。

表 5-25　　雨水斗最大允许泄流量

雨水斗直径（mm）	75	100	125	150	200
单斗系统（L/s）	9.5	15.5	22.5	31.5	51.5
多斗系统（L/s）	7	12	18	26	39

屋面雨水斗的设计泄流量可按下式计算

$$q_d=k_1\frac{F_dh_5}{3600} \tag{5-9}$$

式中 q_d——雨水斗的设计泄流量，L/s；

h_5——当地降雨历时为 5min 时的小时降雨厚度，mm/h；

k_1——屋面宣泄能力系数。

根据式（5-9）和表 5-25，可计算出不同小时降雨厚度时单斗的最大允许汇水面积、多斗系统中一个雨水斗的最大允许汇水面积，见表5-26。

表 5-26 $k_1=1$ 时一个雨水斗最大允许汇水面积 m^2

系统型式		雨水斗直径(mm)	小时降雨厚度 h (mm/h)											
			50	60	70	80	90	100	110	120	140	160	180	200
单斗系统	79 型	75	684	570	489	428	380	342	311	285	244	214	190	171
		100	1116	930	797	698	620	558	507	465	399	349	310	279
		150	2268	1890	1620	1418	1260	1134	1031	945	810	709	630	567
		200	3708	3090	2647	2318	2060	1854	1685	1545	1324	1159	1030	927
	65 型	100	1116	930	797	698	620	558	507	465	399	349	310	279
多斗系统	79 型	75	569	474	406	356	316	284	259	237	203	178	158	142
		100	929	774	663	581	516	464	422	387	332	290	258	232
		150	1865	1554	1331	1166	1036	932	847	777	666	583	518	466
		200	2822	2352	2016	1764	1568	1411	1283	1176	1008	882	784	706
	65 型	100	929	774	663	581	516	464	422	387	332	290	258	232

注 设计时可根据当地 5min 的小时降雨厚度 h_5 查表 7-7 确定雨水斗直径。

2）连接管。一般情况下，一根连接管上接一个雨水斗，因此，连接管的管径一般与雨水斗相同。

3）悬吊管。悬吊管的排泄能力与连接的雨水斗数量和雨水斗至立管的距离有关。连接雨水斗的数量愈多，则雨水斗掺气量愈大，水流阻力大；雨水斗至立管愈远，则水流阻力愈大，悬吊管的排水量愈小。一般来讲，单斗系统的排水量较多斗系统大20%左右。

表5-27给出了在 $k_1=1$，$h_5=100$mm/h 情况下，多斗系统悬吊管最大允许汇水面积、悬吊管管径及坡度，可供设计时选用。

表 5-27 多斗雨水排水系统中悬吊管最大允许汇水面积 m^2

管坡	管径(mm)				
	100	150	200	250	300
0.007	152	449	967	1751	2849
0.008	163	480	1034	1872	3046
0.009	172	509	1097	1986	3231
0.010	182	536	1156	2093	3406
0.012	199	587	1266	2293	3731
0.014	215	634	1368	2477	4030
0.016	230	678	1462	2648	4308
0.018	244	719	1551	2800	4569
0.020	257	758	1635	2960	4816
0.022	270	795	1715	3105	5052
0.024	281	831	1791	3243	5276
0.026	293	865	1864	3375	5492
0.028	304	897	1935	3503	5699
0.030	315	929	2002	3626	5899

注 1. 本表计算中 $h/D=0.8$。

2. 管道的 $n=0.013$；小时降雨厚度为 100mm。

当屋面宣泄能力系数 $k_1 \neq 1$ 时，应将实际汇水面积折算成相当于 $k_1=1$ 时的汇水面积。

$$F' = k_1 F \tag{5-10}$$

式中 F'——相当于 $k_1=1$ 时的汇水面积，m^2；

F——实际汇水面积，m^2；

k_1——宣泄能力系数。

当该地小时降雨厚度 $h_5=100mm/h$ 时，应按下式将汇水面积 F'，或 F 换算成 $h_5=100mm/h$ 的汇水面积，然后再查表 5-27，确定悬吊管的管径和坡度。

$$F_{100} = \frac{h_5 F'}{100} \tag{5-11}$$

式中 F_{100}——相当于 $h_5=100mm/h$ 时的汇水面积，m^2；

F'——相当于 $k_1=1$ 时的汇水面积，m^2；

h_5——当地降雨历时为 5min 时的小时降雨厚度，mm/h。

4）立管。立管只连接一根悬吊管时，立管管径不得小于悬吊管管径，可与悬吊管管径相同，其泄流量还应满足表 5-24 的要求。如果一根立管连接两根悬吊管时，应先计算立管的汇水面积 F'，再根据小时降雨厚度 h_5，查表 5-28 确定立管管径。

表 5-28 立管最大允许汇水面积

管径（mm）	75	100	150	200	250	300
汇水面积（m^2）	360	720	1620	2880	4320	6120

5）排出管。排出管管径一般采用与立管相同的管径，不必另行计算，如果加大一号管径，可以改善管道排水的水力条件，增加立管的泄水能力。

6）埋地管。埋地管按重力流计算，采用建筑排水横管水力计算方法，控制最大计算充满度（见表 5-29）和最小坡度。埋地管最小管径为 200mm。

表 5-29 雨水悬吊管和埋地管的最大计算充满度

管道名称	管径（mm）	最大计算充满度
悬吊管		0.80
密封系统的埋地管		1.00
敞开系统的埋地管	≤300	0.50
	350～450	0.65
	≥500	0.80

表 5-30 为埋地管最大允许汇水面积表，表 5-31 为埋地管满流时最大允许汇水面积表，以便于设计时选用。

表 5-30 埋地管最大允许汇水面积 m^2

充满度 / 管径(mm) / 水力坡度	0.50						0.65			0.8	
	75	100	150	200	250	300	350	400	450	500	600
0.001 0	13	27	81	174	315	512	1165	1663	2277	3902	6346
0.001 5	15	33	98	212	385	626	1427	2037	2789	4779	7772
0.002 0	18	39	114	245	445	723	1648	2352	3220	5519	8974
0.002 5	20	43	127	274	497	809	1842	2630	3600	6170	10 034
0.003 0	22	47	140	300	545	886	2018	3112	4260	7300	1172

续表

水力坡度 \ 管径(mm) \ 充满度	0.50						0.65			0.8	
	75	100	150	200	250	300	350	400	450	500	600
0.003 5	24	51	150	325	588	957	2180	3112	4260	7300	11 872
0.004 0	25	55	161	345	629	1023	2330	3327	4554	7805	12 692
0.004 5	27	57	171	368	667	1085	2471	3529	4830	8298	13 461
0.005 0	28	61	180	388	703	1144	2605	3719	5092	8726	14 190
0.005 5	30	64	189	407	738	1200	2732	3900	5340	9152	14 882
0.006 0	31	67	197	423	771	1253	2854	4074	5578	9559	15 544
0.006 5	32	69	205	442	802	1304	2970	4241	5809	9949	16 178
0.007 0	33	72	213	459	832	1353	3084	4401	6025	10 325	16 789
0.007 5	35	74	220	475	861	1400	3190	4555	6236	10 687	17 379
0.008 0	36	77	228	491	890	1447	3295	4705	6441	11 038	17 949
0.008 5	37	79	235	506	917	1491	3397	4850	6639	11 377	18 501
0.009 0	38	82	242	520	944	1535	3495	4990	6832	11 707	19 037
0.010	40	86	255	549	995	1618	3684	5260	7201	12 341	20 067
0.011	42	91	267	575	1043	1697	3964	5517	7553	12 943	21 047
0.012	44	95	279	601	1090	1772	4036	5762	7888	13 519	21 983
0.013	46	99	290	626	1134	1844	4200	5997	8210	14 070	22 880
0.014	47	102	301	649	1177	1914	4359	6224	8520	14 602	23 744
0.015	49	106	312	672	1218	1981	4512	6442	8820	15 114	24 577
0.016	51	109	322	694	1258	2046	4660	6654	9109	15 610	25 383
0.017	52	113	332	715	1297	2109	4804	6858	9389	16 090	26 164
0.018	54	116	342	736	1335	2170	4943	7057	9661	16 557	26 923
0.019	55	119	351	756	1371	2230	5078	7250	9926	17 010	27 661
0.020	57	122	360	776	1407	2288	5210	7439	10 184	17 452	28 379
0.021	58	125	369	795	1442	2344	5339	7623	10 435	17 883	29 080
0.022	59	128	378	814	1475	2399	5465	7802	10 681	18 304	29 765
0.023	61	131	386	832	1509	2453	5587	7977	10 921	18 715	30 433
0.024	62	134	395	850	1541	2506	5708	8149	11 156	19 118	31 088
0.025	63	137	403	867	1573	2558	5825	8317	11 386	19 512	31 729
0.026	64	139	411	885	1604	2608	5941	8482	11 611	19 900	32 357
0.027	66	142	419	902	1635	2658	6054	8643	11833	20 278	32 974
0.028	67	145	426	918	1665	2707	6165	8802	12 050	20 650	33 579
0.029	68	147	434	934	1694	2755	6274	8958	12 263	21 015	34 173
0.030	69	150	441	950	1723	2802	6381	9111	12 473	21 375	34 757
0.031	70	152	449	966	1751	2848	6487	9261	12 679	21 728	35 332

续表

水力坡度 \ 充满度 / 管径(mm)	0.50						0.65			0.8	
	75	100	150	200	250	300	350	400	450	500	600
0.032	72	155	456	981	1779	2894	6591	9410	12 882	22 076	35 897
0.033	73	157	463	997	1807	2938	6693	9555	13 081	22 418	36 454
0.034	74	159	470	1012	1834	2983	6793	9699	13 278	22 755	37 002
0.035	75	162	477	1026	1861	3026	6893	9841	13 472	23 087	37 542
0.036	76	164	483	1040	1887	3069	6990	9980	13 663	23 415	38 075
0.037	77	166	490	1055	1913	3111	7087	10 118	13 852	23 738	38 600
0.038	78	168	497	1070	1939	3153	7182	10 254	14 038	24 056	39 118
0.039	79	171	503	1083	1965	3195	7276	10 388	14 221	24 370	39 630
0.040	80	173	510	1097	1990	3235	7368	10 520	14 402	24 681	40 134
0.042	82	177	522	1124	2039	3315	7550	10 780	14 758	25 291	41 126
0.044	84	181	534	1151	2087	3393	7728	11 034	15 105	25 886	42 093
0.046	86	185	546	1177	2133	3470	7902	11 282	15 445	26 468	43 039
0.048	88	189	558	1202	2179	3544	8072	11 524	15 777	27 037	43 965
0.050	90	193	570	1227	2224	3617	8238	11 762	16 102	27 594	44 872
0.055	94	202	597	1287	2333	3793	8640	12 336	16 888	28 941	47 062
0.060	98	212	624	1344	2437	3962	9024	12 884	17 639	30 228	49 154
0.065	102	220	650	1399	2536	4124	9393	13 410	18 359	31 462	51 161
0.070	106	228	674	1451	2632	4280	9747	13 917	19 052	32 650	53 093
0.075	110	236	698	1502	2724	4430	10 090	14 405	19 721	33 796	54 956
0.080	113	244	720	1552	2813	4575	10 420	14 878	20 368	34 904	56 758

注 本表降雨强度按100mm/h计算，管道粗糙系数取0.014。

表5-31 **埋地管满流时最大允许汇水面积** m^2

水力坡度 \ 管径（mm）	100	150	200	250	300	350	400	450	500	600
0.001 0	55	161	347	629	1022	1542	2202	3014	3992	6491
0.001 5	66	197	425	770	1252	1888	2696	3691	4889	7949
0.002 0	77	228	490	889	1446	2181	3113	4262	5645	9179
0.002 5	86	254	548	994	1616	2438	3481	4765	6311	10 263
0.003 0	95	279	601	1089	1771	2671	3813	5220	6914	11 242
0.003 5	102	301	648	1176	1912	2885	4118	5638	7467	12 143
0.004 0	109	322	693	1257	2044	3084	4403	6028	7983	12 981
0.004 5	116	342	735	1333	2168	3271	4670	6393	8467	13 769
0.005 0	122	360	775	1406	2286	3448	4923	6739	8925	14 514
0.005 5	128	377	813	1474	2397	3616	5163	7068	9361	15 222

续表

管径（mm） 水力坡度	100	150	200	250	300	350	400	450	500	600
0.006 0	134	394	849	1540	2504	3777	5393	7382	9777	15 899
0.006 5	139	410	884	1603	2606	3931	5613	7684	10 176	16 548
0.007 0	144	426	917	1663	2705	4080	5825	7974	10 561	17 173
0.007 5	149	441	949	1721	2799	4223	6029	8354	10 931	17 775
0.008 0	154	455	981	1778	2891	4361	6227	8525	11 290	18 359
0.008 5	159	469	1011	1833	2980	4495	6418	8787	11 637	18 923
0.009 0	164	483	1040	1886	3067	4626	6605	9042	11 975	19 472
0.010	173	509	1096	188	3233	4876	6962	9531	12 623	20 526
0.011	181	534	1150	2085	3390	5114	7302	9996	13 239	21 527

注　本表降雨强度按 100mm/h 计算。

【例 5-1】 已知 A 厂某厂房全长 124m，跨度为 18m，利用拱形屋架及大型屋面所形成的形凹槽作为天沟。天沟宽度为 0.65m，天沟深为 0.30m，天沟内积水深度按 0.15m 计算，天沟坡度为 0.006，天沟表面铺绿豆砂，其粗糙系数 n 为 0.025，天沟布置如图 5-67 所示。试计算天沟的排水量能否满足要求，选用雨水斗并确定立管管径及溢流口泄流量。

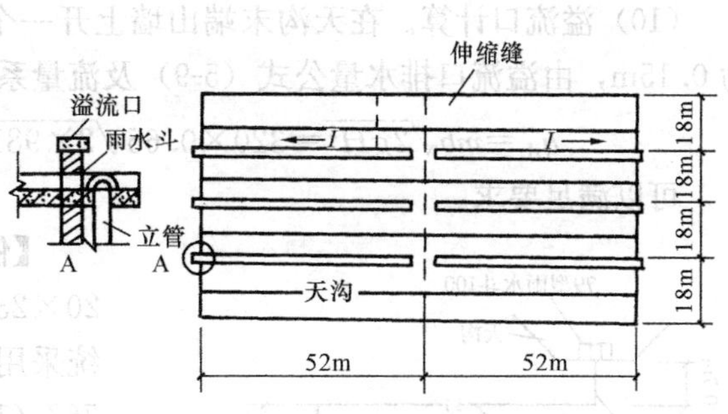

图 5-67　屋面天沟布置

解　(1) 天沟的过水断面积 w。

$$w=0.65\times0.15=0.097\,5\text{m}^2$$

(2) 湿周 χ。

$$\chi=0.62+2\times0.15=0.95\text{m}$$

(3) 水力半径。

$$R=\frac{w}{\chi}=\frac{0.097\,5}{0.95}=0.103\text{m}$$

(4) 天沟的水流速度 v。

$$v=\frac{1}{n}R^{2/3}i^{1/2}$$

$$=\frac{1}{0.025}\times0.103^{2/3}\times0.005^{1/2}$$

$$=0.60\text{m/s}$$

(5) 天沟的排水量 Q。

$$Q=vw=0.60\times0.097\,5=58.5\text{L/s}$$

(6) 天沟的汇水面积 F_W。

$$F_W=104/2\times18=936\mathrm{m}^2$$

（7）暴雨量计算。当重现期为 1a 时，查《建筑给水排水设计手册》，我国部分城镇降雨强度得

$$q_5=2.77\ \mathrm{L/(s\cdot10^4m^2)}$$

$$h_5=100\mathrm{mm/h}$$

因此屋面雨水设计流量 q_r 为

$$q_r=K_1F_Wq_5\times10^{-2}=1.5\times936\times2.77\times10^{-2}=38.9\mathrm{L/s}$$

故天沟的排水量 58.5L/s>1a 重现期暴雨量 38.9L/s，因此，天沟断面可以满足屋面雨水排泄要求。

（8）雨水斗选择。雨水斗依据小时降雨深度 h_5 和允许汇水面积选定，查表 5-26 单斗系统允许汇水面积表，采用直径 150mm 的 79 型雨水斗，当 $h_5=100$mm/h 时，其允许汇水面积为 1134m²，可以满足 936m² 的要求。

（9）雨水排水立管。查表 5-24，立管直径采用 200mm，则允许泄流量为 42 L/s>38.9 L/s，能满足要求。

（10）溢流口计算。在天沟末端山墙上开一个溢流口，口宽采用 0.65mm，堰上水头如为 0.15m，由溢流口排水量公式（5-9）及流量系数 $m=320$ 计算为

$$q_{rL}=mb\sqrt{2gH^3}=320\times0.65\sqrt{2\times981\times0.15^3}=53.5\ \mathrm{L/s}>38.9\mathrm{L/s}$$

可以满足要求。

【例 5-2】 某厂房屋面天沟每段汇水面积为 $20\times23=460\mathrm{m}^2$，采用单斗内排水系统，管道系统采用如图 5-68 所示，当地的雨量公式为 $q=\dfrac{767(1+1.04\lg P)}{t^{0.522}}$，试进行该雨水系统的水力计算（$K_1=1$）。

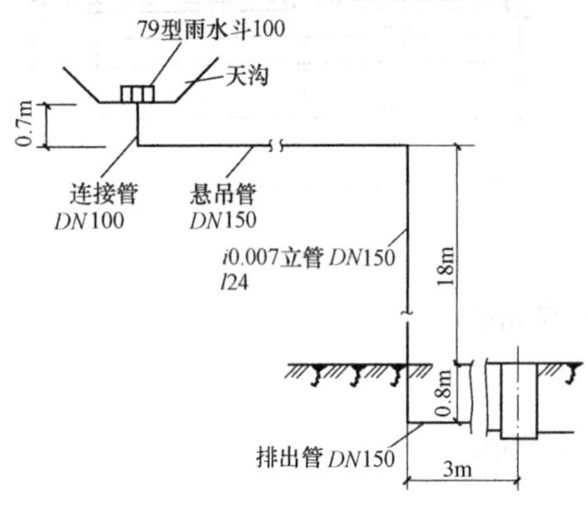

图 5-68　雨水管道系统图

解　（1）确定降雨强度 q_5 采用重现期 $P=1a$。降雨历时 $t=5\mathrm{min}$，则

$$q=\frac{767(1+1.04\lg P)}{t^{0.522}}=\frac{767(1+1.04\lg1)}{5^{0.522}}=3.23\ [\mathrm{L/(s\cdot10^4m^2)}]$$

小时降雨厚度　　$h_5=36\times q_5=36\times3.23=116\mathrm{mm/h}$

（2）选择雨水斗。当小时降雨厚度 $h_5=116$mm/h 时，由表 5-25 查得单斗 79 型雨水斗直径为 100mm 时，最大允许汇水面积为 465m²，大于实际汇水面积 460m²，所以该雨水斗可满足泄流要求。

（3）连接管。连接管采用与雨水斗出口直径相同的管径，即 $D=100$mm。

（4）悬吊管。将屋面汇水面积换算为相当于 h_5 为 100mm/h 的汇水面积。

换算系数　　$k=\dfrac{h_5}{100}=\dfrac{116}{100}=1.16$

则计算汇水面积　　$F_h=kF_{100}=1.16\times460=534\mathrm{m}^2$

由表5-27查得，当悬吊管直径$D=150$mm、坡度$i=0.007$时，单斗系统最大允许汇水面积为$449\times1.2=538$m²，大于要求的汇水面积534m²，故选用$D=150$mm的悬吊管，其安装坡度为0.007。

（5）立管。由表5-28查得，当立管管径为100mm时，最大允许汇水面积为720m²，大于所需汇水面积460m²，但《建筑给水排水设计规范》中规定，立管管径不得小于悬吊管的管径，所以立管管径采用150mm。

（6）排出管。排出管采用与立管相同的管径，$D=150$mm。

（7）埋地管。由表5-30查得当管径为250mm，坡度为0.003，充满度为0.5时，埋地管的最大允许汇水面积为545m²，大于所需的460m²可以满足排水要求。

三、虹吸式屋面雨水排水系统

1. 虹吸雨水系统工作原理

虹吸现象主要是以密闭系统中由于流体在重力作用下迅速下降所产生的局部负压为击发动力所形成的流体持续流动的现象。虹吸雨水排放是以雨水在高处所具有的势能为排放动力。

理论上来讲虹吸现象是完全的满管流，但由于降雨情况的随机性，降雨强度往往符合正态分布。在一次完整的降雨过程中，降雨最大强度往往只持续几分钟。只有在此瞬间才能达到完全的满管流状态。因此尽管虹吸式屋面雨水排水系统按虹吸满管流流态设计，但系统并不是始终在虹吸满管流流态下工作。它以重力流方式开始，系统处于波浪流和脉冲流流态。随着雨量的增大，斗前水深逐步增大，系统流态逐步过渡到活塞流和泡沫流并间隙性地出现虹吸满管流流态，虹吸的形成使系统排水能力突然增大，斗前水深又会回落，系统重新回到重力流方式。这种变换会持续一段时间直到降雨量进一步增大，使斗前水深趋向稳定，系统渗气量近一步减少，进入稳定的虹吸满管流流态。

2. 虹吸式雨水排水系统的组成（见图5-69）

（1）雨水斗。

（2）管道系统。

（3）坚固悬吊系统。

二次悬吊系统的作用主要有管道安装不受管道离屋面距离的影响，管道因热胀冷缩引起的轴向力被钢导轨吸收，因此管道无须伸缩节，杜绝了漏水的可能。

（4）检查口。

（5）附件，见图5-69。

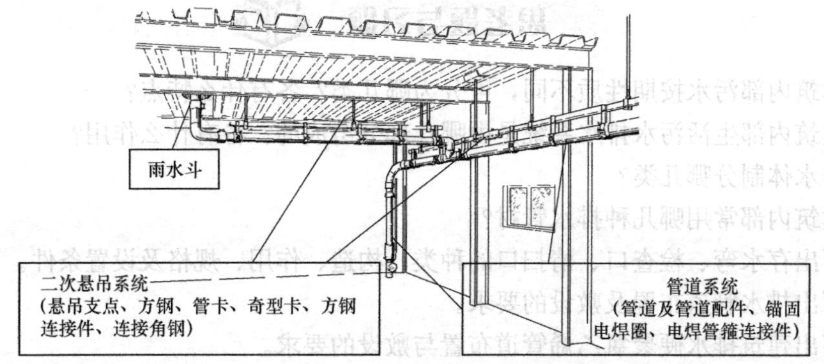

图5-69 虹吸式雨水排水系统组成

3. 虹吸式雨水系统设计与计算原则

虹吸式屋面雨水系统采用的设计重现期应根据建筑物的重要程度、汇水区域性质、气象特征等因素确定。对一般性建筑物屋面，其设计重现期不宜小于 3～5 年，对重要的公共建筑物屋面、不允许发生渗漏的工业厂房、仓库等场所的屋面，其设计重现期应根据建筑的重要性和溢流造成的危害程度确定，不宜小于 10 年。大型屋面的设计重现期宜取上限值。

虹吸式屋面雨水系统加溢流口或溢流系统的总排水能力，不宜小于设计重现期为 50 年、降雨历时 5min 时的设计雨水流量。

一套虹吸式屋面雨水系统宜用于排除同一标高天沟或同一汇水区域的雨水。塔楼与裙房等不同高度的屋面汇集的雨水，应采用独立的系统单独排出。

当绿化屋面与非绿化屋面不共用天沟时，应分别设置独立的虹吸式屋面雨水系统。

汇水面积大于 $2500m^2$ 的大型屋面，宜设置不少于 2 套独立的虹吸式屋面雨水系统。

虹吸式屋面雨水系统的虹吸启动时间不宜大于 60s。

天沟的有效蓄水容积不宜小于汇水面积雨水设计流量 60s（且不宜小于虹吸启动时间）的降雨量。当屋面坡度大于 2.5%、天沟满水会溢入室内，经计算若虹吸启动时间大于 60s 时，天沟的有效蓄水容积不宜小于汇水面积雨水设计流量 2min（且不应小于虹吸启动时间）的降雨量。

4. 管道敷设应符合下列要求

(1) 雨水立管上应按设计要求设置检查口，检查口中心宜距地面 1.0m。

(2) 雨水管道安装位置应符合设计要求。

(3) 连接管与悬吊管的连接宜采用 45°三通；悬吊管与立管、立管与排出管的连接应采用 2 个 45°弯头。

(4) 高密度聚乙烯（HDPE）管道穿过墙、楼板或有防火要求的部位时，应按设计要求设置阻火圈、阻火带。

(5) 雨水管穿过墙壁和楼板时，应设置金属或塑料套管。卫生间和厨房内楼板的套管，顶部应高出装饰地面 50mm；其他区域内楼板的套管，顶部应高出装饰地面 20mm，底部与楼板底面齐平；墙壁内的套管两端应与饰面齐平；套管与管道之间的缝隙应采用不燃密实材料填实。

(6) 在安装过程中，管道和雨水斗的敞开口应采取临时封堵措施。

思考题与习题

5-1 建筑内部污水按期性质不同，可分为哪几类？各有什么特点？

5-2 建筑内部生活污水排水系统是由哪几部分组成的？各有什么作用？

5-3 排水体制分哪几类？

5-4 建筑内部常用哪几种排水管材？

5-5 写出存水弯、检查口、清扫口的种类、构造、作用、规格及设置条件。

5-6 写出排水管道布置及敷设的要求。

5-7 写出建筑排水硬聚氯乙烯管道布置与敷设的要求。

5-8 写出通气管系统种类及设置要求和条件。

5-9 排除屋面雨水的方式一般有几种？每种排水方式的特点如何？

5-10 天沟外排水系统是由哪些部分组成的？对各部分有何基本要求？

5-11 雨水内排水系统分为哪两类？其适用条件是什么？

5-12 屋面雨水排水系统的布置有哪些要求？

5-13 什么叫降雨强度、降雨历时、小时降雨厚度和重现期？

5-14 如何计算屋面雨水设计流量？

5-15 如何进行天沟外排水系统的水力计算？

5-16 如何进行雨水内排水系统水力计算？

第六章　建筑排水管道的水力计算

建筑排水管道的水力计算是在排水管道平面布置完成及绘出管道系统图后进行的，其目的在于经济合理地确定排水系统中各管段的管径、坡度及通气管的管径，从而保证排水系统能够正常工作。

第一节　排水量定额和排水设计秒流量

一、排水量定额

居住小区生活污水排水系统排水定额是其相应的生活给水系统用水定额的 85％～95％。

生活排水系统其小时变化系数与其相应的生活给水系统小时变化系数相同，应按《建筑给水排水设计规范》(GB 50015—2010) 第 3.1.2 条和第 3.1.2 条的规定执行。

3.1.2　居住小区的居民生活用水量应按小区人口和本规范表 3.1.9 规定的住宅最高日生活用水定额经计算确定。

3.1.3　居住小区内的公共建筑用水量，应按其使用性质、规模，并采用本规范表 3.1.10 中的用水定额经计算确定。

工业废水的排水量定额，最大小时排水量和设计秒流量，应按生产工艺设计要求计算确定。

卫生器具排水流量是经过实测得到的，主要用以计算建筑物内部排水管段的设计秒流量。各个计算管段通过流量的大小与上游所接的卫生器具的类型、数量和同时使用卫生器具的百分数有关。为了方便计算，采用当量折算的办法，即把一个污水盆的排水流量 0.33L/s 作为一个排水当量，而其他卫生器具的排水当量以此为基准进行折算。各种卫生器具的排水当量，见表 6-1。

二、设计秒流量

排水管道设计流量是确定各管段管径的依据。目前，我国采用的排水设计秒流量计算方法是以表 6-1 规定的卫生器具排水流量和当量值作为基础，并考虑建筑物内部卫生器具排水特点及规律。按瞬时高峰排水量制定的排水管道秒流量计算公式，有以下两种形式。

(1) 适用于住宅、集体宿舍、旅馆、医院、幼儿园、养老院、办公楼、商场、会展中心、中小学校教学楼等建筑的生活排水管道设计秒流量，应按下式计算

$$q_u = 0.12\alpha\sqrt{N_u} + q_{max} \tag{6-1}$$

式中　q_u——计算管段排水设计秒流量，L /s；

N_u——计算管段卫生器具排水当量总数；

α——根据建筑物用途而确定的系数，宜按表 6-2 选用；

q_{max}——计算管段上最大的一个卫生器具的排水量，L /s。

如果按式 (6-1) 计算的流量值大于该管段上按卫生器具排水流量累加值时，应按卫生器具排水流量累加值计算。

(2) 适用于宿舍（Ⅰ、Ⅱ类）、工业企业生活间、公共浴池、洗衣房、职工食堂或营业餐厅的厨房、实验室、影剧院、体育场、候车（机、船）等建筑的生活管道排水设计秒流量，应按下式计算：

$$q_u = \Sigma q_p N_v b \tag{6-2}$$

式中 q_u——计算管段污水设计秒流量，L /s；

q_p——同类型的一个卫生器具排水流量，L /s；

N_v——同类型卫生器具数；

b——卫生器具的同时排水百分数，与给水相同，按《建筑给水排水设计规范》(GB 50015—2010) 第 3.6.6 条采用。冲洗水箱大便器的同时排水百分数应按 12%计。

如果按式 (6-2) 计算的排水流量小于一个大便器排水流量时，应按一个大便器排水流量计算。

表 6-1　卫生器具排水的流量、当量的排水管的管径

<table>
<tr><th>序　号</th><th colspan="2">卫生器具名称</th><th>排水流量 (L/s)</th><th>当　量</th><th>排水管管径 (mm)</th></tr>
<tr><td>1</td><td colspan="2">洗涤盆、污水盆（池）</td><td>0.33</td><td>1.00</td><td>50</td></tr>
<tr><td rowspan="3">2</td><td colspan="2">餐厅、厨房洗菜盆(池)</td><td></td><td></td><td></td></tr>
<tr><td colspan="2">单格洗涤盆(池)</td><td>0.67</td><td>2.00</td><td>50</td></tr>
<tr><td colspan="2">双格洗涤盆(池)</td><td>1.00</td><td>3.00</td><td>50</td></tr>
<tr><td>3</td><td colspan="2">盥洗槽(每个水嘴)</td><td>0.33</td><td>1.00</td><td>50～75</td></tr>
<tr><td>4</td><td colspan="2">洗手盆</td><td>0.10</td><td>0.30</td><td>32～50</td></tr>
<tr><td>5</td><td colspan="2">洗脸盆</td><td>0.25</td><td>0.75</td><td>32～50</td></tr>
<tr><td>6</td><td colspan="2">浴盆</td><td>1.00</td><td>3.00</td><td>50</td></tr>
<tr><td>7</td><td colspan="2">淋浴器</td><td>0.15</td><td>0.45</td><td>50</td></tr>
<tr><td rowspan="2">8</td><td rowspan="2">大便器</td><td>冲洗水箱</td><td>1.50</td><td>4.50</td><td>100</td></tr>
<tr><td>自闭式冲洗阀</td><td>1.20</td><td>3.60</td><td>100</td></tr>
<tr><td>9</td><td colspan="2">医用倒便器</td><td>1.50</td><td>4.50</td><td>100</td></tr>
<tr><td rowspan="2">10</td><td rowspan="2">小便器</td><td>自闭式冲洗阀</td><td>0.10</td><td>0.30</td><td>40～50</td></tr>
<tr><td>感应式冲洗阀</td><td>0.10</td><td>0.30</td><td>40～50</td></tr>
<tr><td rowspan="2">11</td><td rowspan="2">大便槽</td><td>≤4 个蹲位</td><td>2.50</td><td>7.50</td><td>100</td></tr>
<tr><td>>4 个蹲位</td><td>3.00</td><td>9.00</td><td>150</td></tr>
<tr><td rowspan="2">12</td><td colspan="2">小便槽(每米长)</td><td>—</td><td>—</td><td>—</td></tr>
<tr><td colspan="2">自动冲洗水箱</td><td>0.17</td><td>0.50</td><td>—</td></tr>
<tr><td>13</td><td colspan="2">化验盆(无塞)</td><td>0.20</td><td>0.60</td><td>40～50</td></tr>
<tr><td>14</td><td colspan="2">净身器</td><td>0.10</td><td>0.30</td><td>40～50</td></tr>
<tr><td>15</td><td colspan="2">饮水器</td><td>0.05</td><td>0.15</td><td>25～50</td></tr>
<tr><td>16</td><td colspan="2">家用洗衣机</td><td>0.50</td><td>1.50</td><td>50</td></tr>
</table>

表 6-2 根据建筑物用途而定的系数值

建筑物名称	宿舍（Ⅰ、Ⅱ类）、住宅、宾馆、医院、疗养院、幼儿园、休养所的卫生间	旅馆和其他公共建筑的公共盥洗室和厕所
α值	1.5	2.0～2.5

第二节 排水管道水力计算

一、排水横干管水力计算

1. 排水横干管水力计算公式

水力计算应按流量公式和曼宁公式进行，即

$$q_u = \omega v \tag{6-3}$$

$$v = \frac{1}{n} R^{2/3} i^{1/2} \tag{6-4}$$

式中 q_u——排水横干管设计秒流量，m^3/s；

ω——管道截面积，m^2；

v——流速，m/s；

R——水力半径，m；

i——水力坡度，采用排水管道坡度；

n——管道粗糙系数，陶土管、铸铁管为 0.013；混凝土管、钢筋混凝土管为 0.013、0.014；石棉水泥管、钢管为 0.012；塑料管为 0.009。

2. 水力计算的规定

为了保证管道在良好的水力条件下工作，用式（6-3）进行计算时，必须满足以下规定。

（1）建筑物内生活排水铸铁管道的最小坡度和最大设计充满度宜按表 6-3 确定。

表 6-3 建筑物内生活排水铸铁管道的最小坡度和最大设计充满度

管径（mm）	通用坡度	最小坡度	最大设计充满度
50	0.035	0.025	0.5
75	0.025	0.015	
100	0.020	0.012	
125	0.015	0.010	
150	0.010	0.007	0.6
200	0.008	0.005	

（2）小区室外生活排水管道最小管径、最小设计坡度和最大设计充满度宜按表 6-4 确定。

表 6-4　小区室外生活排水管道最小管径、最小设计坡度和最大设计充满度

管别	管材	最小管径（mm）	最小设计坡度	最大设计充满度
接户管	埋地塑料管	160	0.005	0.5
支管	埋地塑料管	160	0.005	
干管	埋地塑料管	200	0.004	

注　1. 接户管管径不得小于建筑物排出管管径。

2. 化粪池与其连接的第一个检查井的污水管最小设计坡度宜取值：管径 150mm 为 0.010～0.012；管径 200mm 为 0.010。

（3）建筑排水塑料管粘接、熔接连接的排水横支管的标准坡度应为 0.026。胶圈密封连接排水横管的坡度可按本规范表 6-5 调整。

表 6-5　建筑排水塑料管排水横管的坡度和设计充满度

外径（mm）	通用坡度	最小坡度	最大设计充满度
50	0.025	0.012 0	0.5
75	0.015	0.007 0	
110	0.012	0.004 0	
125	0.010	0.003 5	
160	0.007	0.003 0	0.6
200	0.005	0.003 0	
250	0.005	0.003 0	
315	0.005	0.003 0	

（4）最小管径

为了防止管道堵塞，某些污废水管道的管径应大于计算管径，如：

1）公共食堂厨房内的污水采用管道排除时，其管径应比计算管径大一级；干管管径不得小于 100mm，支管管径不得小于 75mm。

2）医院污物洗涤间内洗涤盆（池）和污水盆（池）的排水管管径，不得小于 75mm。

3）连接大便器的排水管，其管径不得小于 100mm。

4）连接大便槽的排水管，有 1～4 个蹲位时，管径不得小于 100mm；5～12 个蹲位时，管径不得小于 150mm。

5）排除生活污水的立管，其管径不小于 50mm，且不得小于接入的最大横支管的管径。

6）有立管接入的横支管，其管径不得小于接入的立管管径。

7）小便槽或连接 3 个及 3 个以上小便器的污水支管，其管径不宜小于 75mm。

8）多层住宅厨房间的立管管径不宜小于 75mm。

9）建筑物排出管管径不小于 50mm。

10）浴池泄水管管径不小于 100mm。

为了便于设计计算，根据式（6-3）和式（6-4）及水力计算的有关规定，编制了建筑铸铁排水管和塑料排水管水力计算表。

二、排水立管水力计算

生活排水立管的最大排水能力，应按表 6-6～表 6-8 确定。当排水立管上端不可能设置

伸顶通气管时，应按不通气的排水立管最大排水能力确定其管径。

（1）生活排水立管的最大排水能力，应按表 6-6～表 6-8 确定。立管管径不得小于所连接的横支管管径。

表 6-6　　生活排水立管最大设计排水能力

排水立管系统类型			最大设计通水能力（L/s）				
			排水立管管径（mm）				
			50	75	100（110）	125	150（160）
伸顶通气	立管与横支管连接配件	90°顺水三通	0.8	1.3	3.2	4.0	5.7
		45°斜三通	1.0	1.7	4.0	5.2	7.4
专用通气	专用通气管75mm	结合通气管每层连接	—	—	5.5	—	—
		结合通气管隔层连接	—	3.0	4.4	—	—
	专用通气管100mm	结合通气管每层连接	—	—	8.8	—	—
		结合通气管隔层连接	—	—	4.8	—	—
主、副通气立管＋环形通气管			—	—	11.5	—	—
自循环通气	专用通气形式		—	—	4.4	—	—
	环形通气形式		—	—	5.9	—	—
特殊单立管	混合器		—	—	4.5	—	—
	内螺旋管＋旋流器	普通型	—	1.7	3.5	—	8.0
		加强型	—	—	6.3	—	—

注　排水层数在 15 层以上时，宜乘 0.9 系数。（自循环通气系统）

（2）当建筑底层无通气的排水支管与其楼层管道分开单独排出时，其排水横支管管径可按表 6-7 确定（无通气底层的构造要求）。

表 6-7　　无通气的底层单独排出的横支管最大设计排水能力

排水横支管管径（mm）	50	75	100	125	150
最大排水能力（L/s）	1.0	1.7	2.5	3.5	4.8

表 6-8　　设有通气管系的铸铁排水立管最大排水能力

排水立管管径（mm）	排水能力（L/s）	
	无专用通气立管	有专用通气立管或主通气立管
50	1.0	—
75	2.5	5
100	4.5	9
125	7.0	14
150	10.0	25

三、排水管管径估算

根据建筑物的性质、设置通气管的情况、排水管段负荷当量总数，可按表 6-9 估算排水管管径。

表 6-9　　排水管道允许负荷卫生器具当量值

建筑物的性质	排水管道名称		允许负荷当量总数 50mm	75mm	100mm	150mm
住宅、公共居住建筑的小卫生间	横支管	无器具通气管	4	8	25	
		有器具通气管	8	14	100	
		底层单独排出	3	6	12	
	横干管			14	100	1200
	立管	仅有伸顶通气管 有通气立管	5	25	70 900	 1000
集体宿舍、旅馆、医院、办公楼、学校等公共建筑的盥洗室、厕所	横支管	无环形通气管	4.5	12	36	
		有环形通气管			120	
		底层单独排出	4	8	36	
	横干管			18	120	2000
	立管	仅有伸顶通气管 有通气立管	6	70	100 1500	2500
工业企业生活间、公共浴室、洗衣房、公共食堂、实验室、影剧院、体育场	横支管	无环形通气管	2	6	27	
		有环形通气管			100	
		底层单独排出	2	4	27	
	横干管			12	80	1000
	立管（仅有伸顶通气）		3	35	60	800

注　将计算管段上卫生器具排水当量数相叠加查本表的管径。

【例 6-1】　某幢六层学生宿舍楼，每层设有厕所间、盥洗间各一个。厕所间内设有高水箱蹲式大便器 4 套，手动冲洗小便器 3 个，洗脸盆 1 个；盥洗间内设有 5 个水龙头的盥洗槽 2 个、污水池 1 个；厕所间内设地漏 1 个，盥洗室内设地漏 2 个。排水管道平面布置与系统，如图 6-1 和图 6-2 所示。管材采用硬聚氯乙烯塑料管。试进行该排水系统水力计算，确定管道管径和坡度。

解　1. 甲系统水力计算

甲系统排水当量总数：根据表 6-1 计算 $N_u = 0.6\times6\times5\times2+1\times6=42$，未超过表6-9 中有关规定，因此，可按表 6-9 确定该系统管道直径。

（1）卫生器具支管管径的确定。

由表 6-1 查得污水池排水支管管径 $D=$ 50mm。每个盥洗槽采用两个排水栓，每个支管采用 $D=50$mm，采用规格 $D=50$mm 的地漏。

（2）排水横支管管径和坡度的确定。

立管 PL1 上每层盥洗槽排水当量总数：查表 6-1 得 $N_u=0.6\times5=3$，由表 6-9 查得，盥洗槽排水横支管管径 $D=75$mm，由表 6-5 查得最小坡度 $i=0.0070$。

立管 PL2 上每层横支管排水当量总数 $N_p=0.6\times5+1.0=4$，由表 6-9 查得，横支管管径 $D=75$mm，由表 6-5 查得最小坡度 $i=0.0070$。

（3）立管管径的确定。

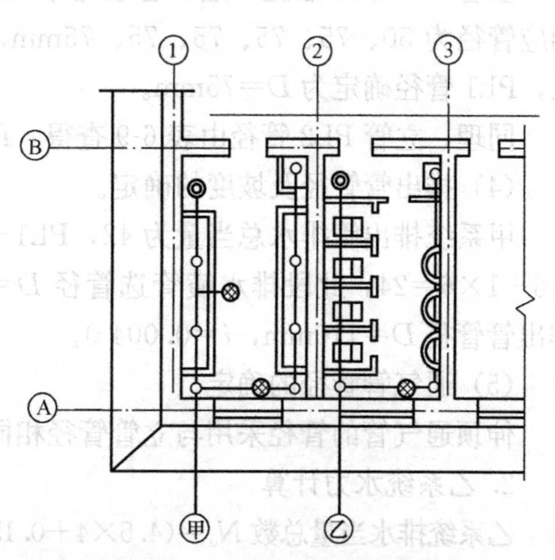

图 6-1　排水管道平面布置图

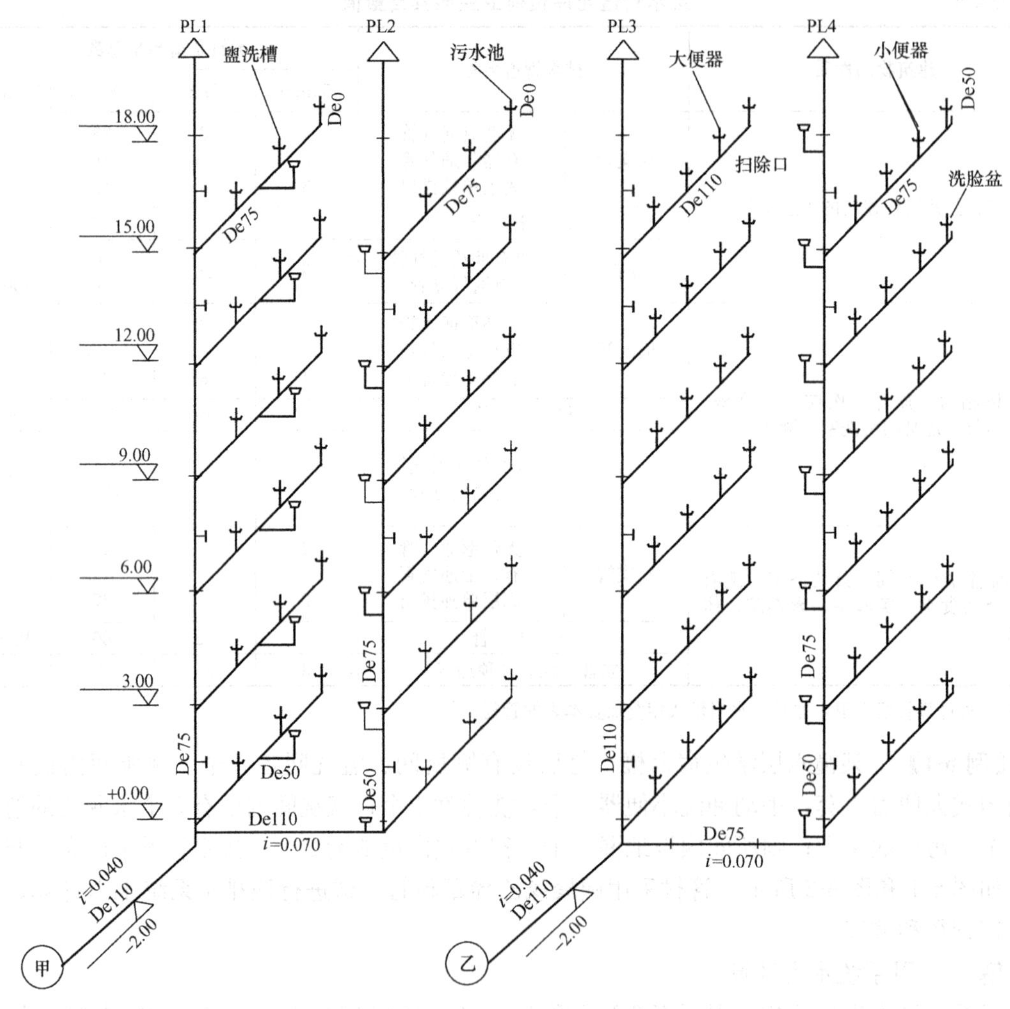

图 6-2　排水管道轴侧图

立管 PL1 从 6 层至 1 层，各段排水当量分别为 3、6、9、12、15、18，由表 6-9 查得，相应管径为 50、75、75、75、75、75mm，为便于施工和管理，故采用同一管径为宜。因此，PL1 管径确定为 D=75mm。

同理，立管 PL2 管径由表 6-9 查得：D=75 mm。

(4) 排出管管径及坡度的确定。

甲系统排出管排水总当量为 42，PL1～PL2 立管间排水横管总当量数为：N_u=0.6×5×6+1×6=24，此段排水横管选管径 D=110mm，由表 6-5 查得：最小坡度 i=0.004 0；排出管管径 D=110mm，i=0.004 0。

(5) 通气管管径的确定。

伸顶通气管的管径采用与立管管径相同，即 D=75mm。

2. 乙系统水力计算

乙系统排水当量总数 N_u=(4.5×4+0.15×3+0.75)×6=115.2，未超过表 6-9 中有关规定，因此，可由此表确定该系统管道管径和坡度，其方法同甲系统。水力计算结果如图 6-2 所示。

【例 6-2】　某市有一幢 14 层宾馆，2～13 层为客房，各客房的卫生间内均设有低水箱大便器、洗脸盆、浴盆各 1 件，地漏 1 个。洗涤废水与生活污水分别排除，通气系统采用三管制，即洗涤废水立管与生活污水立管合用一根通气管，管道布置如图 6-3(a)、(b)所示。管材采用排水铸铁管，试进行该排水系统水力计算。

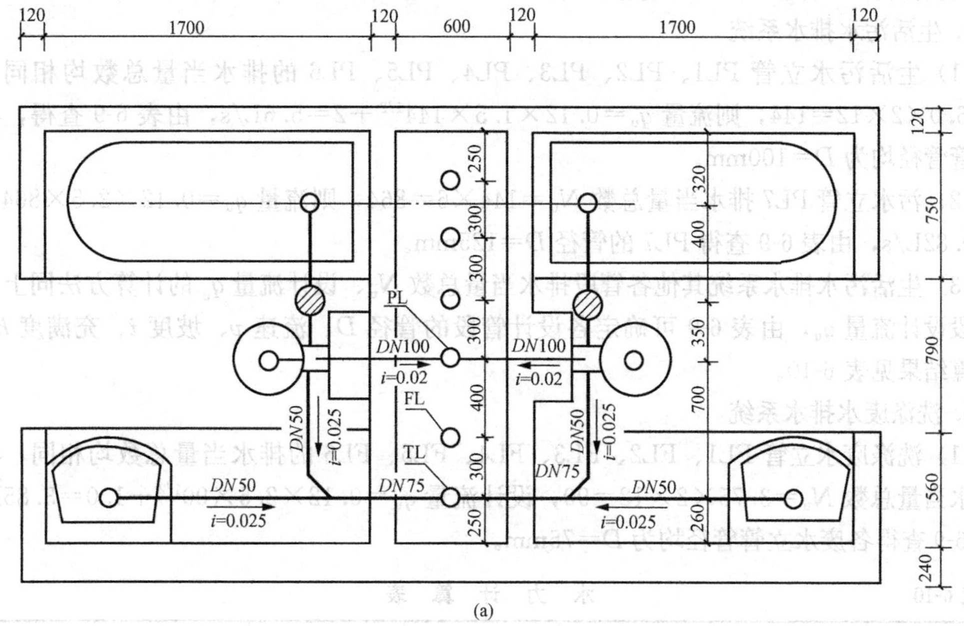

(a)

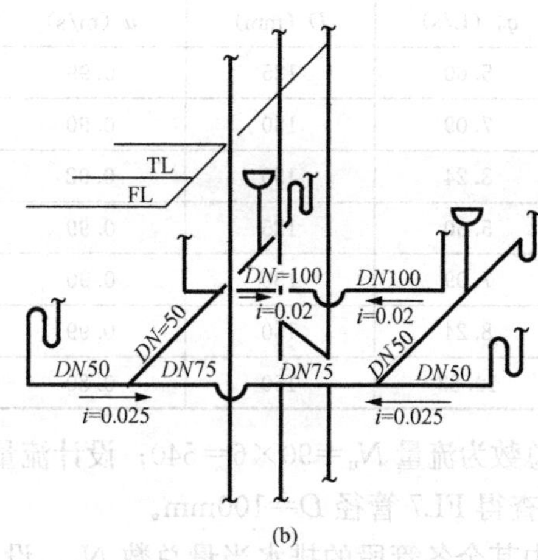

(b)

图 6-3　卫生间大样图

解　1. 由表 6-1 查得卫生间内各种卫生器具的排水流量和当量

低水箱坐式大便器　2.00L/s，$N_u=6.00$；

洗脸盆　0.25L/s，$N_u=0.75$；

浴盆　1.00L/s，$N_u=3.00$。

2. 由表 6-1 查得各卫生器具排水支管管径

大便器　$D=100$mm；

洗脸盆　$D=50$mm；

浴盆 D=50mm。

3. 洗涤废水排水横支管管径

浴盆排水支管与洗脸盆排水支管汇合后，排入废水立管的一段横支管，其废水流量为 $q_u=0.12\times1.5\times3.75^{1/2}+1.0=0.948$L/s，故选用 D=75mm，i=0.025。

大便器排入污水立管的一段横支管管径采用 D=100mm，i=0.020。

4. 生活污水排水系统

（1）生活污水立管 PL1、PL2、PL3、PL4、PL5、PL6 的排水当量总数均相同，即 $N_u=6.0\times2\times12=144$，则流量 $q_u=0.12\times1.5\times144^{1/2}+2=5.6$L/s，由表 6-9 查得，各污水立管管径均为 D=100mm。

（2）污水立管 PL7 排水当量总数 $N_u=144\times6=864$，则流量 $q_u=0.12\times2.5\times864^{1/2}+2=10.82$L/s，由表 6-9 查得 PL7 的管径 D=125mm。

（3）生活污水排水系统其他各管段排水当量总数 N_u、设计流量 q_u 的计算方法同上，根据管段设计流量 q_u，由表 6-9 可确定各设计管段的管径 D、流速 v、坡度 i、充满度 h/D。其计算结果见表 6-10。

5. 洗涤废水排水系统

（1）洗涤废水立管 FL1、FL2、FL3、FL4、FL5、FL6 的排水当量总数均相同，各立管排水当量总数 $N_u=3.75\times2\times12=90$；设计流量 $q_u=0.12\times2.5\times90^{1/2}+1.0=3.85$L/s，由表 6-9 查得各废水立管管径均为 D=75mm。

表 6-10　水力计算表

管段	N_u	q_u (L/s)	D (mm)	u (m/s)	i	h/D
1—2	144	5.60	125	0.99	0.015	0.5
2—3	288	7.09	150	0.90	0.010	0.6
3—4	432	8.24	150	0.92	0.010	0.6
5—6	144	5.60	125	0.99	0.015	0.5
6—7	288	7.09	150	0.90	0.010	0.6
7—4	432	8.24	150	0.99	0.010	0.6
排出管	864	10.82	150	0.80	0.012	0.6

（2）立管 FL7 排水当量总数为流量 $N_u=90\times6=540$；设计流量 $q_u=0.12\times2.5\times540^{1/2}+1.0=7.97$（L/s），由表 6-9 查得 FL7 管径 D=100mm。

（3）洗涤废水排水系统中其余各管段的排水当量总数 N_u、设计流量 q_u、管径 D、流速 v、坡度 i、充满度 $\frac{h}{D}$ 的计算方法同上，计算结果见表 6-11。

6. 通气管系统

（1）通气立管 TL1、TL2、TL3、TL4、TL5、TL6 及横支管 1—2、2—3、5—6、6—7 的管径，按规定及查表 6-9 应为 100mm；横支管 3—4、4—7 的管径为 100mm。

（2）通气立管汇合管段管径。

A—B 段　$D=(100^2+0.25\times100^2)^{1/2}=125$mm；

B—C 段　$D=(100^2+0.25\times2\times100^2)^{1/2}=125$mm；

B—C段　D=125mm。

表 6-11　水力计算表

管　段	N_u	q_u（L·s）	D（mm）	v（m·s^{-1}）	i	h/D
1—2	90	3.85	125	0.90	0.010	0.5
2—3	180	5.02	125	0.89	0.012	0.5
3—4	270	5.93	125	0.99	0.015	0.5
5—6	90	3.85	125	0.90	0.010	0.5
6—7	180	5.02	125	0.89	0.012	0.5
7—4	270	5.93	125	0.96	0.015	0.5
排出管	540	7.97	150	0.80	0.007	0.6

第三节　建筑排水硬聚氯乙烯管道水力计算

建筑排水硬聚氯乙烯管道水力计算除执行《建筑给水排水设计规范》的规定外，还应遵守《建筑排水硬聚氯乙烯管道工程技术规程》的规定。

（1）卫生器具的排水流量、当量、排水管管径，可按表 6-1 确定，但大便槽和盥洗槽的排水量、当量、排水管管径宜按表 6-12 确定。

（2）生活污水设计秒流量，按式（6-1）和式（6-2）计算。

（3）排水横管水力计算，按式（6-4）计算，粗糙系数 n 采用 0.009。硬聚氯乙烯管道横管水力计算图，见附录 8；塑料排水横管水力计算表，见附录 9。

表 6-12　大便槽和盥洗槽排水流量、当量、排水管管径

卫生器具名称		排水流量（L/s）	当　量	排水管管径（mm）
大便槽	小于或等于 4 个蹲位	2.0～2.5	6.0～7.5	110
	大于 4 个蹲位	2.5～3.0	7.5～9.0	≥160
盥洗槽（每个龙头）		0.2	0.6	50～75

（4）排水立管的最大排水能力，应按表 6-6 确定。

（5）横管最小坡度和最大计算充满度，按表 6-5 确定。

（6）排水立管管径不得小于横支管管径。

（7）埋地管道最小管径不得小于 50mm。

（8）当建筑物底层排水管未设通气管且单独排出时，其横管的最大设计排水能力可按表 6-7 确定。

（9）当特殊螺旋立管（立管有专用的旋流器、底部设大弯的异径弯管）为加强内型螺旋排水单立管，且管径为 110mm 时，最大排水设计能力应为 6.3L/s。苏维托单立管最大设计排水能力应为 6.0L/s。

6-1　室内排水系统水力计算的任务是什么？

6-2　什么是排水当量？为什么每个卫生器具的排水当量比相应的给水当量大？

6-3　在室内排水横管的水力计算中，为什么对充满度、坡度、流速等诸值的大小有所规定？

6-4　伸顶通气管的管径应如何确定？其伸出屋面高度应考虑哪些因素？

第七章　局部污水处理

第一节　常用的局部废、污水处理构筑物

民用建筑（住宅、公共建筑）及工业企业所排出的污水中，往往含有大量悬浮固体、油类物质或水温过高等现象，在排入城市排水管道系统或水体之前，为了便于后续处理或防止对水体的严重污染，必须对这一类污废水进行局部处理，达到国家规定的《污水排入城市下水道水质标准》（CJ 3082—1999）的要求后才能排入城市下水道。以下介绍几种常用的污、废水局部处理构筑物。

一、化粪池

民用建筑和工业企业建筑排出的生活污水中含有大量粪便、纸屑以及其他一些悬浮物和病原体。这些悬浮物易使管道发生堵塞，一些致病性的微生物大量繁殖容易导致传染病的蔓延，排入天水体影响环境卫生。

化粪池是较简单的污水沉淀和污泥消化处理的构筑物，它是污泥处理最初级的方法。污水从池子首端进入，在池内停留 12～24h，澄清水从池子末端上部流出，悬浮物在重力作用下沉入池底，污水中悬浮物去除率可达 60%左右。沉于池底的悬浮物（污泥）在池内储存一段时间（最少 90d），在无氧或缺氧的条件下，以及在兼氧菌和厌氧菌作用下，污泥中部分有机物进行厌氧分解，转化为 H_2O、CH_4、H_2S、NH_4^+、N^+ 等。经化粪池处理后，污水中无机物去除率可达 20%左右，同时能消灭细菌及病毒 25%～75%。污泥经化粪池发酵后可以用作肥料。

化粪池是一种构造简单、行之有效的生活污水局部处理构筑物，在我国得到广泛应用。但是化粪池去除有机物能力差，出水呈酸性，且具有恶臭，不符合卫生要求。

化粪池一般用砖或钢筋混凝土砌筑，有圆形和矩形两种，目前在国家标准图集中给定的化粪池都采用矩形。为了减少污水与腐化污泥的接触时间及便于污泥清掏，化粪池一般分为双格或三格。当每日通过的污水量大于 10m³ 时，应采用三格化粪池；当每日通过化粪池的污水量≤10m³ 时，应采用双格化粪池。不论几格，对化粪池来讲，第一格沉淀效果最好，沉淀物最多。因此，当分格时，双格化粪池要求第一格容积占总容积 75%；三格化粪池要求第一格容积占总容积 50%，其他两格容积各占总容积 25%。此外，在国家标准图集中化粪池还有单池、双池之分，当化粪池有效容积不小于 75m³ 时，一般做成双池。化粪池顶面有覆土的，也有不覆土的，具体按化粪池进水管埋深而定。如图 7-1 所示为砖砌三格矩形标准化粪池（顶面有覆土）。

矩形化粪池的长、宽、高三者比例，应根据水流速度、沉降速度通过水力计算确定。但是，为了便于施工与管理，规定化粪池宽度不得小于 0.75m，长度不得小于 1.0m，深度不得小于 1.3m（深度系指从溢流水面到化粪池底的距离），化粪池的直径不得小于 1.0m。在化粪池进口处应设置导流装置，格与格之间和化粪池出口处应设置拦截污泥浮渣的设施。格与格之间和化粪池与进口连接井之间应设通气孔洞。

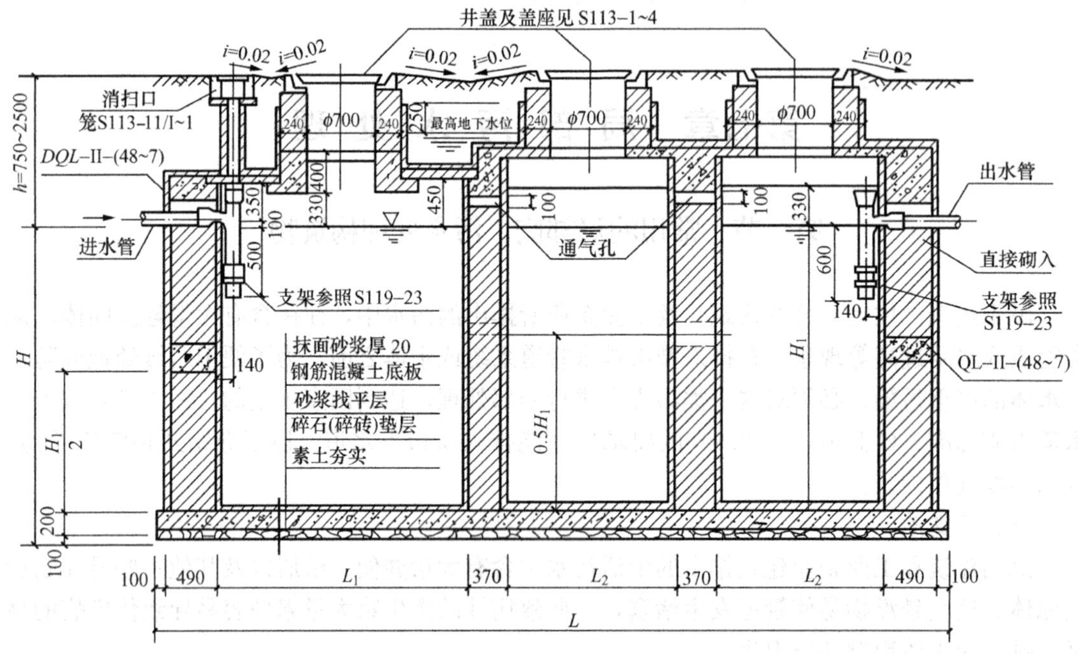

图 7-1　三格化粪池

化粪池的总容积 V 由污水容积 V_1、沉淀污泥容积 V_2 和保护空间容积 V_3 三部分组成，即

$$V = V_1 + V_2 + V_3 \tag{7-1}$$

化粪池的计算总有效容积应为污水部分的容积 V_1 与沉淀污泥容积 V_2 之和，即 V_1+V_2。污水部分的容积 V_1

$$V_1 = \frac{Nqt}{24 \times 1000} \tag{7-2}$$

式中　N——化粪池实际使用人数，在计算单独建筑物的化粪池时，为总人数乘以 α（%），α 为不同类型建筑中化粪池实际使用人数与总人数的百分比，见表 7-1；

q——每人每天的生活污水量，L/（人・d），与用水量相同，当粪便污水单独排出时，可采用 20～30L/（人・d），见表 7-1；

t——污水在化粪池中的停留时间，根据污水量的大小采用 12～24h，当污水量较小或对排水水质要求较高时可取高值。

表 7-1　　每人每日污水量和污泥量

分　类	粪便污水与生活废水合流排出	粪便污水单独排出
每人每日污水量（L）	与用水量相同	20～30
每人每日污泥量（L）	0.7	0.4

表 7-2　　实际使用化粪池人数与总人数的百分比系数 α

医院、疗养院、幼儿园（有住宿）	α=1.00
住宅、集体宿舍、旅馆	α=0.70
办公楼、教学楼、工业企业生活间	α=0.40
公共食堂、影剧院、体育场和其他类似的公共场所（按座位计）	α=0.10

浓缩污泥部分的容积 V_2

$$V_2=\frac{\alpha NT(1.00-b)k\times 1.2}{(1.00-c)\times 1000} \tag{7-3}$$

式中 α——每人每天污泥量，L/（人·d），当粪便污水与生活废水合流制排出时取 0.7，分流排出时取 0.4，见表 7-2；

N——化粪池实际使用人数，人；

T——污泥清掏周期（d），根据污水温度高低和当地气候条件并结合建筑物使用要求确定，一般与污泥酸性发酵所需时间相同，宜采用 0.3～1a，但不得小于 90d，污泥发酵所需时间与污水温度有关，见表 7-3；一般污水温度比当地给水温度高 2～3℃；

b——进入化粪池的新鲜污泥含水率，按 95%计；

c——化粪池中发酵浓缩后污泥的含水率，按 90%计；

k——污泥发酵后体积缩减系数，按 0.8 计；

1.2——清掏后考虑遗留 20%熟污泥量的容积系数。

表 7-3　　新鲜污泥发酵所需时间

污水温度（℃）	6	7	8.5	10	12	15
新鲜污泥发酵所需时间（d）	210	180	150	120	90	60

保护容积 V_3 应根据化粪池大小确定，一般保护高度为 250～450mm。

根据化粪池有效容积（V_1+V_2）或使用人数，可参阅《给排水国家标准图集》选用标准化粪池。选用时主要根据以下因素，确定所需化粪池的型号及所在图集编号：

（1）化粪池的材质（砖或钢筋混凝土）。

（2）化粪池进水管管内底的埋深。

（3）化粪池顶面以上是否有覆土。

（4）地下水位是否高于化粪池底板（高于底板者为有地下水，低于底板者为无地下水）。

（5）化粪池以上的地面是否通过汽车（不过汽车的活荷载为 4kN/m²，可过汽车的活荷载为汽—15 级载重汽车）。

（6）化粪池的占地尺寸。

（7）化粪池容积编号（即池号）及隔墙过水孔高度代号。

由以上因素确定所需化粪池的型号及其所在图集编号。

全国通用的标准化粪池图集的编号及名称参见建筑给水排水设计手册。化粪池型号的含义如图 7-2 所示。

在工程设计中选用全国通用标准化粪池时，应在设计文件中明确该化粪池以下内容：化粪池的型号及所在图集号；进、出水管的管径及管内底埋设深度；入孔井盖及盖座材质；是否设置木制保温盖；占地尺寸等。

化粪池的设置位置应便于清掏，宜设于建筑物背大街的一侧，靠近卫生间，不宜设在人经常停留的场所。要求化粪池距离地下取水构筑物不得小于 30m，离建筑物净距离

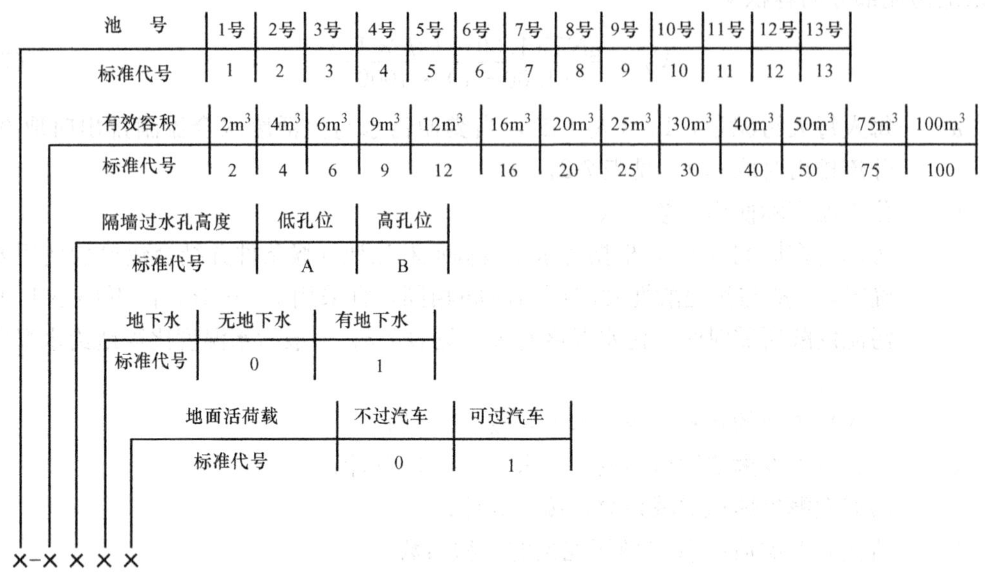

图 7-2　化粪池型号数据

不宜小于 5m。

二、降温池

当排水水温高于 40℃时，会蒸发大量气体，给管道维护管理带来困难，同时对管道接口、密封和管道寿命产生影响，因此，《建筑给排水设计规范》规定：“温度高于 40℃的污、废水，排入城镇排水管道前，应采取降温措施。一般宜设降温池”。降温池降温的方法主要为二次蒸发，通过水面散热添加冷却水的方法，最好利用废水冷却降温。

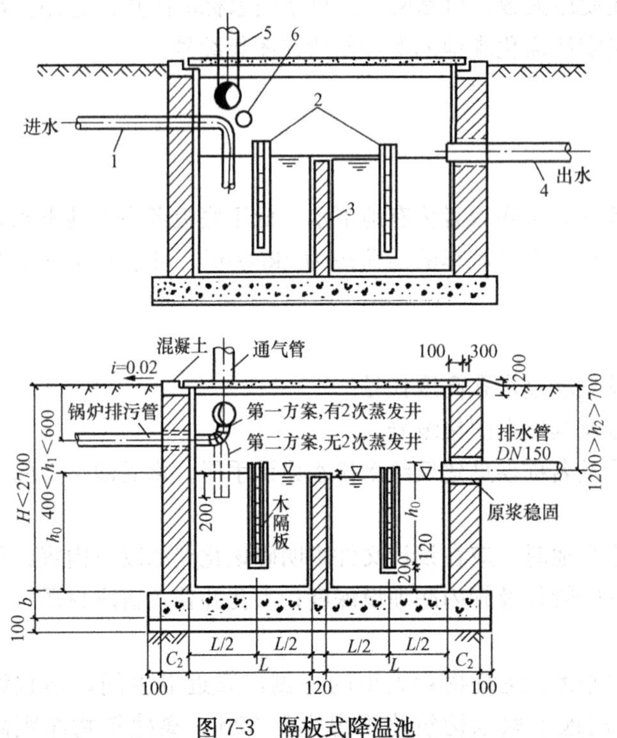

图 7-3　隔板式降温池

对温度较高的污、废水，应考虑将其所含热量回收利用，然后再采用冷却水降温的方法。若污、废水中余热不能回收利用时，应采用常压下先二次蒸发，然后再冷却降温，如图 7-3 和图 7-4 所示。

降温池总容积 V 按下式计算：

$$V = V_1 + V_2 + V_3 \qquad (7\text{-}4)$$

式中　V——降温池总容积，m³；

V_1——进入降温池的热水量，m³；

V_2——冷却水量，m³；

V_3——保护层容积，一般按保护高度 0.3～0.5m 计算，m³。

进入降温池的热水量 V_1 按下式计算

$$V_1=\frac{Q-kq}{r} \tag{7-5}$$

$$q=\frac{Q(i_1-i_2)}{i-i_2}=\frac{Q(t_1-t_2)}{r} \tag{7-6}$$

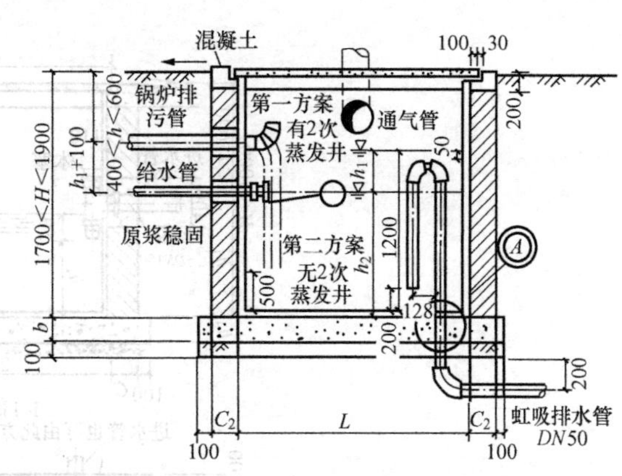

图 7-4　虹吸式降温池

式中　Q——最大一次排出的污水量，kg；

q——二次蒸发带走的水量，kg；

k——安全系数，一般采用 0.8；

r——最高压力下水的体积质量，kg/m³；

i_1, t_1——锅炉工作压力下排污水的热焓（kJ/kg）和温度（℃）；

i_2, t_2——大气压力下排污水的热焓（kJ/kg）和温度（一般按 100℃采用）；

i, r——大气压力下过饱和蒸汽的热焓和汽化潜热，kJ/kg。

进入降温池冷却水量 V_2 按下式计算

$$V_2=\frac{t_2-t_y}{t_y-t_e}V_1 \tag{7-7}$$

式中　V_2——掺入的冷却水量，m³；

t_y——允许排入排水管道的水温，℃；

t_e——冷却水的温度，℃；

t_2——大气压力下排污水的温度，℃；

V_1——进入降温池的热水量，m³。

间断排水的降温池，其容积应按最大排水量与所需冷却水量的总和计算。连续排水的降温池，其容积应保证冷热水充分混合。一般小型锅炉房均为定期排污，应按间断排水的降温池计算。降温池一般设于室外，如设于室内，水池应密闭，并应设置入孔和通向室外的通气管。

三、隔油池（井）

在食品加工业、餐饮业、公共食堂等污水中，往往含有较多的食用油脂，油脂进入排水管道后，随着水温的下降，会凝固并附着在管壁上，使管道过水断面逐渐缩小而堵塞管道。洗车台、汽车修理间及其他少量生产污水中含有一定量的油类（如汽油、机油、柴油等），进入排水管道后，则会产生挥发性气体，聚集在检查井和管道空间，当达到一定浓度后有可能产生爆炸使管道受到破坏，引起火灾及危害维护管理人员的人身安全。因此，对上述两类含油污水需进行隔油处理后，方可排入城市污水管道系统。可采用隔油池或隔油井进行简单隔油处理，为了使截留下来的油脂可重复利用，粪便污水和其他污水不得排入隔油池（井）内，隔油井如图 7-5 所示。

隔油池有普通隔油池和斜板隔油池两种。

隔油池（井）有效容积可按下式计算

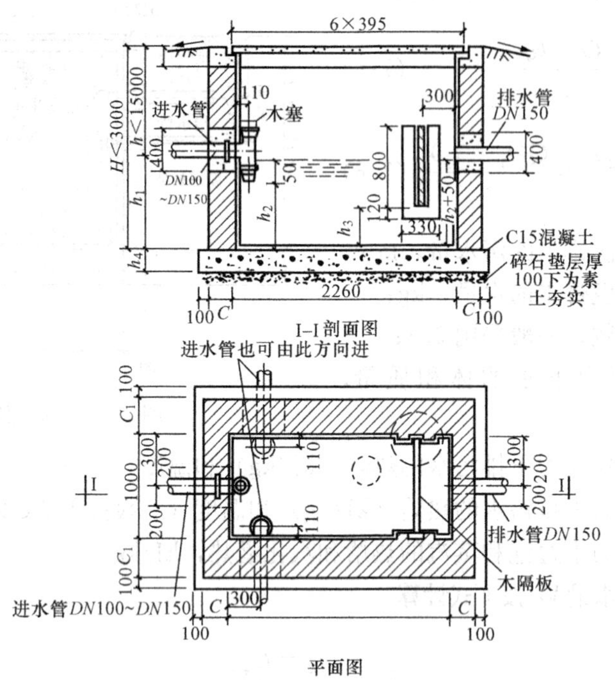

图 7-5 隔油井示意图

$$V = Q_{max} \times 60t \tag{7-8}$$

式中 V——隔油池（井）有效容积，m^3；

Q_{max}——污水设计秒流量，m^3/s；

t——污水在池内停留时间，min，含食用油脂污水，在池内停留时间可采用 2～10min，含汽油、柴油、煤油等污水，在池内停留时间采用 0.5～1.0min。

污水设计秒流量按以下公式计算

$$Q_{max} = Av \tag{7-9}$$

式中 Q_{max}——污水设计秒流量，m^3/s；

A——隔油池（井）有效部分的过水断面，m^2；

v——池内污水流速，m/s 。含食用油脂污水流速不大于 0.005m/s，含汽油、柴油、煤油等污水在池内的流速，宜采用 0.002～0.01m/s，具体应视含油量大小及各种油类体积质量而定。

对于处理食用油脂污水的隔油井，井内存油部分的容积应根据顾客数量和清扫周期确定，不宜小于该隔油井有效容积的 25%。清掏周期一般不宜大于 6d，以免污水中有机物因发酵产生臭味而影响环境卫生。

为截留冲洗汽车的废水和其他少量生产废水中油类的隔油池（井），其排出管至井底深度不宜小于 0.6m。

隔油池（井）应有活动盖板以便维修，进水管应考虑清通条件。废水中挟带其他沉淀物时，在排入隔油池（井）前应经沉砂处理或在隔油池（井）内附有沉淀部分容积。

在废水含有汽油、煤油等易挥发油类时，隔油池不得设于室内。废水含有食用油等油脂类时，隔油池（井）可设耐火等级为一、二、三级建筑物内，但宜设在地下，并用盖板封闭。

对于处理水水量较大且水质要求较高时，可采用斜板隔油池、气浮隔油池或两级隔油池（井）。

砖砌隔油井可参见 S217《给水排水标准图集》。

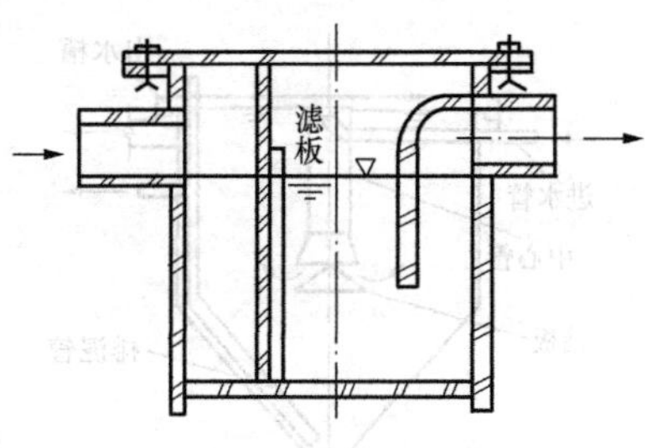

图 7-6 小型隔油具示意图

采用小型隔油具安装在污水排出设备下部，除油效果更为理想。目前已有定型产品，具体可参照样本选用，如图 7-6 所示。

四、沉淀池、沉砂池

在水泥厂、混凝土预制构件厂、洗煤厂、铸造厂等一些工业企业所排出的污水中，往往含有大量的无机的或有机的悬浮固体，若这类污水排入城市排水管网，则极容易造成排水管道淤积堵塞。因此，这类工业废水在排入城市排水管网之前，应设置沉砂池或沉淀池进行预处理。

1. 沉淀池

水中悬浮颗粒依靠重力作用从水中分离出来的过程称为沉淀。沉淀的方法简单易行，效果好，在水处理工程中广泛应用。

在处理上述工业生产废水时常用平流式沉淀池和竖流式沉淀池。其沉淀池规模一般不大。

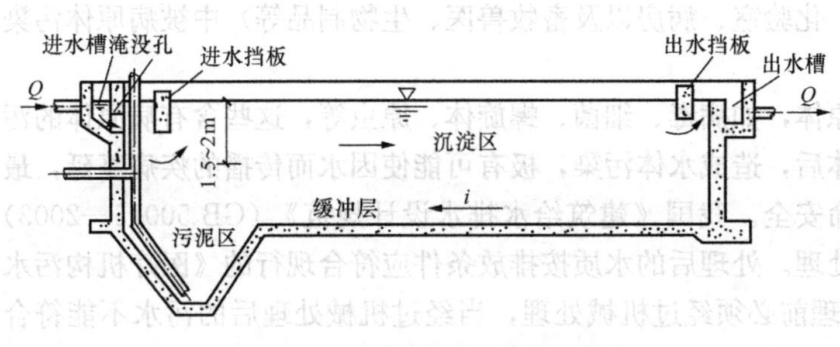

图 7-7 常见的平流式沉淀池构造简图

(1) 平流式沉淀池。平流式沉淀池呈长方形，污水从池子首端流入，从末端流出，污水在池内沿水平方向流动。图 7-7 为常见的平流式沉淀池构造简图。污水流入进水槽、进水堰，流入沉淀池中，水中悬浮物在重力作用下逐渐沉入底部，并滑入底部的污泥斗中，经排泥管道排出池外或用抓砂机排出，澄清水在池的末端经出水堰溢流入出水槽中。

(2) 竖流式沉淀池。竖流式沉淀池外表多为圆形，也有方形和多边形，图 7-8 为圆形竖流式沉淀池。污水由中心管流入，由下部流出，经反射板的阻挡导向四周，分布于整个池子水平断面上，水流缓缓向上流动，澄清水通过设在池子表面四周的溢流堰流入集水槽排出，悬浮颗粒在重力作用下，下沉至池底的污泥斗中，再经排泥管道排除。

2. 沉砂池

沉砂池的主要作用是去除污水中密度较大的无机性悬浮物，如砂粒、煤渣等。沉砂池的工作原理与沉淀池基本相同，为重力分离，即悬浮物在本身重力的作用下下沉至池底，从而从水中分离出来。沉砂池的型式较多，而用于局部废水处理时常用平流式和竖流式两种，以平流式最为常用，如图 7-9 所示为平流式沉砂池构造简图，这种

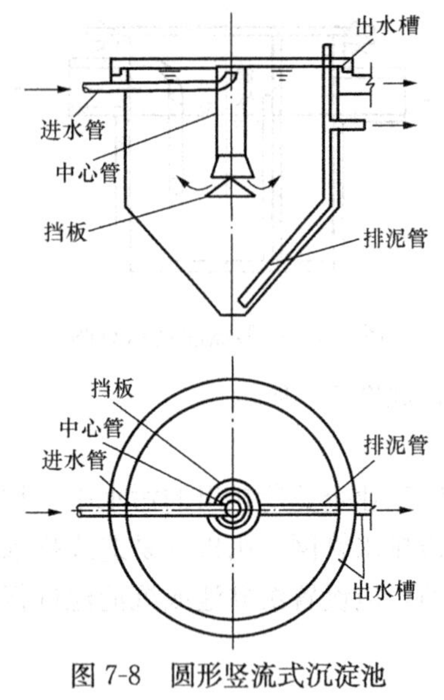

图 7-8　圆形竖流式沉淀池

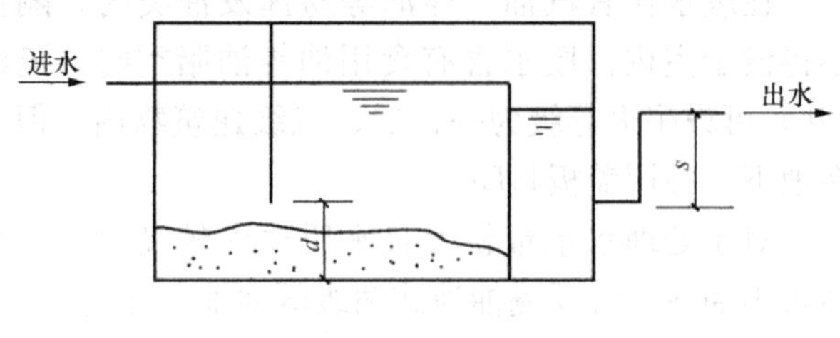

图 7-9　平流式沉砂池构造简图

沉砂池的上部实际上是一加宽的明渠，两端设有闸板，以控制水流速度，在池子底部设 1～2 个沉砂斗，排砂可采用斗底带闸门的排砂管的进行重力排砂，也可以采用射流泵、螺旋泵排砂的机械法排砂。

有关沉淀池、沉砂池的设计计算可参见《给水排水设计手册》。

第二节　医院污水处理概述

医院污水系指医院、医疗卫生机构（包括综合医院、传染病医院、结核病医院、肿瘤病医院、医疗卫生机构的手术室、化验室、病房以及畜牧兽医、生物制品等）中被病原体污染的水。

医院污水中含有大量的病原体，如病毒、细菌、螺旋体、原虫等，这些含有病原体的污水如果不经过妥善处理排入水体后，造成水体污染，极有可能使因水而传播的疾病蔓延，最终将危及人们的身体健康和生命安全。我国《建筑给水排水设计规范》（GB 50015—2003）规定：医院污水必须进行消毒处理。处理后的水质按排放条件应符合现行的《医疗机构污水排放要求》。医院污水在消毒处理前必须经过机械处理，当经过机械处理后的污水不能符合有关排放标准时，还应采取生化处理，经生化处理后再进行消毒处理。

医院污水中除含有上述的病原体外，有时还含有放射性物质、重金属及其他有毒、有害物质，这类污水不符合排放标准时，则必须单独进行专门处理，达到相应的排放标准后方可排入医院污水处理站或城市污水管道系统。

一、医院污水量及水质

1. 医院污水综合设计水量的确定

医院污水按带菌菌种和污染程度可分为以下几种：

（1）传染病菌污水，包括肠道病菌、病毒污水和结核菌污水。

（2）一般带病原菌污水，包括医疗器械洗涤污水和肠道病菌污水。

（3）普通生活污水，包括厨房排水、职工沐浴废水、职工盥洗废水。

（4）冷却水，包括冷冻冷却水、空调冷却水。

医院污水设计水量在确定时，首先应对医院的性质、规模、排水体制以及各种污水量进行调查。根据各种污水水质、污水水量实际情况，对于不同性质污水，通常采用不同的处理方法；但是能够合并处理的污水可考虑合并处理，使设备简化降低工程投资，便于管理。结核病污水和一般带病原菌的污水可合并处理，但是消毒剂数量应按结核病污水要求设计。

在无法取得上述资料的情况下，也可根据地区和医院特点按表7-4选定。

表7-4　医院污水综合排水量（平均日）

医院设备或规模	平均日污水量［L/（床·d）］	小时变化系数 K
设备比较齐全的大型医院	400～600	2.0～2.2
一般设备的中型医院	300～400	2.2～2.5
小型医院	250～300	2.5

注　1. 上述污水量均不包括冷却水和水疗排水，下限值为仅处理带有病原体的污水量，上限值为带病原体污水和普通生活污水一并处理的污水量。

2. 医院污水排水时变化系数 K 值与污水量有关。污水量大取下限值，污水量小取上限值。

2. 医院污水水质

医院污水的污染物质浓度与耗水量成反比例，当耗水量为1000L/（床·d）时，一般为下列数值：

（1）五日生化需氧量：60～80mg/L。

（2）化学耗氧量：100～150mg/L。

（3）氨氮：20～25mg/L。

（4）溶解氧：1.0～1.5mg/L。

（5）悬浮物：50～100mg/L。

（6）杂菌含量：每mL几百万至几千万个之间。

二、医院污水处理方法及工艺流程

医院污水普遍采用的处理方法是将医院污水进行预处理后再加氯消毒（或其他消毒剂）。预处理的目的是将污水中所含的有机悬浮物和无机悬浮物等杂质去除，因为这些杂质能无谓的消耗掉一部分消毒剂，并且细菌和病原体极易包藏在上述杂质中，阻碍了消毒剂的直接杀灭作用，降低消毒效率。

预处理分为机械处理和生化处理两种。机械处理即污水在消毒处理前先行沉淀，常采用化粪池、沉淀池等构筑物；而生化处理可常采用的构筑物有生物转盘、生物接触氧化池、生物滤池等。

设计流程应根据医院类型、污水排向、排放标准等因素确定。

（1）当污水排放到有集中污水处理厂的城市下水道时，以解决生物性污染为主，可以采用一级处理，如图7-10所示。

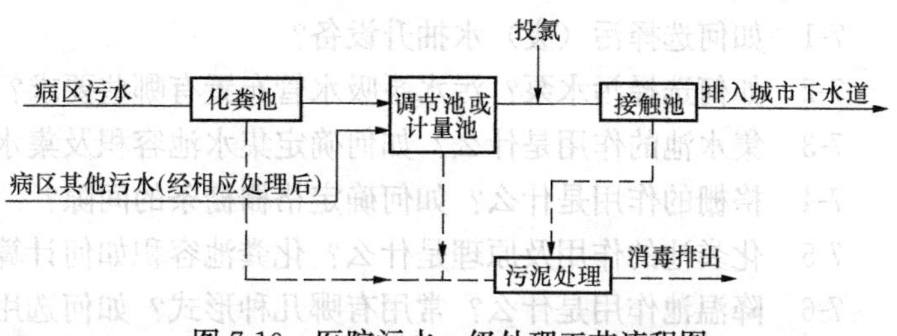

图7-10　医院污水一级处理工艺流程图

（2）当污水排放到地面水域时，应根据水体的用途和环境保护部门的法规与规定，对污水的生物性污染、理化性污染及有毒有害物质进行全面处理，应采用二级生化处理，如图7-11所示。

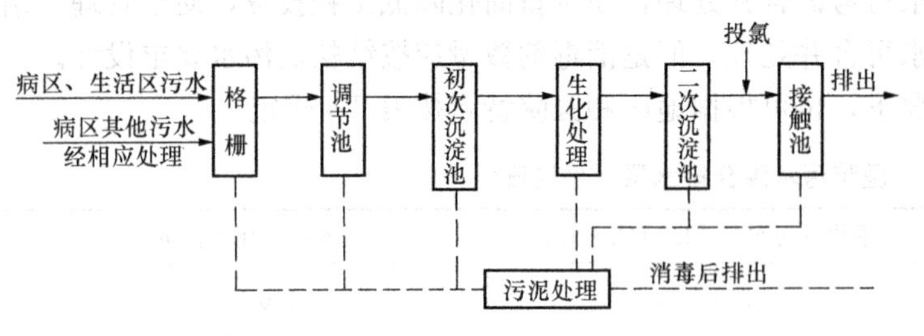

图 7-11 医院污水二级处理工艺流程图

三、医院污水消毒处理概述

医院污水消毒可分为物理法和化学法两大类。物理法有高温（压）蒸煮法、紫外线灭菌法、钴 60 辐照等；化学法有液氯消毒法、次氯酸钠消毒法、臭氧消毒法、氯片消毒法、苛性钠法、碳酸法等。目前我国医院污水消毒处理常采用化学法。其中液氯消毒法具有效果好、灭菌能力强、效果可靠、使用方便、价格便宜等特点，但在使用时应特别注意安全，防止氯气泄漏。液氯消毒法是目前最常用的消毒方法。

液氯消毒原理：氯气是一种有刺激性气味的黄绿色有毒气体。氯加入水中后，发生水解生成次氯酸

$$Cl_2 + H_2O \rightleftharpoons HClO + HCl$$

$$HClO \rightleftharpoons H^+ + OCl^-$$

起消毒作用的主要是 Cl_2、HClO、OCl^-。特别是次氯酸，由于次氯酸 HClO 是强氧化剂，其分子量和体积均很小，而且是中性分子，当扩散到带有负电荷的细菌表面时，能穿过细菌的细胞膜、细胞壁进入细胞内部，氧化破坏细菌的酶系统，从而达到杀菌消毒作用。

表 7-5 接触时间与总余氯量

医院污水的类别	接触时间（h）	总余氯量（mg/L）
综合医院及含肠道致病菌污水	不小于 1.0	4～5
含结核杆菌污水	不小于 1.5	6～8

（1）接触时间与总余氯量，见表 7-5。

（2）加氯量，加氯量＝需氯量＋余氯量。

液氯消毒系统必须保证按污水流量定比投加液氯。否则，投氯不足时，不能保证消毒效果；投氯过多时，又会造成二次污染。

思考题与习题

7-1 如何选择污（废）水抽升设备？

7-2 如何选择污水泵？污水泵吸水管布置有哪些要求？

7-3 集水池的作用是什么？如何确定集水池容积及集水池尺寸？

7-4 格栅的作用是什么？如何确定格栅栅条的间隙？

7-5 化粪池的作用及原理是什么？化粪池容积如何计算？如何选择标准化粪池？

7-6 降温池作用是什么？常用有哪几种形式？如何选用标准降温池？

7-7 隔油池（井）的作用是什么？如何计算隔油井的有效容积？

7-8 沉淀池的作用是什么？绘制平流式沉淀池构造图。

7-9 沉砂池的作用是什么？

第八章 建 筑 热 水 供 应

第一节 热水供应系统的分类、组成和热水加热方式

一、热水供应系统的分类及其特点

（一）按热水系统供应范围分类

建筑内部的热水供应是满足建筑内人们在生产或生活中对热水的需要。热水供应系统按热水供应范围的大小，可分为局部热水供应系统、集中热水供应系统和区域热水供应系统三类。

1. 局部热水供应系统

局部热水供应系统一般是利用在靠近用水点处设置小型加热设备（如小型煤气加热器、蒸汽加热器、电加热器、太阳能加热器等）生产热水，供一个或几个配水点使用。这种热水供应系统热水管路短，热损失小，使用灵活、维护管理容易，但热水成本较高，使用不够方便舒适。由于该系统供水范围小，热水分散制备，因此适用于热水用水量较小且较分散的建筑，如单元式住宅、诊所、理发馆等公共建筑和布置较分散的车间、卫生间等工业建筑。

2. 集中热水供应系统

集中热水供应系统中的热水在锅炉房或热交换站集中制备后，通过管网输送至一幢或几幢建筑中使用。该系统供水范围大，热水管网较复杂，设备较多，一次性投资大，适用于使用要求高、耗热量大、用水点多且比较集中的建筑，如高级居住建筑、旅馆、医院、疗养院、体育馆、游泳池等公共建筑和布置较集中的工业企业建筑等。

3. 区域性热水供应系统

区域性热水供应系统的热水在热电厂、区域性锅炉房或热交换站集中制备，通过市政热水管网送至整个建筑群、居民区或整个工业企业使用。在城市或工业企业热力网的热水水质符合用水要求且热力网工况容许时，也可直接从热网取水。该系统供水范围大，自动化控制技术先进，便于集中统一维护管理和热能的综合利用，但热水管网复杂，热损失大，设备、附件多，管理水平要求高，一次性投资大。因此，适用于建筑布置较集中、热水用量较大的城市和工业企业。

（二）按热水管网的循环方式分类

为保证热水管网中的水随时保持一定的温度，热水管网除配水管道外，还应根据具体情况和使用要求设置不同形式的回水管道，以便当配水管道停止配水时，使管网中仍维持一定的循环流量，以补偿管网热损失，防止温度降低过多。常用的循环管网和循环方式有以下几种：

1. 全循环热水供应方式

全循环热水供应方式是指热水供应系统中热水配水管网的水平干管、立管及支管均设有相应回水管道确保热水的循环，各配水龙头随时打开均能提供符合设计水温要求的热水。该系统设有循环水泵，用水时不存在使用前放水和等待时间，适用于高级宾馆、饭店、高级住

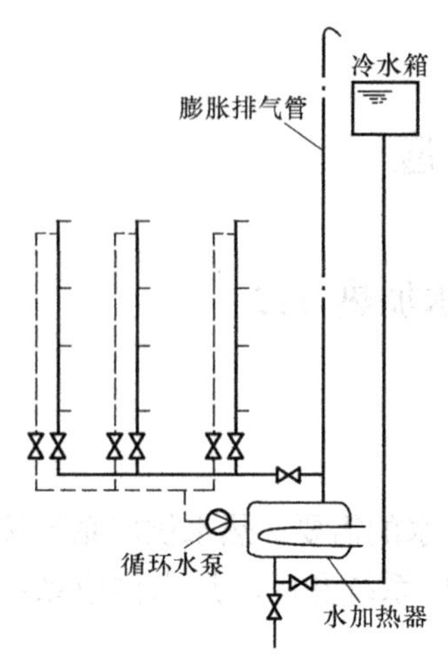

图 8-1 全循环热水供应方式

宅等高标准建筑中，如图 8-1 所示。

2. 半循环热水供应方式

半循环热水供应方式又分为立管循环热水供应方式和干管循环热水供应方式。

立管循环热水供应方式是指热水干管和热水立管内均保持有热水的循环，打开配水龙头时只需放掉热水支管中少量的存水，就能获得规定水温的热水，如图 8-2（a）所示。该方式多用于设有全日供应热水的建筑和设有定时供应热水的高层建筑中。

干管循环热水供应方式是指仅保持热水干管内的热水循环。在热水供应前，先用循环水泵把干管中已冷却的存水循环加热，当打开配水龙头时只需放掉立管和支管内的冷水即可流出符合要求的热水，如图 8-2（b）所示。该系统多用于定时供应热水的建筑中。

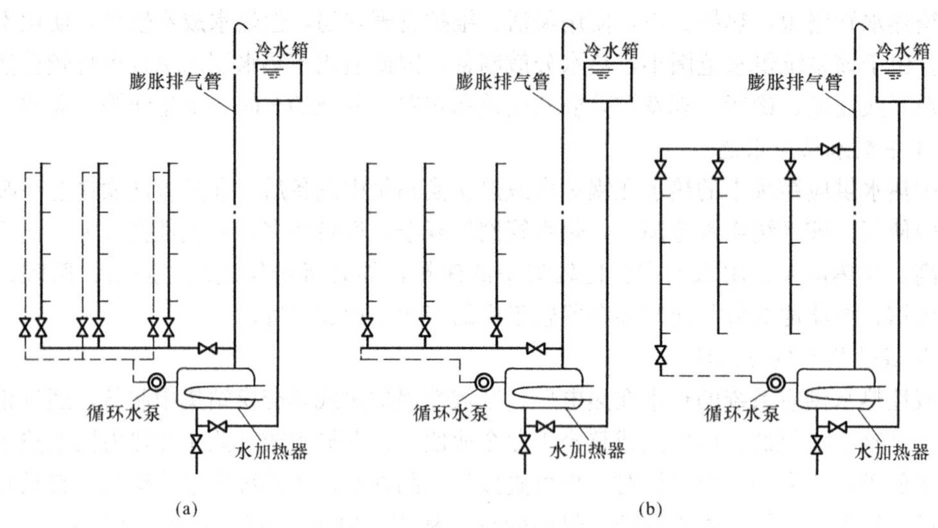

图 8-2 半循环热水供应方式

（a）立管循环；（b）干管循环

3. 无循环热水供应方式

无循环热水供应方式是指热水供应系统中热水配水管网的水平干管、立管、配水支管都不设任何回水管道，如图 8-3 所示。对于热水供应系统较小、使用要求不高的定时供应系统，如公共浴室、洗衣房等均可采用此种供水方式。

（三）按热水管网循环动力分类

热水供应系统中根据循环动力的不同可分为自然循环方式和机械循环方式。

1. 自然循环热水供应方式

自然循环方式是利用配水管和回水管中的水的温差所形成的压力差，使管网内维持一定

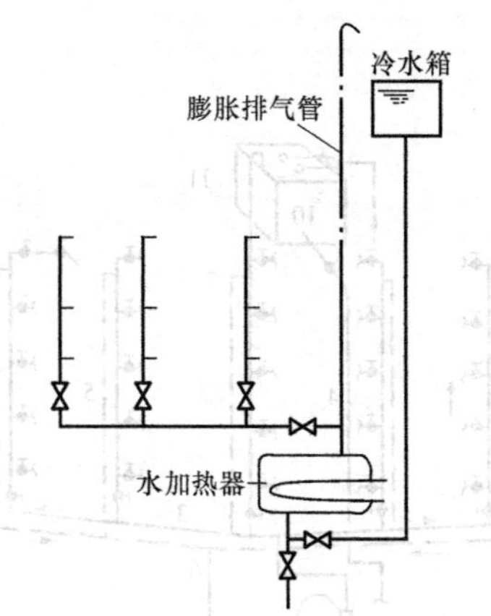

图 8-3 无循环热水供应方式

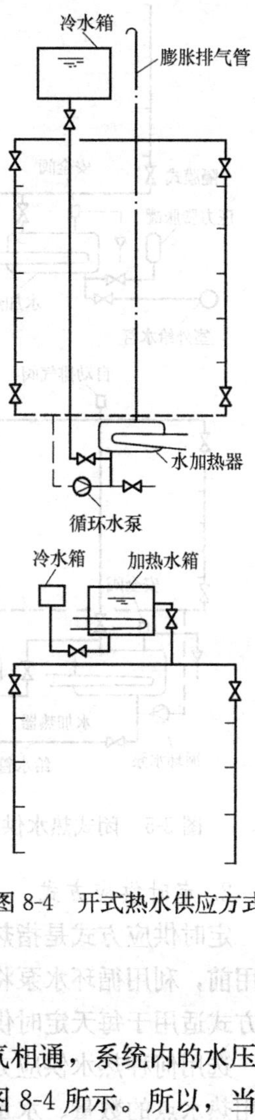

的循环流量，以补偿配水管道热损失，保证用户对热水温度的要求。这种方式适用于热水供应系统小，用户对水温要求不严格的系统中。

2. 机械循环热水供应方式

机械循环方式是在回水干管上设循环水泵强制一定量的水在管网中循环，以补偿配水管道热损失，保证用户对热水温度的要求。这种方式适用于大、中型且用户对热水温度要求严格的热水供应系统。

（四）按热水供应系统是否敞开分类

热水供应方式按热水系统是否与大气相通可分为开式和闭式两类。

图 8-4 开式热水供应方式

1. 开式热水供应方式

开式热水供应方式一般是在管网顶部设有开式水箱，管网与大气相通，系统内的水压仅取决于水箱的设置高度，而不受室外给水管网水压波动的影响，如图 8-4 所示。所以，当用户对水压要求稳定，室外给水管网水压波动较大时宜采用开式热水供应方式。

2. 闭式热水供应方式

闭式热水供应方式中管网不与大气相通，冷水直接进入水加热器。为确保系统的安全运转，系统中应设安全阀，有条件时还可加设隔膜式压力膨胀罐或膨胀管，如图 8-5 所示。闭式热水供应方式具有管路简单，水质不易受外界污染的优点，但供水水压稳定性较差，适用于不设屋顶水箱的热水供应系统。

（五）按热水管网运行方式分类

热水供应系统根据热水供应的时间可分为全日供应和定时供应方式。

1. 全日供应方式

全日供应方式是指热水供应系统管网中在全天任何时刻都维持不低于循环流量的水量在进行循环，热水配水管网全天任何时刻都可配水，并保证水温。医院、疗养院、高级宾馆等都可采用全日供应方式。

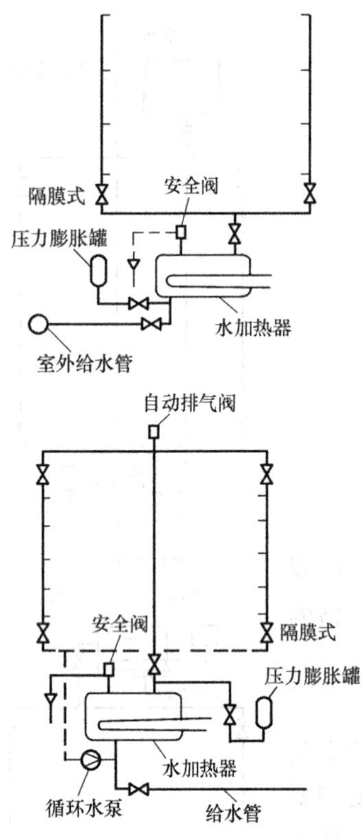

图 8-5 闭式热水供应方式

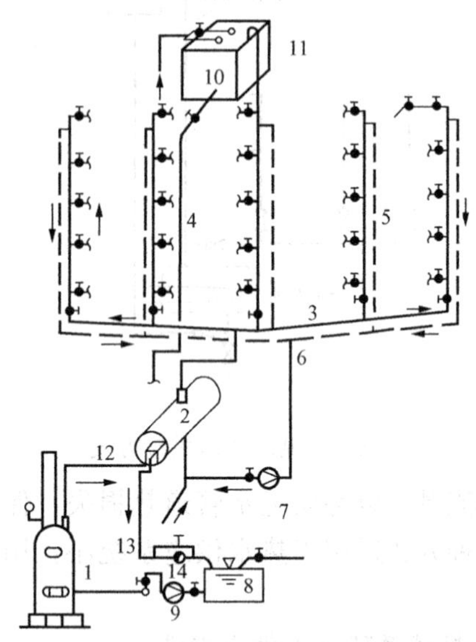

图 8-6 热媒为蒸汽的集中热水系统

1—锅炉；2—水加热器；3—配水干管；4—配水立管；5—回水立管；6—回水干管；7—循环水泵；8—凝结水池；9—凝结水泵；10—给水水箱；11—透气管；12—热媒蒸汽管；13—凝水管；14—疏水器

2. 定时供应方式

定时供应方式是指热水供应系统每天定时配水，其余时间系统停止运行，该方式在集中使用前，利用循环水泵将管网中已冷却的水强制循环加热，达到规定水温时才使用。这种供水方式适用于每天定时供应热水的建筑，如居民住宅、旅馆和工业企业中。

选用何种热水供应方式主要根据建筑物所在地区热力系统完善程度和建筑物使用性质、使用热水点的数量、水量和水温等因素进行技术和经济比较后确定。

二、热水供应系统的组成

建筑内热水供应系统中以集中热水供应系统的使用较为普遍，图 8-6 所示是以蒸汽为热媒的集中热水系统。集中热水供应系统一般由下列部分组成：

1. 热水制备系统（第一循环系统）

热水制备系统即集中热水供应系统中，蒸汽锅炉与水加热器或热水锅炉（机组）与热水储水器之间组成的热媒循环系统。当使用蒸汽为热媒时，锅炉产生的蒸汽（或过热水）通过热媒管网输送到水加热器，经散热面加热冷水。

蒸汽经过热交换后变成冷凝水，靠余压经疏水器流至冷凝水池，冷凝水和新补充的软化水经冷凝水循环泵再送回锅炉加热后变成蒸汽，如此循环往复而完成热的传递作用。对于区域性热水供应系统不需设置锅炉，水加热器的热媒管道和冷凝水管道直接与热力管网相连接。

2. 热水供水系统（第二循环系统）

热水供水系统由热水配水管网和回水管网组成。被加热到设计要求温度的热水，从水加热器出口经配水管网送至各个热水配水点，而水加热器所需冷水则由高位水箱或给水管网补给。为满足各热水配水点随时都有设计要求温度的热水，在立管和水平干管甚至配水支管上设置回水管，使一定量的热水在配水管网和回水管网中流动，以补偿配水管网所散失的热量，避免热水温度过低。

3. 附件

由于热媒系统和热水供水系统中控制、连接的需要，常使用附件，有自动温度调节装置、疏水器、减压阀、安全阀、膨胀罐（箱）、管道自动补偿器、闸阀、水嘴、自动排气器等。

三、热水加热方式

根据热水加热方式的不同有直接加热和间接加热之分，如图 8-7 所示。

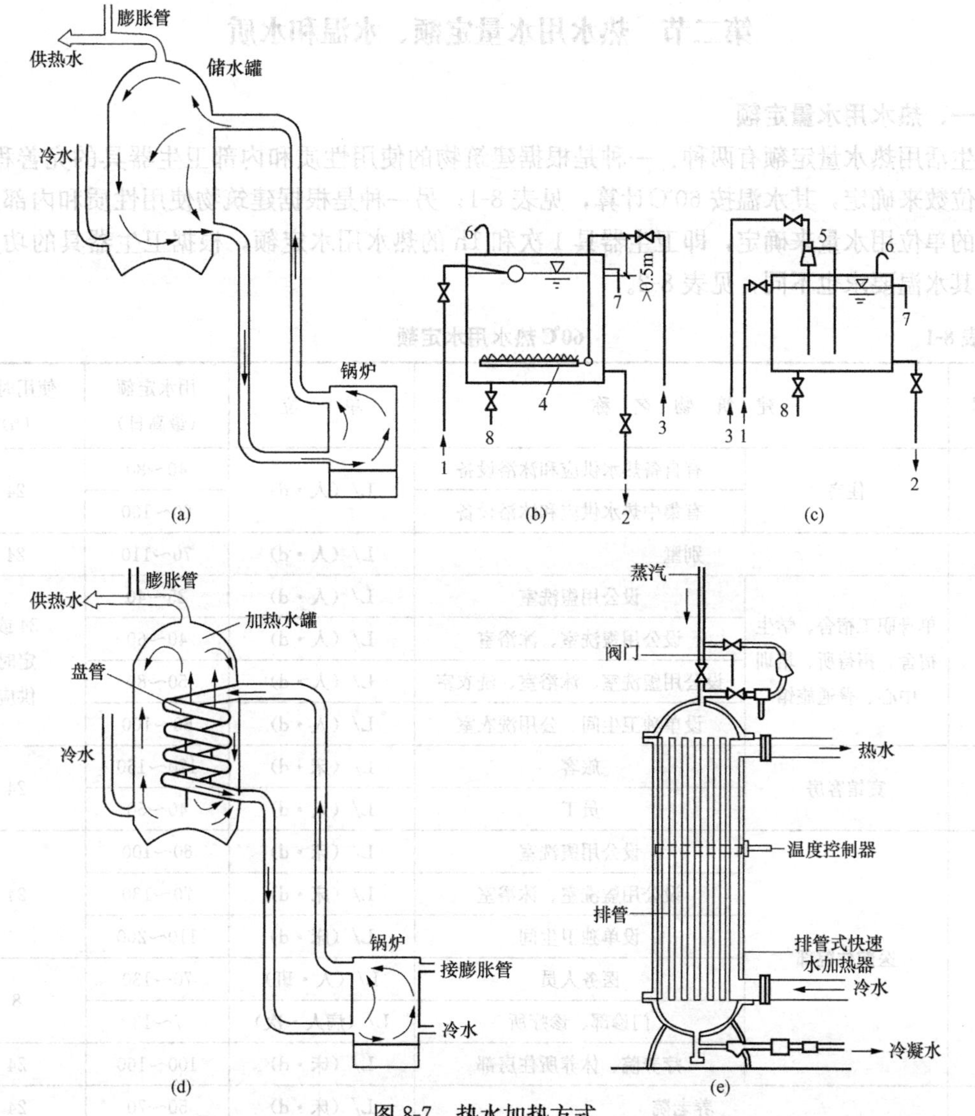

图 8-7 热水加热方式

(a) 热水锅炉直接加热；(b) 蒸汽多孔管直接加热；(c) 蒸汽喷射器混合直接加热；(d) 热水锅炉间接加热；(e) 蒸汽—水加热器间接加热

1—给水；2—热水；3—蒸汽；4—多孔管；5—喷射器；6—通气管；7—溢水管；8—泄水管

直接加热方式也称一次换热方式，是利用燃气、燃油、燃煤为燃料的热水锅炉，把冷水直接加热到所需热水温度，或者是将蒸汽（或高温水）通过穿孔管或喷射器直接与冷水接触混合制备热水。这种方式设备简单、热效率高、节能，但噪声大，对热媒质量要求高，不允许造成水质污染。该方式仅适用于有高质量的热媒、对噪声要求不严格的公共浴室、洗衣房、工矿企业等用户。

间接加热方式也称二次换热方式，是将热媒通过水加热器把热量传递给冷水达到加热冷水的目的，在加热过程中热媒与被加热水不直接接触。该方式的优点是回收的冷凝水可重复利用，只需对少量补充水进行软化处理，运行费用低，噪声小，蒸汽不会对热水造成污染，供水安全可靠。适用于要求供水安全、稳定、噪声要求低的旅馆、住宅、医院、办公楼等建筑。

第二节　热水用水量定额、水温和水质

一、热水用水量定额

生活用热水量定额有两种：一种是根据建筑物的使用性质和内部卫生器具的完善程度，用单位数来确定，其水温按60℃计算，见表8-1；另一种是根据建筑物使用性质和内部卫生器具的单位用水量来确定，即卫生器具1次和1h的热水用水定额，根据卫生器具的功用不同，其水温要求也不同，见表8-2。

表 8-1　　60℃热水用水定额

序号	建筑物名称		单位	用水定额（最高日）	使用时间（h）
1	住宅	有自备热水供应和沐浴设备	L/（人·d）	40～80	24
		有集中热水供应和沐浴设备		60～100	
2	别墅		L/（人·d）	70～110	24
3	单身职工宿舍、学生宿舍、招待所、培训中心、普通旅馆	设公用盥洗室	L/（人·d）	25～40	24或定时供应
		设公用盥洗室、沐浴室	L/（人·d）	40～60	
		设公用盥洗室、沐浴室、洗衣室	L/（人·d）	50～80	
		设单独卫生间、公用洗衣室	L/（人·d）	60～100	
4	宾馆客房	旅客	L/（床·d）	120～160	24
		员工	L/（人·d）	40～50	
5	医院住院部	设公用盥洗室	L/（床·d）	60～100	24
		设公用盥洗室、沐浴室	L/（床·d）	70～130	
		设单独卫生间	L/（床·d）	110～200	
		医务人员	L/（人·班）	70～130	8
		门诊部、诊疗所	L/（病人·次）	7～13	
		疗养院、休养所住房部	L/（床·d）	100～160	24
6	养老院		L/（床·d）	50～70	24
7	幼儿园、托儿所	有住宿	L/（儿童·d）	20～40	24
		无住宿	L/（儿童·d）	10～15	10

续表

序号	建筑物名称		单位	用水定额（最高日）	使用时间（h）
8	公共浴室	淋浴	L/（顾客·次）	40～60	12
		淋浴、浴盆	L/（顾客·次）	60～80	
		桑拿浴（淋浴、按摩池）	L/（顾客·次）	70～100	
9	理发室、美容院		L/（顾客·次）	10～15	12
10	洗衣房		L/（kg·干衣）	15～30	8
11	餐饮厅	营业餐厅	L/（顾客·次）	15～20	10～12
		快餐店、职工及学生食堂	L/（顾客·次）	7～10	11
		酒吧、咖啡厅、茶座、卡拉OK房	L/（顾客·次）	3～8	18
12	办公楼		L/（人·班）	5～10	8
13	健身中心		L/（人·次）	15～25	12
14	体育场（馆）运动员淋浴		L/（人·次）	25～35	4
15	会议厅		L/（座位·次）	2～3	4

注 1. 表内所列用水定额均已包括在给水用水定额中；

2. 本表60℃热水水温为计算温度，卫生器具使用时的热水水温见表8-2。

生产用热水量定额根据生产工艺要求来确定。

表8-2 卫生器具的1次和1h热水用水定额及水温

序号	卫生器具名称		1次用水量（L）	1h用水量（L）	水温（℃）
1	住宅、旅馆、别墅、宾馆	带有淋浴器的浴盆	150	300	40
		无淋浴器的浴盆	125	250	40
		淋浴器	70～100	140～200	37～40
		洗脸盆、盥洗槽水嘴	3	30	30
		洗涤盆（池）	—	180	50
2	集体宿舍、招待所、培训中心淋浴器	有淋浴小间	70～100	210～300	37～40
		无淋浴小间	—	450	37～40
		盥洗槽水嘴	3～5	50～80	30
3	餐饮业	洗涤盆（池）	—	250	50
		洗脸盆：工作人员用	3	60	30
		顾客用	—	120	30
		淋浴器	40	400	37～40
4	幼儿园、托儿所	浴盆：幼儿园	100	400	35
		托儿所	30	120	35
		淋浴器：幼儿园	30	180	35
		托儿所	15	90	35
		盥洗槽水嘴	1.5	25	30
		洗涤盆（池）	—	180	50

续表

序号	卫生器具名称		1次用水量（L）	1h用水量（L）	水温（℃）
5	医院、疗养院、休养所	洗手盆 洗涤盆（池） 浴盆	— — 125～150	15～25 300 250～300	35 50 40
6	公共浴室	浴盆	125	250	40
		淋浴器：有淋浴小间 无淋浴小间	100～150 —	200～300 450～540	37～40 37～40
		洗脸盆	5	50～80	35
7	办公楼、洗手盆		—	50～100	35
8	理发室、美容院、洗脸盆		—	35	35
9	实验室	洗脸盆	—	60	50
		洗手盆	—	15～25	30
10	剧场	淋浴器 演员用洗脸盆	60 5	200～400 80	37～40 35
11	体育场馆 淋浴器		30	300	35
12	工业企业生活间	淋浴器：一般车间 脏车间	40 60	360～540 180～480	37～40 40
		洗脸盆或盥洗槽水嘴：一般车间 脏车间	3 5	90～120 100～150	30 35
13	净身器		10～15	120～180	30

注 一般车间指现行的《工业企业设计卫生标准》中规定的3、4级卫生特征的车间，脏车间指该标准中规定的1、2级卫生特征的车间。

二、热水水温

1. 热水使用温度

生活用热水水温应满足生活使用的各种需要，一般常使用的热水水温见表8-2中各卫生器具的热水混合水温。但是，当在设计一个热水供应系统时，应先确定出最不利配水点的热水最低水温，使其与冷水混合达到生活用热水的水温要求，并以此作为设计计算的参数，见表8-3。

生产用热水水温应根据工艺要求确定。

表 8-3 直接供应热水的热水锅炉、热水机组或水加热器出口的最高水温和配水点的最低水温

水质处理情况	热水锅炉、热水机组或水加热器出口最高水温（℃）	配水点最低水温（℃）
原水水质无需软化处理或原水水质需水质处理且有水质处理	75	50
需软化处理但无软化处理	60	50

注 当热水供应系统只供淋浴和盥洗用水，不供洗涤盆（池）洗涤用水时，配水点最低水温可不低于40℃。

2. 热水供应温度

热水锅炉或水加热器出口的水温按表8-3确定。水温偏低，满足不了需要；水温过高，会使热水系统的设备、管道结垢加剧，且易发生烫伤、积尘、热损失增加等问题。热水锅炉或水加热器出口水温与系统最不利配水点的水温差称为降温值，一般不大于10℃，用作热水供应系统配水管网的热损失。降温值的选用应根据系统的大小、保温材料的不同，进行经济技术比较后确定。

3. 冷水计算温度

热水系统计算时使用的冷水水温应以当地最冷月平均水温资料确定。无资料时，可按表8-4确定。

表 8-4 冷水计算温度

地　　区	地面水水温（℃）	地下水水温（℃）
黑龙江、吉林、内蒙古的全部，辽宁的大部分，河北、山西、陕西偏北部分，宁夏偏东部分	4	6～10
北京、天津、山东全部，河北、山西、陕西的大部分，河南北部，甘肃、宁夏、辽宁的南部，青海偏东和江苏偏北的一小部分	4	10～15
上海、浙江全部，江西、安徽、江苏的大部分，福建北部，湖南、湖北东部，河南南部	5	15～20
广东、台湾全部，广西大部分，福建、云南的南部	10～15	20
重庆、贵州全部，四川、云南的大部分，湖南、湖北的西部，陕西和甘肃秦岭以南地区，广西偏北的一小部分	7	15～20

三、热水水质

1. 热水使用的水质要求

生活用热水的水质应符合我国现行的《生活饮用水卫生标准》；生产用热水的水质应根据生产工艺要求确定。

2. 集中热水供应系统被加热水的水质要求

水在加热后水中的钙镁离子受热析出，在设备和管道内结垢；水中的溶解氧也会因受热逸出，加速金属管材的腐蚀。因此，集中热水供应系统的被加热水，应根据水量、水质、使

用要求、工程投资、管理制度及设备维修和设备折旧率计算标准等多种因素，来确定是否需要进行水质处理。一般情况下，洗衣房日用热水量≥10m³（按60℃计算）且原水总硬度（以碳酸钙计）>300mg/L时，洗衣房用热水应进行水质软化处理；原水总硬度（以碳酸钙计）为150～300mg/L时，宜进行水质软化处理。其他生活日用热水量≥10m³（按60℃计算）且原水总硬度（以碳酸钙计）>300mg/L时，宜进行水质软化或稳定处理。经软化处理后的水质总硬度宜为：洗衣房用水：50～100mg/L；其他用水：75～150mg/L。另外，系统对溶解氧控制要求较高时，还需采取除氧措施。

目前，在集中热水供应系统中常采用超强磁水器、静电除垢器、电子水处理器、碳铝离子水处理器、防腐消声水处理器等物理水处理装置以及用化学药剂如归丽晶等进行水质处理。使用时，应根据水的硬度、适用流速、温度、作用时间或有效长度及工作电压等综合考虑。

第三节　热水供应系统的管材和附件

一、热水供应系统的管材和管件

热水供应系统管材的选择应慎重，主要考虑保证水质和安全可靠、经济合理。采用的管材和管件应符合现行产品标准的要求。管道的工作压力和工作温度不得大于产品标准标定的允许工作压力和工作温度。热水管道应选用耐腐蚀和安装连接方便可靠的管材，可采用薄壁铜管、薄壁不锈钢管、塑料热水管、塑料和金属复合热水管等。

当采用塑料热水管或塑料和金属复合热水管时应符合下列要求：管道的工作压力应按相应温度下的许用工作压力选择；设备机房内的管道不应采用塑料热水管。另外，定时供应热水系统不宜采用塑料热水管。

不同种类的管材配有相应的管件，其规格和型号与管材配合使用。

二、热水供应系统中的主要附件

热水供应系统除需要装置必要的检修阀门和调节阀门外，还需要根据热水系统供应方式装置若干附件，以便解决热水膨胀、系统排气、管道伸缩等问题以及控制系统的热水温度，从而确保系统安全可靠的运行。

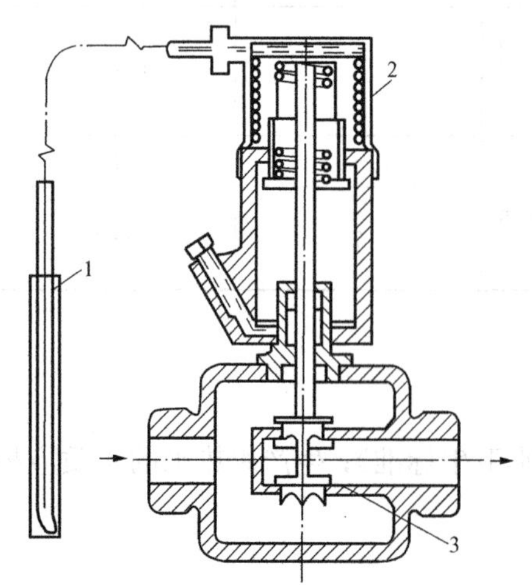

图8-8　自动温度调节器结构

1—温包；2—感温元件；3—调压阀

1. 自动温度调节装置

为了节能节水、安全供水，所有水加热器均应设自动温度调节装置。可采用直接式自动温度调节器或间接式自动温度调节器。直接式自动温度调节器的构造原理如图8-8所示，其温度调节范围有0～50℃、20～70℃、50～100℃、70～120℃、100～150℃、150～200℃等温度等级，公称压力为1.0MPa，适宜用于温度为−20～150℃的环境内使用，其安装方法如图8-9（a）所示。安装时必须直立安装，通过温度探测部分（一般为温包），把感受到的温度变化传导给安装在热媒管道上的调节阀，自动控制热媒流量而起到自动调温的作用。

间接式自动温度调节器是由温包、电触点温度计、阀门电机控制箱等组成，如图 8-9（b）所示。温包把探测到的温度变化传导到电触点压力式温度计，在电触点压力式温度计上装有所需温度控制范围内的两个触点，当指针转到大于水加热器出口所规定的温度触点时，即启动电机关小阀门，减少热媒流量，降低水加热器出口水温；当指针转到低于规定的温度触点时，即启动电机开大阀门，增加热媒流量，升高水加热器出口水温。

2. 减压阀

热水供应系统中当热交换设备以蒸汽为热媒时，若蒸汽压力大于热交换设备所能承受的压力时，应在蒸汽管道上设置减压阀，把蒸汽压力减至热交换设备允许的压力值，以保证设备运行安全。减压阀的工作原理是流体通过阀体内的阀瓣产生局部能量损耗而减压。供蒸汽介质减压常用的有活塞式、膜片式、波纹管式等几种类型的减压阀，图 8-10 为 Y43H－16 活塞式减压阀。

减压阀的选择应根据蒸汽量计算出减压阀的工作孔口截面积，然后查产品样本（表8-5、表 8-6）确定所需型号。

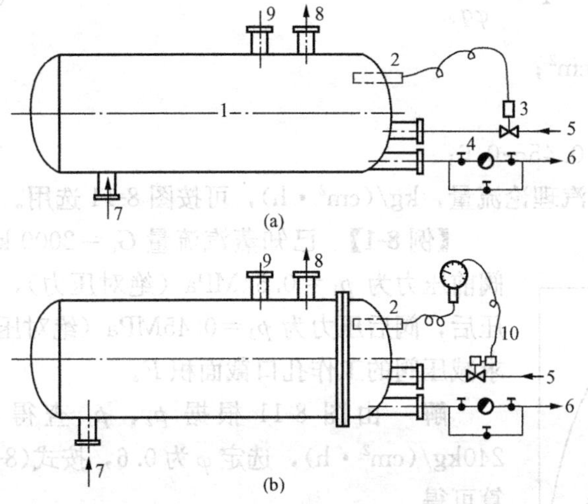

图 8-9　自动温度调节器安装示意图

（a）直接式自动温度调节器安装；（b）间接式自动温度调节器安装

1—加热设备；2—温包；3—自动调节器；4—疏水器；5—蒸汽；6—凝结水；7—冷水；8—热水；9—装设安全阀；10—齿轮传动变速开关阀门

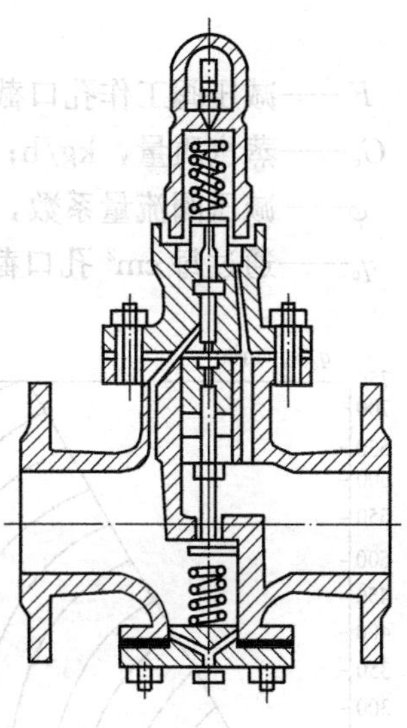

图 8-10　Y43H－16 活塞式减压阀

表 8-5　常用减压阀综合性能及适用范围

性能＼类型	活塞式 Y43H－10 型	活塞式 Y43H－16 型	波纹管式 Y44T－10 型
公称压力（MPa）	1	1.6	1
压力调节范围（MPa）	阀前 $p_1 \leqslant 1.0$ 阀后 $p_2 = 0 \sim 0.85$ 最小允许压差 $\Delta p \geqslant 0.15$	阀前 $p_1 = 0.2 \sim 1.6$ 阀后 $p_2 = 0.1 \sim 1.0$ 最小允许压差 $\Delta p \geqslant 0.15$	阀前 $p_1 = 0.1 \sim 1.0$ 阀后 $p_2 = 0.05 \sim 0.4$ 最小允许压差 $0.05 \leqslant \Delta p \leqslant 0.6$
适用范围	用于工作温度≤300℃蒸汽管路上	用于工作温度≤300℃蒸汽管路上	用于工作温度＜200℃蒸汽管路上和低压蒸汽系统上
特点	工作可靠，维修量小，减压范围大	工作可靠，维修量小，减压范围大	调节范围大

表 8-6 **Y43H-16 型活塞式减压阀选用表**

阀前压力 p_1（MPa）	阀后压力 p_2（MPa）	不同直径下减压阀通过的热量（kW）								
		25	32	40	50	70	80	100	125	150
0.8	≤0.47	95.3	172	385	502	604	1070	1670	2628	3730
0.7	≤0.40	85.4	154	346	451	452	959	1500	2360	3370
0.6	≤0.35	77.3	140	314	409	492	866	1360	2140	3040
0.5	≤0.30	66.5	119	268	352	422	749	1170	1840	2620
0.4	≤0.235	58.1	105	236	308	368	654	1024	1610	2280
0.3	≤0.20	36.4	65.7	147	191	231	409	639	1009	1430
0.2	≤0.18	45.6	82.5	185	240	288	512	800	1260	1800

减压阀工作孔口截面积 F 可按下式计算

$$F=\frac{G_c}{\varphi q_c} \tag{8-1}$$

式中 F——减压阀工作孔口截面积，cm^2；

G_c——蒸汽质量，kg/h；

φ——减压阀流量系数，一般为 0.45～0.6；

q_c——通过每 cm^2 孔口截面的蒸汽理论流量，kg/(cm^2·h)，可按图 8-11 选用。

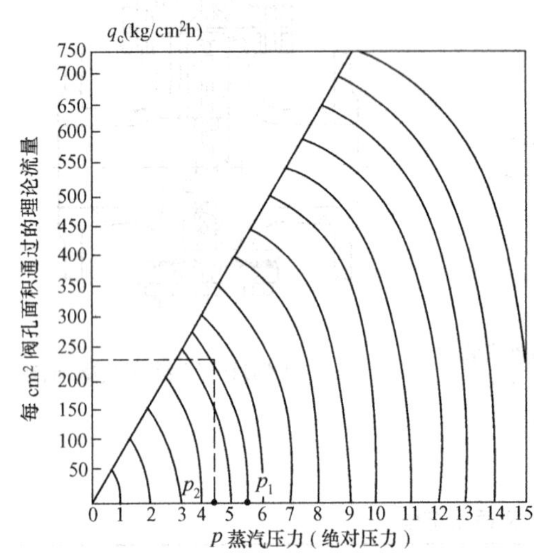

图 8-11 减压阀工作孔口面积选择用图

【例 8-1】 已知蒸汽流量 $G_c=2000$ kg/h，阀前压力为 $p_1=0.54$MPa（绝对压力），经减压后，阀后压力为 $p_2=0.45$MPa（绝对压力），求减压阀的工作孔口截面积 F。

解 由图 8-11 根据 p_2、p_1 查得 $q_c=240$kg/(cm^2·h)，选定 φ 为 0.6，按式(8-1)计算可得

$$F=\frac{G_c}{\varphi q_c}=\frac{2000}{0.6\times 240}=13.89(cm^2)$$

根据 F 值可查有关产品样本选定阀门公称直径。

选用减压阀应注意其他几个方面的因素：

(1) 蒸汽减压阀的阀前与阀后压力之比不应超过 5～7，超过时应串联安装 2 个，采用两级减压，以减少噪声和振动。

(2) 活塞式减压阀的阀后压力≥100kPa，若必须减至 70kPa 以下时，则应在活塞式减压阀后增设波纹管式减压阀或截止阀进行两次减压。

(3) 减压阀产品样本中列出的阀孔面积值，一般系指其最大截面积，实际流通面积小于此值，计算选择时应留有余地。

减压阀应安装在水平管段上，阀体应直立，安装节点还应安装阀门、安全阀、压力表、旁通管等附件，如图 8-12 所示，其安装尺寸见表 8-7。

表 8-7　**减压阀安装尺寸**

减压阀公称直径 DN (mm)	A (mm)	B (mm)	C (mm)	D (mm)	E (mm)	F (mm)	G (mm)
25	1100	400	350	200	1350	250	200
32	1100	400	350	200	1350	250	200
40	1300	500	400	250	1500	300	250
50	1400	500	450	250	1600	300	250
65	1400	500	500	300	1650	350	300
80	1500	550	650	350	1750	350	350
100	1600	550	750	400	1850	400	400
125	1800	600	800	450			
150	2000	650	850	500			

注　1. 减压阀安装一律采用法兰截止阀。
2. 低压部分可采用低压截止阀。

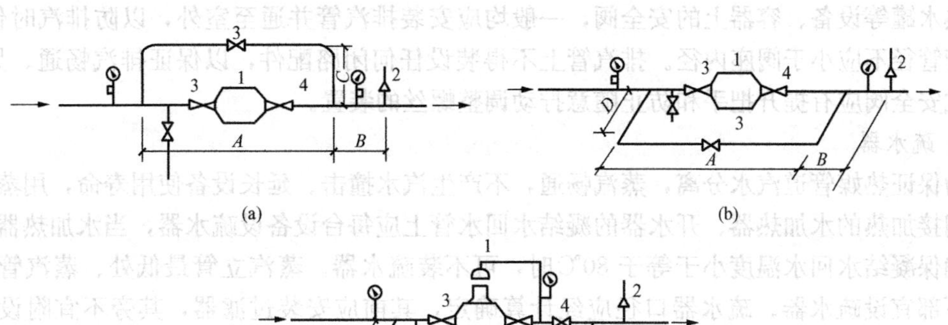

图 8-12　减压阀安装示意图

(a) 活塞式减压阀旁路管垂直安装；(b) 活塞式减压阀旁路管水平安装；
(c) 薄膜式或波纹管式减压阀的安装
1—减压阀；2—安全阀；3—法兰截止阀；4—低压截止阀

3. 安全阀

为避免压力超过规定的范围而造成管网和设备等的破坏，应在系统中装设安全阀。在热水供应系统中宜采用微启式弹簧安全阀。

安全阀的选择应注意以下事项：

(1) 各种安全阀的进口与出口公称直径均相同。

(2) 法兰连接的单弹簧或单杠杆安全阀阀座的内径，一般较其公称直径小一号。

(3) 设计中应注明使用压力范围。

(4) 安全阀的蒸汽进口接管直径不应小于其内径。

(5) 安全阀通入室外的排气管直径不应小于安全阀的内径，且不得小于 40mm。

(6) 安全阀的开启压力一般可为系统工作压力 p 的 1.05 倍，即 1.05pkPa，选择时查表 8-8。

表 8-8　　**弹簧式安全阀通过的热量**

安全阀直径 DN (mm)	工 作 压 力 p (kPa)					通路面积 (mm^2)
	200	300	400	500	600	
15	20 400	29 000	37 400	45 200	53 500	177
20	36 000	51 600	66 300	81 000	94 700	314
25	54 000	80 000	10 300	125 000	148 000	490
32	97 300	137 000	176 000	217 000	225 000	805
40	144 000	205 000	264 000	318 000	379 000	1255
50	226 000	321 000	409 000	501 000	600 000	1960
70	324 000	459 000	593 000	724 000	851 000	2820
80	580 000	878 000	1 054 000	1 290 000	1 510 000	5020
100	781 000	1 280 000	1 328 000	2 030 000	2 380 000	7850

注　适用于压力和温度较低的系统（$p \leqslant 600$kPa）。

安全阀应垂直安装，并尽可能装在锅炉、水加热器和管路的最高处。用于锅炉、水加热器和热水罐等设备、容器上的安全阀，一般均应安装排汽管并通至室外，以防排汽时伤人，排汽管管径不应小于阀座内径。排汽管上不得装设任何闭路配件，以保证排汽畅通。另外，弹簧式安全阀应有提升把手和防止随意拧动调整螺丝的装置。

4. 疏水器

为保证热媒管道汽水分离，蒸汽畅通，不产生汽水撞击、延长设备使用寿命，用蒸汽作热媒间接加热的水加热器、开水器的凝结水回水管上应每台设备设疏水器，当水加热器的换热能确保凝结水回水温度小于等于 80℃时，可不装疏水器。蒸汽立管最低处、蒸汽管下凹处的下部宜设疏水器。疏水器口径应经计算确定，其前应安装过滤器，其旁不宜附设旁通阀。疏水器根据其工作压力可分为低压和高压，热水系统中常采用高压疏水器。疏水器的种类较多，常用的有机械型吊桶式疏水器和热动力型圆盘式疏水器，如图 8-13 和图 8-14 所示。

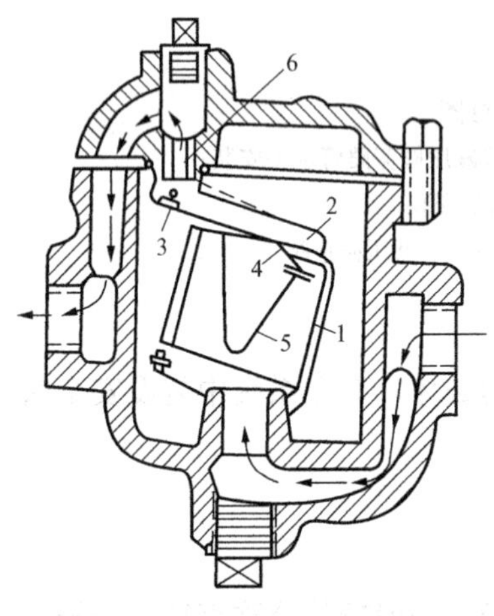

图 8-13　机械型吊桶式疏水器

1—吊桶；2—杠杆；3—珠阀；4—快速排气孔；5—双金属弹簧片；6—阀孔

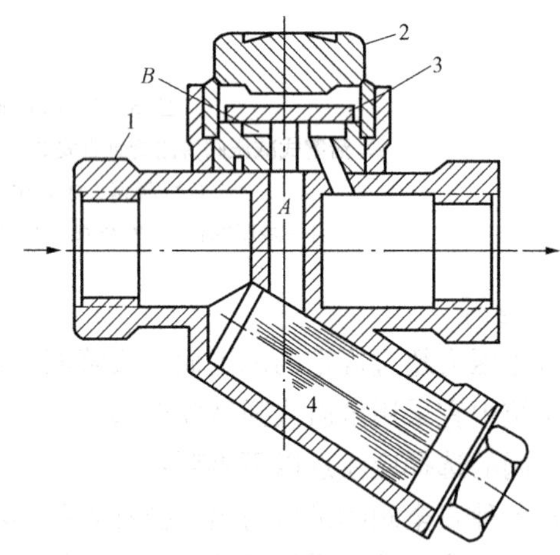

图 8-14　热动力型圆盘式疏水器

1—阀体；2—阀盖；3—阀片；4—过滤器

机械型吊桶式疏水器的工作原理是：动作前吊桶下垂，阀孔开启，吊桶上的快速排气孔也开启。当凝结水进入后，吊桶内、外的凝结水由阀孔排出。一旦凝结水中混有蒸汽进入疏水器，吊桶内的双金属片受热膨胀而把吊桶上的孔眼4关闭。进入疏水器中的蒸汽越多，吊桶内充气也越多，疏水器内逐渐增多的凝结水会浮起吊桶。吊桶上浮，关闭了阀孔，即阻止蒸汽和凝结水排出。随着吊桶内蒸汽因散热变为冷凝水时，吊桶内双金属片又收缩而打开吊桶孔眼，吊桶内的充气被排放，吊桶下落而开启阀孔排放凝结水。如此反复间歇工作，起到疏水阻气的作用。

热动力型圆盘式疏水器的工作原理是利用进入阀体的蒸汽和凝结水，对阀片3上下两边产生的压力差而使阀片升、落，达到排出凝结水，阻止蒸汽流出的作用。

疏水器的具体选用型号可根据安装疏水器前、后的压差及排水量等参数按产品样本确定。同时考虑当蒸汽的工作压力≤0.6MPa时，可采用机械型吊桶式疏水器；当蒸汽的工作压力≤1.6MPa，且凝结水温度t≤100℃时，可采用热动力型圆盘式疏水器。

疏水器选型参数按下列公式计算

$$G = kAd^2\sqrt{\Delta p} \tag{8-2}$$

$$\Delta p = p_1 - p_2 \tag{8-3}$$

式中 G——疏水器排水量，kg/h；

k——选择倍率，加热器可取3；

A——排水系数，对于吊桶式和浮筒式疏水器可查附录11；

d——疏水器排水孔直径，mm；

Δp——疏水器前后压差，Pa；

p_1——疏水器进口压力，Pa；

p_2——疏水器出口压力，Pa。

疏水器的安装位置应便于检修，并尽量靠近用汽设备，安装高度应低于设备或蒸汽管道底部150mm以上，以便凝结水排出。疏水器一般不装设旁通管，但对于特别重要的加热设备，如不允许短时间中断排除凝结水或生产上要求速热时，可考虑装设旁通管。旁通管应在疏水器上方或同一平面上安装，避免在疏水器下方安装。疏水器的安装方式如图8-15所示。

5. 自动排气阀

水在加热过程中会逸出原溶解于水中的气体和管网中热水汽化的气体，如不及时排除，这些气体不但阻碍管道内的水流、加速管道内壁的腐蚀，还会引起噪声、振动。为了使热水供应系统能正常运行，可在热水管道积聚空气的地方安装自动排气阀达到这一目的。

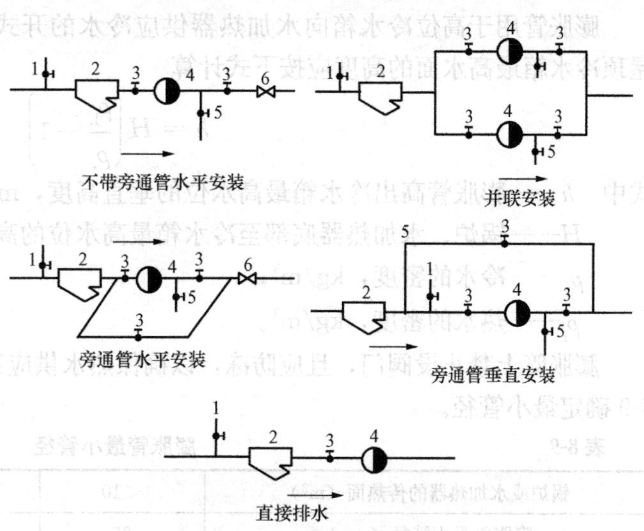

图8-15 疏水器的安装

1—冲洗管；2—过滤器；3—截止阀；4—疏水器；5—检查管；6—止回阀

自动排气阀的构造如图8-16所示，其工作原理大都是依靠水对浮体的浮力，通过杠杆机构的传动，使排气孔自动启闭，起到自动阻水排气作用。当阀体内无气体时，水将浮体浮起，通过杠杆机构将排气孔关闭，而当气体从管道进入阀体后，气体将水面压下去，浮体浮力减小，浮体依靠自重下落，排气孔开启，使气体自动排出。气体排除后，水又将浮体浮起，排气孔重新关闭，如此循环往复工作。

自动排气阀按管网的工作压力来选定，当系统工作压力 $p \leqslant 2\times10^5$Pa 时，应选用排气孔径 $d=2.5$mm 的阀座；当系统工作压力 $p=2\times10^5\sim4\times10^5$Pa 时，应选用排气孔径 $d=1.6$mm 的阀座。

自动排气阀应安装在管网的最高处，以利于管内气体的汇集和排除。阀体应垂直安装，阀与管网之间的连接横管应朝阀体保持一定向上坡度。另外，自动排气阀前应设检修阀门，以便维护检修。

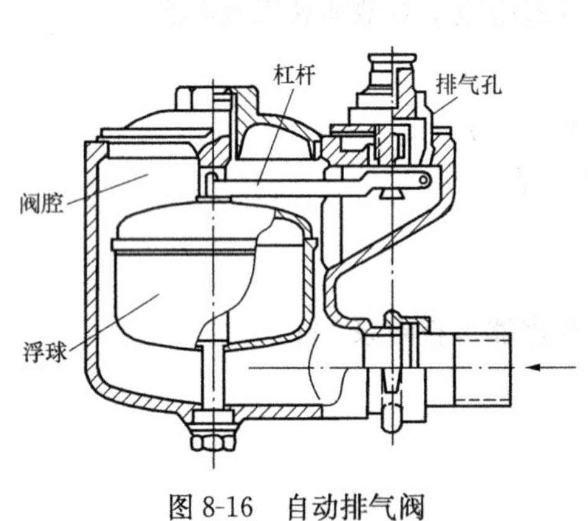

图 8-16 自动排气阀

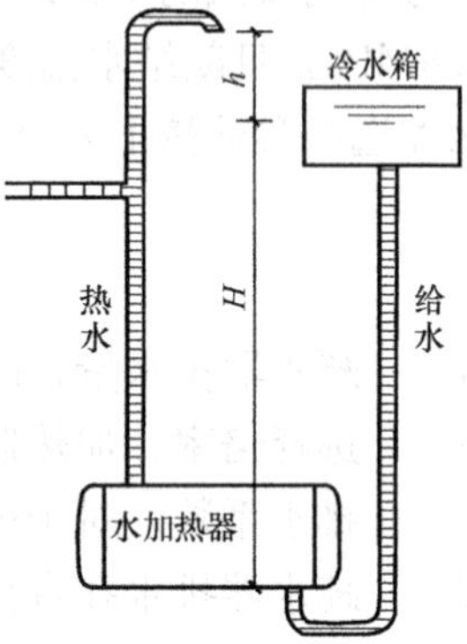

图 8-17 膨胀管安装高度计算用图

6. 膨胀管及闭式膨胀水箱（罐）

冷水加热后，水的体积要膨胀，如果热水系统是密闭的，在卫生器具不用水时，膨胀水量必然会增加系统的压力，有胀裂管道的危险，因此须设置膨胀管或闭式膨胀水箱。

膨胀管用于高位冷水箱向水加热器供应冷水的开式热水系统，见图 8-17，膨胀管高出屋顶冷水箱最高水面的高度应按下式计算

$$h=H\left(\frac{\rho_L}{\rho_r}-1\right) \tag{8-4}$$

式中 h——膨胀管高出冷水箱最高水位的垂直高度，m；

H——锅炉、水加热器底部至冷水箱最高水位的高度，m；

ρ_L——冷水的密度，kg/m³；

ρ_r——热水的密度，kg/m³。

膨胀管上禁止设阀门，且应防冻，以确保热水供应系统安全。其管径不必计算，可按表 8-9 确定最小管径。

表 8-9　　膨胀管最小管径

锅炉或水加热器的传热面（m²）	<10	10～15	15～20	>20
膨胀管最小管径（mm）	25	32	40	50

在闭式热水系统或者膨胀管安装不便的系统，可采用设置隔膜式压力膨胀水箱（罐）来代替，如图 8-18 所示。可利用密闭膨胀水箱（罐）的容积，调节热水管网中水受热后的膨

胀量，通常将其安装在水加热器的冷水进水管（图 8-19）或热水回水管的分枝管上，其调节容量不应小于热水管网水加热后体积膨胀的膨胀量。

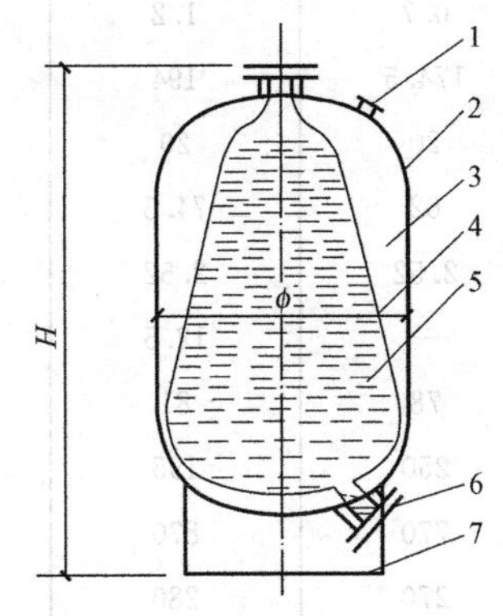

图 8-18　闭式膨胀水箱（罐）

1—充气嘴；2—外壳；3—气室；4—隔膜；5—水室；6—接管口；7—罐座

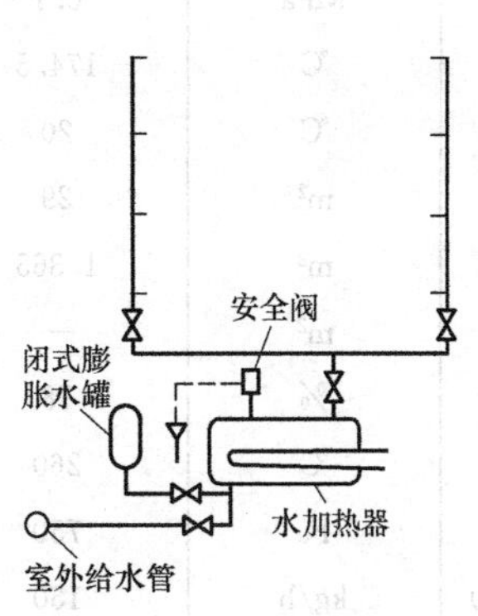

图 8-19　膨胀罐安装示意图

第四节　加 热 设 备

一、加热设备的类型

热水系统中，将冷水加热为设计需要温度的热水，通常采用加热设备来完成。

1. 小型锅炉

集中热水供应系统采用的小型锅炉有燃煤、燃油和燃气三种。

燃煤锅炉有卧式和立式两类。卧式锅炉有外燃式水管锅炉、内燃式火管（兰开夏）锅炉、快装卧式内燃锅炉等几种。立式锅炉有横水管锅炉、横火管（考克兰）锅炉、直水管锅炉、弯水管锅炉等。其中快装卧式内燃（KZG 型）锅炉效率较高，且可汽、水两用，具有体积小和安装方便等优点，图 8-20 为其构造示意图。表 8-10 是几种快装锅炉性能参数表，可供选择查用。燃煤锅炉使用燃料价格低，成本低，但存在烟尘和煤渣对环境的污染问题，不宜选用在建筑内设备层中使用。

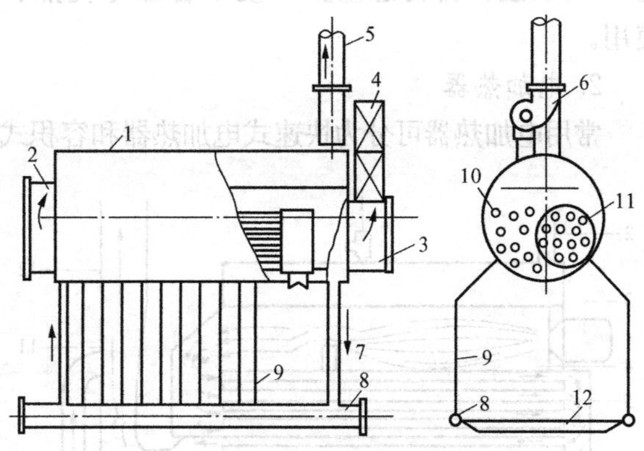

图 8-20　快装锅炉构造示意图

1—锅炉；2—前烟箱；3—后烟箱；4—省煤器；5—烟囱；6—引风机；7—下降管；8—联箱；9—鳍片式水冷壁；10—第 2 组烟管；11—第 1 组烟管；12—炉壁

表 8-10　**快装锅炉性能参数表**

名　称	单　位	KZG1-8	KZG1.5-8	KZG2-8	KZG2-13	KZG4-13
蒸发量	t/h	1	1.5	2	2	4

续表

名　称	单　位	KZG1-8	KZG1.5-8	KZG2-8	KZG2-13	KZG4-13
工作压力	MPa	0.7	0.7	0.7	1.2	1.2
蒸汽温度	℃	174.5	174.5	174.5	194	194
给水温度	℃	20	20	20	20	20
受热面积	m^2	29	48.6	62	74.5	138
炉排面积	m^2	1.365	1.96	2.52	2.52	4.2
省煤器面积	m^2	—	—	—	12.5	27.8
锅炉效率	%	78	78	78	81	81
排烟温度	℃	260	250	250	195	200
烟气阻力	Pa	750	700	770	870	1200
耗煤量（烟煤）	kg/h	150	210	270	280	580
锅炉总重	t	7.8	9.7	10.7	11.7	26
炉水总重	t	2.6	3.4	4.2	4.2	7.5
燃烧方式		手工加煤	手工加煤	手工加煤	手工加煤	链条炉排
适应燃料		贫煤、烟煤	贫煤、烟煤	贫煤、烟煤	贫煤、烟煤	（劣质）烟煤
锅炉外形尺寸（长×宽×高）	m×m×m	4×2.4×2.6	4.3×2.7×3.7	4.6×2.7×3.8	4.8×2.7×3.8	6.4×4.5×4.7

燃油（燃气）锅炉构造示意如图 8-21 所示。该锅炉通过燃烧器向正在燃烧的炉膛内喷射雾状油（或煤气），燃烧迅速、完全。该类锅炉具有构造简单、体积小，热效率高达 90%以上，排污总量少，便于管理等优点。对环境卫生有一定要求的建筑物可考虑使用。

2. 电加热器

常用电加热器可分为快速式电加热器和容积式电加热器。快速式电加热器无储水容积或储水容积较小，不需预热，可随时产出一定温度的热水，使用方便、体积小，图 8-22 为其构造示意图。容积式电加热器具有一定的贮水容积，使用前需预热，当贮备水达到一定温度后才能使用，其热损失较大，但要求功率较小，图 8-23 为其构造示意图。

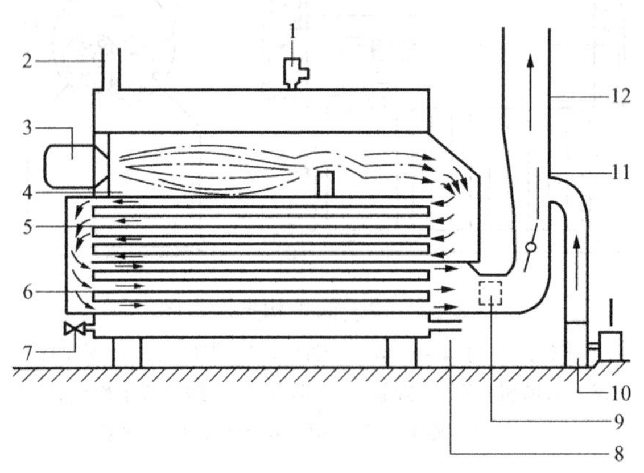

图 8-21　燃油（燃气）锅炉构造示意图

1—安全阀；2—热水出口；3—油(煤气)燃烧器；4—一级加热管；5—二级加热管；6—三级加热管；7—泄空阀；8—回水(或冷水)入口；9—导流器；10—风机；11—风挡；12—烟道

3. 容积式水加热器

容积式水加热器是一种间接式加热设备，有卧式和立式两种，其内部设有换热管束并具有一定贮热容积，具有加热冷水和贮备热水两种功能，以饱和蒸汽或高温水为热媒。

图 8-24 为卧式容积式水加热器构造示意图，容积式水加热器容积和盘管型号参见附录 12。

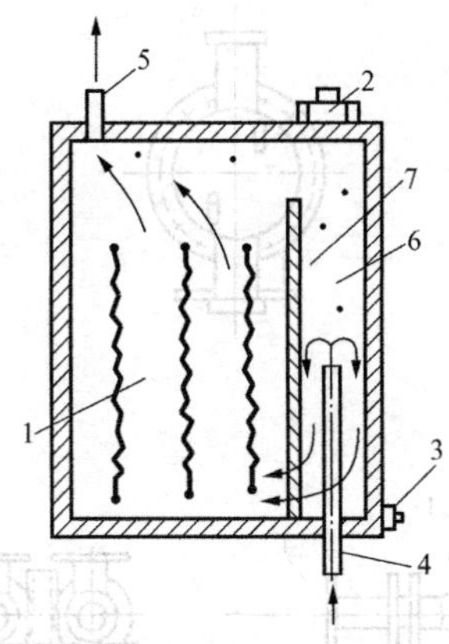

图 8-22 快速式电加热器

1—加热室；2—压电转换器；3—地线接线柱；4—进水管；5—出水管；6—气水分离室；7—挡气板

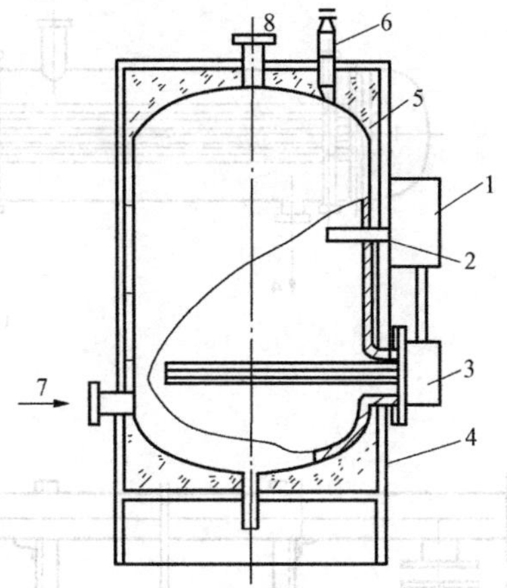

图 8-23 容积式电加热器

1—控制箱；2—测温元件；3—电加热元件；4—保温层；5—外壳；6—安全阀；7—给水进口；8—热水进口

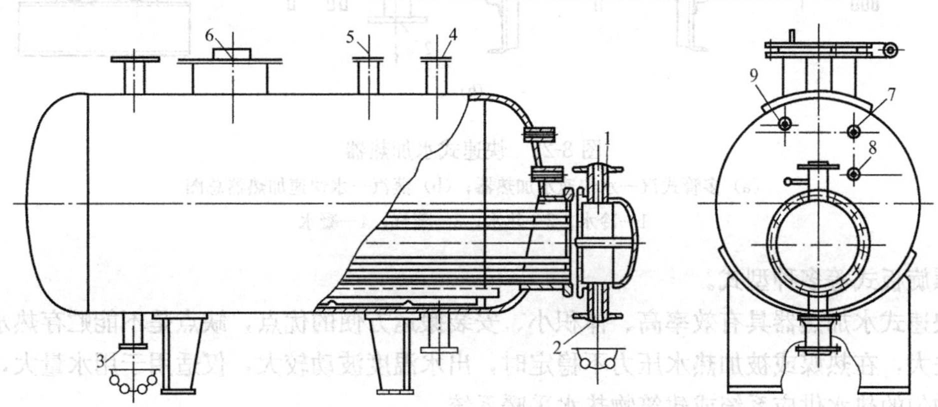

图 8-24 容积式水加热器构造示意图

1—蒸汽（热水）入口；2—冷凝水（回水）出口；3—进水管；4—出水管；5—安全阀接口；6—人孔；7—接压力计管箍；8—温度调节器接管；9—接温度计管箍

容积式水加热器的优点是具有较大的储存和调节能力，被加热水流速低，压力损失小，出水压力稳定，出水水温较均衡，供水较安全；该加热器的缺点是传热系数小，热交换效率较低，体积庞大，在散热管束下方的常温储存水中会产生军团菌等。

4. 快速式水加热器

快速式水加热器中，热媒与冷水均以较高流速流动进行紊流加热，提高热媒对管壁、管壁对被加热水的传热系数，以改善传热效果，如图 8-25 所示。

根据采用热媒的不同，快速式水加热器有汽—水（蒸汽和冷水）、水—水（高温水和冷水）两种类型；根据加热导管的构造不同，又有单管式、多管式、板式、管壳式、波纹板

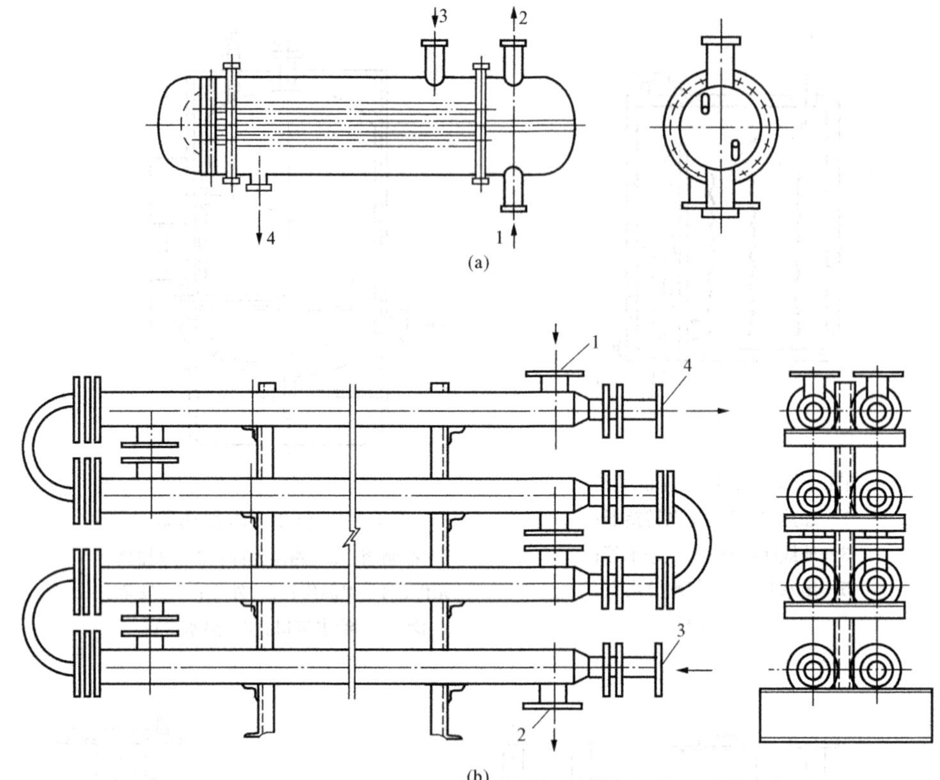

图 8-25　快速式水加热器

(a) 多管式汽—水快速水加热器；(b) 蒸汽—水快速加热器总图

1—冷水；2—热水；3—蒸汽；4—凝水

式、螺旋板式等多种型式。

快速式水加热器具有效率高、体积小、安装搬运方便的优点，缺点是不能贮存热水，水头损失大，在热媒或被加热水压力不稳定时，出水温度波动较大，仅适用于用水量大，而且比较均匀的热水供应系统或建筑物热水采暖系统。

5. 半容积式水加热器

半容积式水加热器是带有适量贮存和调节容积的内藏式容积式水加热器，其构造如图8-26所示，由贮热水罐、内藏式快速换热器和内循环泵三个主要部分组成。其中贮热水罐与快速换热器隔离，被加热水在快速换热器内迅速加热后，通过热水配水管进入贮热水罐，当管网中热水用水低于设计用水量时，热水的一部分落到贮罐底部，与补充水（冷水）一起经循环水泵升压后再次进入快速换热器内加热。

我国开发研制的 HRV 型半容积式水加热器装置的工作系统如图 8-27 所示，它取消了内循环泵，被加热水进入快速换热器迅速加热，然后先由下降管强制送至贮热水罐的底部，再向上流动，以保持贮罐内的热水温度相同。

6. 半即热式水加热器

半即热式水加热器是带有超前控制，具有少量贮存容积的快速式水加热器，其构造如图 8-28 所示。

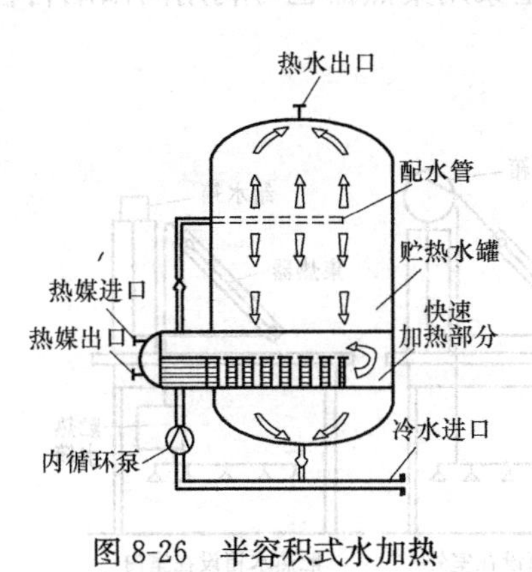

图 8-26 半容积式水加热器构造示意图

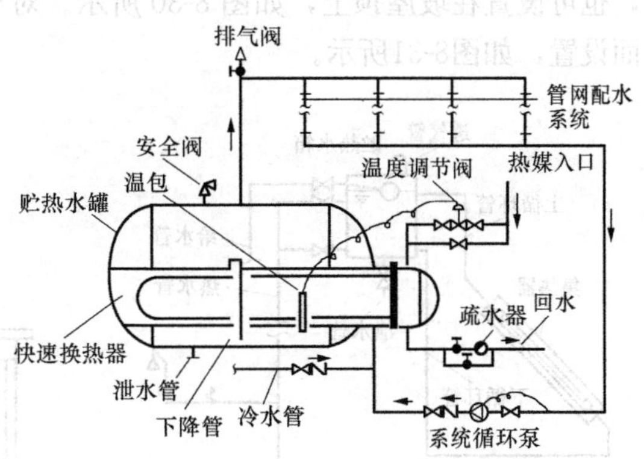

图 8-27 HRV 型半容积式水加热器工作系统图

热媒经控制阀和底部入口通过立管进入各并联盘管，冷凝水由立管后从底部流出，冷水从底部经孔板入罐，同时有少量冷水进入分流管。入罐冷水经转向器均匀进入罐底并向上流过盘管得到加热，热水由上出口流出。部分热水在顶部进入感温管开口端，冷水以与热水用水量成比例的流量由分流管同时进入感温管，感温元件读出瞬间感温管内的冷、热水平均温度，即向控制阀发出信号，按需要调节控制阀，以保持所需的热水输出温度。只要一有热水需求，热水出口处的水温尚未下降，感温元件就能发出信号开启控制阀，具有预测性。加热盘管内的热媒由于不断改向，加热时盘管颤动，形成局部紊流区，属于“紊流加热”，故传热系数大，换热速度快，又具有预测温控装置，所以其热水贮存容量小，仅为半容积式水加热器的 1/5。同时，加热盘管为多组多排螺旋形薄壁铜制盘管组成，由于内外温差作用，加热时产生自由伸缩膨胀，可使传热面上的水垢自动脱落。

半即热式水加热器具有快速加热被加热水，浮动盘管自动除垢的优点，其热水出水温度一般可控制在±2.2℃内，且体积小，节省占地面积，适用于各种不同负荷需求的机械循环热水供应系统。

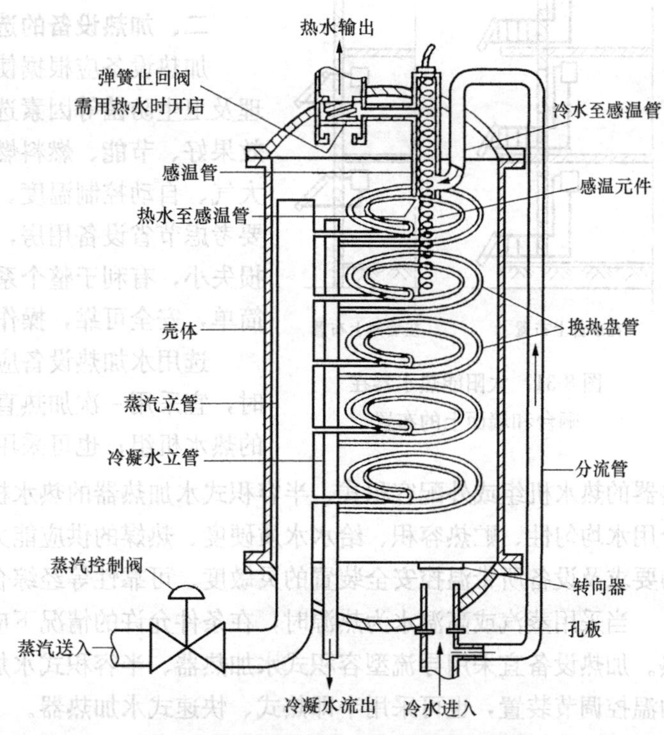

图 8-28 半即热式水加热器构造示意图

7. 太阳能热水器

太阳能热水器是将太阳能转换成热能并将水加热的装置，主要由集热器、贮热水箱等组成，如图 8-29 所示。

太阳能热水器常布置在平屋顶上，在坡屋顶的方位和倾角合适时，也可设置在坡屋顶上，如图 8-30 所示。对于小型家用集热器也可利用向阳晒台栏杆和墙面设置，如图8-31所示。

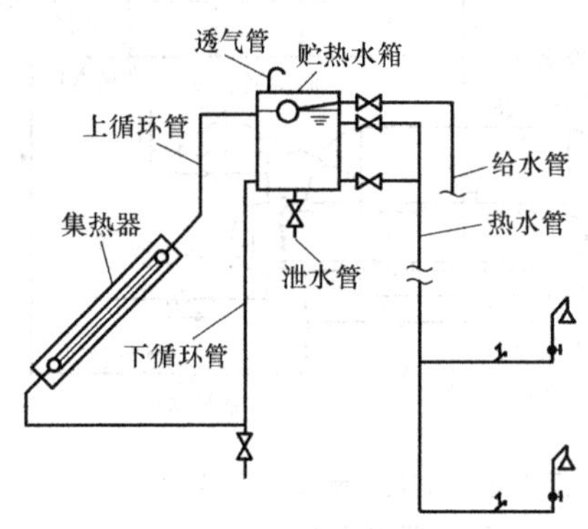

图 8-29 太阳能热水器的组成
（自然循环直接加热式）

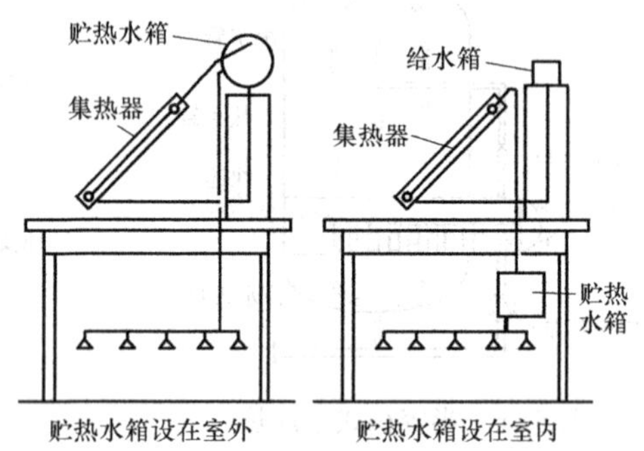

图 8-30 太阳能热水器在平屋顶上布置

同时，太阳能热水器的设置应避开其他建筑物的阴影；避免设置在烟囱和其他产生烟尘的设施的下风向，以防烟尘污染透明罩影响透光；避开风口，以减少集热器的热损失；除考虑设备负荷外，还应考虑风压影响，并应留有 0.5m 的通道供检修和操作。

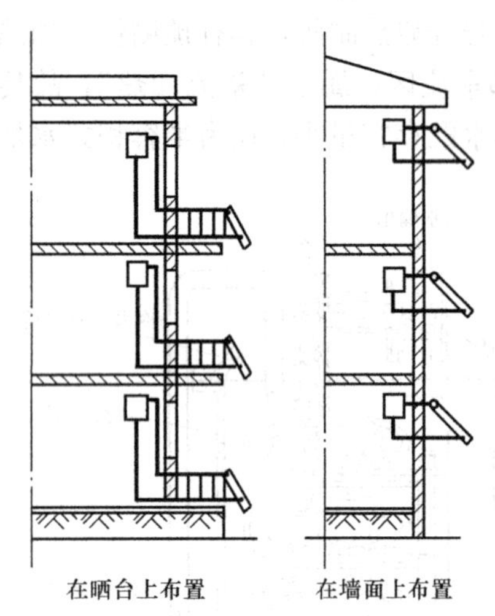

图 8-31 太阳能热水器在晒台和墙面上的布置

太阳能热水器具有结构简单、维护方便、安全、节省燃料、运行费用低、不污染环境等优点，但受天气、季节、地理位置的影响不能稳定连续运行。在燃料价格较高的地区，具备条件时可采用。

二、加热设备的选择

加热设备应根据使用特点、耗热量、热源、维护管理及卫生防菌等因素选择。它应当具备热效率高、换热效果好、节能、燃料燃烧安全、消烟除尘、机组水套通大气、自动控制温度、火焰传感、自动报警等功能，并要考虑节省设备用房，附属设备简单、生活热水侧阻力损失小，有利于整个系统冷、热水压力的平衡以及构造简单，安全可靠，操作维修方便等。

选用水加热设备应遵循下列原则：当采用自备热源时，宜采用一次加热直接供应热水的燃油、燃气等燃料的热水机组；也可采用二次加热间接供应热水的自带换热器的热水机组或外配容积式、半容积式水加热器的热水机组。间接水加热设备的选型应结合用水均匀性、贮热容积、给水水质硬度、热媒的供应能力及系统对冷、热水压力平衡稳定的要求及设备所带温控安全装置的灵敏度、可靠性等经综合技术经济比较后确定。

当采用蒸汽或高温水为热源时，在条件允许的情况下应尽可能利用工业余热、废热、地热。加热设备宜采用导流型容积式水加热器、半容积式水加热器；若热源充足且有可靠灵敏的温控调节装置，也可采用半即热式、快速式水加热器。

在无蒸汽、高温水等热源和无条件利用燃气、燃油等燃料而电能又充沛的地方可采用电热水器。

当热源是利用太阳能时，宜采用集热管、真空管式太阳能热水器。

第五节 热水供应系统的布置、敷设

一、锅炉房的布置

（1）高压锅炉不宜设在居住和公共建筑内，宜设在单独建筑物中，否则应征得消防、锅炉监察和环保部门的同意，并应符合防火规范的有关规定。

（2）应尽量按照工艺流程合理布置设备，并使之便于操作和检修。

（3）应考虑扩建和分期建筑的可能性和合理性，一般宜留出扩建端，辅助房间应布置在固定端。

（4）对直水管和横火管锅炉，应留有清扫和更换管束的操作面积。

（5）鼓风机、引风机及水泵的布置，应尽量减少其振动和噪声对操作人员和仪表的影响，必要时鼓风机和引风机可以露天布置，但必须考虑防晒、防腐、保温（引风机）等防护措施。

（6）锅炉房主要设备的布置间距，应符合表 8-11 要求。

（7）锅炉房应便于排水，防止污水、雨水倒灌，要有良好的通风和照明。

表 8-11 锅炉之间及锅炉与建筑结构之间的最小间距 m

锅炉形式	锅炉之间的距离	锅炉最高点至建筑结构最低点的距离	锅炉前端至墙面的距离	锅炉距墙的距离	锅炉顶部工作平台至建筑结构最低点的距离
卧式	1.00	1.50	1.5L+1.00	1.00	2.00（易燃结构为 3.00）
立式	0.80	0.70	1.5L （但不小于 2.50）	有通道：0.80 无通道：0.50	2.00（易燃结构为 3.00）

注 1. 表中 L 为炉膛深度，即锅炉前端至炉箅末端的距离。
2. 锅炉房的布置还应符合防火规范和有关安全防护的规定。
3. 在锅炉台数超过两台时，锅炉前端与墙的距离应适当加大。
4. 锅炉房的净高不宜小于 6m。

二、水加热器和贮水器的布置

（1）水加热器和贮水器可设在锅炉房或单独房间内，也可与互相无不利影响的其他设备布置在同一房间内。

（2）水加热器和贮水器的一侧应有净宽不小于 0.7m 的通道，水加热器前端应有抽出加热排管或管束的空间和放置检修加热排管或管束的操作面。若布置有困难，可在前端墙上留出检修洞（平时可砌封），其尺寸应能通过加热排管和管束并不小于 1.2m×1.0m（宽×高）。

（3）水加热器和贮水器上部附件的最高点至建筑结构最低点的净距应便于检修，但不得小于 0.2m，且房间净高不得低于 2.2m。

（4）水加热器和贮水器间的净距应不小于 0.7m。

(5) 安装水加热器和贮水器的房间的门窗或安装洞尺寸，应考虑设备进出的可能性。房间应便于排水、防止污水、雨水倒灌，并有良好的通风和照明。

三、热水管网的布置与敷设

热水管网的布置和敷设，除了满足给（冷）水管网布置敷设的要求外，如前所述，还应该注意因水温高而引起的体积膨胀、管道伸缩补偿、保温、防腐、排气等问题。

根据水平干管的敷设位置，热水管网的布置形式可采用上行下给式（其水平干管敷设在建筑物最高层吊顶或专用设备技术层内）或下行上给式（其水平干管敷设在室内地沟内或地下室顶部），如图 8-32 和图 8-33 所示。

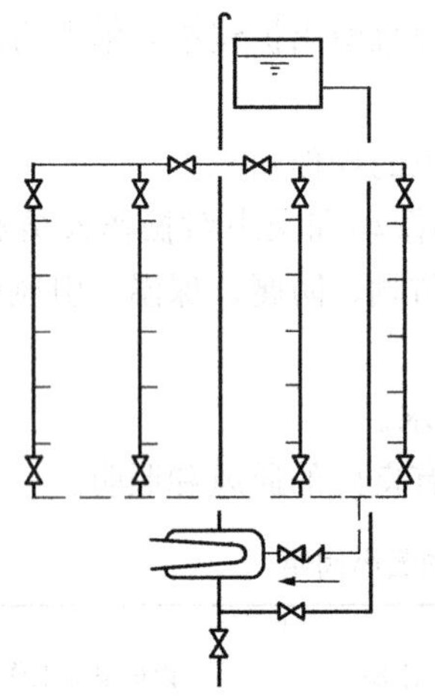

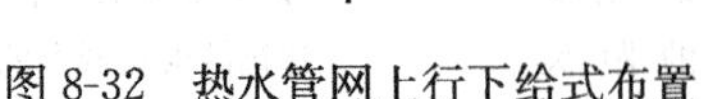

图 8-32　热水管网上行下给式布置

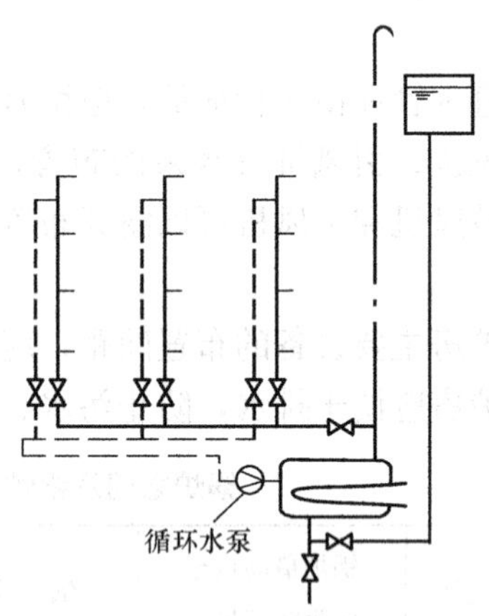

图 8-33　热水管网下行上给式布置

根据建筑物的使用要求，热水管网的敷设形式又可分为明装与暗装两种。明装管道尽可能布置在卫生间、厨房沿墙、柱敷设，一般与冷水管平行。在建筑与工艺有特殊要求时可暗装，暗装管道多布置在管道竖井或预留沟槽内。

布置和敷设热水管网时应注意以下事项：

(1) 较长的直线热水管道，不能依靠自身转角自然补偿管道的伸缩时，应设置伸缩器。

(2) 为避免管道中积聚气体，影响过水能力和增加管道腐蚀，在上行下给式供水干管的最高点应设置排气装置。

(3) 为集存热水中所析出的气体，防止被循环水带走，下行上给式管网的循环回水立管应在配水立管最高配水点以下不小于 0.5m 处连接。

(4) 为便于排气和泄水，热水横管均应有与水流方向相反的坡度，其坡度值一般应不小于 0.003，并在管网的最低处设泄水装置。

(5) 热水管道在穿过建筑物顶棚、楼板、墙壁和基础处应设套管，以避免管道胀缩时损坏建筑结构和管道设备。若地面有积水可能时，套管应高出地面 50～100mm，以防止套管缝隙向下流水。

(6) 热水立管与横管连接处，为避免管道伸缩应力破坏管网，立管与横管相连应采用乙字弯管，如图 8-34 所示。

(7) 为保证配水点的水温，需平衡冷热水的水压。热水管道通常与冷水管道平行布置，

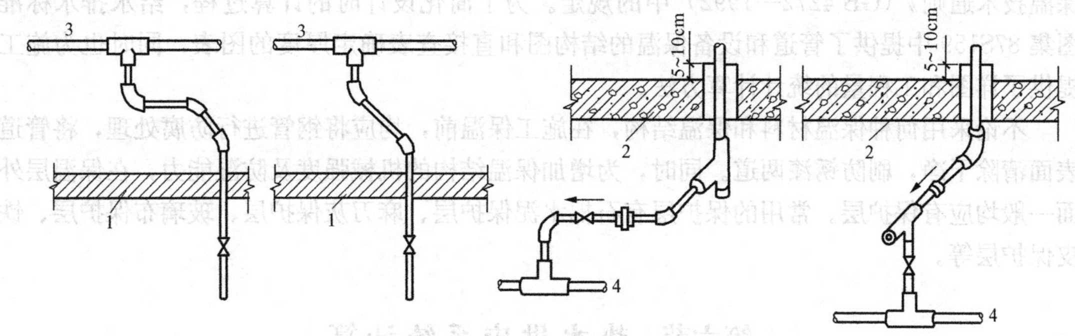

图 8-34 热水立管与横管的连接方式

1—吊顶；2—地板或沟盖板；3—配水横管；4—回水管

热水管道在冷水管道上方或左侧位置。

(8) 热水管道应设固定支座和活动导向支座，固定支座的间距应满足管段的热伸长量不大于伸缩器所允许的补偿量，固定支座之间设活动导向支座，钢管水平安装时，活动导向支座的最大间距见表 8-12。

表 8-12 **活动导向支座的最大间距** m

管径（mm）	15	20	25	32	40	50	70	80	100	125	150
保温管	1.5	2	2	2.5	3	3	4	4	4.5	5	6
不保温管	2.5	3	3.5	4	4.5	5	6	6	6.5	7	8

(9) 为满足热水管网中循环流量的平衡调节和检修的需要，在配水管道或回水管道的分干管处，配水立管和回水立管的端点，以及居住建筑和公共建筑中每一户或单元的热水支管上，均应设阀门。热水管道中水加热器或贮水器的冷水供水管和机械循环第二循环回水管上应设止回阀，以防止加热设备内水倒流被泄空而造成安全事故和防止冷水进入热水系统影响配水点的供水温度，如图 8-35 所示。

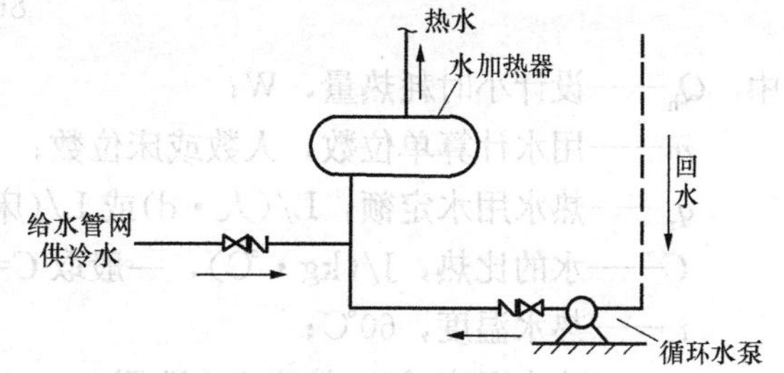

图 8-35 热水管道上止回阀的位置

四、热水管道的防腐与保温

热水管网若采用低碳钢管材和设备时，由于管道及设备暴露在空气中，会受到氧气、二氧化碳、二氧化硫和硫化氢的腐蚀，金属表面还会产生电化学腐蚀，加之热水水温高，气体溶解度低，使得金属管材更易腐蚀。长期腐蚀的结果，使管道和设备的壁面变薄，系统将遭到破坏。为此，可在金属管材和设备外表面涂刷防腐材料，在金属设备内壁及管内加耐腐衬里或涂防腐涂料来阻止腐蚀作用。

在热水系统中，为减少系统的热损失应对管道和设备进行保温。选用保温材料时，应尽量选用重量轻、导热系数低[$\leqslant 0.139 W/(m^2 \cdot ℃)$]、吸水率小、性能稳定、有一定的机械强度、不腐蚀金属、施工简便、价格合理的材料。常用的保温材料有膨胀珍珠岩、膨胀蛭石、玻璃棉、矿渣棉、石棉、硅藻土和泡沫混凝土等制品。

对管道和设备保温层厚度的确定，均需按经济厚度计算法计算，并应符合《设备及管道保温技术通则》(GB 4272—1992) 中的规定。为了简化设计时的计算过程，给水排水标准图集 87S159 中提供了管道和设备保温的结构图和直接查表确定厚度的图表，同时也为施工提供了详图和工程量的统计计算方法。

不论采用何种保温材料和保温结构，在施工保温前，均应将钢管进行防腐处理，将管道表面清除干净，刷防锈漆两道。同时，为增加保温结构的机械强度及防湿能力，在保温层外面一般均应有保护层。常用的保护层有石棉水泥保护层、麻刀灰保护层、玻璃布保护层、铁皮保护层等。

第六节 热水供应系统计算

热水供应系统的计算内容主要有设备选型计算、热媒管道计算、凝结水管管径确定、热水配水管计算、热水回水管计算及循环水泵的确定。

一、耗热量、热水量及加热设备供热量的计算

(一) 设计小时耗热量的计算

(1) 设有集中热水供应系统的居住小区的设计小时耗热量，当公共建筑的最大用水时段与住宅的最大用水时段一致时，应按两者的设计小时耗热量叠加计算；当公共建筑的最大用水时段与住宅的最大用水时段不一致时，应按住宅的设计小时耗热量加公共建筑的平均小时耗热量叠加计算。

(2) 全日供应热水的住宅、别墅、招待所、培训中心、旅馆、宾馆的客房（不含员工）、医院住院部、养老院、幼儿园、托儿所（有住宿）等建筑的集中热水供应系统的设计小时耗热量应按下式计算

$$Q_h = K_h \frac{mq_r C(t_r - t_l)\rho_r}{86\,400} \tag{8-5}$$

式中 Q_h——设计小时耗热量，W；

m——用水计算单位数，人数或床位数；

q_r——热水用水定额，L/(人·d)或 L/(床·d)，应按表 8-1 选用；

C——水的比热，J/(kg·℃)，一般取 C=4187J/(kg·℃)；

t_r——热水温度，60℃；

t_l——冷水温度,℃，按表 8-4 选用；

ρ_r——热水密度，kg/L；

K_h——热水小时变化系数，可按表 8-13～表 8-15 采用。

表 8-13 住宅、别墅的热水小时变化系数 K_h 值

居住人数（m）	≤100	150	200	250	300	500	1000	3000	≥6000
K_h	5.12	4.49	4.13	3.88	3.70	3.28	2.86	2.48	2.34

表 8-14 旅馆的热水小时变化系数 K_h 值

床位数（m）	≤150	300	450	600	900	≥1200
K_h	6.84	5.61	4.97	4.58	4.19	3.90

表 8-15 **医院的热水小时变化系数 K_h 值**

床位数（m）	≤50	75	100	200	300	500	≥1000
K_h	4.55	3.78	3.54	2.93	2.60	2.23	1.95

注 招待所、培训中心、宾馆的客房（不含员工）、养老院、幼儿园、托儿所（有住宿）等建筑的 K_h 可参照表 8-14 选用。

（3）定时供应热水的住宅、旅馆、医院及工业企业生活间、公共浴室、学校、剧院、体育馆（场）等建筑的集中热水供应系统的设计小时耗热量应按下式计算

$$Q_h = \Sigma \frac{q_h(t_r - t_l)\rho_r N_o bC}{3600} \tag{8-6}$$

式中 q_h——卫生器具热水的小时用水定额，L/h，按表 8-2 采用；

N_o——同类型卫生器具数；

b——同类卫生器具同时使用百分数，公共浴室和工业企业生活间，学校、剧院及体育馆(场)等的浴室内淋浴器和洗脸盆均按 100%计算；住宅、旅馆，医院、疗养院病房，卫生间内浴盆或淋浴器按 70%～100%计，其他器具不计，但定时连续供水时间应不小于 2h。一户住宅有多个卫生间时，只按一个卫生间计算；

t_r——热水温度，60℃；

t_l——冷水温度,℃，按表 8-4 选用；

C——水的比热，J/（kg·℃），一般取 C=4187J/（kg·℃）。

（4）具有多个不同使用热水部门的单一建筑或具有多种使用功能的综合性建筑，当其热水由同一热水供应系统供应时，设计小时耗热量可按同一时间内出现用水高峰的主要用水部门的设计小时耗热量加其他用水部门的平均小时耗热量计算。

【例 8-2】 北京某旅馆建筑，内有客房 70 套，平均每套房间床位为 3，均带有卫生间，每一卫生间设有浴盆（带淋浴）1、洗脸盆 1 和坐式便器 1，拟采用集中热水供应系统，试确定该建筑设计小时耗热量。

解 根据式（8-6）查表 8-2 可得 q_h=300L/h，t_r=40℃，取 b=80%，则

$$Q_h = \Sigma \frac{q_h(t_r - t_l)\rho_r N_o bC}{3600} = \frac{300(40-4)\times 0.99\times 70\times 0.8\times 4187}{3600} = 700\times 10^3\,\text{W}$$

（二）设计小时热水量的计算

热水量计算用于热水机组的选型，从理论上讲，集中热水供应系统的小时热水用水量应根据建筑物的日热水量小时变化曲线确定，但由于实际工程中缺少日热水量小时变化曲线，则热水量可按下列方法计算

$$q_{rh} = \frac{Q_h}{1.163(t_r - t_l)\rho_r} \tag{8-7}$$

式中 q_{rh}——设计小时热水量，L/h；

Q_h——设计小时耗热量，W；

t_r——热水温度，60℃；

t_l——冷水温度,℃，按表 8-4 选用；

ρ_r——热水密度，kg/L。

（三）设计小时供热量的计算

设计小时供热量是热水供应系统对加热设备的要求指标，也是热水加热设备的性能指标。集中热水供应系统中，锅炉、水加热设备的设计小时供热量应根据日热水用量小时变化曲线、加热方式及锅炉、水加热设备的工作制度经积分曲线计算确定。当无条件时，可按下列原则计算：

(1) 容积式水加热器或贮热容积及与其相当的水加热器、热水机组，按下式计算

$$Q_R = Q_h - 1.163\frac{\eta V_r}{T}(t_r - t_l)\rho_r \tag{8-8}$$

式中 Q_R——容积式水加热器的设计小时供热量，W；

Q_h——设计小时耗热量，W；

η——有效贮热容积系数，容积式水加热器η=0.75，导流型容积式水加热器η=0.85；

V_r——总贮热容积，L；

T——设计小时耗热量持续时间，h，T=2～4h；

t_r——热水温度，℃，按设计水加热器出水温度或贮水温度计算；

t_l——冷水温度，℃，按表 8-4 选用；

ρ_r——热水密度，kg/L。

(2) 半容积式水加热器或贮热容积与其相当的水加热器、热水机组的供热量按设计小时耗热量计算。

(3) 半即热式、快速式水加热器及其他无贮热容积的水加热设备的供热量按设计秒流量计算。

（四）热媒耗量计算

根据热媒种类和加热方式的不同，热媒耗量按下列方法计算。

1. 蒸汽直接加热时，蒸汽耗量按下列公式计算

$$G_m = (1.1 \sim 1.2)\frac{Q_h}{i - Q_{hr}} \tag{8-9}$$

式中 G_m——直接加热时的蒸汽耗量，g/s；

Q_h——设计小时耗热量，W；

i——蒸汽热焓，kJ/kg，按蒸汽绝对压力查附录 13 确定；

Q_{hr}——蒸汽与冷水混合后的热焓，kJ/kg，按 $Q_{hr}=Ct_r$ 计算。

2. 蒸汽通过热交换器间接加热时，蒸汽耗量按下列公式计算

$$G_{mh} = (1.1 \sim 1.2)\frac{Q_h}{\gamma_h} \tag{8-10}$$

式中 G_{mh}——间接加热时的蒸汽耗量，g/s；

Q_h——设计小时耗热量，W；

γ_h——蒸汽的汽化热，kJ/kg，按蒸汽绝对压力查附录 14 确定。

3. 热媒为热水通过热交换器间接加热时，热水耗量按下式计算

$$G_{ms} = (1.1 \sim 1.2)\frac{Q_h}{C(t_{mc} - t_{mz})} \tag{8-11}$$

式中 G_{ms}——热媒为热水的耗量，g/s；

t_{mc}——热媒为热水时进入热交换器的温度，分别按低温水 95℃或高温水 110℃～150℃采用；

t_{mz}——热媒为热水时流出热交换器的温度，一般为 60～75℃；

Q_h——设计小时耗热量，W；

C——水的比热，J/（kg·℃），一般取 C=4187J/（kg·℃）。

式（8-9）～式（8-11）中的 1.1～1.2 为热媒系统的热损失系数，应根据系统的管线长度取值。

二、热水加热及贮存设备的选择计算

在热水系统中同时起到加热和贮存作用的设备有容积式水加热器和加热水箱等。仅起加热作用的设备为快速式水加热器；仅起贮存热水作用的设备是贮水罐或热水箱。上述设备的主要计算内容是确定加热设备的加热面积和确定贮热设备的贮存容积。

（一）加热设备的选择计算

1. 表面式水加热器的加热面积按下述公式计算

$$F_{jr}=\frac{C_rQ_z}{\varepsilon K\Delta t_j} \tag{8-12}$$

式中 F_{jr}——表面式水加热器的加热面积，m^2；

Q_z——制备热水所需热量，W；

K——传热系数，W/（m^2·℃），按表 8-16、表 8-17 查取；

ε——由于水垢和热媒分布不均匀影响传热效率的系数，一般采用 0.6～0.8；

C_r——热水供应系统的热损失系数，按表 8-18 查取；

Δt_j——热媒和被加热水的计算温差，℃。

表 8-16　容积式水加热器中盘管的传热系数 K 值

热媒种类	传热系数 K [W/（m^2·℃）]	
	铜盘管	钢盘管
蒸汽	872	756
80～115℃的高温水	407	349

表 8-17　快速式热交换器的传热系数 K 值

被加热水流速（m/s）	传热系数 K [W/（m^2·℃）]							
	热媒为水，热水流速（m/s）						热媒为蒸汽，蒸汽压力（Pa）	
	0.5	0.75	1.0	1.5	2.0	2.5	≤0.98×10^5	>0.98×10^5
0.50	1105	1279	1396	1512	1628	1686	2733/2152	2559/2035
0.75	1244	1454	1570	1744	1919	1977	3431/2675	3198/2501
1.00	1338	1570	1744	1977	2210	2326	3954/3082	3663/2908
1.50	1512	1803	2035	2326	2559	2733	4536/3722	4187/3489
2.00	1628	1977	2210	2559	2849	3024	—/4361	—/4129
2.50	1744	2093	2913	2849	3198	3489	—	—

注 热媒为蒸汽时，表中分子为两回程汽—水快速式水加热器将被加热水的水温升高 20～30℃时的 K 值；分母为四回程汽—水快速式水加热器将被加热水的水温升高 60～65℃时的 K 值。

表 8-18 热水供应系统的热损失系数 C_r

热水管网敷设方式	应采用的热损失系数
下行上给式管网，配、回水干管敷设在管沟内	1.10
下行上给式管网，配、回水干管敷设在不采暖地下室	1.20
上行下给式管网，回水干管敷设在管沟内	1.15
上行下给式管网，回水干管敷设在不采暖地下室	1.20

水加热器热媒与被加热水的计算温差 Δt_j 可按下述方法计算：

（1）容积式水加热器热媒为蒸汽或热水和被加热水的计算温差 Δt_j，采用算术平均温差法计算

$$\Delta t_j = \frac{t_{mc} + t_{mz}}{2} - \frac{t_c + t_z}{2} \tag{8-13}$$

式中 t_{mc}，t_{mz}——容积式水加热器热媒的初温和终温，℃，热媒为蒸汽，其压力＞70kPa时，按饱和蒸汽温度计算，可查附录 13 确定，其压力≤70kPa 时，应按 100℃计算，热媒为热水时；应按热力管网供回水的最低温度计算，但热媒的初温与被加热水的终温的温度差≥10℃；

t_c，t_z——被加热水的初温和终温，℃。

（2）快速式水加热器热媒为蒸汽或热水和被加热水的温差 Δt_j，采用平均对数温差法计算

$$\Delta t_j = \frac{\Delta t_{max} - \Delta t_{min}}{\ln \frac{\Delta t_{max}}{\Delta t_{min}}} \tag{8-14}$$

式中 Δt_{max}——热媒和被加热水在水加热器一端的最大温差，℃；

Δt_{min}——热媒和被加热水在水加热器另一端的最小温差，℃。

由于快速式水加热器可采用水—水并流、水—水逆流，汽—水逆流的方式，所以其 Δt_{max}和 Δt_{min}可按图 8-36～图 8-38 中的标注计算得出。

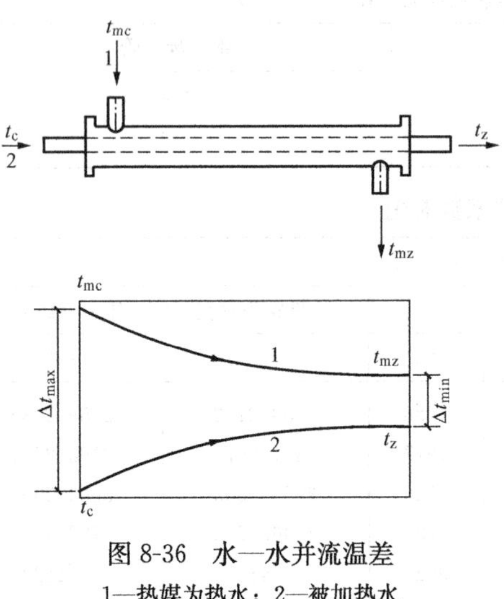

图 8-36 水—水并流温差

1—热媒为热水；2—被加热水

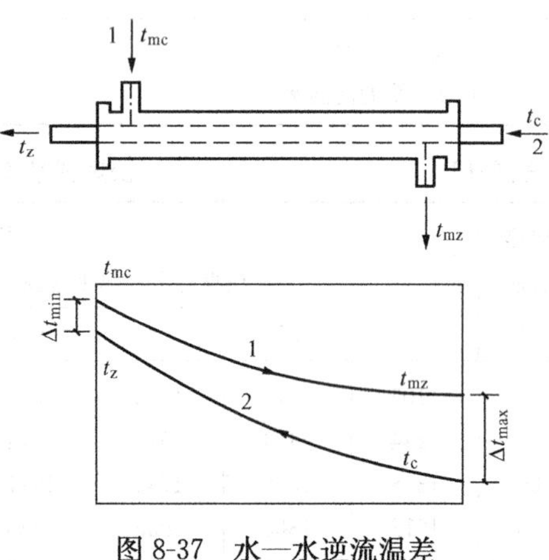

图 8-37 水—水逆流温差

1—热媒为热水；2—被加热水

另外，半容积式水加热器的 Δt_j 可按容积式水加热器计算公式计算，半即热式水加热器的 Δt_j 可按快速式水加热器计算公式计算。

加热盘管长度的计算公式如下

$$L=\frac{F_{jr}}{\pi D} \quad (8\text{-}15)$$

式中 L——加热盘管总长度，m；

F_{jr}——表面式水加热器的加热面积，m^2；

D——加热盘管外径，m。

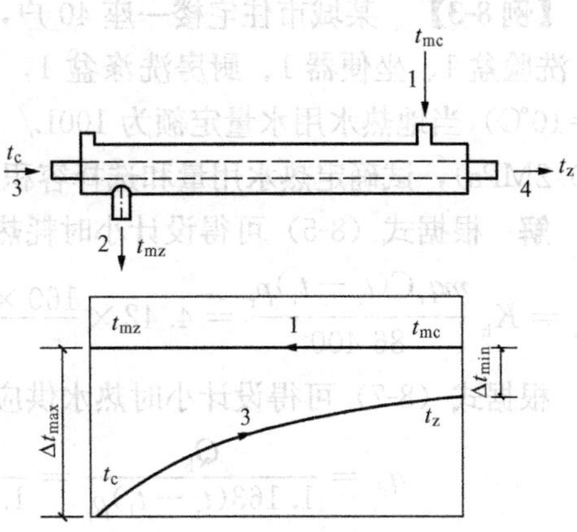

图 8-38 汽—水快速热交换温差

1—蒸汽；2—凝结水；3—被加热冷水；4—热水

2. 热水贮水器容积的计算

集中热水供应系统加热器的逐时供热量和热水系统的逐时耗热量之间存在差异，通常采用贮水器加以调节。从理论上讲，贮水器的容积应以热水供应系统设计成定温变容，定容变温和变容变温三种工况的小时供热曲线和小时耗热曲线，用作图法来确定，但在实际工程中，此资料难以收集，所以考虑到加热设备的类型、建筑物用水规律、热源和热媒的充沛程度、自动控制程度、管理情况等，贮水器的容积可采用经验法按下列公式计算

$$V=\frac{1000TQ_h}{60(t_r-t_1)\rho C} \quad (8\text{-}16)$$

式中 V——贮水器的贮水容积，L；

T——表 8-19 中规定的时间，min；

Q_h——设计小时耗热量，W；

t_r——热水温度，60℃；

t_1——冷水温度，℃，按表 8-4 选用；

ρ——水密度，kg/L；

C——水的比热，J/（kg·℃），一般取 C=4187J/（kg·℃）。

表 8-19 **水加热器的贮热量**

加热设备	以蒸汽或 95℃以上的高温软化水为热媒时		以≤95℃低温软化水为热媒时	
	工业企业淋浴室	其他建筑物	工业企业淋浴室	其他建筑物
容积式水加热器或加热水箱	≥30minQ_h	≥45minQ_h	≥60minQ_h	≥90minQ_h
导流式容积式水加热器	≥20minQ_h	≥30minQ_h	≥30minQ_h	≥40minQ_h
半容积式水加热器	≥15minQ_h	≥15minQ_h	≥15minQ_h	≥20minQ_h
半即热式水加热器	—	—	—	—
快速水加热器	—	—	—	—

注 1. 半即热式、快速式水加热器当热媒按设计秒流量供应，且有完善可靠的温度自动调节装置时可不设贮水器。当其用于洗衣房或热媒供应不充分时，也应设贮水器，贮水容积同导流型容积式水加热器。

2. 热水机组所配贮热器，其贮热量宜根据热媒供应情况，按导流型容积式水加热器或半容积式水加热器确定。

3. 表中 Q_h 为设计小时耗热量。

按式（8-16）计算确定出容积式水加热器或加热水箱的容积后，当冷水从下部进入，热水从上部送出，其计算容积宜附加 20%～25%；当采用有导流装置的容积式水加热器时，其计算容积宜附加 10%～15%；当采用半容积式水加热器时，或带有强制罐内水循环装置的容积式水加热器，其计算容积可不附加。

【例 8-3】 某城市住宅楼一座 40 户，每户平均人口按 4 人计，每户设有卫生器具浴盆 1、洗脸盆 1、坐便器 1、厨房洗涤盆 1，拟采用集中热水供应，自来水为地下水源（水温 $t_1=10℃$），当地热水用水量定额为 100L/（人·d）（$t_r=60℃$），若热媒为高压蒸汽（表压 $p=0.2MPa$），试确定热水用量和选择容积式水加热器。

解 根据式（8-5）可得设计小时耗热量

$$Q_h = K_h \frac{mq_r C(t_r - t_l)\rho_r}{86\ 400} = 4.42 \times \frac{160 \times 100 \times 4187 \times (60-10) \times 0.99}{86\ 400} = 170 \times 10^3 (W)$$

根据式（8-7）可得设计小时热水供应量应为

$$q_{rh} = \frac{Q_h}{1.163(t_r - t_l)\rho_r} = \frac{170\ 000}{1.163 \times (60-10) \times 0.99} = 2953L/h$$

根据式（8-10）可得热媒耗量为

$$G_{mh} = 1.2\frac{Q_h}{\gamma_h} = 1.2 \times \frac{170\ 000}{2167} = 94g/s$$

根据式（8-16）并取热水供应时间为 300min 可得热水贮水器的容积为

$$V = \frac{1000TQ_h}{60(t_r - t_l)\rho C} = \frac{1000 \times 300 \times 170\ 000}{60 \times (60-10) \times 1000 \times 4187} = 4.06L$$

设加热排管占加热器容积的 0.5%～3%，则容积式加热器选型用容积为

$$V_x = 1.05V = 1.05 \times 4.06 = 4.26L$$

加热排管传热面积根据式（8-12）计算

$$F_{jr} = \frac{C_r Q_z}{\varepsilon K \Delta t_j} = \frac{1.2 \times 170\ 000}{0.6 \times 756 \times 67} = 6.7m^2$$

按附录 12 选用 6 号容积式水加热器，加热排管 $\phi 38 \times 3 \times 2730$—13 根，换热面积 $8.9m^2$，容积 $V=3.0m^3$—2 台。

（二）锅炉的选择计算

锅炉属于发热设备。在较大的集中热水系统中，锅炉一般由采暖、供热专业设计人员结合整幢建筑对热源之需求统一设计选择。给排水专业设计人员提供出小时耗热量即可。对于小型建筑物的热水系统可单独选择锅炉。一般按下式计算

$$Q_g = (1.1 \sim 1.2)Q_h \tag{8-17}$$

式中 Q_g——锅炉小时供热量，kJ/h；

Q_h——设计小时耗热量，W；

1.1～1.2——热水系统的热损失附加系数。

然后从锅炉样本中查出锅炉的发热量 Q_k，应保证 $Q_k \geq Q_g$，具体富裕量应根据今后的发展和一些零星用热等因素确定。

三、热水供应管网的计算

热水系统中管网的计算可按第一循环管网和第二循环管网进行，第一循环管网是指热水锅炉或各类水加热器至贮水器之间供、回水管道系统，故须计算确定热媒管道管径，凝结水管道管径的计算。第二循环管网是指贮水器至配水点之间供、回水管道系统，故应确定热水配水管网管径，计算循环流量，确定循环附加流量，确定回水管道管径，计算水头损失，确定循环方式及循环水泵的流量和扬程等。

(一)第一循环管网的水力计算

1. 热媒为热水

以热水为热媒时，热媒流量 G_{ms} 可按式（8-11）计算。

热媒循环管路中的供、回水管道的管径，应根据热媒流量控制管中流速不大于1.2m/s，每米管长的沿程水头损失在50～100Pa范围内，由 G_{ms} 查附录14确定，并据此计算管路的总水头损失 H_h。

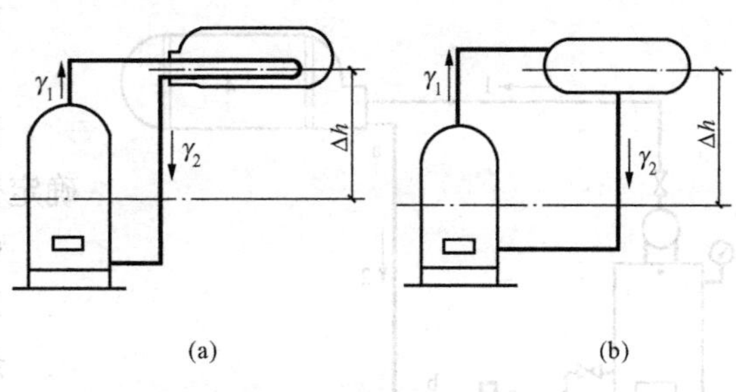

图 8-39　自然循环压力

(a) 热水锅炉与水加热器连接（间接加热）；

(b) 热水锅炉与贮水器连接（直接加热）

当锅炉与水加热器或贮水器连接时，如图8-39所示，热媒管网的热水自然循环压力值 H_{xr} 按下式计算

$$H_{xr} = 10\Delta h(\rho_h - \rho_r) \tag{8-18}$$

式中　H_{xr}——热媒管网的热水自然循环压力值，Pa；

Δh——锅炉中心或水加热器内盘管中心与贮水器中心垂直高度，m；

ρ_h——贮水器回水的密度，kg/m³；

ρ_r——锅炉或水加热器出水的热水密度，kg/m³。

当 $H > H_h$ 时，可形成自然循环，为保证系统运行可靠一般要求

$$H_{xr} \geqslant (1.1 \sim 1.15)H_h \tag{8-19}$$

若 H_{xr} 略小于 H_h，在条件许可时可以适当调整水加热器和热水贮罐的设置高度来满足。经调整后仍不能满足要求时，则应采用机械循环方式强制循环。

2. 热媒为蒸汽

以高压蒸汽为热媒时，热媒流量按式（8-10）或式（8-11）确定。

热媒蒸汽管道一般按管道的允许流速和相应的比压降确定管径和水头损失。高压蒸汽管道常用的流速可按表8-20确定，根据蒸汽通过管道的流量查附录15，可确定管径和比压降，计算管路的水头损失。

表 8-20　高压蒸汽管道常用流速

管径（mm）	15～20	25～32	40	50～80	100～150	≥200
流速（m/s）	10～15	15～20	20～25	25～35	30～40	40～60

从水加热器出口至疏水器前的管段（如图8-40中的a～b段）为汽水混合流动状态，其管径按通过管段的设计小时耗热量 I 按式（8-5）计算确定，查附录18选定。

凝结水是利用疏水器后的余压，输送到凝结水池，当凝结水池通大气时（见图8-40），疏水器至凝结水池之间的管段（b～c段），其管径也按通过管段的设计小时耗热量计算，公式如下

$$Q_j = 1.25Q_h \tag{8-20}$$

式中　Q_j——余压凝结水管段（b～c段）中的计算热量，kJ/h；

Q_h——设计小时耗热量，W；

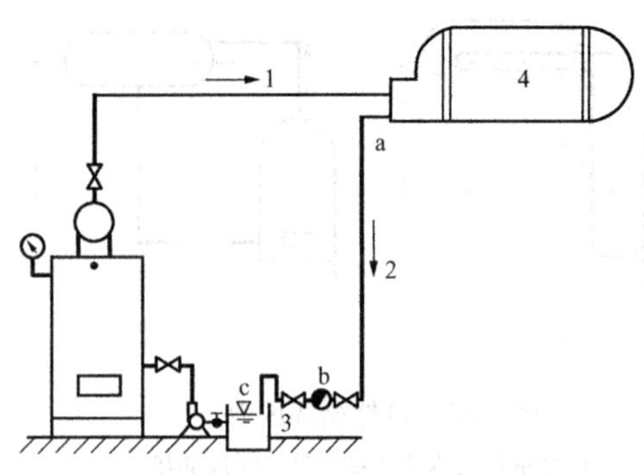

图 8-40 余压凝结水系统图式
1—蒸汽；2—凝结水；3—凝结水池；4—水加热器
a—凝水管；b—疏水器；c—凝水管出口

1.25——考虑系统启动时凝结水量的增大系数。

计算出 b～c 段通过的热量后，可查附录 17 确定管径。

（二）第二循环管网的水力计算

1. 配、回水管网水力计算

热水配水管网水力计算的目的主要是根据各配水管段的设计秒流量和允许流速值来确定配水管网的管径，并计算其水头损失值。热水配水管网中设计秒流量的计算方法与冷水系统相同，但由于水温和水质的差别，以及考虑到结垢和腐蚀等因素，在计算管径和水头损失时，又与冷水系统有所区别。

（1）由于热水系统中水温较高，易结垢造成管内径缩小，粗糙系数增大，因而水头损失计算公式不同，热水管网水力计算应使用热水管道水力计算表，见附录 18。

（2）热水配水管道内的允许流速值参见表 8-21。对于噪声要求严格的高标准建筑物，应取流速下限值，反之，取流速上限值。

表 8-21 热水管道的流速

公称直径（mm）	15～20	25～40	≥50
流速（m/s）	≤0.8	≤1.0	≤1.2

（3）机械循环方式中热水配水管网的局部水头损失可按相应各计算管段沿程水头损失的 25%～30%估算；自然循环方式中热水配水管网的局部水头损失宜按公式详细计算得出。

（4）热水配水管网的最小管径应不小于 20mm。

回水管网水力计算的目的在于确定回水管网的管径，方法为比相应位置的配水管段管径小 1 级，但最小管径应不小于 20mm。

在热水供应系统中，通常将回水管网与配水管网设置成循环系统，以保证用水点的热水温度。因此，回水管网不配水，仅通过用以补偿配水管热损失的循环流量，故其水头损失的计算应在循环流量求解后再进行。

2. 机械循环管网水力计算

根据循环动力的不同，热水第二循环管网可分为自然循环和机械循环两种类型。其中，机械循环又分为全日热水供应系统和定时热水供应系统两种。机械循环管网的计算是在确定了最不利循环管路即计算循环管路和循环管网中配水管和回水管的管径后进行的，其主要目的是选择循环水泵。

（1）全日热水供应系统热水管网计算。

1）计算热水配水管网各管段的热损失，公式如下

$$q_s = \pi DLK(1-\eta)\left(\frac{t_c + t_z}{2} - t_k\right) \tag{8-21}$$

式中 q_s——计算管段的热损失，W；

D——计算管段的管外径，m；

L——计算管段长度，m；

K——无保温时管道的传热系数，对普通钢管约为11.6W/（m^2·℃）；

η——保温系数，无保温时η=0，简单保温时η=0.6，较好的保温时η=0.7～0.8；

t_c——计算管段的起点温度,℃；

t_z——计算管段的终点温度,℃；

t_k——计算管段周围空气温度，可按表8-22确定,℃。

表8-22 管段周围空气温度 t_k

管道敷设情况	t_k（℃）	管道敷设情况	t_k（℃）
采暖房间内，明管敷设	18～20	敷设在不采暖房间的地下室内	5～10
采暖房间内，暗管敷设	30	敷设在室内地下管沟内	35
敷设在不采暖房间的顶棚内	可采用1月份室外平均温度		

计算管段的终点水温t_z，可按以下方法计算

$$\Delta T=\frac{\Delta t}{F} \tag{8-22}$$

$$t_z=t_c-\Delta T\Sigma f \tag{8-23}$$

式中 ΔT——配水管网中的面积比温降,℃/m^2；

Δt——配水管道的热水温度差,℃，按系统大小确定，一般取5～10℃；

F——计算管路配水管网的总外表面积，m^2；

t_c、t_z——计算管段的起、终点温度,℃；

Σf——计算管段的散热面积，m^2，可按表8-23计算。

表8-23 每米钢管外表面积

管径（mm）	20	25	32	40	50	70	80	100	125
外径（mm）	26.75	33.5	42.25	48	60	75.5	88.5	114	140
表面积（m^2/m）	0.084	0.102 5	0.132 7	0.150 8	0.188 5	0.237 2	0.278 0	0.358 1	0.439 6

2）计算配水管网总的热损失。

将各管段的热损失相加便得到配水管网总的热损失Q_s，即$Q_s=\sum_{i=1}^{n}q_s$。Q_s也可按设计小时耗热量的3%～5%来估算，热水系统服务范围较大时，可取上限；反之，取下限。

3）计算总循环流量，即

$$q_x=\frac{Q_s}{1.163\Delta t} \tag{8-24}$$

式中 q_x——全日热水供应系统的总循环流量，L/h；

Q_s——配水管网总的热损失，W；

Δt——配水管道的热水温度差,℃，按系统大小确定，一般取5～10℃。

4）计算通过各配水管段的循环流量，即

$$q_{(n+1)x}=q_{nx}\frac{\Sigma q_{(n+1)s}}{\Sigma q_{ns}} \tag{8-25}$$

式中 q_{nx}、$q_{(n+1)x}$——n，$n+1$ 管段通过的循环流量，L/s；

$\Sigma q_{(n+1)s}$——$n+1$ 管段本段及其后各管段的热损失之和，W；

Σq_{ns}——n 段后的各管段热损失之和，W。

n 和 $n+1$ 管段如图 8-41 所示。

5）复核各管段的终点水温，计算公式如下

$$t'_z = t_c - \frac{q_s}{Cq'_x} \tag{8-26}$$

式中 t'_z——各管段终点水温，℃；

t_c——各管段起点水温，℃；

q_s——各管段的热损失，W；

q'_x——各管段的循环流量，L/s；

C——水的比热，J/(kg·℃)，一般取 C=4187J/(kg·℃)。

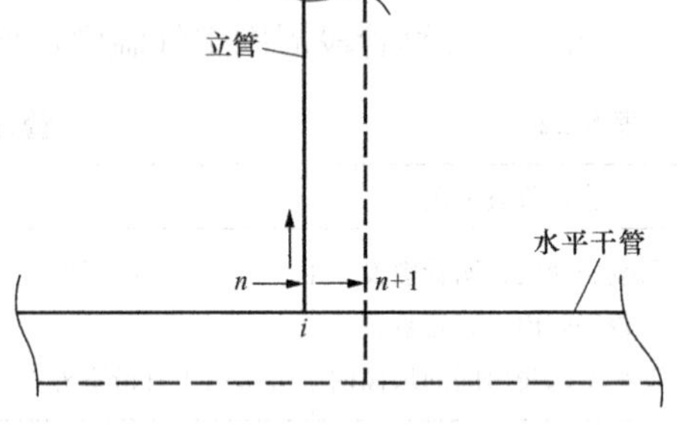

图 8-41 计算用图

若计算结果与原来热水配水管网确定的终点水温 t_z 相差较大（不得大于 10℃），应以式（8-23）和式（8-26）的计算结果 $t''_z = \frac{t_z + t'_z}{2}$ 作为各管段的终点水温，重新进行上述 1）～5）的计算。

6）计算循环管网的总水头损失，即

$$H = (H_p + H_x) + H_j \tag{8-27}$$

式中 H——循环管网的总水头损失，kPa；

H_p——循环流量通过配水计算管段的沿程和局部水头损失，kPa；

H_x——循环流量通过回水计算管段的沿程和局部水头损失，kPa；

H_j——循环流量通过水加热器的水头损失，kPa。

容积式水加热器和加热水箱中被加热水的流速较低，一般为 0.1m/s 左右，其壳程也短，因而其水头损失较小。故工程实际中在确定机械循环水泵扬程时，这部分损失可忽略不计。

对于快速式水加热器，被加热水在其中流速较大，水头损失应以沿程和局部水头损失之和计算

$$\Delta H = \left(\lambda \frac{L}{d_j} + \Sigma\xi\right)\frac{v^2}{2g} \tag{8-28}$$

式中 ΔH——快速式水加热器中被加热水的水头损失，kPa；

λ——管道沿程阻力系数；

L——被加热水的流程长度，m；

d_j——传热管计算管径，m；

ξ——局部阻力系数，参考图 8-42 按表 8-24 选用；

v——被加热水的流速，m/s；

g——重力加速度，一般取 9.80m/s²。

计算循环管路配水管及回水管的局部水头损失可按沿程水头损失的 20%～30%估算。

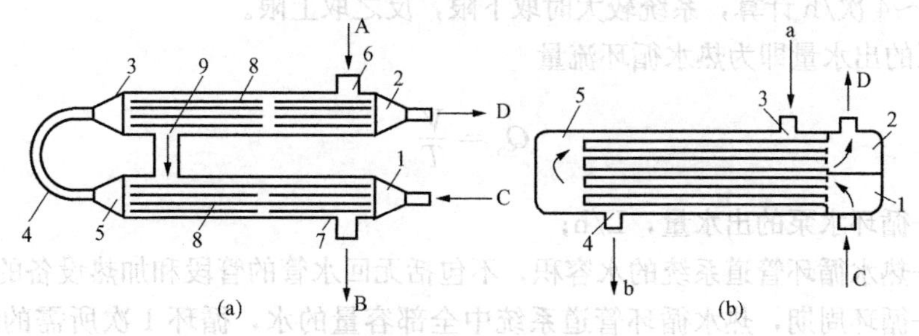

图 8-42 快速热交换器局部阻力构造

(a) 水—水快速热交换器；(b) 汽—水快速热交换器

A—热媒水；a—热媒蒸汽；B—热媒回水；b—凝结水；C—冷水；D—热水

表 8-24 快速热交换器局部阻力系数 ξ 值

热交换器类型	局部阻力形式	ξ 值
水—水快速热交换器	水室到管束或管束到水室（图 8-39 中 1 或 2）	0.5
	经水室转 180°由一管束到另一管束（图 8-39 中 5＋4＋3）	2.5
	与管束垂直进入管间（图 8-39 中 6）	1.5
	与管束垂直流出管间（图 8-39 中 7）	1.0
	在管间绕过支承板（图 8-39 中 8）	0.5
	在管间由一段到另一段（图 8-39 中 9）	2.5
汽—水快速热交换器	与管束垂直的水室进口或出口（图 8-39 中 1 或 2）	0.75
	经水室转 180°（图 8-39 中 5）	1.5
	与管束垂直进入管间（图 8-39 中 3）	1.5
	与管束垂直流出管间（图 8-39 中 4）	1.0

7）选择循环水泵。

循环水泵宜采用热水泵，水泵壳体承受的工作压力不得小于其所承受的静水压力加水泵扬程。在全循环和干管、立管半循环的热水系统中，还应设置备用循环泵，交替运行；在仅有干管半循环的热水系统中，可不设备用循环泵。

热水循环水泵通常安装在回水干管的末端，水泵的出水量应为循环流量。

循环水泵的扬程按下式计算

$$H_b = H \tag{8-29}$$

式中 H_b——循环水泵的扬程，kPa；

H ——循环管网的总水头损失，kPa。

(2) 定时热水供应系统热水管网计算。

定时热水供应系统的运行与全日热水供应系统不同，该系统仅在热水供应之前加热设备提前工作，先用循环水泵将管网中的全部冷水进行循环，直到水温满足要求为止。由于供应热水时用水较集中，配水时可不考虑热水循环。

定时热水供应系统中热水循环流量的计算，是按循环管网中的水每小时循环的次数来确定，一般按 2～4 次/h 计算，系统较大时取下限，反之取上限。

循环水泵的出水量即为热水循环流量

$$Q_b = \frac{V}{T} \tag{8-30}$$

式中 Q_b——循环水泵的出水量，L/h；

V——热水循环管道系统的水容积，不包括无回水管的管段和加热设备的容积，L；

T——循环周期，热水循环管道系统中全部容量的水，循环 1 次所需的时间，一般取 0.25～0.5h。

循环水泵的扬程 H_b 按式（8-29）确定。

3. 自然循环管网水力计算

自然循环热水供应方式多用于小型或底层建筑物中。

自然循环热水管网计算的方法基本上与机械循环方式相同，但应在求出循环管网的总水头损失之后，先校核一下系统的自然循环压力值是否满足要求。自然循环管网中，由于管网布置形式不同，如图 8-43 所示，则产生的循环压力也不相同。

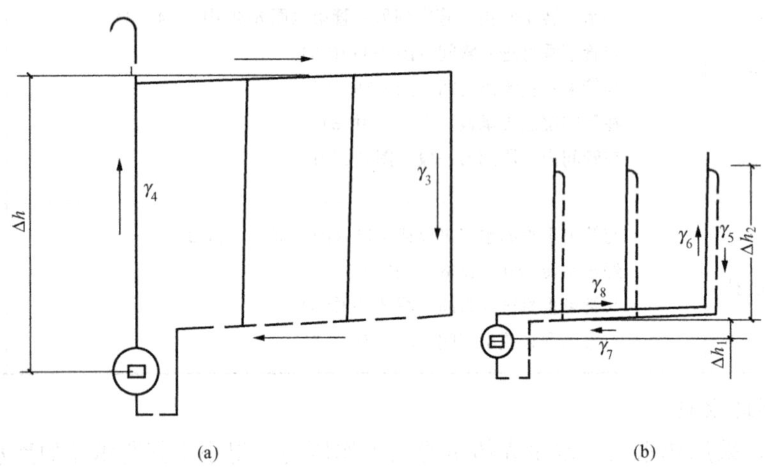

图 8-43 热水系统自然循环压力计算用图

（a）上行下给式管网；（b）下行上给式管网

（1）上行下给式自然循环作用压力。

$$H_{zr} = 10\Delta h(\rho_3 - \rho_4) \tag{8-31}$$

式中 H_{zr}——管网的自然循环压力，Pa；

Δh——水加热器或热水贮罐的中心与上横水干管管段中心点间的标高差，m；

ρ_3——最远处立管管段中点的水的密度，kg/m³；

ρ_4——配水立管管段中点的水的密度，kg/m³。

（2）下行上给式自然循环作用压力。

$$H_{zr} = 10(\Delta H - \Delta h_1)(\rho_5 - \rho_6) + 10\Delta h_1(\rho_7 - \rho_8) \tag{8-32}$$

式中 H_{zr}——管网的自然循环压力，Pa；

Δh——热水贮罐的中心至立管顶部的标高差，m；

Δh_1——水加热器或锅炉的中心至立管底部的标高差，m；

ρ_5，ρ_6——最远处回水立管和配水立管管段中点的水的密度，kg/m^3；

ρ_7，ρ_8——水加热器或锅炉至立管底部回水管和配水管段中点的水的密度，kg/m^3。

当管网循环水压 $H_{zr} \geqslant 1.35H$ 时，管网才能安全可靠地进行自然循环，H 为循环管网的总水头损失，可由式（8-27）计算确定，否则应采取机械强制循环。

第七节 饮水供应

饮水供应是现代建筑给水系统的重要组成部分。目前，饮水供应主要有开水供应系统和冷饮水供应系统两类。采用何种类型主要依据人们的生活习惯和建筑物的使用要求确定。一般而言，办公楼、旅馆、大学生宿舍、军营等多采用开水供应系统；而大型娱乐场所等公共建筑、工矿企业生产热车间等多采用冷饮水供应系统。

一、饮水标准

随着生活水平的不断提高，人们自我保健意识逐渐增强，对饮用水水质的要求越来越高。为此，我国已实施了《饮用净水水质标准》，并正在制定《饮用纯水水质标准》。

（一）饮水定额

根据建筑物的性质或劳动性质以及地区的气候条件，按表 8-25 选用，表中所列数据适用于开水、温水、饮用自来水（生水）、冷饮水供应，但制备冷饮水时其冷凝器的冷却用水量不包括在内。

表 8-25　饮用水量定额及小时变化系数

建筑物名称	单位	饮水定额（L）	小时变化系数 K_h	开水温度（℃）	冷饮水温度（℃）
热车间	L/(人·班)	3～5	1.5	100（105）	14～18
一般车间	L/(人·班)	2～4	1.5	100（105）	7～10
工厂生活间	L/(人·班)	1～2	1.5	100（105）	7～10
办公楼	L/(人·班)	1～2	1.5	100（105）	7～10
集体宿舍	L/(人·d)	1～2	1.5	100（105）	7～10
教学楼	L/(人·d)	1～2	2.0	100（105）	7～10
医院	L/(床·d)	2～3	1.5	100（105）	7～10
影剧院	L/(人·场)	0.2	1.0	100（105）	7～10
招待所、旅馆	L/(人·d)	2～3	1.5	100（105）	7～10
体育馆(场)	L/(人·场)	0.2	1.0	100（105）	7～10
高级饭店、冷饮店、咖啡店	L/(人·h)	(0.31～0.38)		100（105）	4.5～7

注 1. 开水温度，括号内数字为闭式开水系统。
2. 饮水定额，括号内数字为参考数字。
3. 小时变化系数系指开水供应时间内的变化系数。

（二）饮水水质

饮水水质应符合现行《生活饮用水水质标准》的要求。对于作为饮用水的温水、生水和冷饮水，除满足《生活饮用水水质标准》外，在接至饮水装置前，还应进行必要的过滤或消毒处理，以防止贮存和运输过程中的二次污染，从而进一步提高饮水水质。

（三）饮水温度

1. 开水

为满足卫生标准的要求，应将水烧至100℃、并持续3min，计算温度采用100℃。饮用开水是我国目前采用较多的饮水方式。

2. 温水

计算温度采用50～55℃，我国目前较少采用。

3. 生水

随地区不同，水源种类（河水、地下水、湖水等）不同而异，水温一般为10～30℃。国外饮用较多，国内一些饭店、宾馆提供这样的饮用水系统。

4. 冷饮水

随人的生活习惯、气候条件、工作（或劳动）性质和建筑物使用标准而异，可参照表8-25采用。常用于饭店、餐馆、冷饮店及工厂企业等，一般场所较少采用。目前在一些星级宾馆、饭店中直接为客人提供冰块或客用冰箱内贮放瓶装矿泉水等办法解决冷饮水要求。

二、饮水制备

1. 开水制备

开水可通过开水炉将生水烧开制得，这是一种直接加热方式，常采用的热源为燃煤、燃油、燃气、电等；另一种方法是利用热媒间接加热制备开水。这两种都属于集中制备开水的方式。

目前在办公楼、科研楼、实验室等建筑中，常采用小型电开水器这种分散制备开水方式。其使用灵活方便，某些电开水器既可制备热水、也可制备冷饮水，可随时满足由于气候变化引起的用水需求。

2. 冷饮水制备

冷饮水的品种很多，但常规的制备方法有以下几种：

（1）自来水烧开后再冷却至饮水温度。

（2）自来水经净化处理后再经水加热器加热至饮水温度。

（3）自来水经净化处理后直接供给用户或饮水点。

（4）天然矿泉水取自地下深部循环的地下水。

（5）蒸馏水是通过水加热汽化，再将蒸汽冷凝。

（6）纯水是通过对水的深度预处理、主处理、后处理等。

（7）活性水是用电场、超声波、磁力或激光等将水活化。

（8）离子水是将自来水通过过滤、吸附离子交换、电离和灭菌等处理，分离出碱性离子水供饮用，而酸性离子水供美容。

图8-44为中美技术合作开发的新型优质净水设备工艺流程图。

三、饮水的供应方式

1. 开水集中制备集中供应

在开水间集中制备，人们用容器取水饮用，如图8-45所示。

2. 开水统一热源分散制备分散供应

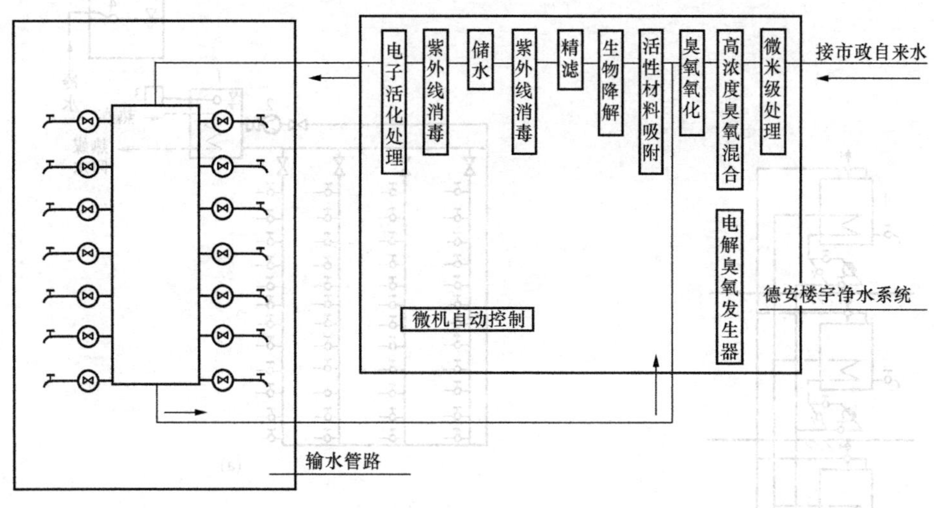

图 8-44 净水设备工艺流程示意图

在建筑中把热媒输送至每层，再在每层设开水间制备开水，如图 8-46 所示。

3. 开水集中制备分散供应

在开水间统一制备开水，通过管道输送至开水取水点，这种系统对管道材质要求较高，确保水质不受污染，如图 8-47 所示。

4. 冷饮水集中制备分散供应

对于中、小学校、体育场（馆）、游泳馆、车站、码头等人员流动较集中的公共场所，可采用冷饮水集中制备，再通过管道输送至各饮水点，如图8-48所示。人们在各饮水点从饮水器中直接喝水，既方便又可防止疾病的传播。图 8-49 所示为较常见的一种饮水器。

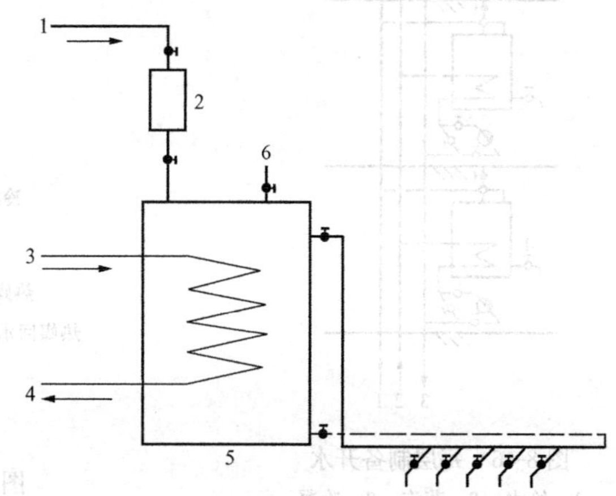

图 8-45 集中制备开水

1—给水；2—过滤器；3—蒸汽；4—冷凝水；5—水加热器（开水器）；6—安全阀

四、饮水系统的计算

开水供应系统和冷饮水系统中管道的流速一般不大于 1.0m/s，循环管道的流速不大于 2.0m/s，计算管网时采用 95℃水力计算表，见附录 14。管网的水力计算方法和步骤以及设备的选择方法与热水管网相同。

1. 设计最大时饮用水量按下列公式计算

$$q_{\mathrm{Emax}} = K_{\mathrm{h}} \frac{mq_{\mathrm{E}}}{T} \tag{8-33}$$

式中 q_{Emax}——设计最大时饮用水量，L/h；

K_{h}——小时变化系数，按表 8-25 选用；

q_{E}——饮水定额，L/(人 · d)或 L/(床 · d)或 L/(人 · 班)等，按表 8-25 选用；

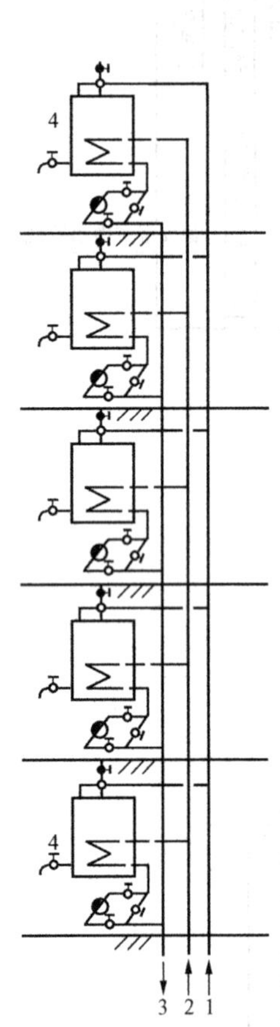

图 8-46 每层制备开水
1—给水；2—蒸汽；3—冷凝水；4—开水器

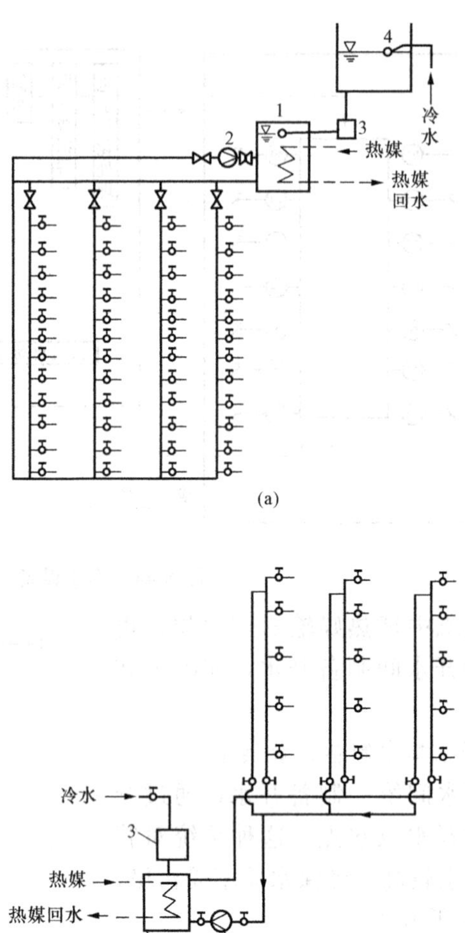

图 8-47 管道输送开水全循环方式
(a) 上行下给式全循环；(b) 下行上给式全循环
1—水加热器（开水器）；2—循环水泵；3—过滤器；4—高位水箱

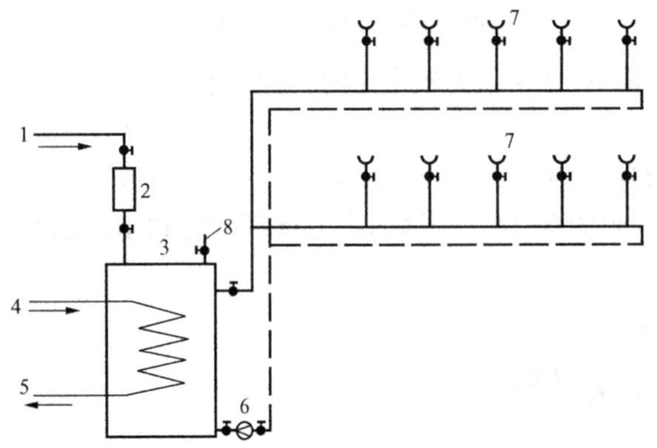

图 8-48 冷饮水供应系统
1—冷水；2—过滤器；3—水加热器（开水器）；4—蒸汽；5—冷凝水；6—循环泵；7—饮水器；8—安全阀

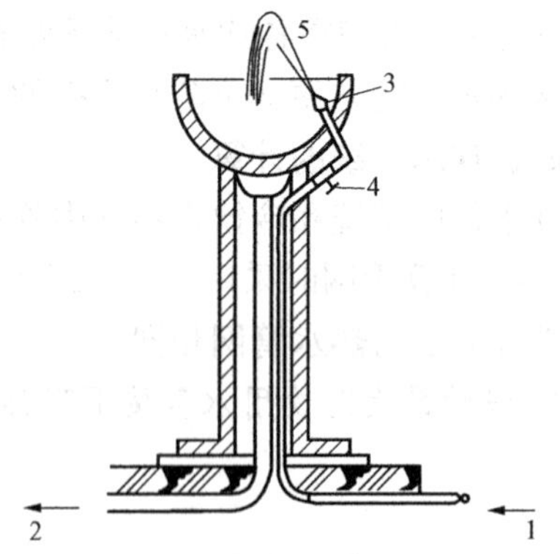

图 8-49 饮水器
1—供水管；2—排水管；3—喷嘴；4—调节阀；5—水柱

m——饮用水计算单位数，人数或床位数等；

T——饮用水供应时间，h。

2. 制备开水所需最大小时耗热量按下列公式计算

$$Q_k = (1.05 \sim 1.10)(t_k - t_L)q_{Emax}C \tag{8-34}$$

式中 Q_k——制备开水所需最大小时耗热量，kJ/h；

t_k——开水温度，集中开水供应系统按 100℃计算，管道输送全循环系统按 105℃计算；

t_L——冷水热度，℃，按表 8-4 选用；

q_{Emax}——设计最大时饮用水量，L/h；

C——水的比热，J/(kg·℃)，一般取 C=4187J/(kg·℃)；

1.05～1.10——热损失系数。

3. 冬季供应 35～40℃饮用水时所需最大小时耗热量按下列公式计算

$$Q_E = (1.05 \sim 1.10)(t_E - t_L)q_{Emax}C \tag{8-35}$$

式中 Q_E——冬季供应 35～40℃饮用水时所需最大小时耗热量，kJ/h；

t_E——冬季饮用水温度，一般取 40℃；

t_L——冷水温度，℃，按表 8-4 选用；

q_{Emax}——设计最大时饮用水量，L/h；

C——水的比热，J/(kg·℃)，一般取 C=4187J/(kg·℃)。

思考题与习题

8-1 热水供应系统的类型有哪些？各有何特点？

8-2 热水供应系统的组成如何？

8-3 各种热水加热方式有何特点？怎样确定加热方式？

8-4 怎样确定热水供应系统的水温？

8-5 怎样解决开式和闭式热水供应系统的排气和水加热时的体积膨胀问题？

8-6 如何选用热水供应系统的管材？

8-7 加热设备的类型有哪些？如何选用？

8-8 热水管道的布置和敷设应注意哪些问题？

8-9 如何做好热水管道和设备的防腐及保温？

8-10 热水配水管网水力计算的方法与冷水有何异同？

8-11 如何计算各管段循环流量？

8-12 热水供应管网的水力计算步骤是什么？

8-13 有哪些常用的饮水供应方式？

8-14 饮水供应系统如何计算？

8-15 某医院经计算需 40℃热水 12m³/h，50℃热水 3m³/h，60℃热水 1m³/h。该地区冷水温度为 10℃。试计算选择出口水温为 65℃的燃油锅炉的台数及每台产水量。

第九章 建筑中水系统

作为节水技术之一，建筑中水技术已引起人们的日益关注。所谓建筑中水技术，简单地说，就是把民用或建筑小区中人们生活中用过的或生产活动中属生活排放的污水、冷却水等，经集流、水处理、输配等技术措施，回用于建筑或建筑小区内作杂用的供水技术，从而达到节约使用淡水量的问题。

第一节 建筑中水技术及其组成

一、建筑中水技术的发展及其意义

随着全球范围内工业的迅猛发展和人口不断地增加，淡水用水量也不断递增，同时由于水资源有限、水体的污染等问题，世界性的缺水现象日趋严重。从 20 世纪 60 年代开始，日本、美国、德国、英国、南非等国相继实施了节水技术之一——中水工程［“中水”这一称谓来源于日本，因其水质介于给水（上水）和排水（下水）之间］。早在 50 年代我国就把对城市污水处理与利用的研究列入了国家科研课题，60 年代关于污水灌溉的研究达到了一定的水平，70 年代中期进行了城市污水以回收利用为目的的污水深度处理小试，到了 80 年代，国民节水意识普遍增强，节水技术日益受到重视，我国随之制定了《建筑中水设计规范》(GB 50336—2002)，并在一些城市陆续开展了中水利用的实验研究工作，开发了中水技术，实施了中水工程。

建筑中水技术的快速发展，在于其能缓解严重缺水城市或地区水资源不足的矛盾，且能够带来明显的社会效益和经济效益。

(1) 可有效利用淡水资源、节约用水量。根据有关资料显示，实施中水系统后，事业单位可节水 40%左右，一般住宅可节水 30%左右，对于市政给水，其节水率也在 20%以上。

(2) 污水排放量减小，可减轻对水体的污染。随着中水系统建设的普及和完善，减轻了市政排水管网的输送负担和城市污水的处理量，降低了对自然水体的污染。

(3) 变废为利、经济合理。对于一些用水水质要求不高的场合（如厕所的冲洗用水，道路、绿地、花木的浇灌用水，冲洗车辆用水，空调系统的冷却用水，水景系统的用水等），如采用中水系统，可以降低供水水质的成本。另外，与远程输水或海水淡化等技术方案比较，设置中水系统更为经济合理。

二、建筑中水系统的组成

1. 中水原水系统

该系统指的是收集、输送中水原水至中水处理设施的管道系统和一些附属构筑物。建筑内排水系统有污、废水分流制与合流制之分，中水的原水一般采用分流制方式中的杂排水和优质杂排水作为中水水源为宜。

2. 中水处理设施

中水处理一般将处理过程分为前处理、主要处理和后处理三个阶段。

(1) 前处理阶段。此阶段主要是截留较大的漂浮物、悬浮物和杂物，分离油脂、调整 pH 值等，其处理设施为格栅、滤网、除油池、化粪池等。

(2) 主要处理阶段。此阶段主要是去除水中的有机物、无机物等，其主要处理设施有沉淀池、混凝池、气浮池、生物接触氧化池、生物转盘等。

(3) 后处理阶段。此阶段主要是针对某些中水水质要求高于杂用水时，所进行的深度处理，如过滤、活性炭吸附和消毒等，其主要处理设施有过滤池、吸附池、消毒设施等。

3. 中水管道系统

中水管道系统分为中水原水集水和中水供水两大部分。中水原水集水管道系统主要是建筑排水管道系统和将原水送至中水处理设施必需的管道系统。中水供水管道系统应单独设置，是将中水处理站处理后的水输送至各杂用水点的管网。中水供水系统的管网系统类型、供水方式、系统组成、管道敷设和水力计算与给水系统基本相同，只是在供水范围、水质、使用等方面有些限定和特殊要求。

4. 中水系统中调节、贮水设施

在中水原水管网系统中，除设置排水检查井和必要的跌水井外，还应设置控制流量的设施，如分流闸、调节池、溢流井等，当中水系统中的处理设施发生故障或集流量发生变化时，需要调节、控制流量，将分流或溢流的水量排至排水管网。

在中水供水系统中，除管网系统外，根据供水系统的具体情况，还有可能设置中水贮水池、中水加压泵站、中水气压给水设备、中水高位水箱等设施。

第二节 中水水源及水质标准

一、中水水源

中水水源的选用应根据原排水的水质、水量、排水状况和中水所需的水质水量来确定，一般为生产冷却水和生活污、废水，其取舍的顺序为冷却水、沐浴排水、盥洗排水、洗衣排水、厨房排水、厕所排水。医院排出的污水不宜作为中水水源，严禁将工业污水、传染病医院污水和放射性污水作为水源。

二、中水水质标准

1. 中水原水水质

中水原水水质视各类建筑、各种排水的污染程度不同而有所差异，应按当地的情况进行测定和统计，无可靠资料时可参照表 9-1 确定。

表 9-1 各种建筑物各种排水污染质量浓度 mg/L

类别	住宅			宾馆饭店			办公楼		
	BOD	COD	SS	BOD	COD	SS	BOD	COD	SS
厕所	300～450	800～1100	350～450	250～300	700～1000	300～400	260～340	350～450	260～340
厨房	500～650	900～1200	220～280	400～550	800～1100	180～220	—	—	—
沐浴	50～60	120～135	40～60	40～50	100～110	30～50	—	—	—
盥洗	60～70	90～120	100～150	50～60	80～100	80～100	90～110	100～140	90～110
综合	230～300	455～600	155～180	140～175	295～380	95～120	195～260	260～340	195～260

注 BOD—生化需氧量；COD—化学需氧量；SS—悬浮物。

2. 中水水质标准

人们使用中水时难免会产生一些疑虑，担心误饮、误用中水而影响健康，或顾虑贮存时间稍长中水会腐败变质等。为更好地开展中水利用，确保中水的安全使用，中水的水质必须在卫生方面安全可靠，无有害物质，在外观上没有使人产生不快的感觉，并且不会引起管道设备产生结垢、腐蚀和造成维修困难等问题。为此，我国颁布了《生活杂用水水质标准》(CJ/T 48—1999)，详见表 9-2。对于用于水景、空调冷却用的中水水质应该达到相应的标准。

表 9-2　生活杂用水水质标准

项　　目	厕所冲洗便器、城市绿化	洗车、扫除
浊度（度）	10	5
溶解度固体质量浓度($mg \cdot L^{-1}$)	1200	1000
悬浮性固体质量浓度($mg \cdot L^{-1}$)	10	5
色度	30	30
臭	无不快感	无不快感
pH 值	6.5～9.0	6.5～9.0
BOD($mg \cdot L^{-1}$)	10	10
COD($mg \cdot L^{-1}$)	50	50
氨氮(以 N 计)质量浓度($mg \cdot L^{-1}$)	20	10
总硬度(以 $CaCO_3$ 计)($mg \cdot L^{-1}$)	450	450
氯化物质量浓度($mg \cdot L^{-1}$)	350	300
阴离子合成洗涤剂质量浓度($mg \cdot L^{-1}$)	1.0	0.5
铁质量浓度($mg \cdot L^{-1}$)	0.4	0.4
锰质量浓度($mg \cdot L^{-1}$)	0.1	0.1
游离余氯质量浓度($mg \cdot L^{-1}$)	管网末端水≥0.2	管网末端水≥0.2
总大肠菌群(个$\cdot L^{-1}$)	3	3

3. 中水水量

(1) 中水原水水量。中水原水是指来源于建筑的各种排水的组合。中水原水水量指建筑组合排水（如优质杂排水、杂排水、粪便污水等）水量，可按下式计算

$$Q_y = \Sigma \alpha \beta Q b \tag{9-1}$$

式中　Q_y——中水原水量，m^3/d；

α——最高日给水量折算成平均日给水量的折减系数，一般取 0.67～0.91；

β——建筑物按给水量计算排水量的折减系数，一般取 0.8～0.9；

Q——建筑物最高日生活给水量，按《建筑给水排水设计规范》中的用水定额计算确定，m^3/d；

b——建筑物用水分项给水百分率，以实测资料为准，在无实测资料时，可参照表 9-3选取。

表 9-3　各类建筑物分项给水百分率　%

项　目	住　宅	宾馆、饭店	办公楼、教学楼	公共浴室	餐饮业、营业餐厅
冲　厕	21.3～21	10～14	60～66	2～5	6.7～5
厨　房	20～19	12.5～14	—	—	93.3～95
沐　浴	29.3～32	50～40	—	98～95	—

续表

项　目	住　宅	宾馆、饭店	办公楼、教学楼	公共浴室	餐饮业、营业餐厅
盥　洗	6.7～6.0	12.5～14	40～34	—	—
洗　衣	22.7～22	15～18	—	—	—
总　计	100	100	100	100	100

注　沐浴包括盆浴和淋浴。

作为中水水源的水量宜为中水回水量的110%～115%。

(2) 中水用水量。中水用水量即指建筑内各种杂用水的总量。

对于一般住宅，中水主要用于冲洗厕所、清扫、浇花用水等；对于办公楼，中水主要用于冲洗厕所、洗车、冷却、绿化用水等；对于室外环境方面，中水主要用于消防、水景、喷洒道路、浇灌花草树木等。

至于中水用水量的确定，应该按类分项，区别不同用途，根据各类建筑的不同项目用水量、不同项目用水量占供水量的百分比及计算单位数，参照表9-3计算。而水景、绿化浇水、洗车、道路洒水等中水用水量，可参照有关资料提供的用水定额确定。

第三节　中水管道系统

中水管道系统分中水原水集水管道系统和中水供水管道系统。

一、中水原水集水管道系统

中水原水集水管道系统通常由室内合流或分流集水管道、室外或建筑小区内集水管道、污水泵站及有压污水管道和各处理环节之间的连接管道组成。

(一) 室内集水管道系统

室内集水管道系统即通常的室内排水系统，其支管、立管和横干管的布置与敷设均同室内排水设计。

1. 室内合流制集水管道系统

合流制系统中的集水干管（收集排水横干管或排出管污水的管道）可根据处理间设置位置及处理流程的高程要求，设计为室外集流干管或室内集流干管。室外集流干管，即通过室外检查井将其污水汇流起来，再进入污水处理站（间），这种集流形式，污水的标高降低较多，只能建地下式集水池或进行提升。相反，当设置为室内集流干管时，应考虑充分利用排水的水头，尽可能地提高污水的流出标高。但集流干管要选择合适的位置及设置必要的水平清通口，并在进入处理间或中水调节池之前设置超越管，以便在发生事故时可以直接排放至小区或城市排水管网。

2. 室内分流制集水管道系统

分流管道布置是否顺畅与卫生间的位置、卫生器具的布置直接相关。在不影响使用功能的前提下，专业间应协商合作，达到使用功能合理、接管顺畅美观的统一。

洗浴设备与便器最好分设或分侧布置以便用单独支管、立管排出。

多层建筑洗浴设备宜上下对应布置以便于接入同一立管。

明装的污废水立管宜在不同墙角设置，以利美观。同时，污废水支管不宜交叉，以免横支管标高降低太多。

高层公共建筑的排水系统宜采用污水、废水、通气三管组合管系。

（二）室外或小区集水管道系统

这部分管道的布置和敷设与相应的排水管道基本相同，最大的区别在于室外集水干管还需将所收集的原水送至室内或附近的中水处理站。因此，除了考虑排水管布置时的一些因素以外，还应注意以下要求：

（1）应根据地形和中水处理站的位置尽量缩短管道长度。

（2）室外或小区集水管道一般布置在建筑物排水侧的绿地或道路下，尽量减少埋设深度，使所集污废水能自流到中水处理站。

（3）布管时，要注意与其他管系如给水、排水、雨水、供热、燃气、电力、通信等管系综合考虑。在平面上与给水管、雨水管、污水管的净距宜保持在 0.8～1.5m 以上，与其他管道的净距宜保持在 1.0m 以上；在竖直方向上，与其他管道垂直净距宜保持在 0.15m 以上。

（4）管道的布设还应考虑工程分期建设的安排和远期扩建的可行性。

（三）污水泵站及有压污水管道

当集水干管的出水不能依靠重力流到中水处理站时，必须设置污水泵将污水加压后送至中水处理站。污水泵的数量由污水量（或中水处理能力）确定，污水泵站应根据当地的环境条件设置。

污水泵出口至中水处理站起始进口之间的管道为有压污水管道，因此，该段管道必须保证一定的强度，接头严密，严防泄露，并具备一定的耐腐蚀性。

中水处理站内各处理环节之间的连接管道，应根据其工艺流程和处理站的布局确定，做到既符合工艺要求，又能保障可靠运行。

二、中水供水管道系统

中水供水管道系统与建筑给水供水系统相似，如图 9-1 所示。

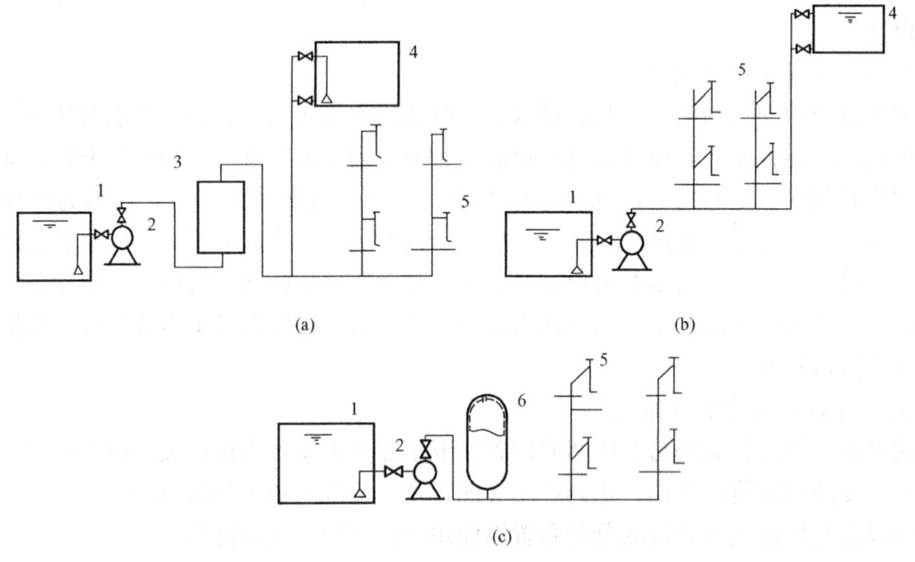

图 9-1 中水供水系统

（a）余压供水系统；（b）水泵水箱供水系统；（c）气压供水系统

1—中水贮水池；2—水泵；3—压力处理器；4—中水供水箱；5—中水用水器具；6—气压罐

由于中水中存有余氯和多种盐类，会产生多种生物学和电化学腐蚀，因此中水管道必须具有耐腐蚀性，一般宜采用塑料管、钢塑复合管和玻璃钢管。不能采用耐腐蚀材料的管道和设备应做好防腐蚀处理，使其表面光滑，易于清洗、除垢。中水管道、设备及受水器具应按规定着色以免误饮误用，《建筑中水设计规范》规定为浅绿色。中水用水点宜采用使中水不与人直接接触的密闭器具，浇洒道路与绿地的中水出口宜采用地下式给水栓。

三、中水系统的安全防护

使用中水可以节约水源，减少环境污染，具有良好的综合效益，但也有欠缺的一面。中水供水的水质低于生活用水水质，且中水系统与生活给水系统在建筑内共存，一般居民对中水了解不多，故有误用、误饮的可能。为了供水安全可靠，在中水系统的设计、安装、运行、使用过程中应特别注意其安全防护措施。

(1) 中水处理设施应连续、稳定运行，出水水质达到《生活杂用水水质标准》。因排水水量和水质的不稳定性，在主要处理前应设调节池，连续运行时，调节池的调节容积按日处理量的30%～40%计算；间歇运行时，调节容积按设备最大连续处理水量的1.2倍计算。另外，由于中水处理站的出水量与中水用水量不一致，为保证在发生故障或检修时用水的可靠性，应在处理设施后设中水贮水池。连续运行时，中水贮水池调节容积按日处理水量的20%～30%计算；间歇运行时，可按处理设备连续运行期间内，设备处理水量与中水用水量差值的1.2倍计算。为保证用水不中断及水压恒定而设有中高位水箱时，水箱的容积应不小于日用水量的5%。

(2) 为避免发生误饮，室内中水管道不宜暗装。明装的中水管道外部应涂成浅绿色。室内中水管道在任何情况下，均严禁与生活饮用水管道相接。严禁在室内设置可供直接使用的中水龙头，以免误用。若需将生活饮用水管作为补充水时，该出水口应高出中水水池（箱）最高水位2.5倍管径以上，用空气进行隔断。中水管道与生活饮用水管、排水管平行埋设时，水平间距不小于0.5m；交叉埋设时，中水管道应置于饮水管之下、排水管之上，管道净距不小于0.15m。另外，水箱、水池、阀门、水表及给水栓等均应标有明显的“中水”字样。

(3) 中水处理站的管理人员必须经过专门培训后再上岗，这也是保证安全运行、保证中水水质的一个重要因素。

第四节 中水处理工艺

一、中水处理工艺流程与选择

1. 中水处理常用工艺流程

(1) 当以优质杂排水和杂排水为中水水源时（水中有机物浓度较低，处理的目的主要是去除悬浮物和少量有机物，降低原水的色度和浊度），可采用如图9-2所示的以物理化学处理为主的工艺流程或采用生物处理和物化处理相结合的工艺流程。

(2) 当以生活污水为中水水源时（水中悬浮物和有机物浓度都很高，处理的目的是同时去除悬浮物和有机物），可采用如图9-3所示的两段生物处理或生物处理与物化处理相结合的工艺流程。

(3) 当利用建筑小区污水处理站二级生物处理的出水作为中水水源时（处理的目的是去除残留的悬浮物，降低水的色度与浊度），可采用如图9-4所示的化学处理（或三级处理）

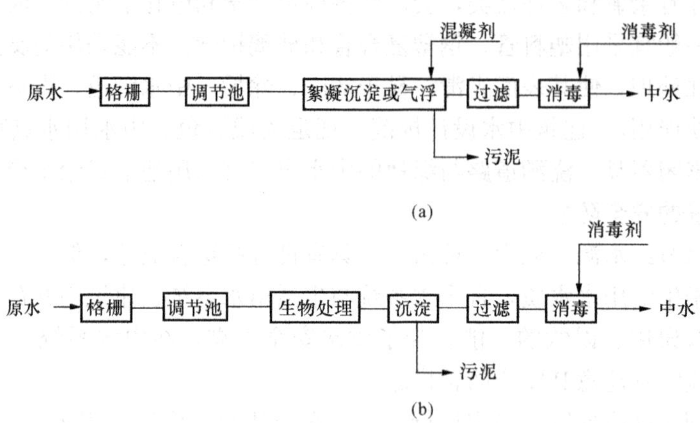

图 9-2 优质杂排水和杂排水为中水水源的水处理工艺流程

（a）物理化学处理；（b）生物处理与物理化学处理结合（288）

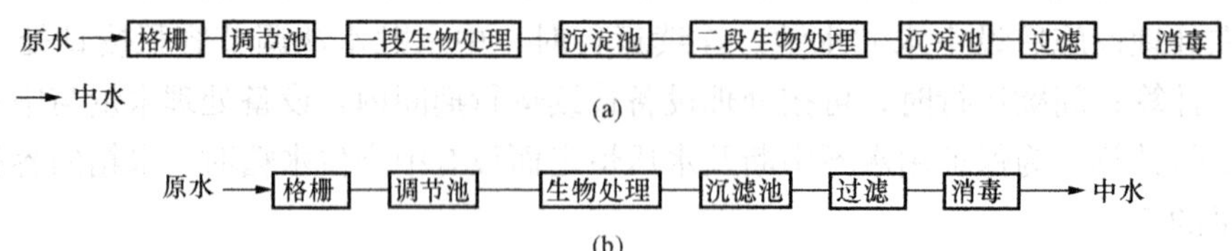

图 9-3 生活排水为中水水源的水处理工艺流程

（a）两段生物处理；（b）生物处理与物化处理结合

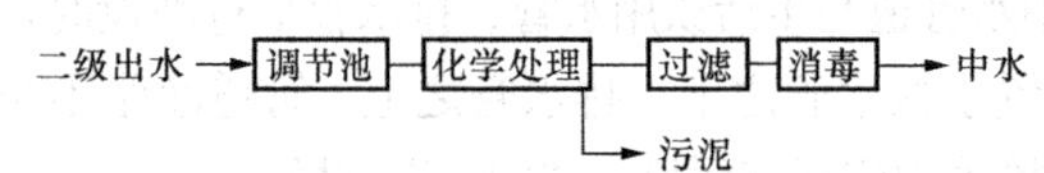

图 9-4 小区污水处理站二级生物处理出水为中水水源的水处理工艺流程

工艺流程。

2. 国内已经设计使用的工艺流程（见表 9-4）

3. 中水处理工艺流程的选择

（1）中水处理工艺流程的选择依据。应当了解当地缺水环境背景和节水的技术条件。处理场地与环境条件是否适应拟选定的处理工艺流程，是否能够合理地排放处理过程中的污水及对污泥的处理；建筑环境条件是否适宜拟选的工艺流程，其生态、气味、噪声、外观是否与环境协调；当地的技术水平与管理水平是否与处理工艺相适应；投资者的投资能力以及各种流程的经济技术比较情况。

表 9-4　　国内目前已设计的流程类型

序号	简称	预处理	主处理	后处理
1	直接过滤	加氯或药 ↓ 格网→调节池→	直接过滤→	消毒剂 ↓ 消毒→中水
2	接触过滤（双过滤）	混凝剂 ↓ 格网→调节池→	接触过滤→活性炭吸附→	消毒剂 ↓ 消毒→中水

续表

序号	简称	预处理	主处理	后处理
3	混凝气浮	混凝剂↓ 格网→调节池——→混凝气浮→过滤——→消毒→中水（消毒剂↓消毒）		
4	接触氧化	格栅（网）→调节池 —(空气 曝气)→ 沉淀（接触氧化）→过滤→消毒→中水（预曝气）（消毒剂↓消毒）		
5	氧化槽	格栅（网）→调节池 —(氧化槽 接触氧化)→过滤——→消毒→中水（消毒剂↓消毒）		
6	生物转盘	格栅（网）→调节池——→生物转盘→沉淀—(过滤)→消毒→中水（消毒剂↓消毒；污泥）		
7	综合处理	格栅→调节池→（一、二级生物处理）（活性污泥法→生物处理 氧化法→化学处理）→混凝→沉淀—(过滤)→炭吸附→消毒（消毒剂↓消毒；污泥）		
8	二级处理＋深处理	二级处理出水→接触氧化→混凝→沉淀—(过滤)→炭吸附—→消毒（消毒剂↓消毒；污泥）		

注 1. □内步骤视水质情况选用。

2. 后4种流程均有污泥处理，表中未列。

(2) 分析中水原水水质。分析取用的原水是分流制中的废水还是合流制中的污水，原水的污染程度等。无论哪种原水，应当有实测的或相类似的水质资料。

(3) 中水的用途及水质要求。中水的用途对水质提出了要求，还应注意中水是否与人体直接接触以及输送中的管道、使用中水的设备对结垢与腐蚀的特殊要求等。

二、中水处理技术与装置

(一) 中水处理技术

1. 格网、格栅

格网、格栅主要是用来阻隔、去除中水原水中的粗大杂质，不使这些杂质堵塞管道或影响其他处理设备的性能。其栅条、网格按间隙大小分为粗、中、细三种，按结构形式分为固定式、旋转式和活动式。中水处理一般采用细格栅（网）或两道格栅（网）组合使用。当处理洗浴废水时还应加设毛发清除器。

2. 水量调节

水量调节是将不均匀的排水进行贮存调节，使处理设备能够连续、均匀稳定地工作。其措施一般是设置调节池。工程实践证明污水贮存停留时间最长不宜超过 24h。调节池的形式可以是矩形、方形或圆形，其容积应按排水的变化情况、采用的处理方法和小时处理量计算确定。

3. 沉淀

沉淀的功能是使液固分离。混凝反应后产生的较大粒状絮凝物，靠重力通过沉淀去除，从而大量减少水中污染物。常用的有竖流式沉淀池、斜板（管）沉淀池和气浮池。原水通过格栅（网）后，如无调节池时，应设初沉池。生物处理后的二次沉淀池和物化处理的混凝沉淀池，宜采用竖流式沉淀池或斜板（管）沉淀池。

4. 生物处理

（1）接触氧化。接触氧化是在用曝气方法提供充足的氧的条件下，使污水中的有机物与附着在填料上的生物膜接触，利用微生物生命活动过程中的氧化作用，去除水中有机污染物，使水得到一定程度的净化。

（2）生物转盘。生物转盘的作用与接触氧化相同，差别在于：一是生物膜附着在转盘的盘上；二是转盘时而与水接触，时而与空气接触，通过与空气的接触去获得充足的氧。中水处理中的生物转盘应采用 2～3 级串联式转盘。

5. 过滤

过滤主要是去除水中的悬浮和胶体等细小杂质，还能起到去除细菌、病毒、臭味等作用。过滤有多种形式，中水处理一般均采用密封性好的、定型制作的过滤器或无阀滤池。常用的滤料有石英砂、无烟煤、泡沫塑料、硅藻土、纤维球等。

6. 消毒

中水经过有关环节处理后，虽然细菌含量已得到降低，但由于中水的原水是经过人的直接污染，含有大量的细菌、寄生虫和病毒等，达不到中水水质标准。因此，中水的消毒不仅要求杀灭细菌和病毒的效果好，同时还要提高中水的生产和使用过程整个时间上的安全保障性。消毒是中水使用和生产过程中安全性得到保障的重要一环。常用的消毒剂有氯、次氯酸钠、漂白粉、二氧化氯等，另外还有臭氧消毒和紫外线消毒等方法。

中水处理技术中常用设施及其主要设计参数见表 9-5。

表 9-5　　中水处理常用设施及其主要设计参数

名称		主要设计参数
格栅	设一道	空隙宽度小于 10mm
	设粗细两道	粗格栅空隙宽度为 10～20mm，细格栅空隙宽度为 2.5mm
	格栅井	井内格栅放置倾角不小于 60° 设置工作台高出栅前设计水位 0.5m，其宽度不小于 0.7m 顶部设活动盖板
调节池		内设曝气管，曝气量为 0.6～0.9m³/（m²·h）
竖流式沉淀池		设计表面水力负荷为 1m³/（m²·h） 中心管流速不大于 30mm/s 排泥斗坡度大于 45°

续表

名 称	主要设计参数
斜板（管）沉淀池	表面负荷1～3m³/（m²·h） 斜板（管）间距（孔径）大于80mm 板（管）斜长为1m 斜角为60° 斜板（管）上部静水深不小于0.7m 下部缓冲层大于100mm 设锯齿形出水堰，出水最大负荷不大于1.7L/（s·m） 采用静压排泥时，静水水头不小于1.5m 排泥管管径不小于150mm
接触氧化池	水力停留时间不小于2h 处理生活污水时，水力停留时间不小于3h 采用玻璃钢蜂窝填料时，其孔径大于25mm 装填高度不小于1.5m 曝气量为40～80m³/（kg·BOD）
生物转盘	其面积可按BOD负荷设计或选用定型设备 BOD负荷为10～20g/（m²·d） 负荷停留时间为1～2h 水力负荷为0.2m³/（m²·d）
氯化消毒设备	加氯的质量浓度为5～8mg/L（有效氯） 接触时间大于30min 余氯的质量浓度应保持0.5～1mg/L

（二）中水处理装置

中水处理设施可根据有关资料和参数自行设计、建造处理构筑物。如果中水处理负荷较小时，也可直接选用成套处理装置。下面简单介绍几种中水处理装置。

1．中水网滤设备

成品网滤器可直接装于水泵吸水管上，将经过泵而进入处理系统的水进行初滤，截流粗大固体物。其过水流量有20、100、200、300、400m³/h等5档。网滤器进出管直径分别为100、200、250、350mm。

2．曝气设备

在生物处理法中，均应进行曝气。曝气除选择合适的风机外，主要是选择曝气器。曝气方式有穿孔管曝气、射流曝气和微孔曝气。曝气器的服务面积一般为3～9m²，供气量一般为0.6～1.3m³/（min·个），适用水深2～8m。

3．气浮处理装置

气浮池的规格有5～50t/h等8种，相应的气浮池直径为1.37～3.73m，操作平台直径为2.57～4.96m，高度为2.99～4.19m。

4．组装式中水处理设备

组装式中水处理设备由6段组成，即初处理器（格栅、滤网、分流、溢流、计量）、好氧处理体（调节、贮存、曝气、氧化提升）、厌氧处理体（调节、贮存、厌氧水解、曝气回流）、浮滤器（溶气、气浮、过滤）、加药器（溶药、投加、计量）、深处理器（吸附交换供水），处理能力有 10、20、30、50m^3/h 等几种。

5. 接触氧化法处理装置

该装置日产水量为 80、160、240、320、400、480m^3/d 等几档，占地面积相应为 50、80、100、120、140、180m^2，接触氧化曝气池的面积为（2×3）～（3×8）m^2 等 6 种规格。

6. 生物转盘法处理设备

该设备中转盘直径为 1.4～3.6m 等 8 种规格，相应的转盘面积为 290～8100m^2，设备占地面积为 4.5～40.2m^2，设计处理能力为 24～720m^3/d。

7. 接触过滤器

接触过滤器分上进下出和下进上出两种型式，其产水量有 5～98m^3/h 等 14 种规格，其直径为 0.7～2.5m 不等，进水允许浊度一般应小于 100mg/L，正常出水浊度一般小于 5mg/L。

8. BGW 型中水处理设备

该设备处理工艺采用高效生物转盘、强化消毒、波形板反应、集泥式波形斜板沉淀、分层进水过滤和自身反冲洗技术。生物转盘直径为 2.0m，其进水 $BOD_5 \leqslant 250mg/L$，出水 $BOD_5 \leqslant 10mg/L$；进水 $SS \leqslant 400mg/L$，出水 $SS \leqslant 10mg/L$。处理能力为 100、200、400m^3/d 三种。

除上述处理装置外，还有厕所冲洗水循环处理装置、平板式超过滤器、ZS 系列中水净化器、A/O 系统立式污水净化槽、WHCZ 小型污水处理装置等。

三、中水处理站

（一）中水处理站的布置

中水处理站的位置应根据建筑的总体布局、中水原水的主要出口、中水的用水位置、环境卫生、便于隐藏隔离和管理维护等综合因素确定，注意充分利用建筑空间，少占地面，最好有方便的、单独的道路和进出口，便于进出设备、排除污物等。对于单栋建筑的中水处理站可设在地下室或建筑附近，对于建筑群的中水处理站应靠近主要集水和用水处。尽量利用中水原水出口高程，使处理过程在重力流动下进行。处理产生的污物必须合理处置，不允许随意堆放，并考虑预留发展位置。

处理站除有安置处理设施的场所外，还应有值班室、化验室、贮藏室、维修间及必要的生活设施等附属房间。处理间必须有必要的通风换气设施，有保障处理工艺的采暖、照明和给水排水设施。

设计处理站时，要考虑工作人员的保健和安全问题，应尽量提高处理系统的机械化、自动化程度，尽量采用自动记录仪表或远距离操作；贮存消毒剂、化学药剂的房间宜与其他房间隔开，并有直接通向室外的门。对药剂所产生的污染危害和二次危害，必须妥善处理，采取必要的安全防护措施；用氯作消毒剂产生的氢、厌氧处理产生的可燃气体等处的电气设备，均应采取防爆措施。

（二）中水处理站的隔振消声与防臭

设置在建筑地下室的中水处理站，必须与主体建筑及相邻房间严密隔开，并做建筑隔音处理，以防空气传声；站内设备基座均应安装减振垫，连接设备的管道均应安装减振接头和吊架，以防固体传声。

对于防臭，首先应尽量选择产生臭气较少的工艺以及密封性较好的处理设备，其次是对产生臭气的设备加盖、加罩使其尽量少散逸。对于无法避免散出的臭气，可考虑集中排除稀释（排除口应当高出人们活动场所 2m 以上），或者采用燃烧法、化学法、吸附法、土壤除臭法等进行除臭。

思考题与习题

9-1　何谓建筑中水技术？发展建筑中水系统有何意义？

9-2　建筑中水系统一般由哪些部分组成？

9-3　布置、敷设中水原水集水管道应注意哪些问题？布置、敷设中水供水管道应注意哪些问题？

9-4　如何选择中水处理工艺流程？

9-5　中水处理过程中，一般有哪些技术措施？

9-6　中水处理站的布置有哪些要求？

9-7　如何保证建筑中水的安全使用？

第十章　居住小区给水系统

居住小区是指含有教育、医疗、文体、经济、商业服务及其他公共建筑的城镇居民住宅建筑区。根据我国《城市居住区规划设计规范》（GB 50180—1993），我国城镇居民居住用地组织的基本构成为三级，划分界线如下：

（1）居住组团，居住户数 300～1000 户，占地面积小于 $10\times10^4m^2$，居住人口 1000～3000 人。

（2）居住小区，有若干个居住组团构成，居住户数 3000～5000 户，占地面积 10×10^4～$20\times10^4m^2$，居住人口 10 000～15 000 人。

（3）居住区，有若干个居住小区构成，居住户数 10 000～16 000 户，居住人口 30 000～50 000 人。

居住小区给水排水工程是指城镇中居住小区、居住组团、街坊和庭院范围内的建筑外部给水排水工程，不包括城镇工业区或中小工矿的厂区给排水工程，是建筑给水排水管道和市政给水排水管道的过渡管段，其服务范围不同，给水排水不均匀系数也不相同，所以，居住小区给水排水设计流量与建筑内部和城市给水排水设计流量的计算方法均不相同。

居住小区给水排水工程包括给水工程（生活给水、消防给水），排水工程（污水废水、雨水和小区污水处理）和中水工程。

第一节　居住小区给水系统的分类与组成

一、居住小区给水水源

居住小区位于市区或厂矿区供水范围内时，应采用市政或厂矿给水管网作为给水水源，以减少工程投资。若居住小区离市区或厂矿较远，不能直接利用现有供水管网，需铺设专门的输水管线时，可经过技术经济比较，确定是否自备水源。在远离城镇或厂矿的居住小区，可自备水源。在严重缺水地区，应考虑建设居住小区中水工程，用中水来冲洗厕所、浇洒绿地和道路。

二、居住小区给水系统分类

1. 低压统一给水系统

整个给水区域的生活、生产、消防等多项用水均以统一水压和水质，用统一管网供给各用户，这种系统称为统一给水系统。在居住小区中对于多层建筑群体，生活给水和消防给水都不会需要过高的压力，因此采用低压统一给水系统。

2. 分压给水系统

因用户对给水水压要求不同而分成两个或两个以上系统供水，这种给水系统称为分压给水系统。在高层建筑和多层建筑混合居住小区，高层建筑和多层建筑显然所需压力差别较大，为了节能，混合区内宜采用分压给水系统。

3. 分质给水系统

因用户对水质要求不同而分成两个或两个以上给水系统，分别供水给各类用户，这种给水系统称为分质给水系统。在高层建筑和多层建筑混合居住小区，在严重缺水地区或无合格原水地区，为了充分利用当地的水资源，降低成本，将冲洗、绿化、浇洒道路等用水水质要求低的水量从生活用水量中区分出来，确立分质给水系统。

4. 调蓄增压给水系统

在高层和多层建筑混合区内，其中为低层建筑所设的给水系统，也可对高层建筑的较低楼层供水，但是高层建筑较高的部分，无论是生活给水还是消防给水都必须调蓄增压，即设有水池和水泵进行增压给水。调蓄增压给水系统又分为分散、分片和集中调蓄增压系统。根据高层建筑的数量、分布、高度、性质、管理和安全等情况，经技术经济比较后确定采用何种调蓄增压给水系统。

三、居住小区给水方式

居住小区给水方式应根据小区内建筑物的类型、建筑高度，市政给水管网的资用水头和水量等因素综合考虑确定，做到技术先进合理，供水安全可靠，投资省，便于管理。常见的小区给水方式有以下几种类型。

1. 直接给水方式

城镇给水管网的水量、水压能满足小区的供水要求，应采用直接给水方式，从能耗、运行管理、供水水质及接管施工等各方面来比较，都是最理想的供水方式。

2. 有高位水箱的给水方式

城镇给水管网的水量、水压周期性不足时，应采用该给水方式，可以在小区集中设水塔或者分散设高位水箱。该方式具有直接给水的大部分优点，但是在设计、施工和运行管理中应注意避免水的二次污染，北方地区要有一定的防冻措施。

3. 小区集中或分散加压的给水方式

城镇给水管网的水量、水压经常性不足时，应采用小区集中或分散加压的方式，该种给水方式由水泵结合水池、水塔、水箱、气压罐等供水，有多种组合方式，也各有其不同的优缺点，选择时应根据当地水源条件按安全、卫生、经济原则综合确定。

四、居住小区给水系统的组成

居住小区给水系统由以下几部分组成：

(1) 小区给水管网。

1) 接户管，布置在建筑物周围、人行便道或绿地下，与小区支管连接，向建筑物内供水。

2) 给水支管，布置在居住组团内道路下与小区给水干管相接的给水管道。

3) 给水干管，布置在小区道路或城市道路下与城市给水管网相接的管道。

(2) 贮水、调节、增压设备，指贮水池、水箱、水泵、气压罐、水塔等。

(3) 消火栓，布置在小区道路两侧用来灭火的消防设备。

(4) 给水附件，保证给水系统正常工作设置的各种阀门等。

(5) 自备水源系统，对于严重缺水或离城镇给水管网较远的地区，可设有自备水源系统，一般由取水构筑物（以地下式为多）、水泵、净水构筑物、输水管网等组成。

第二节 小区给水管道的布置

居住小区给水管道有小区干管、支管和接户管三类，在布置小区给水管道时，应按干管、支管、接户管的顺序进行。

小区给水管道布置原则及要求：

（1）小区干管应布置成环状或与城镇给水管道连成环状管网，小区支管和接户管可布置成枝状。

（2）小区干管宜沿用水量较大的地段布置，以最短距离向大用户供水。

（3）给水管道应沿区内道路平行于建筑物敷设，宜敷设在人行道、慢车道或草地下，并尽量减少与其他管道的交叉，如果采用塑料给水管，尚应符合有关规定。

（4）给水管道与其他管道平行或交叉敷设的净距，应根据管道的类型、埋深、施工检修的相互影响、管道上附属构筑物的大小和当地有关规定等确定，一般按表10-1采用。

表10-1 地下管线（构筑物）间最小净距 m

种 类	给水管		污水管		雨水管	
	水 平	垂 直	水 平	垂 直	水 平	垂 直
给水管	0.5～1.0	0.1～0.15	0.8～1.5	0.1～0.15	0.8～1.5	0.1～0.15
污水管	0.8～1.5	0.1～0.15	0.8～1.5	0.1～0.15	0.8～1.5	0.1～0.15
雨水管	0.8～1.5	0.1～0.15	0.8～1.5	0.1～0.15	0.8～1.5	0.1～0.15
低压煤气管	0.5～1.0	0.1～0.15	1.0	0.1～0.15	1.0	0.1～0.15
直埋式热水管	1.0	0.1～0.15	1.0	0.1～0.15	1.0	0.1～0.15
热力管沟	0.5～1.0		1.0		1.0	
乔木中心	1.0		1.5		1.5	
电力电缆	1.0	直埋0.5 穿管0.25	1.0	直埋0.5 穿管0.25	1.0	直埋0.5 穿管0.25
通信电缆	1.0	直埋0.5 穿管0.15	1.0	直埋0.5 穿管0.15	1.0	直埋0.5 穿管0.15
通信及照明电缆	0.5		1.0		1.0	

注 净距指管外壁距离，管道交叉设套管时指套外壁距离，直埋式热力管指保温管壳外壁距离。

（5）给水管道外壁距建筑物外墙的净距不宜小于1m，且不得影响建筑物的基础。

（6）当生活给水管道与污水管道交叉时，给水管应敷设在污水管道上面，且不应有接口重叠；当给水管道敷设在污水管道下面时，给水管的接口离污水管的水平净距不宜小于1.0m。

（7）给水管道的埋设深度，应根据土壤的冰冻深度、车辆荷载、管材强度及与其他管道交叉等因素确定。管顶最小覆土深度不得小于土壤冰冻线以下0.15m，行车道下的管线覆土深度不易小于0.7m。

第三节 小区给水系统常用管材、配件及附属构筑物

一、常用管材

埋地的给水管道采用的管材，应具有耐腐蚀和承受管内水压力、承受地面荷载的能力。居住小区给水系统常用管材的选择，应根据供水水压、外部荷载、土壤性质、施工维护和材料供应等条件确定。目前使用较多的给水管有塑料给水管、球墨铸铁给水管、有衬里的铸铁给水管。

1. 铸铁给水管

铸铁给水管是居住小区给水系统中常采用的管材。它抗腐蚀性好，经久耐用，价格较钢管便宜，但质脆、不耐振动、工作压力较低、自重大。

我国生产的铸铁管分为高压（工作压力小于 980kPa）、普压（工作压力小于 735kPa）和低压（工作压力小于 441kPa）三种，通常使用的是普压管。每根铸铁管长 4～6m，管径 75～1500mm。此外还广泛使用球墨铸铁管，它具有铸铁管的耐腐蚀性和钢管的韧性。

铸铁管由于使用要求不同，一般分两种连接型式：一种是承插式接头，如图 10-1 所示，常用于埋地管线；一种是法兰盘式接头，如图 10-2 所示，常用于泵站内或水塔进、出水管接头。

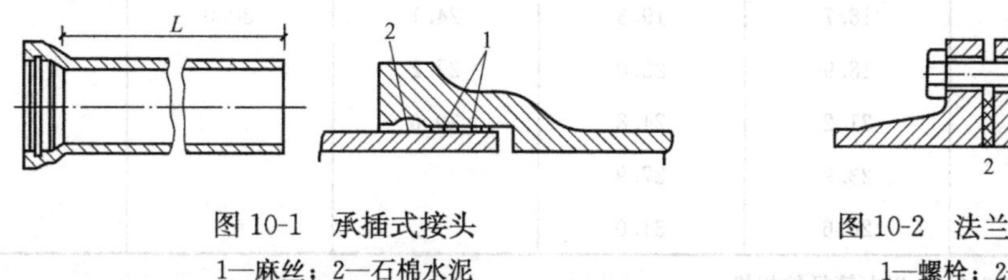

图 10-1 承插式接头

1—麻丝；2—石棉水泥

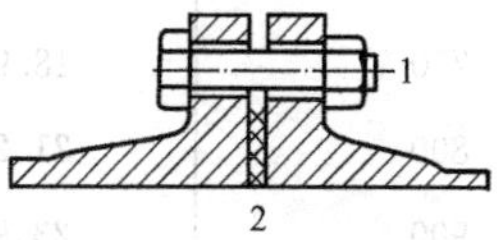

图 10-2 法兰盘式接头

1—螺栓；2—垫片

2. 预应力和自应力钢筋混凝土管

预应力钢筋混凝土管管径一般为 400～1400mm，管长 5m，工作压力可达 0.4～1.2MPa。自应力钢筋混凝土管管径一般为 100～800mm，管长 3～4m，工作压力可达 0.4～1.0MPa。

预应力和自应力钢筋混凝土管均具有良好的抗渗性和抗裂性，施工安装方便，输水性能好，但重量大，质地脆。这两种管材的连接形式均为承插式接口，用圆形断面的橡胶圈作为接口材料，转弯和管径变化处采用特制的铸铁配件，也可用钢板制作。

3. 钢管

钢管有焊接钢管和无缝钢管两种，焊接钢管又分直缝钢管和螺旋卷焊钢管。钢管的特点是强度高、耐振动、长度大、施工方便，但不耐腐蚀、价格高。使用钢管时，应特别注意钢管的内外防腐处理。普通钢管的工作压力不超过 1.0MPa，高压管可采用无缝钢管。钢管一般采用焊接或法兰连接，小管径可用丝扣连接。在给水管网中通常只有在管径大和水压高以及穿越铁路、河谷和地震区时使用钢管。在小区给水中，特别是消防给水，当管沟敷设时，也可采用钢管。

4. 塑料管

由于塑料管具有水力条件好、耐腐蚀、重量轻、施工维护方便、不耗用钢材等优点，已得到越来越广泛的应用。目前小区给水外网使用较多的是硬聚氯乙烯（UPVC）管。硬聚氯乙烯（UPVC）管以聚氯乙烯树脂为主要原料，经挤压成型，适用于输送温度不超过 45℃ 的水，其管材公称压力和规格尺寸见表 10-2。

表 10-2　给水用硬聚氯乙烯管材公称压力和规格尺寸

公称外径 D_0（mm）	壁厚 E（mm）				
	公称压力（PN）				
	0.6MPa	0.8MPa	1.0MPa	1.25MPa	1.6MPa
225	6.6	7.9	9.8	10.8	13.4
250	7.3	8.8	10.9	11.9	14.8
280	8.2	9.8	12.2	13.4	16.6
315	9.2	11.0	13.7	15.0	18.7
355	9.4	12.5	14.8	16.9	21.1
400	10.6	14.0	15.3	19.1	23.7
450	12.0	15.8	17.2	21.5	26.7
500	13.3	16.8	19.1	23.9	29.7
560	14.9	17.2	21.4	26.7	
630	16.7	19.3	24.1	30.0	
710	18.9	22.0	27.2		
800	21.2	24.8	30.6		
900	23.9	27.9			
1000	26.6	31.0			

注　本表只列出了 200mm 以上管径的规格。

除此之外，还有以金属材料和塑料复合而成的钢塑复合管、铝塑复合管等，其兼有金属管和塑料管的优点，使用范围也比较广泛。

二、给水管网附件

为了保证管网的正常运行，便于给水管网的调节和维修，管网上必须装设一些附件。常用附件有以下几种。

1. 阀门

阀门是控制水流、调节管道内的水量和水压、方便检修的重要附件。小区给水管道应在下列部位设置阀门：①小区干管从市政给水管道接出处；②小区支管从小区干管接出处；③接户管从小区支管接出处；④环状管网需调节和检修处；⑤承接消火栓的管道上。

阀门一般设置在阀门井内，阀门的口径一般和管道相同，常采用的阀门一般是蝶阀和闸阀。

2. 排气阀和泄水阀

排气阀安装在管线的隆起部位，用以在初运行时或平时及检修后排出管内的空气；在产生水击时可自动进入空气，以免形成负压。排气阀分单口和双口两种，如图 10-3、图 10-4 所示。选用排气阀可参见表 10-3。地下管线的排气阀应安装在排气阀门井内。

图 10-3　单口排气阀

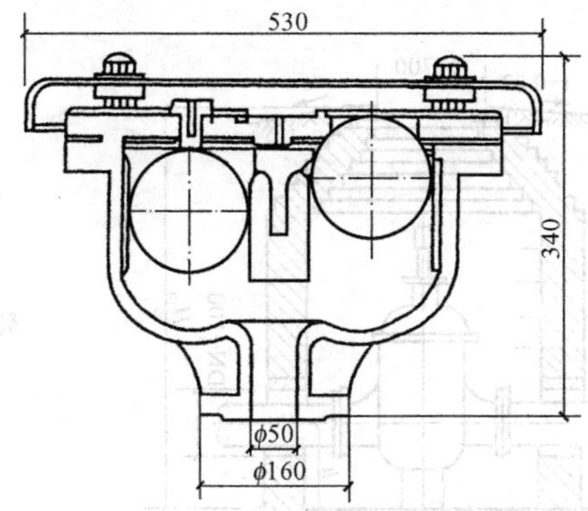

图 10-4　双口排气阀

表 10-3　　**排气阀选用**

干管直径 D（mm）	丁字管直径 D（mm）	排气阀直径 D（mm）	备　注
100～150	75	16	采用单口排气阀
200～250	75	20	
300～350	75	25	
400～500	75	50	采用双口排气阀
600～800	75	75	
900～1200	100	100	

在管线的最低点须安装泄水阀，用以排除水管中的沉淀物以及检修时放空存水。由管线放出的水可直接排入水体、管沟或排入泄水井内，再由水泵排除。

3. 室外消火栓与洒水栓

(1) 消火栓。在城镇消火栓保护不到的建筑区域，应设室外消火栓，消火栓的设置要求应符合现行《建筑设计防火规范》的有关规定。消火栓的介绍见本书第四章。

(2) 洒水栓。居住小区公共绿地和道路需要洒水时，可设洒水栓。洒水栓间距不宜大于 80m。

三、给水管网附属构筑物

1. 给水阀门井

地下管线的阀门一般设在阀门井内。阀门井分地面操作和井内操作两种方式，如图 10-5、图 10-6 所示。阀门井详细尺寸见表 10-4，适用于直径 75～1000mm 的室外手动暗杆低压阀门、管道中心埋深在 6m 以内的情况。

2. 给水管道的埋设与支墩

给水管道一般应尽量敷设在地下，只有在基岩露出或覆盖层很浅的地区，给水管才可考虑埋在地面上或浅沟敷设，此时应有防冻和其他安全措施。给水管道埋设时，对管顶、管底和转弯处等，都有一定的要求，以保证管道工作安全可靠。非冰冻地区管道的管顶埋深，主要由外部荷载、管材强度、管道交叉以及土壤地基等因素决定，金属管道的覆土深度（即管顶埋深）一般不小于 0.7m，非金属管的覆土深度应不小于 1.0～1.2m，以免受到动荷载的作用而影响其强度。冰冻地区管道的埋深除决定于上述因素外，还需考虑土壤的冰冻深度。

一般管顶最小覆土深度不得小于冰冻线以下 0.15m。

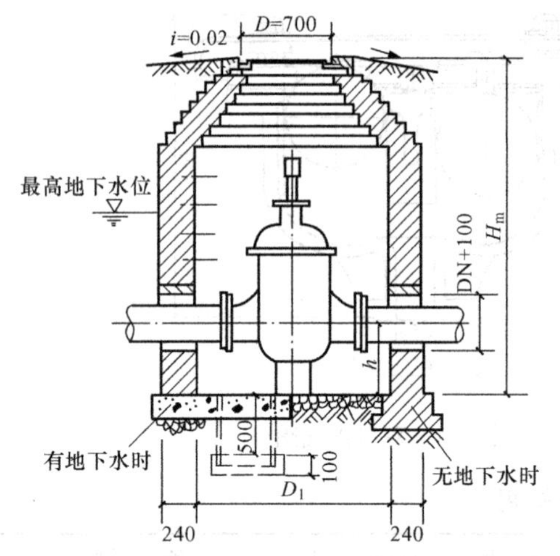

图 10-5　地面操作立式阀门井

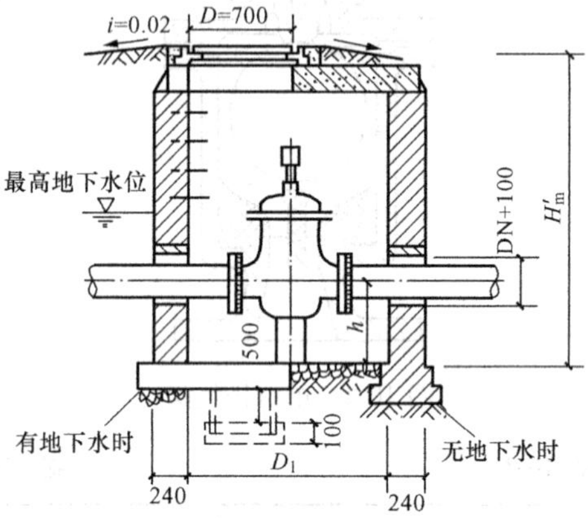

图 10-6　井下操作阀门井

表 10-4　　　　**阀 门 井 尺 寸**　　　　mm

阀门直径	阀门井内径 D_1	地面操作最小井深，H_m		井下操作最小井深 H'_m	管中心高于井底 h
		方头阀门	手轮阀门		
75	1000（1200）	1310	1380	1440	440
(80)	1000（1200）	1380	1440	1500	450
100	1200	1560	1630	1630	475
150	1400	1690	1800	1750	500
200	1400	1800	1940	1880	525
250	1600	1940	2130	2050	550
300	1800	2160	2350	2300	675
350	1800	2350	2540	2430	700
400	2000	2480	2850	2680	725
450	2000	2660	2980	2740	750
500	2200	3100	3480	3180	800
600	2400	—	3660	3430	850
700	2400	—	4230	3990	900
800	2800	—	4230	4120	950
900	2800	—	4850	4620	1000
1000					

注　1. 括号内为井内操作的阀门井内径。

2. 当安装蝶阀时，阀门井尺寸须考虑短管、松套接头位置及拆装可能。

管底应有适当的基础，管道基础的作用是防止管底支在几个点上，甚至整个管段下沉，这些情况都会引起管道的破裂。根据原有土壤的情况，常用的基础有天然基础、砂基础和混凝土基础三种，如图 10-7 所示。当土壤压力较高和地下水位较低时，管道可直接埋在整平的天然基础上，可不做基础处理；如地基较差应做砂基础和混凝土基础；在岩石或半岩石地基处，需铺垫厚度为 100mm 以上的中砂或粗砂作为基础，再在上面埋管；在土壤松软的地基处，应采用混凝土基础；在土壤特别松软的流沙和沼泽地区，有时还要考虑打桩。

给水管承插接口的管线在弯头、三通及管端盖板处，均能产生向外的推力。当推力较大

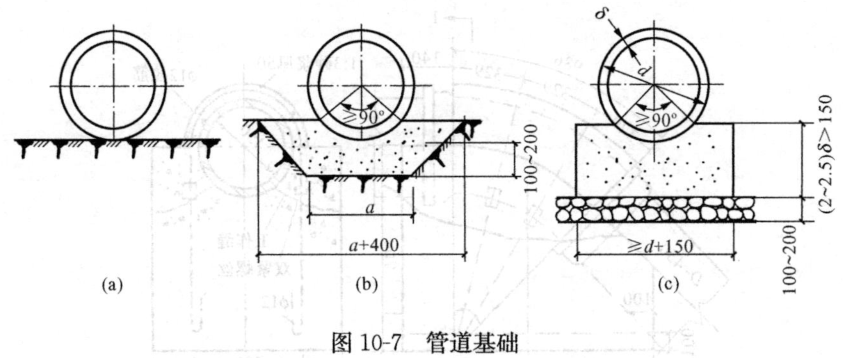

图 10-7 管道基础

(a) 天然地基；(b) 砂基础；(c) 混凝土基础

时，会引起接头松动甚至脱节，造成漏水。因此管径大于等于 400mm，且试验压力大于 980kPa，或管道转弯角度大于 5～10℃时，必须设置支墩以保证管道输水安全。

为抵抗流体转弯时对管道的侧压力，在管道水平转弯处设侧向支墩，如图 10-8 所示；在垂直向上转弯处设垂直向上弯管支墩，如图 10-9 所示；在垂直向下转弯处用拉筋将弯管和支墩连成一体，如图 10-10 所示。

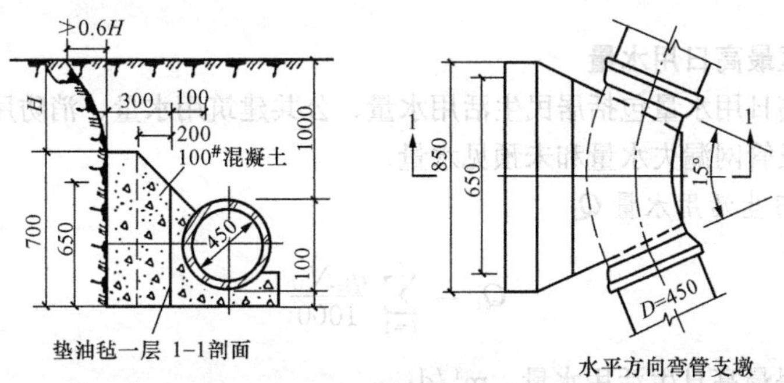

图 10-8 水平方向弯管支墩

当管径小于 400mm 或转弯角度小于 10℃且水压力不超过 980kPa 时，因接口本身足以承受拉力，可不设支墩。

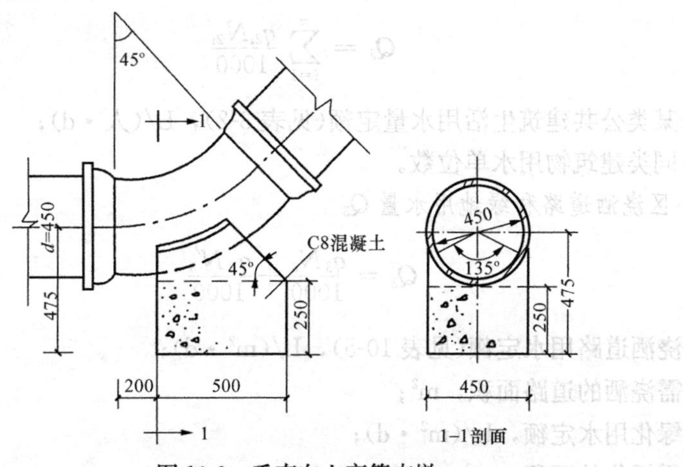

图 10-9 垂直向上弯管支墩

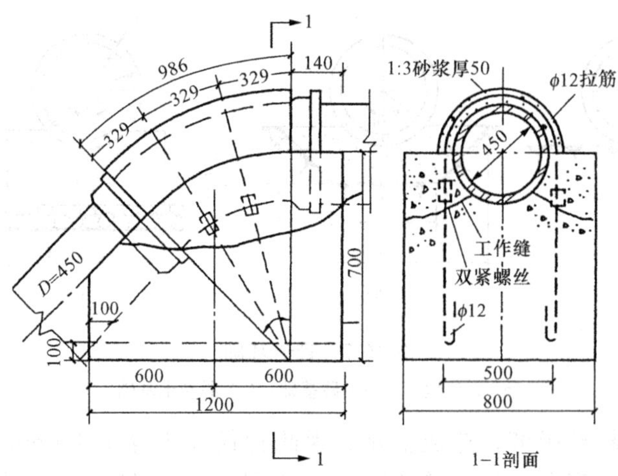

图 10-10 垂直向下弯管支墩

第四节 居住小区给水管道水力计算

一、居住小区最高日用水量

居住小区最高日用水量包括居民生活用水量、公共建筑用水量、消防用水量、浇洒道路和绿化用水量以及管网漏失水量和未预见水量。

1. 居民最高日生活用水量 Q_1

$$Q_1 = \sum_{i=1}^{n} \frac{q_{1i}N_{1i}}{1000} \tag{10-1}$$

式中 Q_1——居民最高日生活用水量，m^3/d；

q_{1i}——住宅最高日生活用水量定额(见表 3-1)，L/(人·d)；

N_{1i}——相同卫生器具设置的居住人数，人。

2. 公共建筑最高日生活用水量 Q_2

$$Q_2 = \sum_{i=1}^{n} \frac{q_{2i}N_{2i}}{1000} \tag{10-2}$$

式中 q_{2i}——某类公共建筑生活用水量定额(见表 3-2)，L/(人·d)；

N_{2i}——同类建筑物用水单位数。

3. 居住小区浇洒道路和绿地用水量 Q_3

$$Q_3 = \frac{q_3N_3}{1000} + \frac{q'_3N'_3}{1000} \tag{10-3}$$

式中 q_3——浇洒道路用水定额(见表 10-5)，$L/(m^2 \cdot d)$；

N_3——需浇洒的道路面积，m^2；

q'_3——绿化用水定额，$L/(m^2 \cdot d)$；

N'_3——需绿化的面积，m^2。

表 10-5　浇洒道路和绿化用水定额

项　目	用水量定额
浇洒道路、广场用水	2.0～3.0L/(m^2·d)
绿化用水	1.0～3.0L/(m^2·d)

4. 居住小区管网漏失水量与未预见水量 Q_4

居住小区管网漏失水量及未预见水量之和，可按小区最高日用水量的 10%～15% 计算。

居住小区消防用水量见本书第四章。

居住小区最高日用水量 Q_d 为

$$Q_d = (1.10 \sim 1.15) \times (Q_1 + Q_2 + Q_3) \tag{10-4}$$

居住区日用水量、小时用水量，随气候、生活习惯等因素的不同而不同，夏季比冬季用水多，假日比平时高，在一日之内又以早饭、晚饭前后用水最多。给水系统必须能适应这种变化，才能确保用户对水量的要求。为了反映用水量逐日、逐时的变化幅度大小，在给水工程中，引入了两个重要的特征系数——日变化系数和时变化系数。

(1) 日变化系数，以 K_d 表示，其意义可用下列公式表示：

$$K_d = \frac{Q_d}{\overline{Q}_d} \tag{10-5}$$

式中　Q_d——最高日用水量，即设计年限内用水量最多一日的水量，m^3/d；

$\overline{Q}_d$——平均日用水量，m^3/d。

(2) 时变化系数，以 K_h 表示，其意义可按下式表达

$$K_h = \frac{Q_h}{\overline{Q}_h} \tag{10-6}$$

式中　Q_h——最高日最高时用水量，m^3/h；

$\overline{Q}_h$——最高日平均时用水量，m^3/h。

这两个特征系数在一定程度上反映了用水量的变化情况，在实际运用中，经常还应用用水量逐时变化曲线来详细反映用水量的变化情况。

二、居住小区给水设计流量

居住小区的供水范围和服务人口数介于城市给水和建筑内部给水之间，有其独特的用水特点和规律。居住小区给水管道的设计流量既不同于建筑内部的设计秒流量，又不同于城市给水最大时流量的平均秒流量，应通过多地点长时间实际测量居住小区不同供水范围的用水量变化曲线，对大量数据进行统计分析和处理，建立居住小区给水管道设计流量计算公式。但目前尚未有可靠的公式，而是按居住小区人口数分成两个档次，借用建筑内部给水和城市给水的计算公式来分段计算，方法如下：

(1) 当居住小区的规模在 3000 人及以下且室外给水管网为枝状管网时，其住宅及小区配套的文体、餐饮娱乐、商铺及市场等设施的生活设计流量按现行《建筑给水排水设计规范》的生活给水设计秒流量公式（见第三章）计算。

(2) 当居住小区的规模在 3000 人以上，室外给水管网为环状管网或与市政给水管连接成环状网时，住宅按表 3-1 的规定计算最大用水时平均秒流量为节点流量。小区配套的文体、餐饮娱乐、商铺及市场等设施的生活用水设计流量，应按表 3-2 的规定计算最大用水时

平均秒流量为节点流量。

小区配套的文教、医疗保健、社区管理等设施，以及绿化和景观用水、道路和广场洒水、公共设施用水等，均以平均用水时平均秒流量计算节点流量。

管网漏失和未预见水量不计入管网节点流量，仅在计算小区管网与城市管网连接的引入管时，考虑预留此流量。凡不属于小区配套的公共建筑均应另计。小区干管管径不得小于支管管径。

(3) 当服务人口多于 15 000 人时，应按《室外给水设计规范》(GB 50013—2006) 规定的公式、用水定额和时变化系数计算管道的设计流量。

【例 10-1】 山东某居住小区，共有 24 幢住宅楼 1200 户，每户 4 人。其中 600 户住宅每户设有坐便器、洗脸盆、浴盆、洗涤盆、洗衣机、加热器及淋浴设备，另外 600 户每户卫生器具设置情况与前面相同，但有热水供应。居住小区内设有托儿所、宾馆，托儿所床位 90 个，宾馆床位 120 个。小区内车行道路面积 16 000m^2（每日浇洒一次），绿化面积 9000m^2。试计算该居住小区的最高日用水量。

解 计算该居住组团的最高日用水量。

(1) 居民生活用水量 Q_1。

查表 3-1 得：用水定额 $q_1=160\text{L/(人·d)}$、$q'_1=220\text{L/(人·d)}$，则

$$Q_1=\sum_{i=1}^{n}\frac{q_{1i}N_{1i}}{1000}=\frac{160\times(600\times4)}{1000}+\frac{220\times(600\times4)}{1000}=912\text{m}^3/\text{d}$$

(2) 居住小区大型公共建筑物用水量 Q_2。

居住组团内大型公共建筑有托儿所(按住宿计)、宾馆。查表 3-2 得：托儿所用水定额 $q_2=80\text{L/(人·d)}$，宾馆用水定额$q'_2=300\text{L/(床位·d)}$，则

$$Q_2=\sum_{i=1}^{n}\frac{q_2N_2}{1000}=\frac{80\times90}{1000}+\frac{120\times300}{1000}=43.2\text{m}^3/\text{d}$$

(3) 浇洒道路、绿化用水量 Q_3。查表 10-5 得：浇洒道路用水定额 $q_3=2.0\text{L/(m}^2\text{·d)}$，绿化用水定额 $q'_3=2.0\text{L/(m}^2\text{·d)}$，则

$$Q_3=\frac{q_3N_3}{1000}+\frac{q'_3N'_3}{1000}=\frac{2.0\times16\,000}{1000}+\frac{2.0\times9000}{1000}=50.0\text{m}^3/\text{d}$$

(4) 管网漏失水量与未预见水量取 ($Q_1+Q_2+Q_3$) 的 15%，则该居住小区高日用水量为

$$Q_d=1.15\times(Q_1+Q_2+Q_3)=1.15\times(912+43.2+50.0)=1155.98\text{m}^3/\text{d}$$

三、居住小区给水管道水力计算

居住小区给水管道水力计算是在确定了给水方式、布置完管线后进行的，计算的目的是确定各管段的管径，校核消防时和事故时的流量，选择确定升压及贮水设备。

管段设计流量确定后，确定管道直径和压力损失，其方法应按现行《室外给水设计规范》规定公式计算。当管径为 100～400mm，管内流速为 0.6～0.9m/s；管径大于 400mm 时，流速取 0.9～1.4m/s。给水管道的局部压力损失除水表和止回阀等需要单独计算外，其他可按沿程压力损失的 15%～20%计算。居住小区从城市给水管网直接供水时，给水管道的管径应根据管道的设计流量、城市给水管网能保证的最低水压和最不利配水点所需水压来确定。设有室外消火栓的室外给水管道，管径不得小于 100mm。

四、居住小区给水管校核

当生活给水管道上设有室外消火栓时，管道直径应按生活给水流量再叠加小区内一次火灾的最大流量对管道进行水力计算校核。如给水管网上设有两条及两条以上的管道与城市给水管网连成环状时，应保证一条检修关闭时，其余连接管应能供应70%的生活给水量。

五、居住小区给水系统水压

居住小区给水管网的接户管和建筑给水的引入管连接处的最小服务水头：一层为0.1MPa，二层为0.12MPa，二层以上每增高一层增加0.04MPa。

如果采用低压给水系统，管道的压力应保证灭火时最不利消火栓水压从地面算起不低于0.1MPa。

六、居住小区给水管网中的水泵房、水池和水塔

水泵、水池和水塔是小区给水系统的升压、调节、贮水设备。

(1) 水泵。水泵扬程应满足最不利配水点所需水压，小区给水系统有水塔或高位水箱时，水泵出流量应按最大时流量确定；当小区给水系统无水塔或高位水箱时，水泵出流量按小区给水系统的设计流量确定。当水泵负有消防给水任务时，同时应满足生活给水流量和消防给水流量的要求。水泵的选择、水泵机组的布置及水泵房的设计要求，按现行《室外给水设计规范》有关规定执行。居住小区泵房宜建在靠近负荷中心处，可独立建设，也可与锅炉房或热力中心等公用动力站房合建。

(2) 水池。水池的有效容积应根据居住小区生活用水的调蓄贮水量、安全贮水量和消防贮水量确定。其中生活用水的调蓄贮水量无资料时，可按居住小区最高日用水量的20%～30%确定。不允许间断供水的水池或有效容积超过1000m³的水池，应分设两池或两格。两池（格）之间应设连通管，并按每个水池（格）单独工作要求配置管道和阀门。

(3) 水塔和高位水箱（池）。水塔和高位水箱（池）的有效容积应根据居住小区生活用水的调蓄贮水量、安全贮水量和消防贮水量确定。其中生活用水的调蓄贮水量无资料时，可按表10-6确定。水塔和高位水箱（池）最低水位高程的确定应满足最不利配水点所需水压。

表10-6 水塔和高位水箱（池）生活用水的调蓄贮水量

居住小区最高日用水量(m³)	<100	101～300	301～500	501～1000	1001～2000	2001～4000
调蓄贮水量占最高日用水量的百分数(%)	30～20	20～15	15～12	12～8	8～6	6～4

第五节 居住小区给水管道施工图

居住小区给水管道施工图是进行施工安装、工料分析、编制施工图预算的重要依据。它主要由小区给水系统总平面布置图、给水管道平面图、管道纵剖面图和大样图组成。

一、小区给水系统总平面布置图

小区给水系统总平面布置图用来表示一个小区的给水系统的组成及管道布置情况，如图10-11所示。

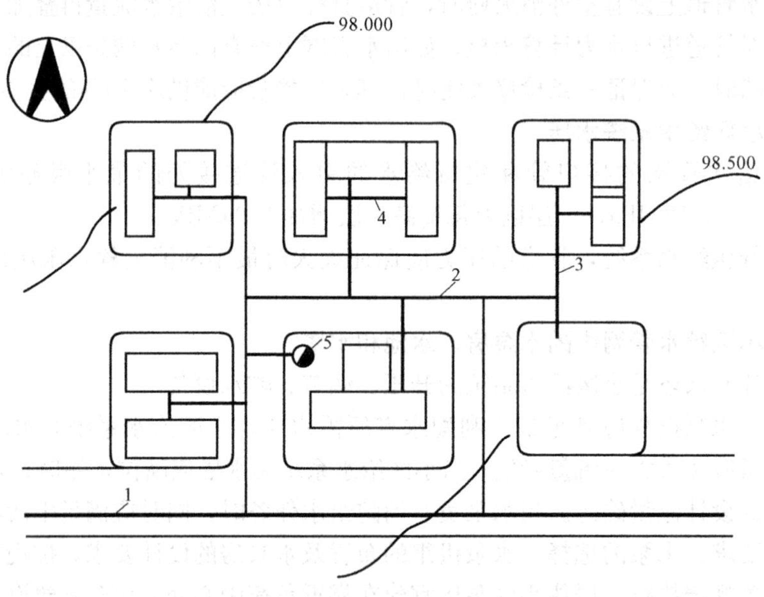

图 10-11　小区给水系统总平面布置图

1—城市给水管；2—小区给水干管；3—给水支管；4—接户管；5—消火栓

该图一般包括以下内容：①小区建筑平面布置图，图中应标明小区地形、道路、绿化、地貌等情况；②小区给水系统的组成，图中应标明给水管道布置位置、给水泵房、水塔布置位置等；③应标明各给水管道的管径、管长及阀门井、消火栓的位置等情况。

二、小区给水管道平面图

管道平面图是小区给水管道系统最基本的图纸，通常采用 1∶500～1∶1000 的比例绘制，如图 10-12 所示为某居住小区给水管道平面图的一部分。在管道平面图上应能表达出如下内容：

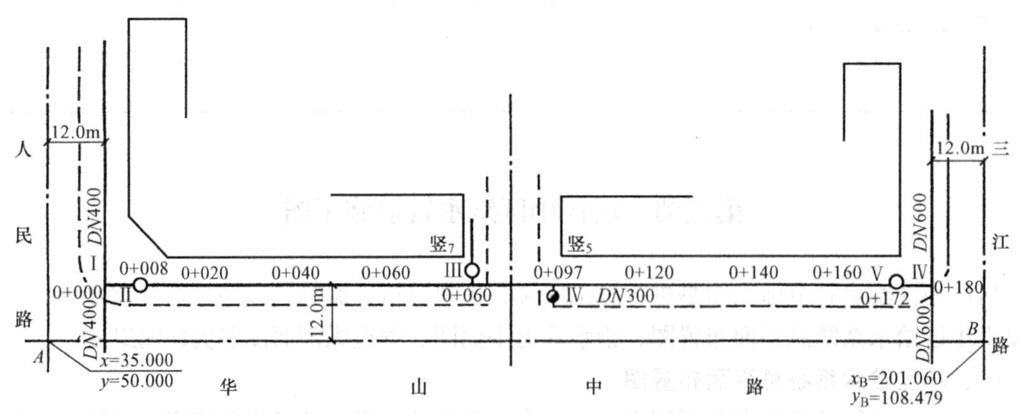

图 10-12　给水管道平面图

(1) 现状道路或规划道路的中心线及折点坐标。

(2) 管道代号、管道与道路中心线或永久性固定物间的距离、节点号、间距、管径、管道转角处坐标及管道中心线的方位角，穿越障碍物的坐标等。

(3) 与管道相交或相近平行的其他管道的状况及相对关系。

(4) 主要材料明细表及图纸说明。

三、小区给水管道纵剖面图

管道纵剖面图是反映管道埋设情况的主要技术资料，一般纵向比例是横向比例的 5～20 倍（通常取 10 倍），管道纵剖面图如图 10-13 所示，主要表达以下内容：

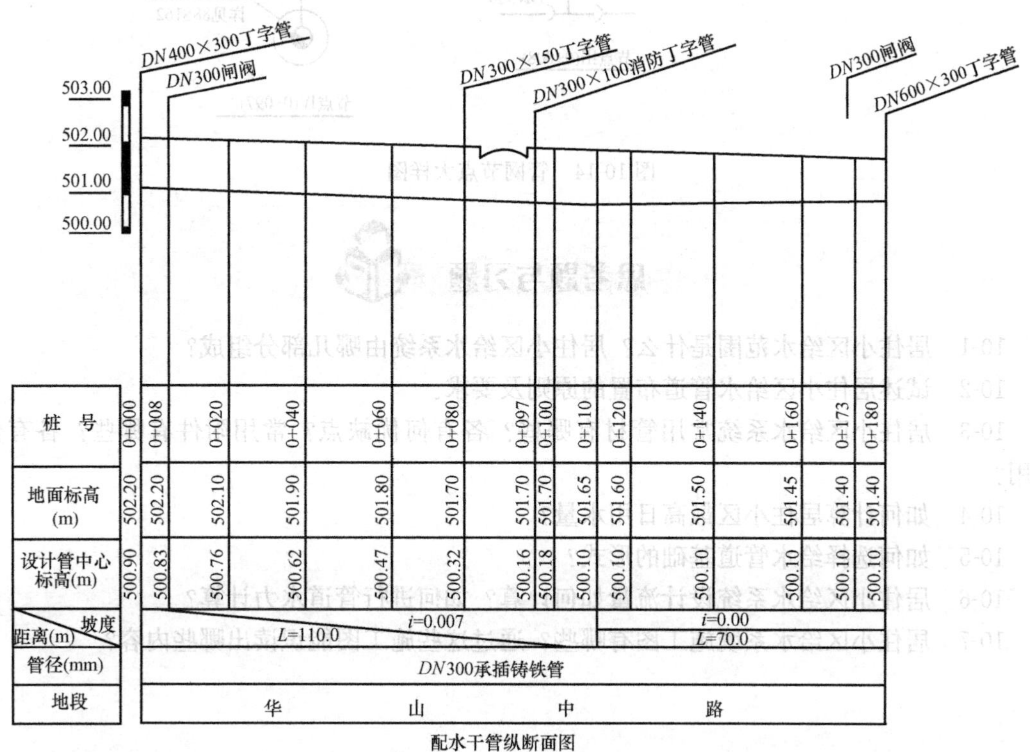

图 10-13 管道纵断面图

(1) 管道的管径、管材、管长和坡度、管道代号。

(2) 管道所处地面标高、管道的埋深。

(3) 与管道交叉的地下管线、沟槽的截面位置、标高等。

四、节点详图

小区给水管网设计中，若平面图与纵剖面图不能描述完整、清晰，则应以大样图的形式加以补充。大样图可分为节点详图、附属设施大样图、特殊管段布置大样图。

节点详图是用标准符号绘出节点上各种配件（三通、四通、弯管、异径管等）和附件（阀门、消火栓、排气阀等）的组合情况，如图 10-14 所示。

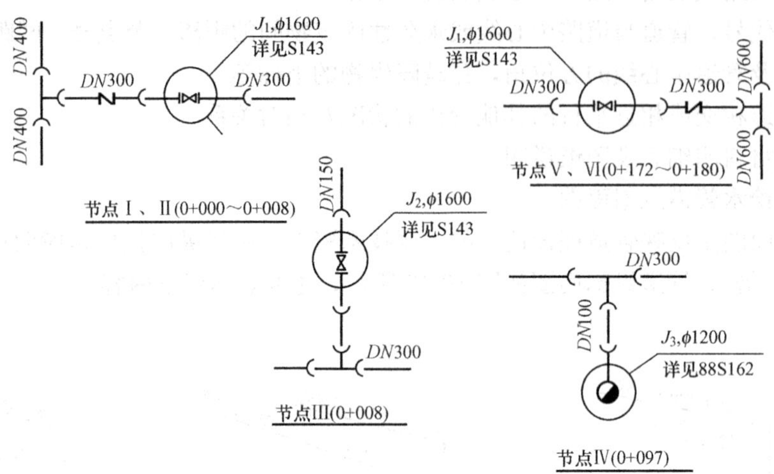

图 10-14 管网节点大样图

思考题与习题

10-1 居住小区给水范围是什么？居住小区给水系统由哪几部分组成？

10-2 试述居住小区给水管道布置的原则及要求。

10-3 居住小区给水系统常用管材有哪些？各有何优缺点？常用附件有哪些？各有何作用？

10-4 如何计算居住小区最高日用水量？

10-5 如何选择给水管道基础的形式？

10-6 居住小区给水系统设计流量如何计算？如何进行管道水力计算？

10-7 居住小区给水系统施工图有哪些？通过这些施工图能识读出哪些内容？

第十一章　居住小区排水系统

第一节　概　　述

一、污水的分类

在居住小区及工业企业内部，日常生活和生产过程中使用大量的水，水在使用过程中受到不同程度的污染，改变了原有的化学成分和物理性质，成为污水。污水按其来源不同可分为生活污水、工业废水和雨水三类。

在居住小区和工业企业中，应当及时地进行污废水的处理和排放，否则就会污染和破坏环境，形成公害，影响生活和生产。为了系统排除污废水而建设的一整套工程设施称为排水系统。居住小区排水系统的任务就是将居住小区的各种污水经济合理地输送到城市排水管道中去。

二、排水系统

居住小区生活污水、工业废水和雨水可以采用一个管渠系统来排除，也可以采用两个及两个以上各自独立的管渠系统来排除，污水的这种不同的排除方式称为排水体制。排水体制主要分为分流制和合流制两种，新建居住小区应采用生活排水与雨水分流排水系统。

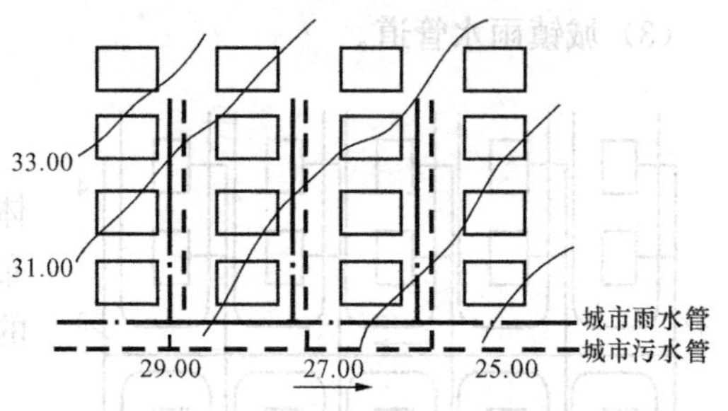

图 11-1　小区分流制排水系统示意图

(1) 分流制。居住小区分流制排水系统是指将生活污水、工业废水和雨水分别在两套或两套以上各自独立的管渠内排除，这种系统称为分流制排水系统，如图 11-1 所示。其中排除生活污水、工业废水的系统称为污水排水系统；排除雨水的系统，称为雨水排水系统。

(2) 合流制。居住小区合流制排水系统是指将生活污水、工业废水和雨水混合在同一管渠内排除的排水系统，如图 11-2 所示。

居住小区排水系统体制的选择，应根据城镇排水体制、环境保护要求等因素综合比较确定。对于新建小区，若城镇排水体制为分流制，或当小区附近有合适的雨水排放水体或小区远离城镇为独立的排水体系等情况时，宜采用分流制。若居住小区的污水需要进行中水回用时，应设置分质、分流的排水体制。

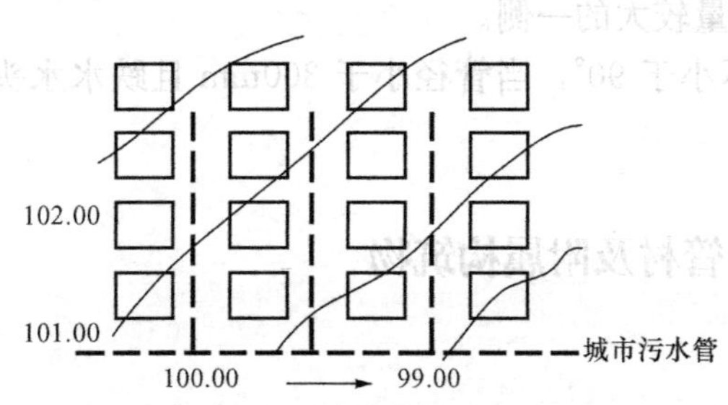

图 11-2　小区合流制排水系统示意图

根据我国目前加快城市污水集中处理工程建设的城建方针，居住小区的污水一般应排入城市排水管道系统，故居住小区排水体制一般与城镇排水体制相同。

三、排水系统的组成

1. 污水排水系统的组成

（1）建筑内部排水系统及设备。

（2）小区室外排水管道。

（3）小区污水泵站及压力管道。

（4）小区污水处理站。

图 11-3 为居住小区污水排放系统示意图。

2. 工业废水排水系统的组成

（1）车间内部管道系统和设备。

（2）厂区管道系统。

（3）污水泵站及压力管道。

（4）废水处理站。

3. 雨水排水系统的组成

（1）房屋雨水管道系统和设备。

（2）建筑小区雨水管道及雨水口。

（3）城镇雨水管道。

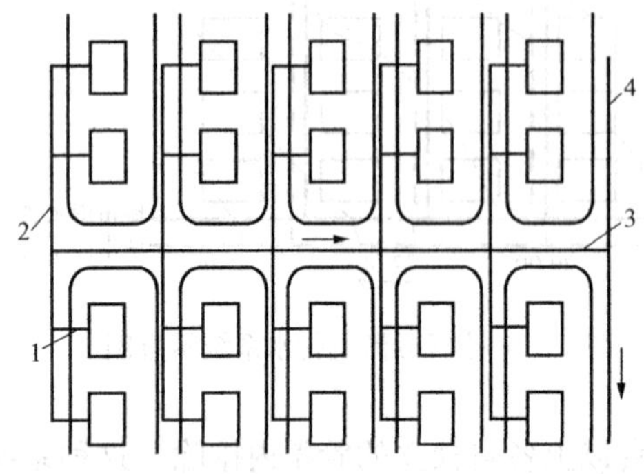

图 11-3 居住小区污水排水系统示意图
1—出户管；2—小区排水支管；3—小区排水干管；4—城市排水管

四、小区排水管道的布置与敷设原则

（1）建筑小区排水管道的布置应根据小区总体规划、地形标高、排水流向、道路、建筑的分布等情况，按管线短、埋深小、尽可能自流排出的原则确定。

（2）排水管道一般沿道路、建筑物平行敷设，尽量避免与其他管线交叉。污水管道与给水管道相交时，应敷设在给水管道下面。

（3）排水管道与建筑物基础的水平净距为：当管道埋深浅于基础时，应不小于 1.5m；当管道埋深深于基础时，应不小于 2.5m。

（4）排水管道与其他管线的水平和垂直净距可按表 10-1 采用。

（5）排水管线尽量避免穿越地上和地下构筑物。

（6）管线应布置在建筑物排出管多并且排水量较大的一侧。

（7）排水管道转弯和交接处，水流转角应不小于 90°，当管径小于 300mm 且跌水水头大于 0.3m 时，可不受此限制。

第二节 小区排水常用管材及附属构筑物

一、排水常用管材

排水管材应就地取材，以降低运输费用，应具有一定的强度、抗渗性能，同时还应具有良好的水力条件。常用的排水管材有混凝土管、钢筋混凝土管、埋地排水塑料管，穿越管沟、河流等特殊地段或承压地段可采用钢管和铸铁管。

1. 混凝土管和钢筋混凝土管

混凝土管和钢筋混凝土管便于就地取材，制造方便，可根据不同的抗压要求，制成无压管、低压管、预应力管等，所以在排水管道系统中得到普遍应用。它们的主要缺点是抗酸碱侵蚀及抗渗性能较差，管节短，接头多，施工复杂，自重大，搬运不便。

混凝土管和钢筋混凝土管管口通常有承插式、企口式、平口式，如图 11-4 所示。

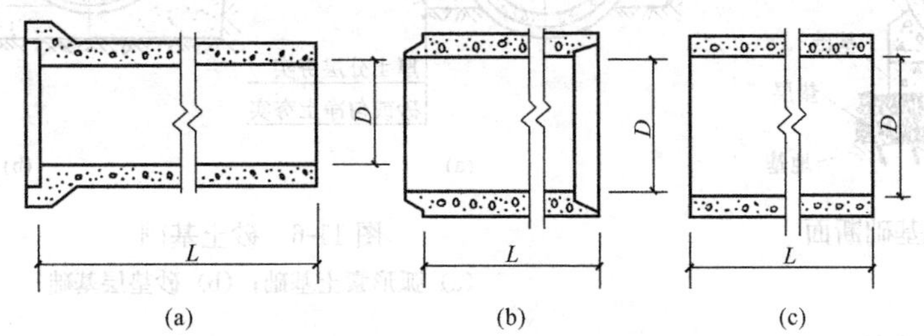

图 11-4 混凝土管和钢筋混凝管

(a) 承插式；(b) 企口式；(c) 平口式

2. 金属管

常用的金属管有铸铁管和钢管。金属管质地坚固、抗压、抗震、抗渗性能好，内壁光滑，水流阻力小，管子每节长度大，接头少，但价格昂贵。钢管抗酸碱腐蚀能力差，一般只在外部荷载很大或对渗漏要求特别高的情况下考虑使用。

3. 埋地塑料管

塑料管是近几年在国内开始使用的管材，主要用在小口径管道，其优点是耐腐蚀，内壁光滑，重量轻，运输方便、不渗漏，施工简便，越来越受到欢迎。埋地塑料管种类有实壁管、加筋管、双壁波纹管等。

二、排水管道基础及接口

1. 排水管道的基础

合理选择排水管道基础，对排水管道的使用影响很大。排水管道基础应根据地质条件、布置位置、施工条件和地下水位等因素确定，一般可按下列规定选择：

(1) 当地质条件是干燥密实土层，管道不在车行道下，地下水位低于管底标高，且几种管道合槽施工时，可采用素土（或灰土）基础，但接口处应做混凝土枕基。

(2) 当地质条件是岩石和多石地层时，采用砂垫层基础，砂垫层厚度不宜小于 200mm，接口处应做混凝土枕基。

(3) 当地质条件是一般土层或各种潮湿土层时，应根据具体情况采用 90°～180°混凝土带状基础。

(4) 在施工超挖，地基松软或不均匀沉降地段，管道基础和地基应采取处理措施，如换土垫层或地基浅层压实加固等。

排水管道的基础分为地基、基础和管座三部分，如图 11-5 所示。目前常用的管道基础有砂土基础、混凝土枕基、混凝土带形基础：①砂土基础包括弧形素土基础及砂垫层基础，如图 11-6 所示；②混凝土枕基是只在管道接口处才设置的管道局部基础，如图 11-7 所示，此种基础适应于干燥土壤中的雨水管道及不太重要的排水支管；③混凝土带形基础是沿管道全长铺设的基础，按管座的不同可分为 90°、135°、180°三种管座基础，如图 11-8 所示。这种基础适用于各种潮湿土壤以及地基软硬不均匀的排水管道。

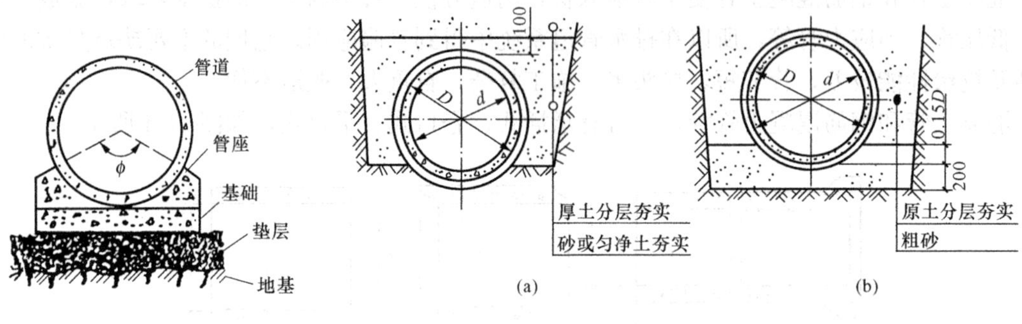

图 11-5 管道基础断面

图 11-6 砂土基础

(a) 弧形素土基础；(b) 砂垫层基础

2. 排水管道的接口

排水管道的不透水性和耐久性，在很大程度上取决于敷设管道时接口的质量，管道接口应具有足够的强度，不透水，能抵抗污水或地下水的侵蚀，并有一定弹性。排水管道的接口应根据管道材料、连接形式、排水性质、地下水位和地质条件等确定。

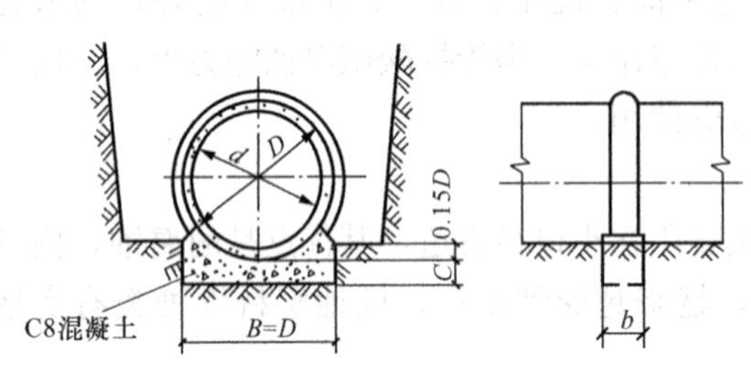

图 11-7 混凝土枕基

排水管道接口一般分柔性、刚性和半柔性三种形式。柔性接口常用有石棉沥青卷材接口和橡胶圈接口，适用于地基沿管道纵向沉陷不均匀管道上，后者对抗震有显著作用。刚性接口常用的有水泥砂浆抹带接口和钢丝网水泥砂浆抹带接口，适用于地基较好的排水管道上。半柔性接口有预制套管石棉水泥接口，使用条件与柔性接口相似。

（1）水泥砂浆抹带接口，如图 11-9 所示，属于刚性接口。在管子接口处用 1∶（2.5～3）的水泥砂浆抹成半椭圆形或其他形状的砂浆带，带宽 120～150mm，一般适用于地基土质较好的雨水管道，或用于地下水位以上的污水支线上，企口管、平口管、承插管均可采用此种接口。

（2）钢丝网水泥砂浆抹带接口，如图 11-10 所示，属于刚性接口。将抹带范围的管外壁凿毛，抹 1∶2.5 水泥砂心 1 层，厚 15mm，中间采用 20# 10×10 钢丝网 1 层，两端插入基础混凝土，上面再抹砂浆 1 层，厚 10mm，适用于地基土质较好的具有带形基础的雨水、污水管道上。

（3）石棉沥青卷材接口，如图 11-11 所示，属于柔性接口。石棉沥青卷材为工厂加工，沥青玛琋脂质量配比为沥青∶石棉∶细砂＝7.5∶1∶1.5，适用于地基沿管道轴向沉陷不均匀地区。

（4）预制套环石棉水泥（或沥青砂）接口，如图 11-12 所示，属于半柔性接口。石棉水泥质量比为水∶石棉∶水泥＝1∶3∶7（沥青砂配比为沥青∶石棉∶砂＝1∶0.67∶0.67），适用于地基不均匀地段，或地基经过处理后可能产生不均匀沉陷且位于地下水位之下，内压低于 10m 的管道上。

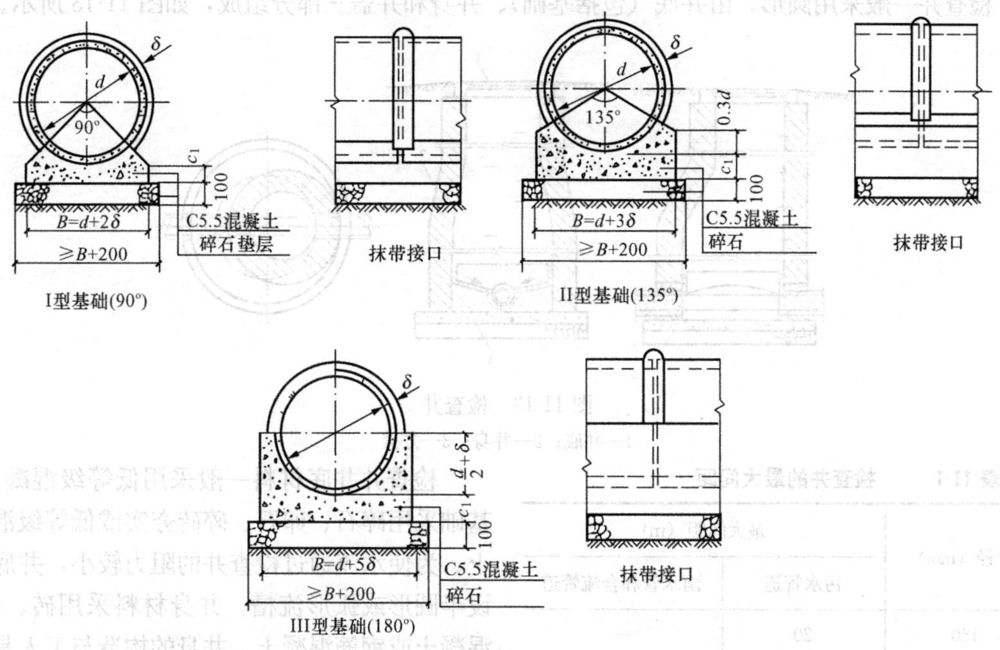

图 11-8　混凝土带形基础

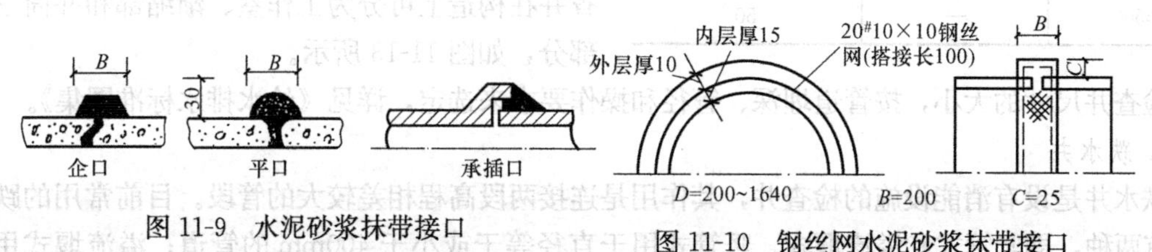

图 11-9　水泥砂浆抹带接口　　图 11-10　钢丝网水泥砂浆抹带接口

三、排水管渠上的附属构筑物

为了保证排水系统的正常工作，系统还要设置必要的附属构筑物，常设的附属构筑物有以下几种。

1. 检查井

检查井设置在排水管道的交汇处、转弯处，以及管径、坡度、高程变化处。直线管段上每隔一定距离设一处检查井。居住小区内检查井在直线管段上最大间距见表 11-1。

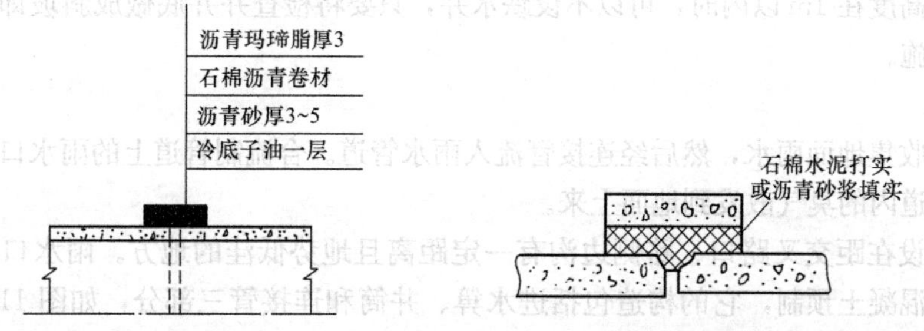

图 11-11　石棉沥青卷材接口　　图 11-12　预制套环石棉水泥（沥青砂）接口

检查井一般采用圆形，由井底（包括基础）、井身和井盖三部分组成，如图 11-13 所示。

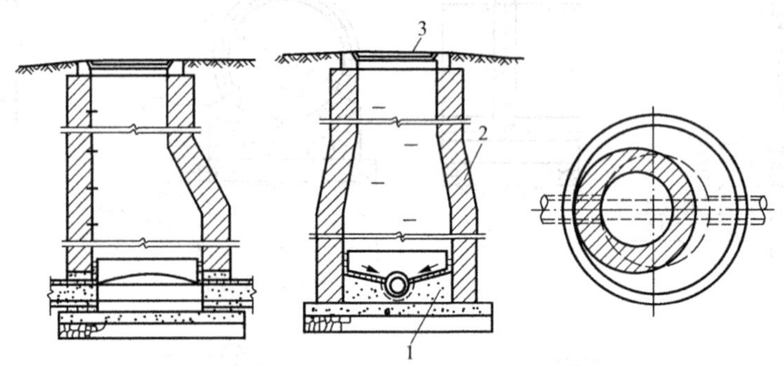

图 11-13 检查井

1—井底；2—井身；3—井盖

表 11-1 检查井的最大间距

管径（mm）	最大间距（m）	
	污水管道	雨水管和合流管道
150	20	—
200～300	30	30
400	30	40
≥500	—	50

检查井井底材料一般采用低等级混凝土，基础采用碎石、卵石、碎砖夯实或低等级混凝土。为使水流通过检查井的阻力较小，井底宜设半圆形或弧形流槽，井身材料采用砖、石、混凝土或钢筋混凝土。井身的构造与工人是否下井有密切关系，不需要下人的浅井，构造很简单，一般为直壁圆筒形；需要下人的较深检查井在构造上可分为工作室、渐缩部和井筒三部分，如图 11-13 所示。

检查井尺寸的大小，按管道埋深、管径和操作要求来选定，详见《给水排水标准图集》。

2. 跌水井

跌水井是设有消能设施的检查井，其作用是连接两段高程相差较大的管段。目前常用的跌水井有两种，即竖管式和溢流堰式。竖管式用于直径等于或小于 400mm 的管道；溢流堰式用于直径大于 400mm 的管道。

竖管式跌水井的构造，如图 11-14 所示，这种跌水井一般不做水力计算。管径不大于 200mm 时，一次落差不宜超过 6m；当管径为 300～400mm 时，一次落差不宜超过 4.0m；管径大于 400mm 时，其一次跌水高度按水力计算确定。

溢流堰式跌水井的构造，如图 11-15 所示，它的主要尺寸及跌水方式一般应通过水力计算确定。

当管道跌水高度在 1m 以内时，可以不设跌水井，只要将检查井井底做成斜坡即可，不采取专门的跌水措施。

3. 雨水口

雨水口用于收集地面雨水，然后经连接管流入雨水管道。合流制管道上的雨水口必须设有水封管，以免管道内的臭气散发到地面上来。

雨水口一般设在距交叉路口、路侧边沟有一定距离且地势低洼的地方。雨水口为一矩形井，常用砖砌或混凝土预制，它的构造包括进水箅、井筒和连接管三部分，如图 11-16 所示。雨水口按进水箅在街道上的位置可分为边石雨水口、边沟雨水口以及联合雨水口三种型式。

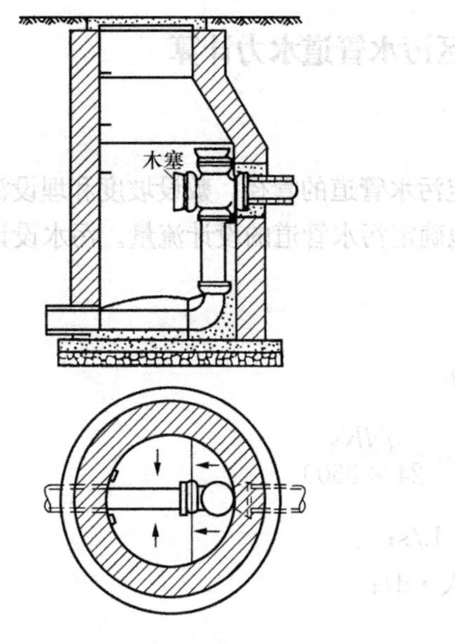

图 11-14 竖管式跌水井

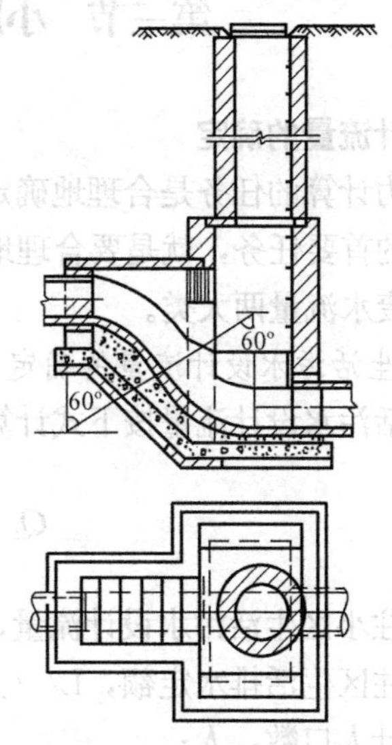

图 11-15 溢流堰式跌水井

4. 水封井

当生产污水能产生引起爆炸或火灾的气体时，其废水管道系统中必须设水封井。水封井的位置应设在产生上述废水的生产装置、储罐区、原料储存场地、成品仓库、容器洗涤车间等废水排出口处或适当距离的干道上。水封井不宜设在车行道和行人众多的地段，并应适当远离产生明火的场地。水封井深度一般采用 0.25m，井上宜设通风管，井底宜设沉泥槽。其构造如图 11-17 所示。

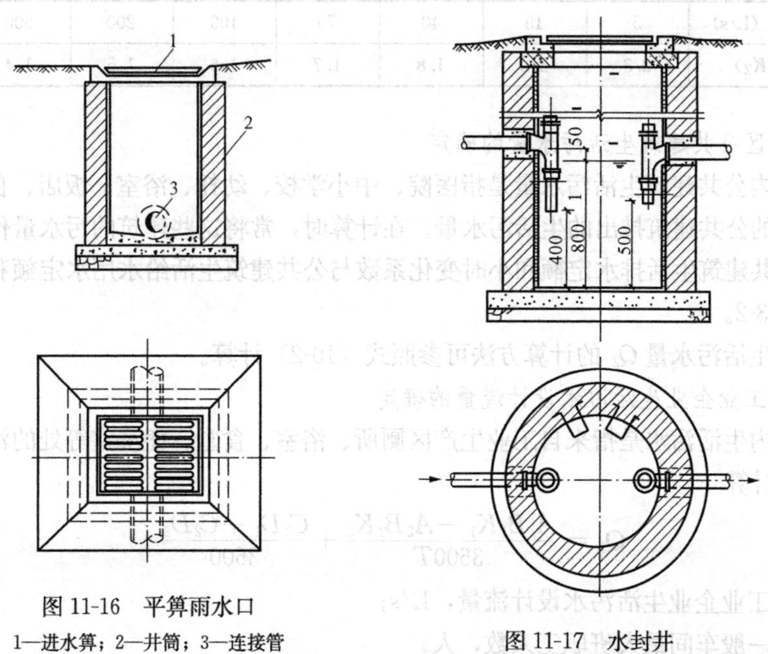

图 11-16 平箅雨水口

1—进水箅；2—井筒；3—连接管

图 11-17 水封井

第三节 小区污水管道水力计算

一、污水设计流量的确定

污水管道水力计算的任务是合理地确定污水管道的管径、敷设坡度和埋设深度。因此，进行管道水力计算的首要任务，就是要合理地确定污水管道的设计流量。污水设计流量包括生活污水流量和工业废水流量两大类。

1. 居住小区生活污水设计流量的确定

居住小区生活污水设计流量按下式计算

$$Q_1 = \frac{qNK_Z}{24 \times 3600} \tag{11-1}$$

式中 Q_1——居住小区生活污水设计流量，L/s；

q——居住区生活排水定额，L/（人·d）；

N——设计人口数，人；

K_Z——生活污水量总变化系数，见表 11-2。

居住小区生活排水量定额应根据地区所处地理位置、气候条件、建筑内部卫生设备情况确定。根据《建筑给水排水设计规范》规定，居住小区生活排水系统排水定额是其相应的生活给水系统用水定额的 85%～95%，见表 3-1。居住小区生活排水系统小时变化系数与其相应的生活给水系统小时变化系数相同，见表 3-1。排水设计流量为最高日最高时排水流量，总变化系数 K_Z 为最高日最高时排水流量与平均日平均时排水流量的比值，见表 11-2。

表 11-2　　生活污水量总变化系数

污水平均日流量（L/s）	5	15	40	70	100	200	500	≥1000
总变化系数（K_Z）	2.3	2.0	1.8	1.7	1.6	1.5	1.4	1.3

2. 居住小区公共建筑生活污水量的确定

居住小区内公共建筑生活污水量是指医院、中小学校、幼托、浴室、饭店、食堂、影剧院等排水量较大的公共建筑排出的生活污水量。在计算时，常将这些建筑的污水量作为集中流量单独计算。公共建筑生活排水定额和小时变化系数与公共建筑生活给水用水定额和小时变化系数相同，见表 3-2。

公共建筑生活污水量 Q_2 的计算方法可参照式（10-2）计算。

3. 小区内工业企业生活污水设计流量的确定

工业企业内生活污水是指来自工业生产区厕所、浴室、食堂、盥洗室等处的污水量。其设计流量按下式计算

$$Q_3 = \frac{A_1B_1K_1 + A_2B_2K_2}{3600T} + \frac{C_1D_1 + C_2D_2}{3600} \tag{11-2}$$

式中 Q_3——工业企业生活污水设计流量，L/s；

A_1——一般车间最大班职工人数，人；

A_2——热车间最大班职工人数，人；

B_1——一般车间职工生活污水量标准，以 30L/（人·班）计；

B_2——热车间职工生活污水量标准，以 50L/（人·班）计；

K_1——一般车间生活污水量变化系数，以 3.0 计；

K_2——热车间生活污水量时变化系数，以 2.5 计；

C_1——一般车间最大班使用淋浴的职工数，人；

C_2——热车间最大班使用淋浴的职工人数，人；

D_1——一般车间淋浴污水量标准，以 40L/（人·次）计；

D_2——高温车间、污染严重车间的淋浴污水量标准，以 60L/（人·次）计；

T——每班工作时数，h。

4. 小区工业废水设计流量的确定

工业废水设计流量一般按日产量和单位产品的排水量计算。设计流量与各种工业的生产性质、工艺流程、生产设备及给水排水系统的组成等条件有关。

工业废水设计流量可按下式计算

$$Q_4 = \frac{mMK_Z}{3600T} \tag{11-3}$$

式中 Q_4——工业废水设计流量，L/s；

m——生产过程中每单位产品的废水量标准，L；

M——产品的平均日产量；

T——每日生产时数，h；

K_Z——总变化系数，根据工艺或经验确定。

除上述的计算方法外，工业废水设计流量也可以按工业设备数量和每台设备每日的排水量进行计算。

5. 小区污水总流量的确定

小区的污水包括居民生活污水、公共建筑生活污水、工业废水和工业企业生活污水四部分。因此，小区污水设计总流量为

$$Q = Q_1 + Q_2 + Q_3 + Q_4 \tag{11-4}$$

式中 Q——小区污水设计流量，L/s；

Q_1——居住小区生活污水设计流量，L/s；

Q_2——公共建筑生活污水量，L/s；

Q_3——工业企业生活污水设计流量，L/s；

Q_4——工业废水设计流量，L/s。

上述污水设计流量的计算方法是假定排出的各类污水在同一时间内出现最大流量，根据这种假定计算的污水总设计流量偏大，在各类污水排水量逐时变化规律资料缺乏的情况下，采用上述计算方法，简便可行，而且偏于安全。

二、污水管道水力计算

污水管道的水力计算任务是在管段所承担的污水设计流量已定的条件下，合理确定污水管道的断面尺寸（管径）、坡度和埋设深度。

1. 污水管道水力计算基本公式

污水在管道内的流动属于无压流，污水管道的水力计算是按无压均匀流计算公式计算：

$$Q = Wv \tag{11-5}$$

$$v = C\sqrt{Ri} \tag{11-6}$$

式中 Q——流量，m^3/s；

W——过水断面面积，m^2；

v——流速，m/s；

R——水力半径，过水断面面积与湿周的比值，m；

i——水力坡度，即水面坡度，等于管底坡度；

C——流速系数或称谢才系数。

C 值一般按曼宁公式计算，即

$$C = \frac{1}{n}R^{\frac{1}{6}} \tag{11-7}$$

式中 n——管壁粗糙系数，该值根据管渠材料而定，见表 11-3。

将公式（11-7）代入式（11-5）、式（11-6）得

$$v = \frac{1}{n} \cdot R^{\frac{2}{3}} \cdot i^{\frac{1}{2}} \tag{11-8}$$

$$Q = \frac{1}{n} \cdot W \cdot R^{\frac{2}{3}} \cdot i^{\frac{1}{2}} \tag{11-9}$$

表 11-3　排水管渠粗糙系数表

管 渠 种 类	n 值	管 渠 种 类	n 值
陶土管、铸铁管	0.013	浆砌砖渠道	0.015
混凝土和钢筋混凝土管水泥砂浆抹面渠道	0.013～0.014	浆砌块石渠道	0.017
石棉水泥管、钢管	0.012	干砌块石渠道	0.020～0.025
塑料管	0.009	土明渠（带或不带草皮）	0.025～0.030

在实际工程计算中，为简化计算，可根据上述公式制成“排水管渠水力计算表”见附录 19。

2. 污水管道水力计算的规定

为了保证污水管道的正常运行，避免污水在管道内产生淤积和冲刷，在进行水力计算时，对采用的设计充满度、流速、坡度、最小管径和埋深等问题，作了如下规定。

（1）设计充满度是污水在管道中的水深 h 和管径 D 的比值，如图 11-18 所示。当 $h/D=1$ 时称为满流；当 $h/D<1$ 时称为非满流。污水管道按非满流进行设计，其最大设计充满度的规定见表 11-4。

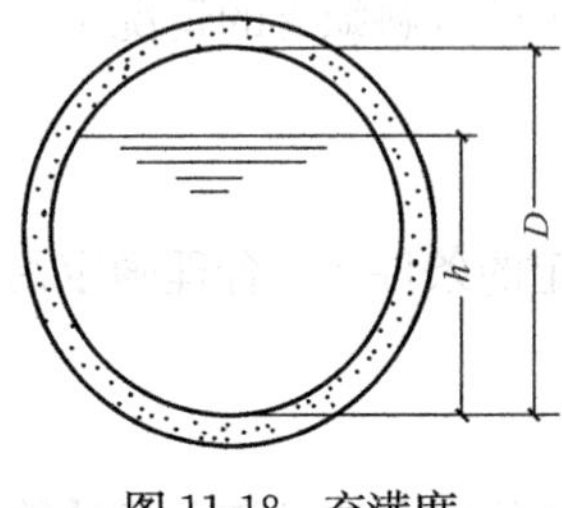

图 11-18　充满度

表 11-4　居住小区室外生活排水管道最大设计充满度

管 别	管 材	最大设计充满度
接户管	埋地塑料管	0.5
	混凝土管	
支 管	埋地塑料管	0.55
	混凝土管	
干 管	埋地塑料管	
	混凝土管	

这样规定有如下几个原因：

1）污水流量时刻变化，难于精确计算，而且雨水或地下水可能渗入污水管道，因此，有必要保留一部分管道容积。

2）污水管道内沉积的污泥可能分解出一些有毒气体，故需留出适当空间，以利管道通风，排除有害气体。

3）当管道埋设于地下水位以下时，必须考虑地下水渗入污水管道的水量，因此需保留一定的容积。

（2）设计流速。与设计流量、设计充满度相应的水流平均流速称作设计流速。污水在管道内流动，如果流速太小，污水中的部分杂质可能下沉，产生淤积；如果流速过大，可能产生冲刷，甚至冲坏管道。为了防止管道中产生淤积或冲刷，设计流速不宜过小或过大，应在最大和最小流速范围之内。现行《室外排水设计规范》规定，污水管道的最小设计流速为 0.6m/s，明渠为 0.4m/s；最大设计流速：金属管材为 10m/s，非金属管材为 5m/s，雨水与合流管满流时 0.75m/s 。

（3）最小管径。一般在污水管道的上游部分，设计污水量很小，若根据实际污水设计流量计算，则管径会很小。污水管道的养护管理经验证明，管径过小的污水管道极易堵塞，因此，为了污水管道养护管理的方便，规定了污水管道的最小管径。当按污水设计流量进行计算所求得的管径小于最小管径规定时，可以采用最小管径值；排水管接户管管径不小于建筑物排出管管径，下游管管径不宜小于上游管管径。最小管径的规定见表 11-5。

表 11-5　　居住小区室外生活排水管道最小管径和最小设计坡度

管　别	管　材	最小管径（mm）	最小设计坡度
接户管	埋地塑料管	160	0.005
	混凝土管	150	0.007
支　管	埋地塑料管	160	0.005
	混凝土管	200	0.004
干　管	埋地塑料管	200	0.004
	混凝土管	300	0.003

注　1. 污水管道接户管最小管径 150mm，服务人口不宜超过 250 人（70 户），超过 250 人（70 户），最小管径宜用 200mm。

2. 进化粪池前污水管最小设计坡度：管径 150mm 为 0.010～0.012；管径 200mm 为 0.010。

（4）最小设计坡度。相应于管内流速为最小设计流速时的管道坡度称为最小设计坡度。最小设计坡度与水力半径和充满度有关，当水力半径和充满度不同时，则有不同的最小设计坡度。最小设计坡度的规定见表 11-5。

3. 小区排水管道埋设

管道埋设深度将直接影响管道系统的造价和施工期，管道埋深愈大，造价愈高，施工期愈长，因此合理地确定埋深是非常重要的。

管道的埋深分为管顶覆土厚度与管底埋设深度，如图 11-19 所示。

为了降低工程造价，缩短施工期，管道埋设深度愈小愈好，但覆土厚度应有一个最小限值，否则就不能满足技术上的要求，这个最小限值称为最小覆土厚度。

居住小区排水管道的最小覆土深度应根据道路的行车等级、管材受压强度、地基承载力、土壤的冰冻等因素经计算确定，应符合下列要求：

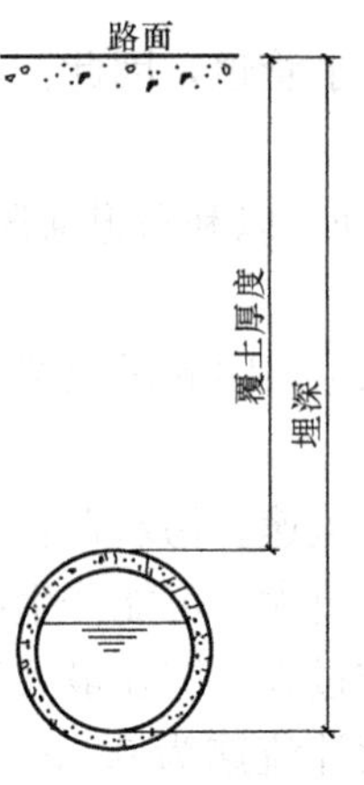

图 11-19 管道埋深

（1）必须防止管道因污水结冰和因土壤冻胀而损坏。《室外排水设计规范》规定：无保温措施的生活污水管道或水温与生活污水接近的工业废水管道，管底可埋设在冰冻线以上 0.15m。有保温措施或水温较高的管道，管底在冰冻线以上的距离可以加大，其数值应根据该地区或条件相似地区的经验确定。

（2）必须防止管壁因地面荷载而受到破坏。为了防止车辆压坏管道，管顶要求有一定的覆土厚度，覆土厚度的大小与管道本身的强度、地面活荷载大小等因素有关。《建筑给水排水设计规范》规定：小区干道和小区组团道路下的管道，管顶最小覆土厚度不宜小于 0.7m，生活污水接户管管道覆土深度不宜小于 0.3m。

（3）必须满足管道在衔接上的要求。住宅、公共建筑内产生的污水要能顺畅排入街道污水管网，就必须保证街道污水管网起点埋深大于或等于街道污水管网的终点埋深。而街坊污水管起点的埋深又必须等于或大于建筑物污水出户管的埋深。一般只满足安装要求时，污水出户管的最小埋深一般为 0.5～0.6m，街坊或庭院污水管道的起端最小埋深也相应为 0.6～0.7m。根据街坊污水管道起点的最小埋深，根据图 11-20 和式（11-10）计算出街道管网起点的最小埋设深度

$$H = h + iL + Z_1 - Z_2 + \Delta h \tag{11-10}$$

式中 H——街道污水管网起点的最小埋深，m；

h——街坊污水管起点的最小埋深，m；

Z_1——街道污水管起点检查井处地面标高，m；

Z_2——街坊污水管起点检查井处地面标高，m；

i——街坊污水管和连接支管的坡度；

L——街坊污水管及连接支管的总长度，m；

Δh——连接支管与街道污水管的管内底高差，m。

在计算时，按以下三个方面的因素，得到三个不同的管底埋深或管顶覆土厚度值，其中最大值就是这一管道系统起端的允许最小覆土厚度或最小埋设深度。

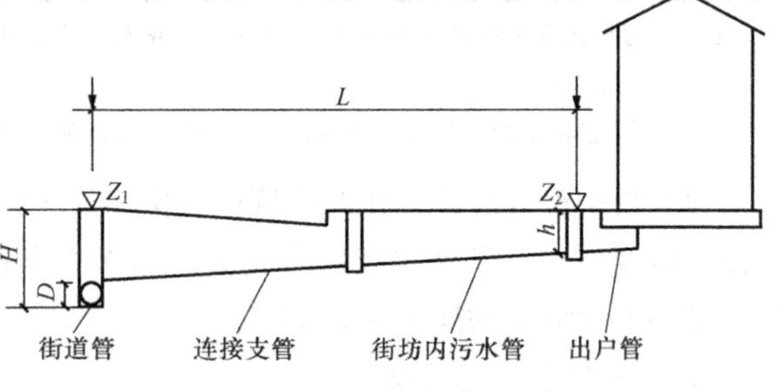

图 11-20 街道污水管最小埋深示意

由于污水管道内的水是靠重力流动，当管道的敷设坡度大于地面坡度时，管道的埋深就会愈来愈大，尤其在地形平坦地区更为突出。管道的埋深愈大，则造价愈高，施工期愈长。管道埋深允许的最大值称为最大允许埋深。一般在干燥土壤中，最大埋深不超过 7～8m；在多水、流砂、石灰岩地层中，一般不超过 5m。当管道埋深超过以上数值时，就得设置污水提升泵站抽升污水，以减少下游管段的埋设深度，降低工程造价。

4. 污水管道水力计算的方法和步骤

在具体进行污水管道水力计算时，首先应将管道系统划分出设计管段，确定各设计管段的污水设计流量，再确定各设计管段的管径、坡度和管底埋深。

(1) 设计管段和设计流量的确定。

小区内污水管道采用最大时流量作为设计流量。在污水管道系统中，从上游管段到下游管段，污水设计流量愈来愈大，也就是说污水流量沿线是增加的。为了简化计算，可假定某两个检查井之间的管段，采用的设计流量不变，且采用相同的管径和坡度，这种管段称为设计管段。因此，在进行整个污水系统设计时，应先把设计管段划分出来，然后对每个设计管段在流量不变的情况下，进行管径、坡度和埋深的计算。如图 11-21 所示，每一个设计管段的污水设计流量可能包括以下几种流量：①本段流量 q_1，是从管段沿线街坊流来的污水量；②转输流量 q_2，是从上游管段或旁侧管段流来的污水量；③集中流量 q_3，是从工业企业或其他大型公共建筑物流来的污水量。

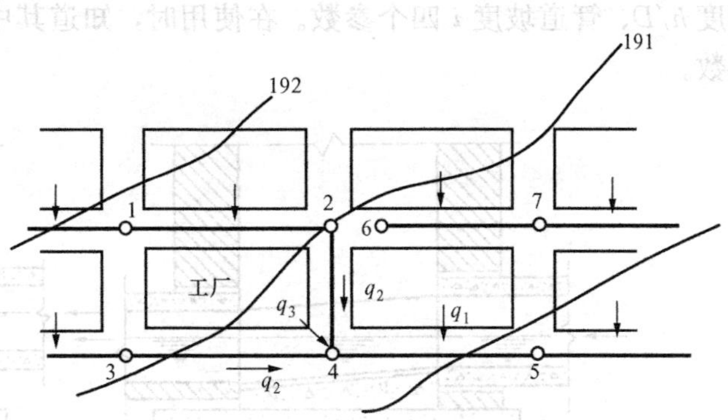

图 11-21 设计管段的污水设计流量

对某一设计管段而言，本段流量沿线是变化的，但为了计算的方便，通常假定本段流量集中在起点进入设计管段。本段流量可用下式计算

$$q_1 = Fq_0K_Z \tag{11-11}$$

$$q_0 = \frac{qp}{86\ 400} \tag{11-12}$$

式中 q_1——设计管段的本段流量，L/s；

F——设计管段服务的街坊面积，10^4m^2；

K_Z——生活污水量总变化系数；

q_0——单位面积的本段平均流量，即比流量，L/ (s · 10^4m^2)；

q——小区居民生活排水定额，L/ (人 · d)；

p——人口密度，人/ (10^4m^2)。

(2) 污水管道的衔接。

污水管道的管径、坡度、高程、方向发生变化及支管接入的地方都需设置检查井。在设计时必须考虑在检查井内上下游管道衔接时的高程关系。管道在衔接时应满足以下要求：①避免上游管段中形成回水而造成淤积；②应尽量提高下游管段的高程，以减少管道埋深，降低造价。常用的衔接方法有水面平接和管顶平接两种，如图 11-22 所示。水面平接是指在水力计算中，使上游管段终端和下游管段起端在设计充满度下水面相平，即上游管段终端与下游管段起端的水面标高相同；管顶平接是指在水力计算中，使上游管段终端和下游管段起端的管顶标高相同。

无论采用哪种衔接方法，下游管段起端的水面和管底标高都不得高于上游管段终端的水面和管底标高。通常管径相同采用水面平接，管径不同采用管顶平接。

(3) 水力计算图表。

应用水力计算公式进行水力计算，比较复杂，为了简化计算，通常采用排水管渠水力计算表，见附录 19。对每一张表而言，管径 D 和粗糙系数 n 是已知的，表中有流量 Q、流速 v、充满度 h/D、管道坡度 i 四个参数。在使用时，知道其中两个，便可以在表中查出另外两个参数。

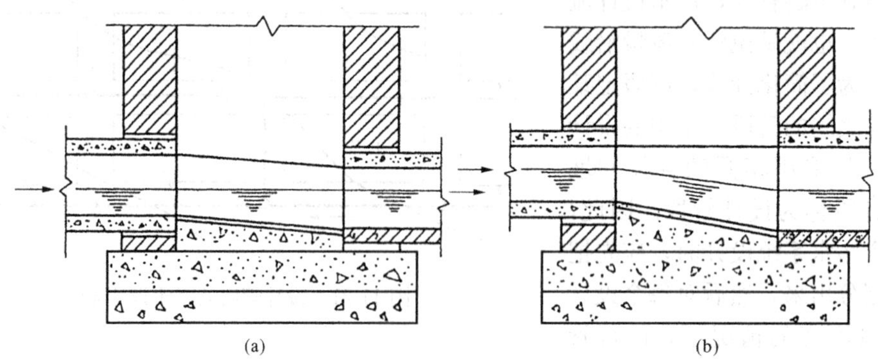

图 11-22 污水管道的衔接
(a) 水面平接；(b) 管顶平接

【例 11-1】 已知钢筋混凝土圆管，n=0.014，D=300mm，当流量 Q=36.1 L/s、h/D=0.6 时，求流速 v 和管道坡度 i。

解 查附录 19，找到 D=300mm，n=0.014 的排水管渠计算表。在表中找到 Q=36.1 L/s、h/D=0.6，查得与之对应的流速 v=0.82m/s，i=0.003 5。

(4) 水力计算中应注意的问题。

1) 在水力计算过程中，随着流量的增加，污水管道的管径一般也沿程增大，但是，当管道穿过陡坡地段时，由于管道坡度增加，管径可由大改小，但缩小范围不能超过两级，并不得小于最小管径。

2) 当地面高程有剧烈变化或地形坡度陡时，可采用跌水井，使管道坡度适当，以防止管内流速过大而冲刷管道。

3) 流量很小且地形平坦的上游管道，通过水力计算确定的管轻较小，并且在满足最小允许流速的前提下，管道坡度较大，这样将使下游管道埋深大，为了提高下游管道标高，这样的管道可不进行水力计算，即按表 11-5 采用最小管径和最小坡度，这样的管段，称为非计算管段。

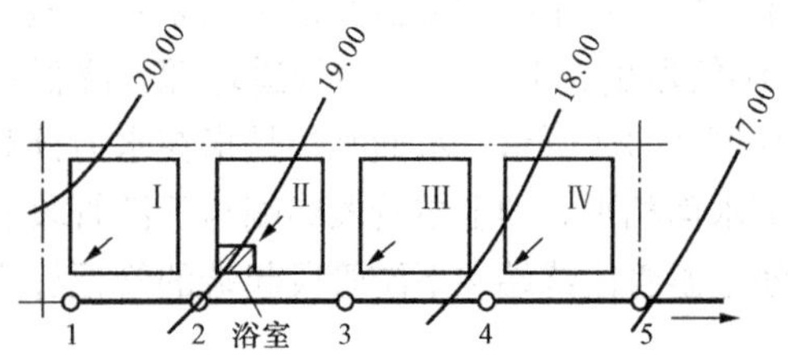

图 11-23 某居住小区污水管道平面布置图

【例 11-2】 某居住区污水管平面布置如图 11-23 所示，Ⅰ区有 6000 人，Ⅱ 区有 4500 人，Ⅲ区有 5000 人，Ⅳ区有 8000 人，Ⅱ区有浴室 1 座，最高时污水量为 15L/s，管道起点 1 最小埋深为 2.00m，排水定额 100L/（人・d），试进行管道水力计算。

解 (1) 划分设计管段。

根据设计管段的定义和划分方法，在管道平面布置图上，将有本段流量流入的点及集中流量及旁侧支管流入的点，作为设计管段的起始点，并进行管段编号，本例的管道根据设计流量的变化情况，划分为管段 1—2、2—3、3—4、4—5 四个设计管段，将各管段的服务面积标在计算草图上。

(2) 计算各管段的设计流量。

本例中，管段 1—2 为起始管段，无转输流量，只有本段流量 q_1，计量该段流量如下：

$$Q_{1-2}=q_1=\frac{qNK_Z}{24\times 3600}=\frac{100\times 6000}{24\times 3600}\times 2.24=15.6\text{L/s}$$

K_Z 根据本管段的平均时流量值由表 11-2 查得。各管段设计流量计算结果见表11-6。

表 11-6　污水管道设计流量计算表

管段编号	居住区生活污水流量							集中流量			管段设计流量 (L/s)
	本段流量			转输平均流量 (L/s)	合计平均流量 (L/s)	K_Z	q_1 (L/s)	本段流量 (L/s)	转输流量 (L/s)	q_1 (L/s)	
	街坊编号	设计人口 (人)	本段平均流量 (L/s)								
1—2	Ⅰ	6000	6.94	—	6.94	2.24	15.6	—	—	—	15.6
2—3	Ⅱ	4500	5.2	6.94	12.14	2.08	25.0	15	—	15	40.0
3—4	Ⅲ	5000	5.79	12.14	17.93	1.96	35.1	—	15	15	50.1
4—5	Ⅳ	8000	9.26	17.93	27.19	1.88	51.1	—	15	15	66.1

(3) 水力计算。

在确定设计流量后，便可以从上游管段开始进行污水管道各设计管段的水力计算。一般列表进行计算，见表 11-7。

表 11-7　污水管道水力计算表

管段编号	管段长度 L (m)	管段设计流量 q (L/s)	管径 D (mm)	坡度 i	设计流速 v (m/s)	设计充满度		降落量 (m)	标高 (m)						管内底埋深 (m)	
						h/D	水深 h (m)		地面		水面		管内底			
									起点	终点	起点	终点	起点	终点	起点	终点
1	2	3	4	5	6	7	8	9	10	11	12	13	14	15	16	17
1—2	180	15.6	250	0.0041	0.7	0.47	0.117	0.740	19.600	19.600	17.720	16.980	17.600	16.860	2.00	2.14
2—3	200	40.0	300	0.0035	0.78	0.55	0.160	0.700	19.000	18.400	16.980	16.280	16.810	16.110	2.19	2.29
3—4	200	50.1	350	0.0030	0.84	0.6	0.210	0.600	18.400	17.800	16.270	15.670	16.060	15.460	2.34	2.34
4—5	200	66.1	350	0.0035	0.92	0.7	0.250	0.700	17.800	17.100	15.670	14.970	15.420	14.720	2.38	2.38

水力计算方法与步骤如下：

1）将各设计管段的设计流量、管段长度、各设计管段起讫点检查井处地面高程分别列入计算表中第 1、2、3、10、11 项。

2）计算出各管段的地面坡度，作为确定设计管段坡度的参考，地面坡度=地面高差/距离，例如管段 1—2 的地面坡度=（19.6−19）/180=0.003 3。

3）依据管段的设计流量，参考地面坡度，按照水力计算有关规定进行水力计算。查水力计算表，确定出管径 D、流速 v、设计充满度 h/D 及管道坡度 i 值，填入表中第 4、5、6、

7 项。

例如，管段 1—2，设计流量为 15.6L/s，如果选用 200mm 管径，要使充满度不超过最大允许充满度 0.60，则坡度必须采用 0.006 1，较地面参考坡度 0.003 3 相差较大，从而使管道埋深较大。为了减小坡度，选用 250mm 管径，从表中查得流速 v 为 0.7m/s，充满度 h/D=0.47，i=0.004 1，接近于地面坡度，而流速和充满度均符合规范要求，因此，管段 1—2 采用 D250，将设计数据填入表中相应各项。

4）根据求得的管径和充满度确定管道中水深 h，并填入表中第 8 项，例如管段 1—2 的水深 $h=D\ (h/D)\ =0.25\times0.47=0.117$m。

5）根据求得的管段坡度和长度计算管降落量的 iL 值，并填入表中第 9 项，例如管段 1—2 降落量 $i\cdot L=0.004\ 1\times180=0.740$m。

6）确定管段起端管底标高，并满足最小埋深的要求，将确定的起点埋深和起点管底标高填入表中第 16、14 项。例如 1 点，管内底标高 17.6m，管内底埋深 2.0m。

7）根据管段起点标高和降落量计算管段终点管内底标高，填入表中第 15 项。例如管段 1—2 中的 2 点管内底高程等于 1 点管内底高程减去管段降落量，即为 17.60－0.74＝16.86m。

8）根据各管段地面标高和管内底标高确定管段终点管底埋深。例如管段 1—2 中，2 点管底埋深等于 2 点地面标高减去 2 点管内底标高，即为 19.0－16.86=2.14m，填入表中第 17 项。

9）据各点管内底标高和管道中的水深 h，确定管段起点和终点的水面标高，填入表中第 12、13 项。例如管段 1—2 中 1 点的水面标高等于 1 点的管内底标高与管段 1—2 中水深 h 之和，即为 17.6＋0.117＝17.72m。

计算设计管段管内底标高时，要注意各管段在检查井中的衔接方式。

第四节 小区雨水管渠

排除城市、工厂及居住区的雨水是保证生产和保证人民生活的必要措施。城市雨水的径流总量与工业废水及生活污水量相比，并不很大。但全年雨水的绝大部分常在极短的时间内倾泻而下，雨水径流的特点是流量很大而历时很短，若不及时排除，就会造成巨大危害。雨水管渠系统的任务就是及时排除暴雨形成的地面径流，以保障城市、工厂和人民生命财产的安全。

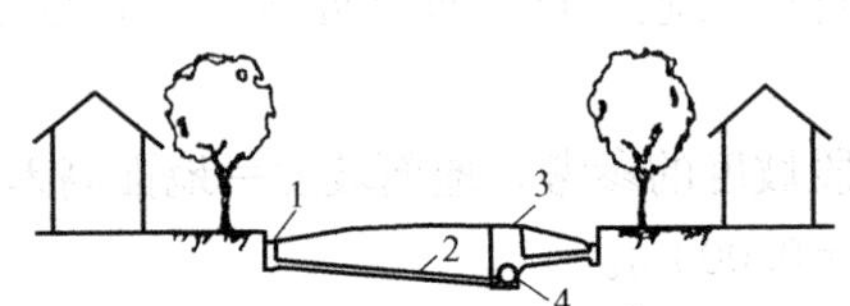

图 11-24 雨水管渠系统组成示意图

1—雨水口；2—连接管；3—检查井；4—干管

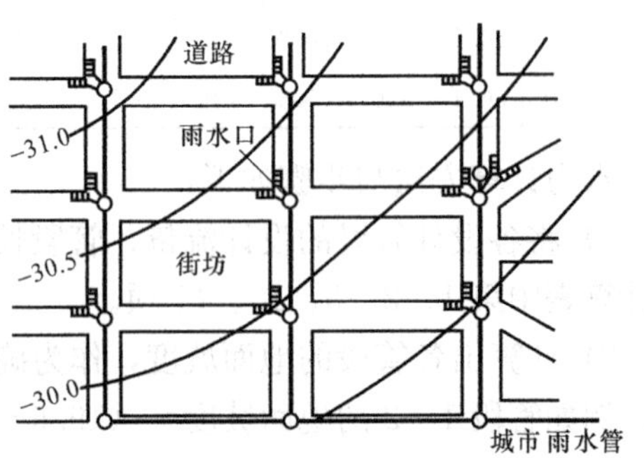

图 11-25 雨水管渠系统平面布置图

一、小区雨水管渠布置与敷设

雨水管渠系统是由雨水口、连接管、雨水管道和出水口等主要部分组成的，见图11-24。

对雨水管渠系统布置的基本要求是布局经济合理，能及时通畅地排除降落到地面的雨水。小区雨水管渠布置应遵循以下原则：

(1) 雨水管渠的布置应根据小区的总体规划、道路和建筑布置，充分利用地形，使雨水以最短距离靠重力排入城市雨水管渠，雨水管渠系统平面布置如图 11-25 所示。

(2) 雨水管渠应平行道路敷设，宜布置在人行道或绿地下，而不宜布置在快车道路下。若道路宽度大于 40m 时，可考虑在道路两侧分别设置雨水管道。

(3) 合理布置雨水口。小区雨水口的布置应根据地形、建筑和道路的布置等因素确定如图 11-26 所示。下列部位宜设置雨水口：道路交汇处和路面最低点、建筑物单元出入口与道路交界处、建筑物雨水落水管附近及小区空地、绿地的低洼点处、地下坡道入口处。雨水口的数量应根据雨水口型式、布置位置、汇集流量和雨水口的泄水能力计算确定。

雨水口沿街布置间距一般为 20～40m。雨水口连接管长度不宜超过 25m。

平箅雨水口箅口设置宜低于路面 30～40mm，在土地面上时宜低 50～60mm。

二、雨水管渠设计流量的确定

1. 雨水量计算公式

为了进行雨水管道的水力计算，首先必须确定管道的雨水设计流量。雨水设计流量与降雨强度、汇水面积、地面覆盖情况等因素有关。

图 11-27 是由三个街区组成的雨水排除情况示意图。图中箭头表示地面坡向，雨水管渠沿道路中心敷设。道路的断面形式一般呈拱形，中间高两侧低。下雨时降落在街区地面和屋面上的雨水沿地面坡度流到道路两侧的边沟，道路边沟的坡度与道路的坡度一致，如图 11-27 所示。当雨水沿道路边沟流到道路交叉口时，便通过雨水口经检查井流入雨水管道。第Ⅰ街区的雨水在 1 号检查井集中，流入管段 1—2；第Ⅱ街区的雨水在 2 号检查井集中同第Ⅰ街区流来的雨水汇合流入管段 2—3。其他管段的流量情况以此类推。

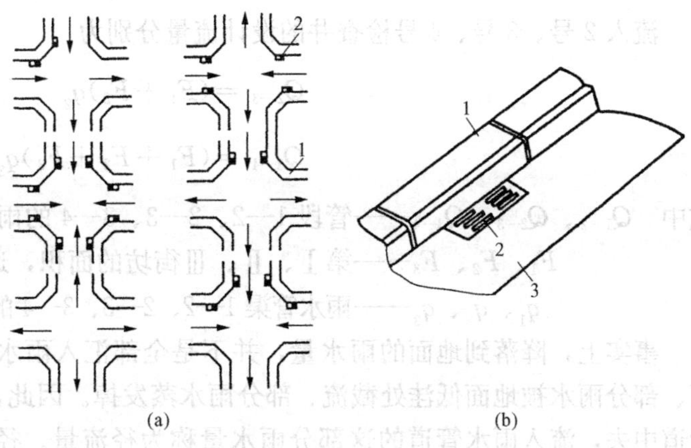

图 11-26 雨水口布置

(a) 道路交叉路口雨水口布置；(b) 雨水口布置

1—路边石；2—雨水口；3—路面

降雨量是指降雨的绝对量，即降雨深度，用 H 表示，单位以 mm 计，也可以用单位面积上的降雨体积表示，L/ ($10^4 \cdot m^2$)。在研究降雨量时，一般不以一场雨作为研究对象，而常以单位时间表示。例如，年平均降雨量是指多年观测得的各年降雨量的平均值；月平均降雨量是指多年观测得到的各月降雨的平均值；年最大日降雨量是指多年观测得到的一年中降雨量最大一日的绝对量。

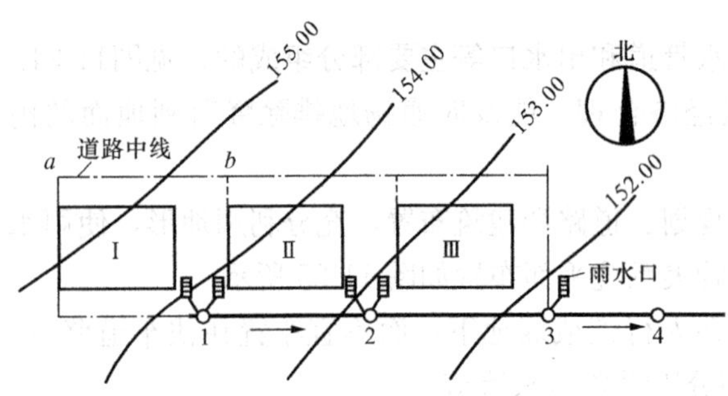

图 11-27 雨水排除情况示意图

暴雨强度用单位时间内的平均降雨深度来表示：

$$i = \frac{H}{t} \tag{11-13}$$

式中 i——暴雨强度，mm/min；

H——降雨量，即降雨深度，mm；

t——降雨历时，指连续降雨的时段，min。

在工程上暴雨强度常用单位时间内单位面积上的降雨体积 q 来表示，q 是指在降雨历时为 t，降雨深度为 H 时的降雨量，折算成每 10 000m² 面积上每秒钟的降雨体积，即

$$q = \frac{10\ 000 \times 1000}{1000 \times 60} i = 167i \tag{11-14}$$

在已知设计降雨强度以后，就可以求得各个设计管段的雨水设计流量。如图 11-27 所示，如果降落到地面上的雨水量全部流入雨水管道，则流入 1 号检查井及管段 1—2 的设计流量为：

$$Q_{1-2} = F_1 q_1$$

流入 2 号、3 号、4 号检查井的设计流量分别为

$$Q_{2-3} = (F_1 + F_2) q_2$$

$$Q_{3-4} = (F_1 + F_2 + F_3) q_3$$

式中 Q_{1-2}、Q_{2-3}、Q_{3-4}——管段 1—2、2—3、3—4 的雨水设计流量，L/s；

F_1、F_2、F_3——第Ⅰ、Ⅱ、Ⅲ街坊的面积，通常称为汇水面积，10^4m²；

q_1、q_2、q_3——雨水管渠 1—2、2—3、3—4 的设计降雨强度，L/（s·10^4m²）。

事实上，降落到地面的雨水量，并不是全部汇入雨水管道，其中总有部分雨水渗入地下、部分雨水被地面低洼处截流、部分雨水蒸发掉。因此，只有总降雨量的一部分雨水流入管道中去，流入雨水管道的这部分雨水量称为径流量。径流量与降雨量的比值称为径流系数，用 φ 表示，即 φ=径流量/降雨量，因此，雨水设计流量公式应为

$$Q = \frac{q_j \varphi F_W}{10\ 000} \tag{11-15}$$

式中 Q——设计雨水量，L/s；

F_W——汇水面积，m²；

q_j——设计降雨强度，L/（s·m²）；

φ——径流系数。

2. 设计暴雨强度的确定

要计算雨水设计流量，就必须先确定出 q_j、F_W 和 φ 的值，汇水面积 F_W 可以从雨水管

道平面图中求得。下面介绍设计降雨强度 q_j 的确定方法。

要确定设计暴雨强度，就必须知道降雨规律。各地区气象站设有自动雨量计，当积累了 10 年以上的降雨资料后，资料记录的年限越长，愈接近于实际，然后按一定的方法可以推导出暴雨强度公式。

我国各大中城市的暴雨强度公式可以在《给水排水设计手册》中查得。表 11-8 为我国部分城市暴雨强度公式。

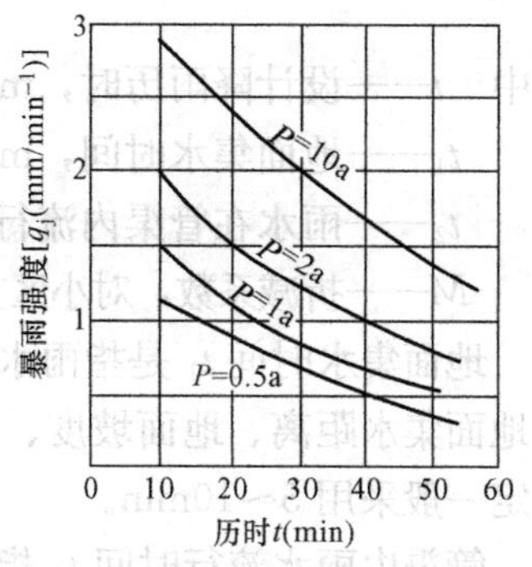

图 11-28 某区暴雨强度曲线

从图 11-28 和表 11-8 中可以看出，设计暴雨强度 q_j 随降雨历时和重现期 P 而变化。同一重现期，降雨历时 t 越大，与其对应的 q_j 值越小；同一降雨历时，降雨重现期愈大，相应的 q_j 值愈大。应用暴雨强度公式或暴雨强度曲线确定设计暴雨强度时，首先需确定设计降雨历时 t 和设计重现期 P。

表 11-8 部分城市暴雨强度公式

城市名称	暴雨强度公式［L/（s×10⁴m²）⁻¹］	城市名称	暴雨强度公式［L/（s×10⁴m²）⁻¹］
北京	$q=\frac{2001(1+0.811\lg P)}{(t+8)^{0.711}}$	重庆	$q=\frac{2822(1+0.755\lg P)}{(t+12.8p^{0.076})^{0.77}}$
南京	$q=\frac{2989(1+0.671\lg P)}{(t+13.8)^{0.6}}$	哈尔滨	$q=\frac{4800(1+\lg P)}{(t+15)^{0.96}}$
天津	$q=\frac{383\,034(1+0.85\lg P)}{(t+17)^{0.85}}$	沈阳	$q=\frac{1984(1+0.77\lg P)}{(t+9)^{0.77}}$
南宁	$q=\frac{10\,500(1+0.707\lg P)}{(t+821.1p)^{0.119}}$	昆明	$q=\frac{700(1+0.775\lg p)}{t^{0.496}}$
成都	$q=\frac{2806(1+0.803\lg P)}{(t+12.8p^{0.231})^{0.768}}$	银川	$q=\frac{242(1+0.83\lg P)}{t^{0.477}}$

（1）暴雨强度重现期 P，是指等于或大于某一暴雨强度的暴雨出现一次的平均时间间隔，单位为 a。

在雨水管渠设计中，若选用较高的重现期，计算所得的设计暴雨强度大，管渠的断面相应大，对地面积水的排出有利，安全性高，但经济上则因管渠设计断面的增大而相应地增加了工程造价；若选用较小的重现期，管渠断面可相应减小，这样虽然造价可以降低，但可能发生排水不畅。因此，必须结合我国的国情，从技术和经济方面统一考虑。

雨水管渠设计重现期的选用，应根据汇水面积的地区建设性质（广场、干道、工厂、居住区）、地形特点和气象特点等因素确定，居住小区宜采用 1～3a。

（2）雨水管渠设计降雨历时 t，按设计集水时间计算，就是汇水面上最远点的雨水流到设计断面的时间。对某一管渠的设计断面来说，集水时间 t 由地面集水时间 t_1 和管内雨水流行时间 t_2 两部分组成，可用公式表述如下：

$$t = t_1 + Mt_2 \tag{11-16}$$

式中 t——设计降雨历时，min；

t_1——地面集水时间，min；

t_2——雨水在管渠内流行时间，min；

M——折减系数，对小区支管和接户管，$M=1$，对小区干管：暗管 $M=2$，明沟 $M=1.2$。

地面集水时间 t_1 是指雨水从汇水面积上最远点流到管道起端第一个雨水口的时间，可按地面集水距离、地面坡度、地面覆盖、暴雨强度等因素确定。《建筑给水排水设计规范》规定一般采用 5～10min。

管渠内雨水流行时间 t_2 指雨水在管渠内的流行时间，即

$$t_2 = \sum \frac{L}{v \times 60} \tag{11-17}$$

式中 L——各管段的长度，m；

v——各管段满流时的水流流速，m/s。

3. 径流系数 φ 的确定

径流系数因汇水面积的地面覆盖情况、地面坡度、地貌、建筑密度的分布、路面铺砌等情况的不同而异。如屋面为不透水材料覆盖，φ 值大；地形坡度大，雨水流动较快，其 φ 值也大等。影响 φ 值的主要因素是地面覆盖物种类的透水性，此外，还与降雨历时、暴雨强度有关，如降雨历时长，强度大，则其 φ 值也大。由于影响因素很多，要精确地求定 φ 值是很困难的。目前在雨水管渠设计中，小区内各种地面径流系数通常采用按覆盖地面种类确定的经验数值，φ 值见表 11-9。通常汇水面积由各种性质的地面覆盖组成，随着它们占有的面积比例的变化，φ 值也各异，所以整个汇水面积上平均径流系数 φ_{av} 值是按各类地面面积用加权平均法计算而得到的，即

$$\varphi_{av} = \frac{\sum F_i \varphi_i}{F} \tag{11-18}$$

式中 φ_{av}——汇水面积平均径流系数；

F_i——汇水面积上各类地面的面积，m^2；

φ_i——相应各类面积的径流系数；

F——全部汇水面积，m^2。

三、小区雨水管渠水力计算

1. 雨水管渠水力计算数据

为了使雨水管渠正常工作，避免发生淤积、冲刷等现象，对雨水管渠水力计算的基本数据作如下的技术规定：

（1）设计充满度。雨水管渠按满流设计，即 $h/D=1.0$。明渠应有大于或等于 0.2m 的超高。

表 11-9 径流系数 φ 值

地面种类	径流系数
各种屋面	0.9
混凝土和沥青路面	0.9
块石等铺砌路面	0.6
级配碎石路面	0.45
干砖及碎石路面	0.40
非铺砌路面	0.3
绿地	0.15

（2）设计流速。为避免雨水所挟带的泥砂等无机物质在管渠内沉淀而堵塞管道，规定雨

水管渠满流时最小设计流速为0.75m/s，明渠内最小设计流速为0.4m/s。

为防止管壁受冲刷而损坏，对雨水管渠的最大设计流速规定为金属管最大流速为10m/s，非金属管最大流速为5m/s。

（3）最小管径和最小设计坡度。雨水管道的最小管径及最小设计坡度见表11-10。

（4）最小埋深与最大埋深，具体规定同污水管道。

（5）水力计算表。雨水管道水力计算按无压均匀流考虑，其计算公式同污水管道的水力计算公式，但$h/D=1$。

表11-10　居住小区雨水管道的最小管径和最小设计坡度

管　别	最小管径（mm）	最小设计坡度	
		铸铁管、钢管	塑料管
建筑物周围雨水接户管	200（225）	0.005	0.003
道路下干管、支管	300（315）	0.003	0.0015

注　表中铸铁管管径为公称直径，括号内数据为塑料管外径。

2. 雨水管渠水力计算步骤

（1）根据地形及管道布置情况划分设计管段。在管道转弯处、管径或坡度改变处，有支管接入处或两条以上管道交汇处，以及超过一定距离的直线段上都设置检查井。把两个检查井之间流量没有变化且设计管径和坡度也没有变化的管段定为设计管段，并从管段上游往下游按顺序进行检查编号。

（2）划分并计算各设计管段的汇水面积。

（3）确定各平均径流系数φ_{av}。

（4）确定设计重现期P、地面集水时间t_1。

（5）求单位面积径流量q_0。q_0是暴雨强度q与径流系数的φ_{av}乘积，称单位面积径流量，即

$$q_0 = q\varphi_{av} = \frac{167A_1(1+C\lg P)\varphi_{av}}{(t+b)^n} \times \frac{167A_1(1+C\lg P)\varphi_{av}}{(t_1+mt_2b)^n}$$

显然，对于具体的设计工程来说，式中的φ_{av}、t_1、P、m、A_1、b、C、n均为已知，因此，q_0只是t_2的函数。只要求得各管段的管内雨水流行时间t_2，就可求出相应于该管段的q_0值。

（6）列表进行雨水管渠的水力计算，以求得各管段的设计流量和管径、坡度、流速、管底标高及管道埋深等值。

（7）绘制雨水管道平面图、纵剖面图。

【例11-3】　图11-29为某居住区部分雨水管道平面布置图。该地区的降雨强度公式为$q=500\times(1+1.38\lg P)\ t\times 0.65$，径流系数$\varphi=0.6$，设计重现期$P=1\text{a}$，管材采用钢筋混凝土管，管道起点1埋深为1.2m。要求进行雨水管道的水力计算。

解　（1）根据地形情况和管道布置，确定各管段汇水面积。将各计算管段的汇水面积结果列入雨水管渠水力计算表11-11。

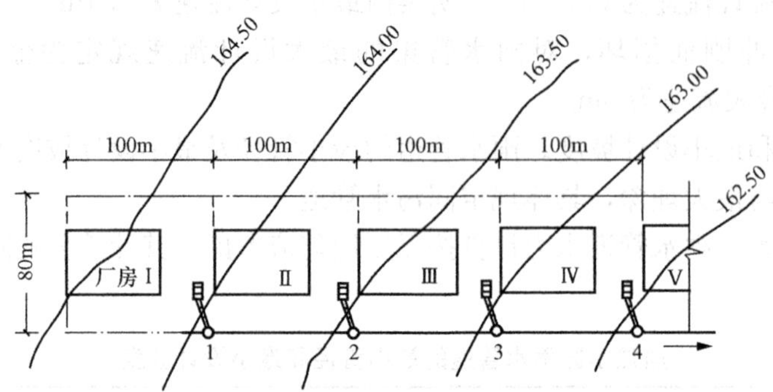

图 11-29 某居住区部分雨水管道平面图

表 11-11 **雨水管道水力计算表**

管段编号	管段长度 L（m）	管内雨水流行时间（min）		q_0 $[L\cdot(s\cdot 10^4 m^2)^{-1}]$	汇水面积 F		计算流量 Q (L/S)	管径 D (mm)	坡度 I（‰）	流速 V (m/s)
		Σt_2	t_2		增数 ($10^4 m^2$)	总数 ($10^4 m^2$)				
1—2	100	0	1.8	105	0.8	0.8	84.2	350	4	0.9
2—3	100	1.85	5	74	0.8	1.6	118.4	400	4	0.98
3—4	100	3.55	1.7	59	0.8	2.4	141.6	400	5	1.10

设计流量 (L/s)	管底坡度 il（m）	管底降落量 (m)	原地面标高（m）		设计地面标高（m）		管底标高（m）		埋深（m）		
			起点	终点	起点	终点	起点	终点	起点	终点	平均埋深
86.5	0.4		163.95	163.45	163.95	163.45	162.75	162.35	1.2	1.1	1.15
123.5	0.4	0.05	163.45	162.95	163.45	162.95	162.30	161.90	1.15	1.05	1.1
138.1	0.5		162.95	162.45	162.95	162.45	161.90	161.40	1.05	1.05	1.05

本例题的计算管段分为 1—2、2—3、3—4 段。以管段 1—2 为例，汇水面积为

$$F_{1-2}=\frac{100\times 80\times 10^4}{100\times 100}=0.8\times 10^4 m^2$$

同理，管段 2—3 的汇水面积 F_{2-3} 为 $1.6\times 10^4 m^2$，管段 3—4 的汇水面积 F_{3-4} 为 $2.4\times 10^4 m^2$。

（2）设计重现期为 1a，将 $P=1$ 代入暴雨强度公式，有

$$q=\frac{500(1+1.38\lg P)}{t^{0.65}}=\frac{500}{t^{0.65}}$$

单位面积径流量 $q_0=q\varphi_{av}$L/（s·$10^4 m^2$），将 $q=\frac{500}{t^{0.65}}$代入上式，有

$$q_0=\frac{500}{t^{0.65}}\times 0.6=\frac{300}{t^{0.65}}$$

由于该区管段汇水面积小，取地面集水时间 $t_1=5\text{min}$，所以集水时间 $t=t_1+t_2=5+2t_2$，将其代入上式，则有

$$q_0=\frac{300}{(5+2t_2)^{0.65}}\ \text{L/(s}\cdot 10^4\text{m}^2)$$

根据上式，以各设计管段的集水时间 Σt_2 求出单位面积径流量 q_0，然后根据 $Q=q_0F$ 求出管段的计算流量。

（3）根据计算流量 Q 值并参考地面坡度值查“排水管渠水力计算表”确定管道的管径 D、坡度 i、流速 v，即设计管段所能输送的流量。管道的设计流量必须满足计算流量的要求。

管段 1—2 的管长 $L_{1-2}=100\text{m}$，汇水面积 $F_{1-2}=0.8\times10^4\text{m}^2$，因为起始管段，管内雨水流行时间 $t_2=0$。根据已知条件，起点 1 的管底埋深为 1. 2m。

根据 $t_2=0$，由公式计算得

$$q_0=\frac{300}{(5+2t_2)^{0.65}}=105.3\text{L/(s}\cdot 10^4\text{m}^2)$$

所以计算流量

$$Q=q_0F=105.3\times0.8=84.2\text{L/s}$$

（4）从平面图可见，该排水区域地面坡度约为 0. 005。查“排水管渠水力计算表”见附表 21，当选管径 $D=300\text{mm}$（$\alpha=h/D=1$）时，设计流量 $Q=86.2\text{L/s}$，流速 $v=1.22\text{m/s}$，管道坡度 $i=9‰$。与地面坡度相比较，坡度偏大，从而使管段的埋深加大。当管径 $D=300\text{mm}$（$\alpha=h/D=1$）时，设计流量 $Q=86.5\text{L/s}$，流速 $v=0.9\text{m/s}$，管道坡度 $i=4‰$。此设计流量（86. 5L/s）与计算流量（84. 2L/s）比较，设计流量略高于计算流量，管道坡度与地面坡度相近，流速也大于最小流速规定，则本管段管径选用 $DN350$。

管段起点 1 与管段终点 2 的地面标高分别是 163. 95m 和 163. 45m，所以 1 点的管底标高是 163. 95－1. 2＝162. 75m。管段坡降 $\Delta h_{1-2}=il=0.004\times100=0.4\text{m}$，则 2 点的管底标高是 162. 75－0. 4＝162. 35m，因此，管段终点 2 的埋深是 163. 45－162. 35＝1. 1m。将计算结果列入表 11-9。

管段 2—3 及管段 3—4 的计算方法同管段 1—2，计算结果列入表 11-11。

管道在检查井处的衔接方法采用管顶平接。

据水力计算结果，绘制雨水管道纵剖面图，绘制的方法同污水管道。

第五节 小区排水系统施工图

小区排水系统施工图主要包括小区排水系统总平面图、小区排水管道平面布置图、小区排水管道纵断面图和小区排水附属构筑物大样图。小区排水管道平面布置图和纵断面图是排水管道设计的主要图纸。

一、小区排水系统总平面布置图

小区排水系统总平面布置图用来表示一个小区的排水系统的组成和管道布置情况，如图11-30所示。它一般包括以下内容：①小区建筑总平面图，图中应标明室外地形标高，道路、桥梁及建筑物底层室内地坪标高等；②小区排水管网干管布置位置等；③图上注明各段排水管道的管径、管长、检查井编号及标高、化粪池位置等。

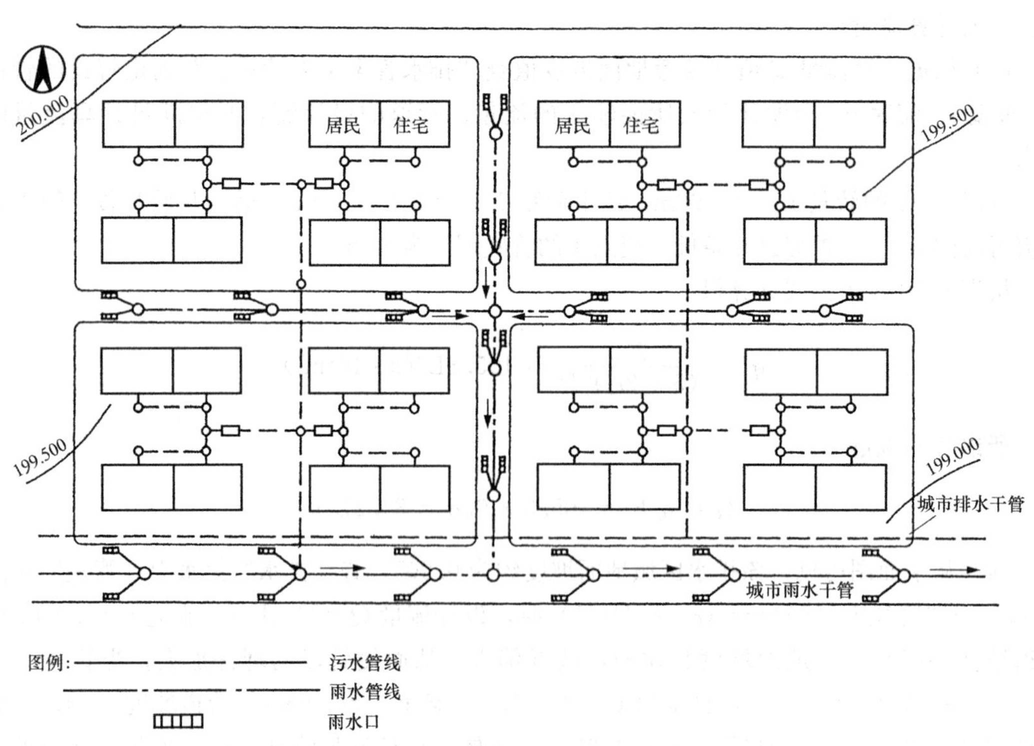

图 11-30 小区排水系统总平面布置图

二、小区排水管道平面布置图

小区排水管道平面布置图是排水管道设计的主要图纸，根据设计阶段的不同，图纸表现深度也有所不同。施工图阶段排水管道平面布置图一般要求比例尺 1：1000～1：5000，图上标明地形、地物、河流、风玫瑰或指北针等；在管线上画出设计管段起点、终点的检查井并编上号码，标明检查井的准确位置、高程，以及居住区街坊连接管或工厂废水排出管接入污水干管管线主干管的准确位置和高程。图上还应标有图例和施工说明，如图 11-31 所示。

三、小区排水管道纵断面图

排水管道纵断面图是排水管道设计的主要图纸之一。施工图阶段排水管道纵断面图一般要求比例尺：水平方向为 1：500～1：1000；垂直方向 1：50～1：100。纵断面图上应反映出管道沿线高程位置，它是和平面图相对应的。图上应绘出地面高程线、管线高程线、检查井，沿线支管接入处的位置、管径、高程，以及其他地下管线、构筑物交叉的位置和高程。在纵断面图的下方有一表格，表中列有检查井编号、管段长度、管径、坡度、地面高程、管

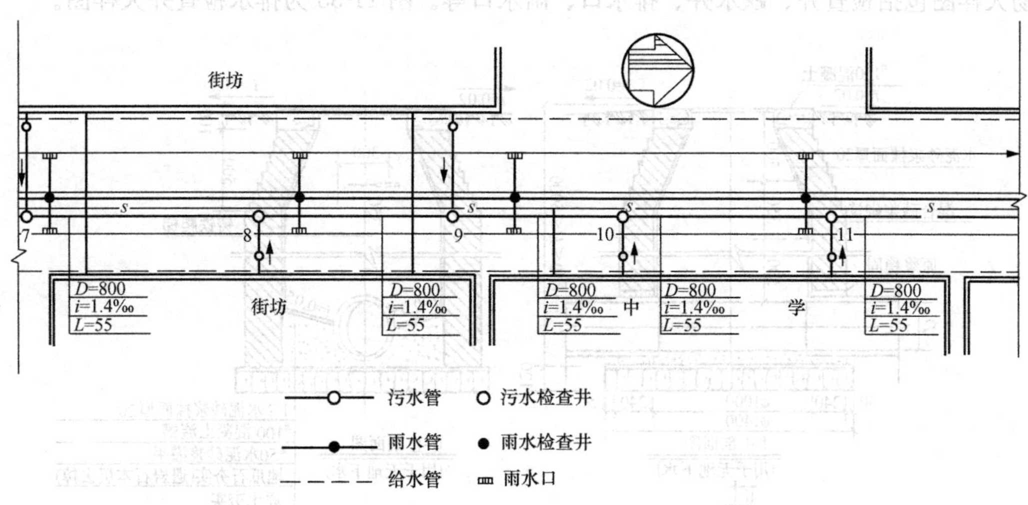

图 11-31 排水管道平面布置图

内底高程、埋深、管道材料、接口型式、基础类型等，如图 11-32 所示。

四、小区排水附属构筑物大样图

由于排水管道平面图、纵断面图所用比例较小，排水管道上的附属构筑物用符号画出，

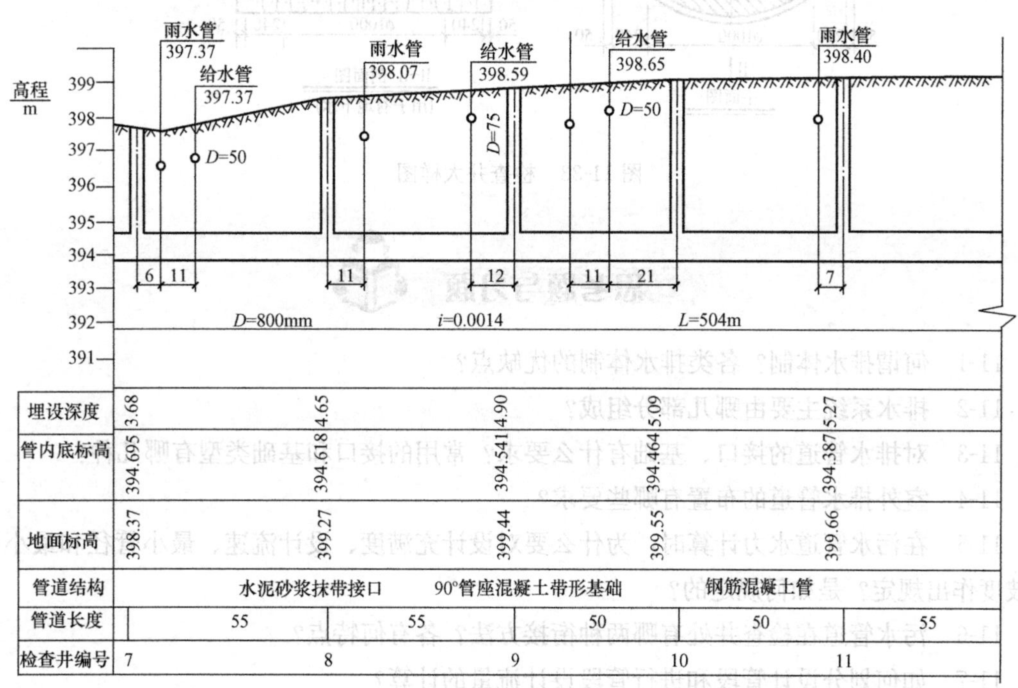

埋设深度	3.68	4.65	4.90	5.09	5.27
管内底标高	394.695	394.618	394.541	394.464	394.387
地面标高	398.37	399.27	399.44	399.55	399.66
管道结构	水泥砂浆抹带接口	90°管座混凝土带形基础		钢筋混凝土管	
管道长度	55	55	50	50	55
检查井编号	7	8	9	10	11

图 11-32 排水管道纵断面图

附属构筑物本身的构造及施工安装要求都不能表示清楚。因此，在排水管道设计中，用较大的比例画出附属构筑物施工大样图。大样图比例通常用 1∶5、1∶10 或 1∶20。排水附属构

筑物大样图包括检查井、跌水井、排水口、雨水口等。图 11-33 为排水检查井大样图。

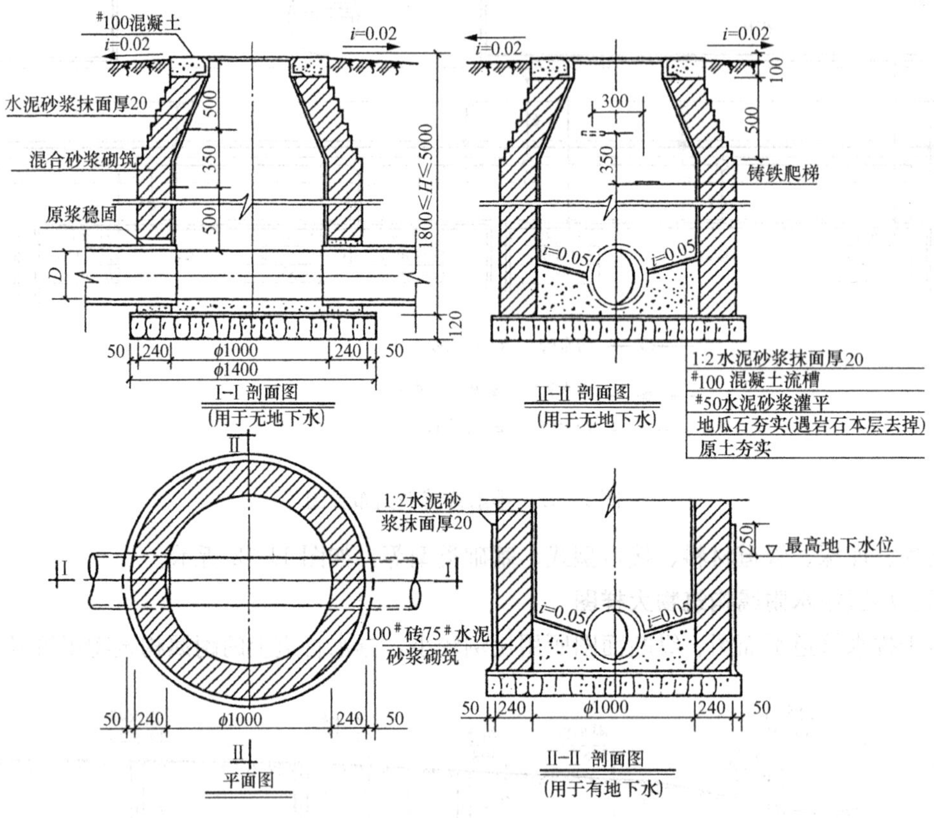

图 11-33 检查井大样图

11-1 何谓排水体制？各类排水体制的优缺点？

11-2 排水系统主要由哪几部分组成？

11-3 对排水管道的接口、基础有什么要求？常用的接口和基础类型有哪几种？

11-4 室外排水管道的布置有哪些要求？

11-5 在污水管道水力计算时，为什么要对设计充满度、设计流速、最小管径和最小设计坡度作出规定？是如何规定的？

11-6 污水管道在检查井处有哪两种衔接方法？各有何特点？

11-7 如何划分设计管段和进行管段设计流量的计算？

11-8 试述污水管道水力计算的方法和步骤。

11-9 雨水管道设计流量如何计算？

11-10 试述何为地面集水时间，一般应如何确定地面集水时间。

11-11 雨水管渠水力计算的方法和步骤有哪些？

11-12　某居住区部分污水管道平面布置，如图 11-34 所示，Ⅰ区有 8000 人，Ⅱ区有 5000 人，Ⅲ区有 6000 人，Ⅳ区有 6000 人，Ⅰ区最大时污水量为 25L/s。管渠起点 1 的最小埋深定为 1.5m，生活排水定额 $q=100$L/（人·d）。试进行污水管道的水力计算。

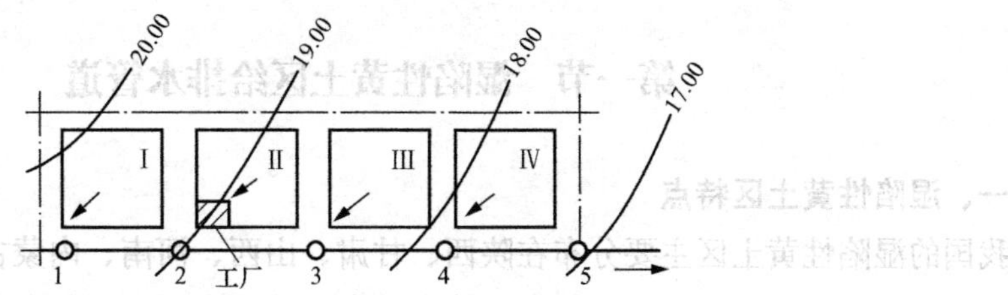

图 11-34　某居住区部分污水管道平面布置图

第十二章　特殊地区给排水管道

第一节　湿陷性黄土区给排水管道

一、湿陷性黄土区特点

我国的湿陷性黄土区主要分布在陕西、甘肃、山西、河南、内蒙古、青海、宁夏、新疆和东北的部分地区，湿陷性黄土的主要特点是在天然湿度下具有很高的强度，可以承受一般建筑物或构筑物的重量，但是，在一定压力下受水浸湿后，黄土结构迅速被破坏，表现出极大的不稳定性，产生显著下沉的现象，故称作湿陷性黄土。

建筑在湿陷性黄土区的建筑物或构筑物，常因给排水管道漏水而造成湿陷事故，使建筑物遭受破坏。为了避免湿陷事故的发生，保证建筑物的安全和正常使用，在设计中不仅要考虑防止管道和构筑物的地基因受水浸湿而引起沉降的可能性，而且还要考虑给排水管道和构筑物漏水而使附近建筑物发生湿陷的可能性。对于湿陷性黄土地区的给排水管道，应根据我国《湿陷性黄土地区建筑规范》（GB 50025—2004）的规定，以及根据施工、维护、使用等条件，因地制宜，采取合理有效的措施。

二、管道布置要求

（1）设计时，要求有关专业充分考虑湿陷性黄土的特点，尽量使给水点、排水点集中，避免管道过长、埋设过深，从而减少漏水机会。

（2）管道布置应有利于及早发现漏水现象，以便及时维修和排除事故，为此，室内给排水管道应尽量明装，给水管由室外进入室内后，应立即翻出地面，排水支管应尽量沿墙敷设在地面上或悬吊在楼板下，厂房雨水管道应悬吊明装或采取外排水方式。

（3）当室内埋地管道较多时，可视具体情况采取综合管沟的方案。

（4）为便于检修，室内给水管道，在引入管、干管或支管上适当增加阀门。

（5）给排水管道穿越建筑物承重墙或基础时，应预留孔洞。

（6）在小区或街坊管网设计中，注意各种管道交叉排列，做好小区或街坊管网的管道综合布置。

三、管材及管道接口

1. 管材选用

敷设在湿陷性黄土地区的给排水管道，其材料应经久耐用，管材质量一般应高于一般地区的要求。

（1）压力管道应采用钢管、给水铸铁管或预应力钢筋混凝土管。自流管道应采用铸铁管、离心成型钢筋混凝土管、内外上釉陶土管或耐酸陶土管。

（2）室内排水采用排水沟时，排水沟应采用钢筋混凝土结构，并做防水面层。

（3）湿陷性黄土对金属管材有一定的腐蚀作用，故对埋地铸铁管应做好防腐处理，对埋地钢管及钢配件应加强防腐处理。

2. 管道接口

给排水管道的接口必须密实，并有柔性，即使在管道有轻微的不均匀沉降时，仍能保证接口处不渗不漏。

镀锌钢管一般采用螺纹连接；焊接钢管、无缝钢管采用焊接；承插式给水铸铁管，一般采用石棉水泥接口；承插式排水铸铁管，采用石棉水泥接口；承插式钢筋混凝土管、承插式混凝土管和承插式陶土管，一般采用石棉水泥沥青玛瑞脂接口，不宜采用水泥砂浆接口；钢筋混凝土或混凝土排水管，一般采用套管（套环）石棉水泥接口，不宜采用平口抹带接口；自应力水泥砂浆接口和水泥砂浆接口等刚性接口，不易在湿陷性黄土地区采用。

四、检漏设施

检漏设施包括检漏管沟和检漏井。一旦管道漏水，水可沿管沟排至检漏井，以便及时发现进行检修。

1. 检漏管沟

埋设管道敷设在检漏管沟中，是目前广泛采用的方法。检漏管沟一般做成有盖板的地沟，沟内应做防水，要求不透水。常见的检漏管沟如图 12-1～图 12-4 所示。

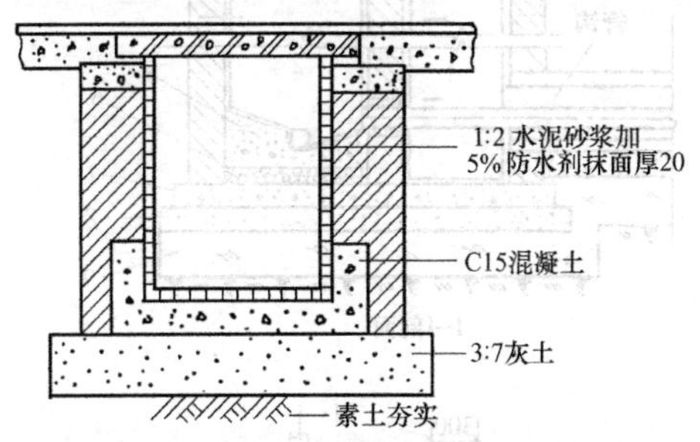

图 12-1 砖壁混凝土槽形底管沟

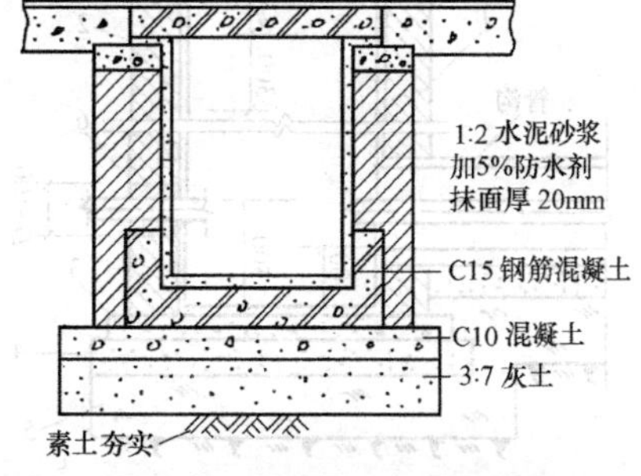

图 12-2 砖壁钢筋混凝土槽形底管沟

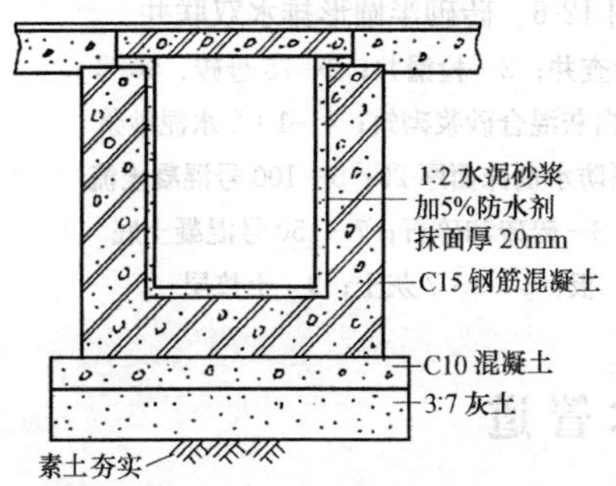

图 12-3 钢筋混凝土管沟

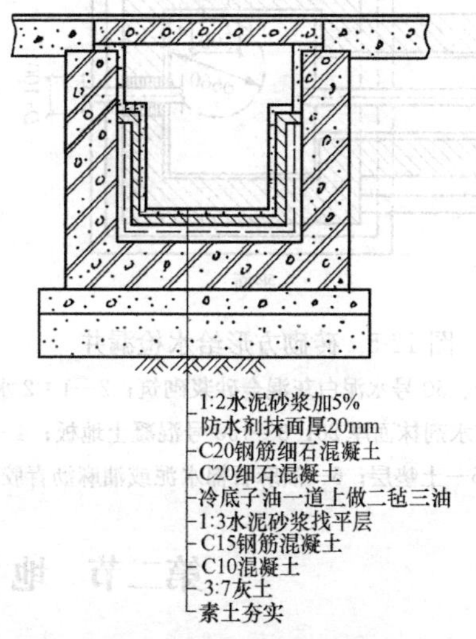

图 12-4 有油毡防水层的钢管混凝土管沟

对直径较小的管道，采用检漏管沟困难时，可采用套管，套管应采用金属管道或钢筋混凝土管。

检漏管沟的盖板不易明设，若为明设时应在人孔采取措施，防止地面水流入沟中。检漏管沟的沟底应坡向检查井或集水坑，坡度不应小于 0.005，并应与管道坡度一致，以保证在发生事故时水能自流到检漏井或集水坑。

检漏管沟截面尺寸的选择，应根据管道安装与维修的要求确定，一般检漏管沟宽不宜小于 600mm，当管道多于两根以上时，应根据管道排列间距及安装检修要求确定管沟尺寸。

2. 检漏井

检漏井是与检漏管沟相连接的井室，用来检查给排水管道的事故漏水。

检漏井的设置，以能及时检查各管段的漏水为原则，应设置在管沟末端或管沟沿线分段检漏处，并应防止地面水流入，其位置应便于寻找识别、检漏和维护。检漏井应设有深度不小于 300mm 的集水坑，可与检查井或阀门井共壁合建。但阀门井、检查井、消火栓井、水表井等均不得兼做检漏井。检漏井的做法，如图 12-5 和图 12-6 所示。

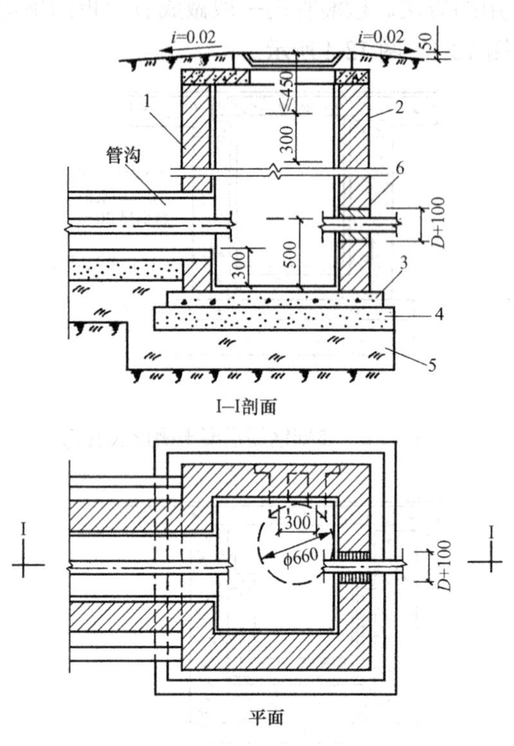

图 12-5 砖砌方形给水检漏井

1—75 号砖、50 号水泥白灰混合砂浆砌筑；2—1∶2 水泥砂浆加 5%防水剂抹面厚 20；3—150 号混凝土地板；4—3∶7 灰土；5—土垫层；6—油麻石棉水泥或油麻沥青胶砂

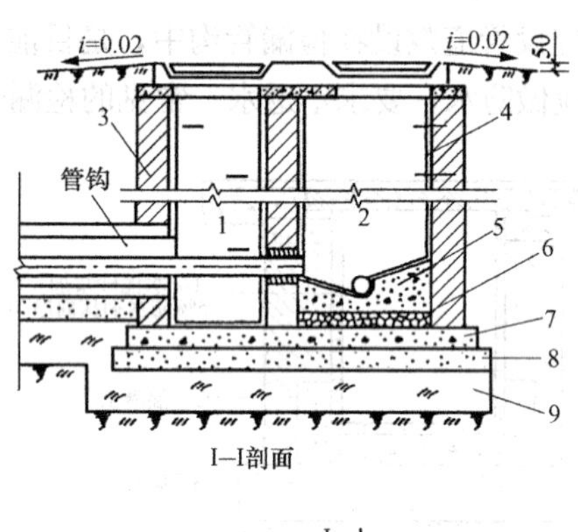

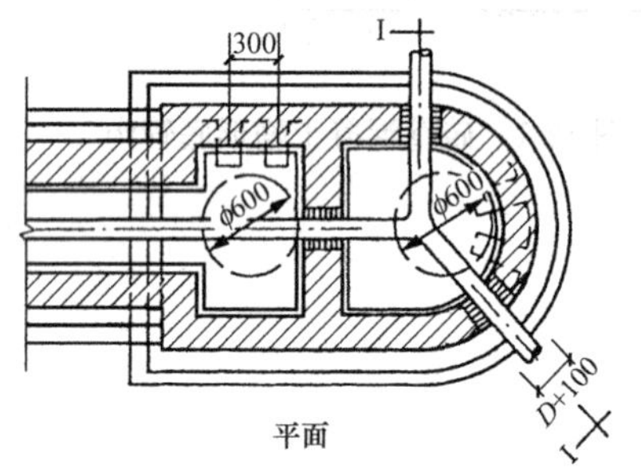

图 12-6 砖砌半圆形排水双联井

1—检查井；2—检漏井；3—75 号砖、50 号水泥白灰混合砂浆砌筑；4—1∶2 水泥砂浆加 5%防水剂抹面厚 20；5—100 号混凝土流槽；6—碎砖和碎石；7—150 号混凝土底板；8—3∶7 灰土；9—土垫层

第二节 地震区给排水管道

地震后，按受震地区地面影响和破坏的强度程度，地震烈度共分为十二度，在 6 度及 6

度以下时，一般建筑物仅有轻微破坏，不致造成危害，可不设防；但是7度及以上时，一般建筑物将遭到破坏，造成危害，必须设防；10度及10度以上时，因毁坏太严重，设防费用太高或无法设防，只能结合工程情况做专门处理研究。我国仅对于7～9度地震区的建筑物编制了规范和标准，本节介绍的也仅为7～9度地震地区给排水工程一般设防要求。

一、地震防震的一般规定

根据地震工作以预防为主的方针，给排水的设施要求是：在地震发生后，其震害不致使人民生命和重要生产设备遭受危害；建筑物和构筑物不需修理，或经一般修理后仍能继续使用；对管网的震害控制在局部范围内，尽量避免造成次生灾害，并便于抢修和迅速恢复使用。

二、管道设计

1. 建筑外部管道设计要求

(1) 线路的选择与布置。地震区给排水管道应尽量选择在良好的地基上，应尽量避免水平或竖向的急剧转弯；干管宜敷设成环状，并适当增设控制阀门，以便于分割供水和检查，如因实际需要，干管敷设成枝状时，宜增设连通管，如图12-7所示。

(2) 管材选择。地震区给排水管材以选择延性较好或具较好柔性、抗震性能良好的管材，例如钢管、胶圈接口的铸铁管和胶圈接口的预应力钢筋混凝土管。埋地管道应尽量采用承插式铸铁管或预应力钢筋混凝土管；架空管道可采用钢管或承插式铸铁管；过河的倒虹管以及穿过铁路或其他交通干线的管道，应采用钢管，并在两端设阀门；敷设在可液化土地段的给水管道主干管，宜采用钢管，并在两端增设阀门。

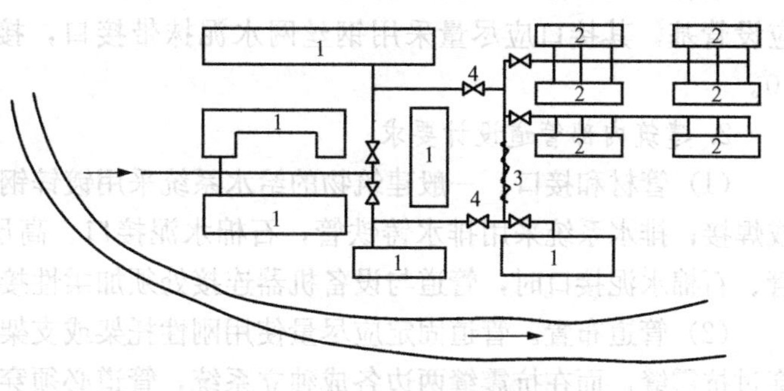

图12-7　枝状管网连通管的设置

1—厂房；2—住宅；3—连通管；4—控制阀

(3) 管道接口方式的选择。地震区给排水管道接口的选择是管道改善抗震性能的关键，采用柔性接口是管道抗震最有效的措施。柔性接口中，胶圈接口的抗震性能较好；胶圈石棉水泥或胶圈自应力水泥接口为半柔性接口，抗震性能一般；青铅接口由于允许变形量小，不能满足抗震要求，故不能作为抗震措施中的柔性接口。

阀门、消火栓两侧管道上应设柔性接口。埋地承插式管道的主要干支线的三通、四通、大于45°弯头等附件与直线管段连接处应设柔性接口。埋地承插式管道当通过地基地质突变处，应设柔性接口。

(4) 室外排水管网的设计要求。

1) 地震区排水管道管线选择与布置应尽量选择良好的地基，宜分区布置，就近处理和分散出口。各个系统间或系统内的干线间，应适当设置连通管，以备下游管道被震坏时，作为临时排水之用，如图12-8所示。连通管不做坡度或稍有坡度，以壅水或机械提升的方法，排出被震坏的排水系统中的污废水，污水干道应设置事故排出口。

2) 设计烈度为8度、9度，敷设在地下水位以下的排水管道，应采用钢筋混凝土管；

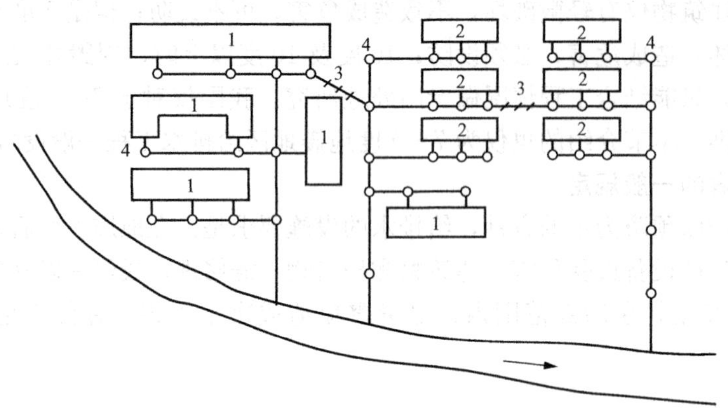

图 12-8 排水干管增设连通管

1—厂房；2—住宅；3—连通管；4—检查井

在可液化土地段敷设的排水管道，应采用钢筋混凝土管，并设置柔性接口。圆形排水管应设管基，其接口应尽量采用钢丝网水泥抹带接口，接口做法详见国标 GBS 222—30—10。

2. 建筑内部管道设计要求

（1）管材和接口。一般建筑物的给水系统采用镀锌钢管或焊接钢管，接口采用螺纹接口或焊接；排水系统采用排水铸铁管，石棉水泥接口。高层建筑的排水管道当采用排水铸铁管、石棉水泥接口时，管道与设备机器连接处须加柔性接口。

（2）管道布置。管道固定应尽量使用刚性托架或支架，避免使用吊架；各种管道最好不穿过抗震缝，而在抗震缝两边各成独立系统，管道必须穿抗震缝时，须在抗震缝的两边各装一个柔性接头；管道穿过内墙或楼板时，应设置套管，套管与管道间的缝隙，应填柔性耐火材料；管道通过建筑物的基础时，基础与管道间须留适当的空隙，并填塞柔性材。

思考题与习题

12-1 湿陷性黄土区的给排水管道在管材选用及管道接口上有何特殊要求？

12-2 试述湿陷性黄土区给排水管道的布置要求。

12-3 地震区的给排水管道在管材选用及管道接口上有何特殊要求？

12-4 地震区的建筑内部给排水管道的布置有何要求？

第十三章　建筑给水排水施工图及设计计算例题

第一节　建筑给水排水施工图内容

建筑给水排水施工图是施工图预算和组织施工的主要依据文件，也是国家确定和控制基本建设投资的重要依据材料。

建筑给水排水工程施工图，根据设计任务要求应包括平面布置图、系统图（轴测图）、施工详图、施工说明及主要设备材料表等。室外小区给水排水工程，根据工程内容还应包括管道纵断图、污水处理构筑物详图等。

一、平面布置图

根据建筑规划、设计图纸中用水设备种类、数量、位置、要求的水质、水量做出给水排水管道平面布置。各种功能管道、管道附件、卫生器具、用水设备（如消火栓柜、喷头等）均应用各种图例（详见制图有关部分资料）表示。各种横、干、支管的管道管径、坡度等应标出。平面图上管道都用单线绘出，沿墙敷设应注管道距墙面距离。

一张平面图上可绘几种类型管道。一般给水排水管道可在一起绘制，若图纸管线复杂也可分别绘制，以图纸能清楚表达设计意图且图纸数量又少为原则。

建筑内部给水排水以选用的给水方式确定平面布置图的张数，底层（包括地下室）必绘，顶层若有高位水箱等设备也必须单独绘出。建筑中间各层如卫生设备或用水设备种类、数量和位置都相同，可绘一张标准层平面布置图即可，否则应逐层绘制。各层图面如给水排水管垂直相重，平面布置可错开表示。平面布置图比例一般与建筑图相同，常用比例尺为1：100，施工详图可取1：50～1：20。

各层平面布置图上各种管道立管应编号标明。

二、系统图

系统图也称轴测图，其绘法取水平、轴测、垂直方向完全与平面布置图比例相同（此点与工程制图差别仅轴测不缩小1/2）。这是因为这种绘制法不但能清楚表达出给水排水管道系统空间的位置，而且便于工程中各种管道材料量测不出现错误。系统图上应标明管道的管径、坡度，标出支管与立管连接处，管道各种附件的安装标高，标高的±0.00应与建筑图相一致。系统图上各种主管编号应与平面布置图相一致。系统图均应按各系统（给水、排水、热水、雨水等系统）单独绘制，以便于施工安装和预算应用。系统图中对用水设备及卫生器具种类、数量和位置完全相同的支管、立管可以不重复完全绘出，但应用文字标明。当系统图立管、支管在轴测方向重复交叉影响识图时，可编号断开移到图面空白处绘制。

建筑居住小区给水排水管道一般不绘系统图，但应绘管道纵断图。管道纵断图绘法详见给水排水工程教材。

三、施工详图

凡平面布置图、系统图中局部构造，因受图面比例限制，表达不完善或不能表达，为使施工概预算及施工不出现失误，必须绘出施工详图，通用施工详图如卫生器具安装图，排水检查井、雨水检查井、阀门井、水表井、局部污水处理构筑物等均有各种施工标准图，施工详图首先采用标准图。

绘制施工详图比例以能清楚绘出构造为根据选用。施工详图应尽量详细注明尺寸，不应以比例代尺寸。

四、设计（施工）说明及主要设备材料表

用工程绘图无法表达清楚的给水排水、热水供应、雨水系统等管材、防腐、防冻、防结露做法，或难于表达的诸如管道连接、固定、竣工验收要求、施工中特殊情况技术处理措施，或施工方法要求严格必须遵守的技术规程、规定等可用文字写出设计（施工）说明，写在图纸中。主要设备材料表应列明材料类别、规格、数量，设备品种、规格和主要尺寸。

此外施工图还应绘出工程图所用图例。

所有以上图纸及施工说明等应编排有序，写出图纸目录。

第二节　建筑给水排水及热水供应设计计算例题

一、设计任务及设计资料

设计任务书：华北某住宅小区内一幢独立式 7 层住宅楼，每套均设专用卫生间和厨房，卫生间内有浴盆、洗脸盆、坐便器各一件，厨房内有洗涤盆一件，共计 14 套。本工程设计任务为建筑工程单项工程中的给水（包括消防给水）、排水及热水供应单位工程项目。

建筑设计资料：本建筑为 7 层，层高为 2.80m，室内外高差为 0.45m，冻土深度为 0.5m。

小区给水、排水管道现状：给水、热水管道均设于建筑物东侧道路旁，其管径分别为 *DN*100mm，小区给水泵房提供的工作压力为 0.35MPa（不间断供水），管顶埋深为地面以下 1.20m。小区污水管道设于建筑物西侧道路旁，其管径 *DN*300mm，管底埋深为地面以下 2.00m。

二、设计过程说明

1. 给水工程

根据设计资料，小区给水管网提供的管网最不利点工作压力为 0.40MPa（不间断供水），由表 1-2 估算的本建筑生活给水所需压力为 0.32MPa，可采用直接给水方式，给水管材采用 PP-R 塑料管。

2. 排水工程

所有生活污水经室内排水管收集后，排至室外排水管道，经化粪池处理后，排入小区污水管道；排水管材室内部分采用 PVC 管材，室外部分采用陶土管。

3. 热水供应

室内热水采用集中热水供应系统，由小区热水管网供给。小区热水管网提供的管网最不利点工作压力为 0.30MPa，室内热水管网采用下行上给全循环供水方式，工作时间为 24h，供水温度为 70℃，热水管材采用镀锌钢管。

4. 消防给水

室内消火栓设于楼梯间内，消防给水管直接与室外供水管连接，管材为镀锌钢管。采用 SN50 直角单出口式室内消火栓，ϕ50 麻织水带，长度 20m，QZ50×16mm 直流式水枪，800×650×200S163（甲型）钢制消火栓箱。

建筑给排水的管线布置见图 13-1～图 13-5。

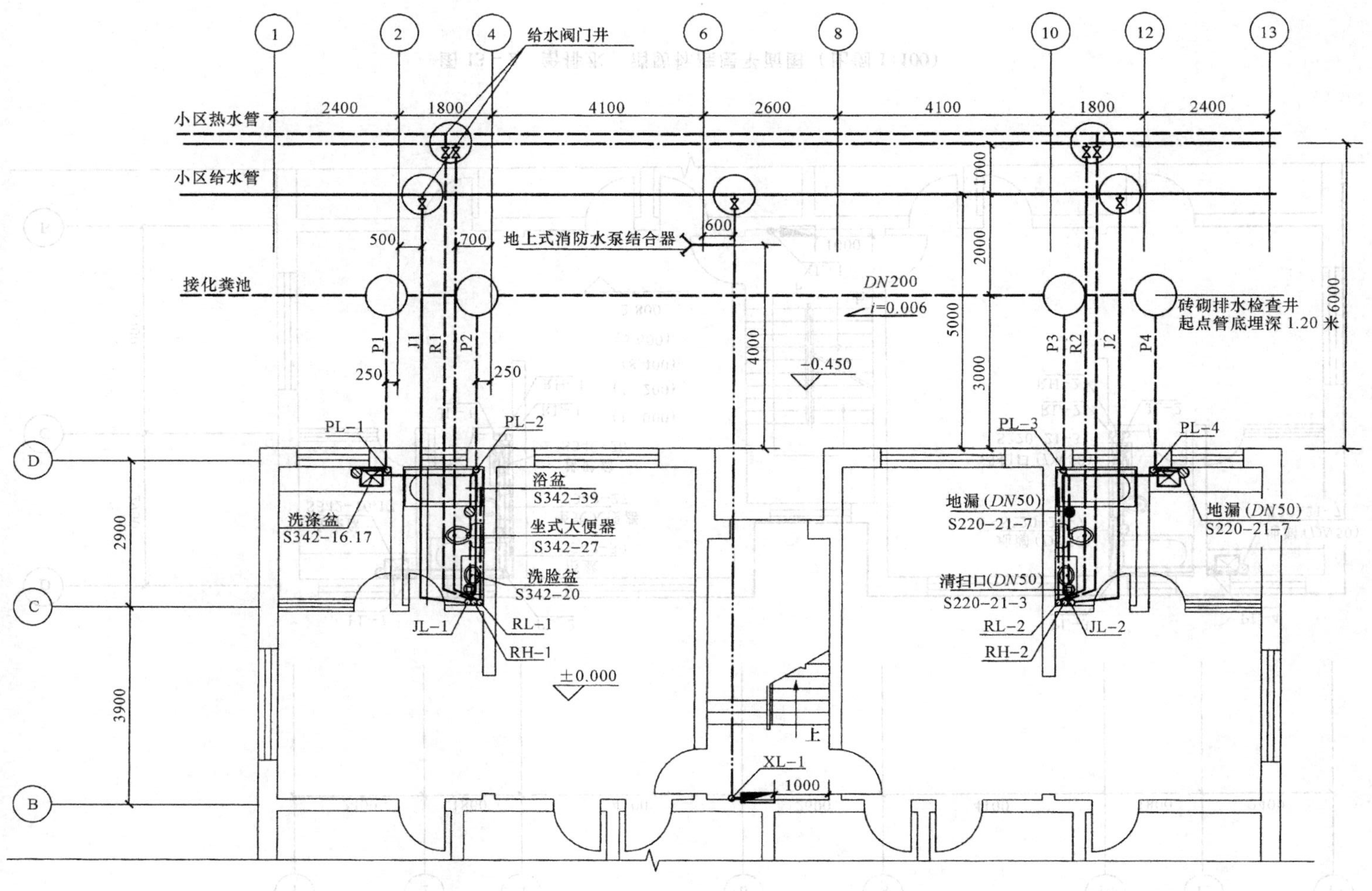

图 13－1　给排水、消防一层平面图（比例 1:100）

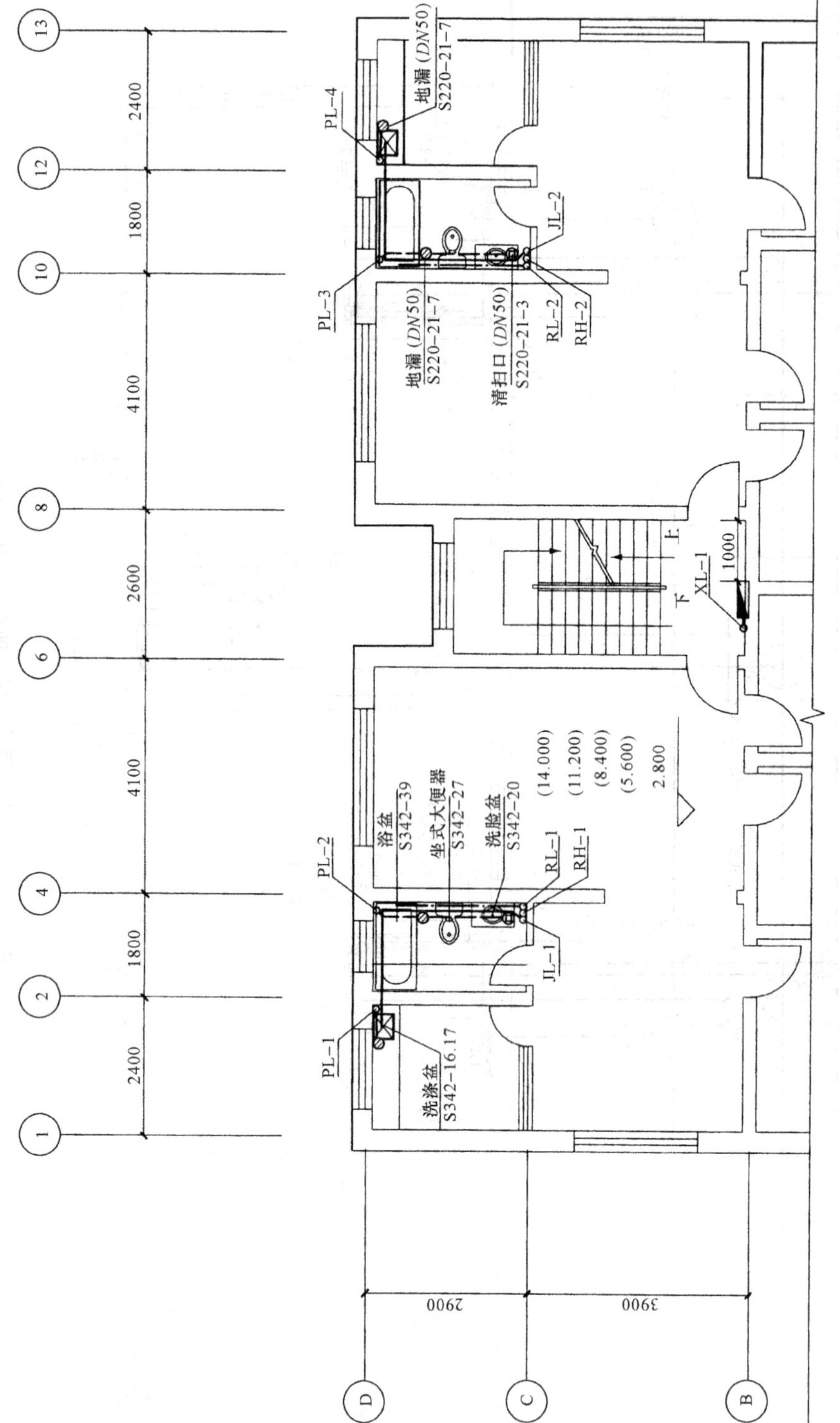

图 13-2 给排水、消防标准层平面图（比例 1:100）

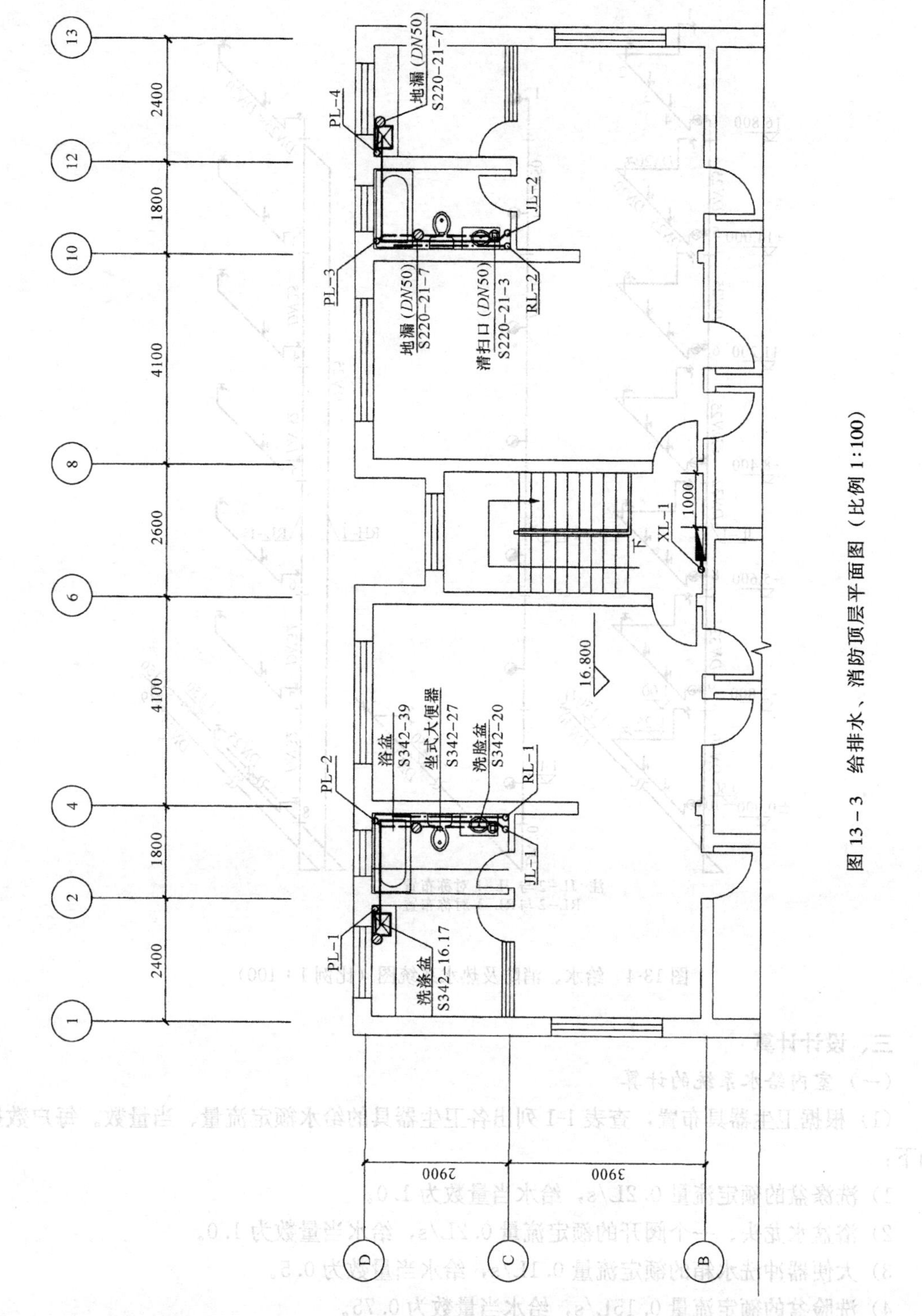

图 13-3　给排水、消防顶层平面图（比例 1:100）

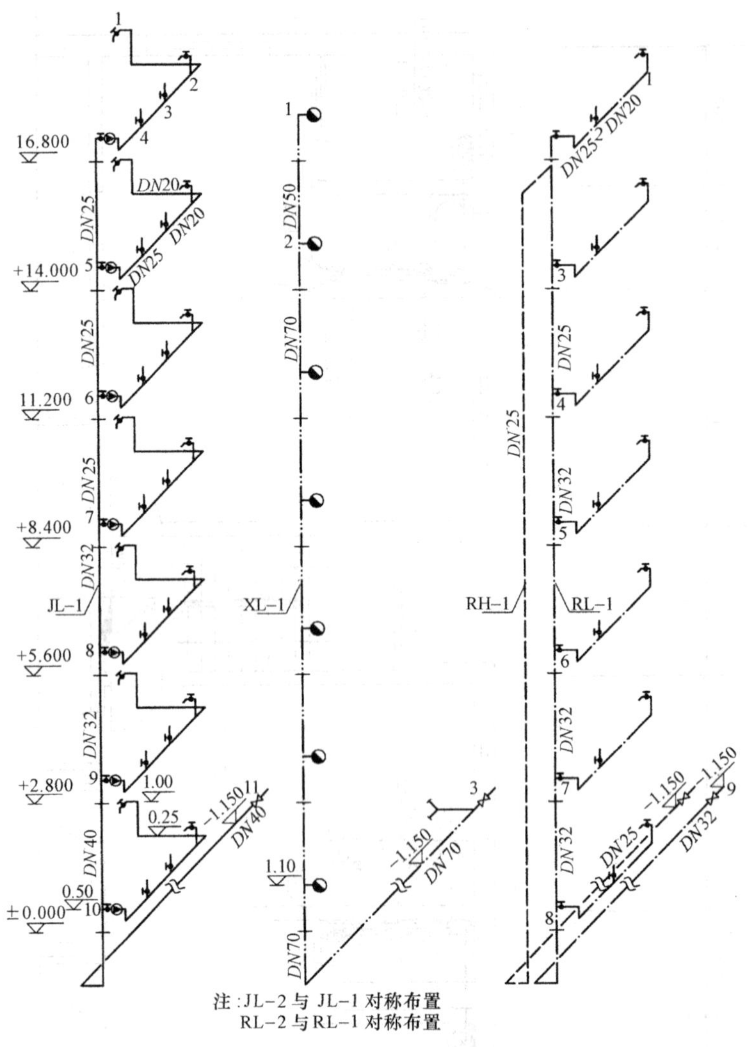

图 13-4 给水、消防及热水系统图（比例 1∶100）

三、设计计算

（一）室内给水系统的计算

（1）根据卫生器具布置，查表 1-1 列出各卫生器具的给水额定流量、当量数。每户数据如下：

1）洗涤盆的额定流量 0.2L/s，给水当量数为 1.0。

2）浴盆水龙头、一个阀开的额定流量 0.2L/s，给水当量数为 1.0。

3）大便器冲洗水箱的额定流量 0.1L/s，给水当量数为 0.5。

4）洗脸盆的额定流量 0.15L/s，给水当量数为 0.75。

（2）根据给水系统图，如图 13-4 所示，确定最不利配水点为最上层管网末端配水龙头，即图中 1 点；确定 1 点至引入管起端 11 点之间管路作为计算管路。

（3）对计算管路进行节点编号。

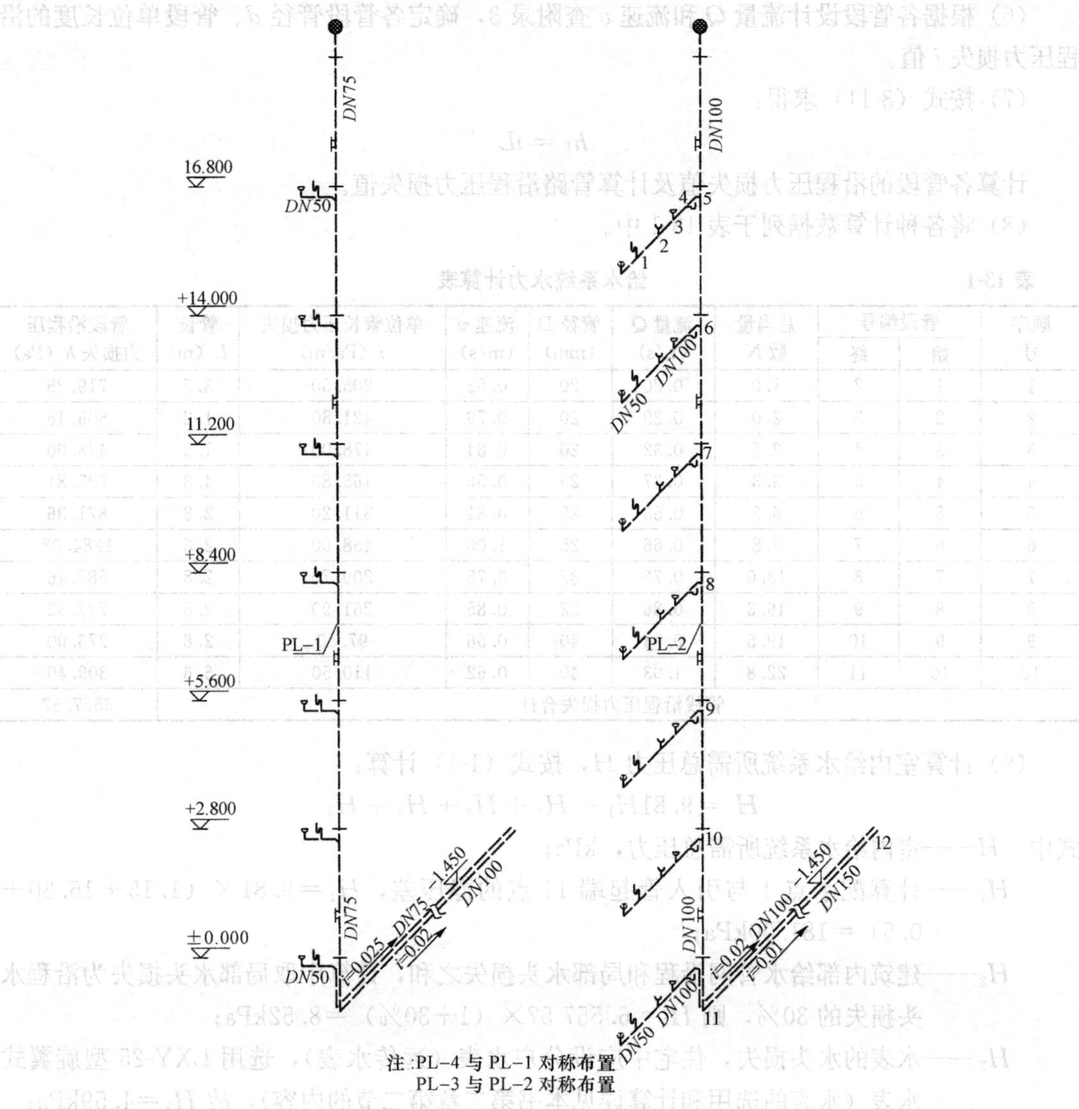

图 13-5　排水系统图（比例 1∶100）

（4）本题为普通住宅Ⅲ型，冷水用水定额为 200×75%＝150L/（人·d）；
时变化系数 k_h＝2.8、户当量 N_g＝3.25；
用水时数 24h、户均人数 3.5 人。
按式（3-1）计算出最大用水时卫生器具给水当量平均出流概率：

$$U_0=\frac{150\times3.5\times2.5}{0.2\times3.25\times24\times3600}=0.0234$$

近似取 $U_0\approx2.5\%$。
采用快速查表法，查附录 2 得流量 Q。
管段上的设计流量值见表 13-1。
（5）从系统图中按比例量出各设计管段长度 L。

（6）根据各管段设计流量 Q 和流速 v 查附录 3，确定各管段管径 d、管段单位长度的沿程压力损失 i 值。

（7）按式（3-11）求得：

$$h_f = iL$$

计算各管段的沿程压力损失值及计算管路沿程压力损失值。

（8）将各种计算数据列于表 13-1 中。

表 13-1　　给水系统水力计算表

顺序号	管段编号		总当量数 N	流量 Q (L/s)	管径 D (mm)	流速 v (m/s)	单位管长压力损失 i (Pa/m)	管长 L (m)	管段沿程压力损失 h (Pa)
	始	终							
1	1	2	1.0	0.20	20	0.53	205.50	3.5	719.25
2	2	3	2.0	0.29	20	0.79	421.80	1.2	506.16
3	3	4	2.5	0.32	20	0.84	478.00	1.0	478.00
4	4	5	3.3	0.37	25	0.56	165.80	4.8	795.84
5	5	6	6.5	0.53	25	0.81	311.20	2.8	871.36
6	6	7	9.8	0.66	25	1.00	458.60	2.8	1284.08
7	7	8	13.0	0.76	32	0.75	209.70	2.8	587.16
8	8	9	16.3	0.86	32	0.85	261.90	2.8	733.32
9	9	10	19.5	0.94	40	0.56	97.50	2.8	273.00
10	10	11	22.8	1.03	40	0.62	110.50	6.6	309.40
管线沿程压力损失合计									6557.57

（9）计算室内给水系统所需总压力 H，按式（1-1）计算：

$$H = 9.81H_1 + H_2 + H_3 + H_4 + H_5$$

式中　H——室内给水系统所需总压力，kPa；

H_1——计算配水点 1 与引入管起端 11 点的静压差，H_1＝9.81×（1.15＋16.80＋0.5）＝181.00kPa；

H_2——建筑内部给水管网沿程和局部水头损失之和，计算中取局部水头损失为沿程水头损失的 30%，则 H_2＝6.557 57×（1＋30%）＝8.52kPa；

H_3——水表的水头损失，住宅中应设分户水表（远传水表），选用 LXY-25 型旋翼式水表（水表的选用和计算详见本书第二章第二节的内容），故 H_3＝4.59kPa；

H_4——最不利处配水点 1 所需流出水头，查表 1-1，水龙头的流出压力为 50kPa；

H_5——为不可预见因素留有余地而予以考虑的富裕水头，按 20kPa 计，因此：

$$H=181.00+8.52+4.59+50+20=264.11\text{kPa}=0.264\text{MPa}$$

室外给水管网供水压力为 0.40MPa，大于室内给水系统所需总压力 0.264MPa，满足设计要求。

（二）室内消防系统的计算

1. 消防设计流量的确定

本建筑属于住宅建筑，从表 4-5 得：消火栓用水量为 5L/s，同时使用水枪数量为 2 支，每支水枪最小出流量为 2.5L/s，每根竖管最小流量为 5L/s，其充实水柱应大于等于 10m，据表 4-8 可知，选取喷嘴口径为 16mm 的消防水枪出流量为 3.3L/s，充实水柱为 10m。

2. 消火栓栓口处需用水压的确定

按式（4-6）确定消火栓栓口处需用水压为：

$$H_{xh} = h_d + H_q = A_d L_d q_{xh}^2 + H_q = 0.150\,1 \times 20 \times 3.3^2 + 137 = 169.69\text{kPa}$$

3. 系统压力损失的计算

(1) 沿程压力损失的计算。根据给水系统图，如图 13-4 所示，进行水力计算，并以 1—2—3为计算管路，根据各管段设计流量 q_g 和流速 v 查附录 2，确定各管段管径 d、管段单位长度的沿程压力损失 i 值。

将各计算值填入表 13-2 内。

表 13-2　　消防系统水力计算表

序号	管段号		管段设计流量 (L/s)	管径 (mm)	流速 (m/s)	管道单位长度压力损失 (kPa/m)	管段长度 (m)	管段沿程压力损失 (kPa)
	起	止						
1	1	2	3.3	50	1.55	1.21	2.80	3.39
2	2	3	6.6	70	1.87	1.26	24.35	30.68
合　计			$\Sigma h_f = 34.07$kPa					

(2) 管路总压力损失为建筑消防给水管网沿程和局部水头损失之和，计算中取局部水头损失为沿程水头损失的 10%，则

$$\Sigma h = 34.07 \times (1 + 10\%) = 37.48\text{kPa}$$

4. 系统所需总压力计算

$$H = 9.81H_1 + H_{xh} + \Sigma h = 9.81 \times (17.90 + 1.15) + 169.69 + 37.48$$
$$= 394.05\text{kPa} = 0.394\text{MPa}$$

室外给水管网供水压力为 0.40MPa，大于室内给水系统所需总压力 0.394MPa，满足设计要求。

(三) 室内排水系统的计算

(1) 根据卫生器具布置，查表 1-1 列出各卫生器具的排水流量、当量数。每户数据如下：

1) 单格洗涤盆的排水流量为 0.67L/s，排水当量数为 2.0。

2) 浴盆的排水流量为 1.0L/s，排水当量数为 3.0。

3) 坐式大便器冲洗水箱的排水流量为 2.0L/s，排水当量数为 6.0。

4) 洗脸盆（有塞）的排水流量为 0.25L/s，排水当量数为 0.75。

(2) 根据排水系统图，如图 13-5 所示，对计算管路进行节点编号，确定 1 点至出户管末端 11 点之间管路作为计算管路。

(3) 确定排水横直管的管径。

管路中 1 点接洗脸盆的器具排水管，查表 1-1，洗脸盆的器具排水管管径为 32～50，为了防止管道的淤塞，横支管的管径一般不得小于 50mm。因此 1～2 管段采用 DN50 管径，1 点之前接清扫口的支管采用与 1～2 管段相同的管径[《建筑给水排水设计规范》(GB 50015—2003)中第 4.5.13 条]。

管路中 2 点接坐式大便器的器具排水管，查表 1-1，大便器的器具排水管管径为 DN100，因此 2～3 管段采用 DN100 管径，3～4～5 管段为后续管段，且 5 点之前的当量总数为 0.75＋6.0＋3.0＝9.75，小于查表 1-1 中的生活污水排水管道允许负荷的排水当量总数，因此均采用 DN100 管径。

(4) 确定排水立管的管径。

5～11 管段为立管管段，10 点处排水总当量数为（0.75＋6.0＋3.0）×6＝58.5，查表 1-1，采用 DN100 管径，由于排水立管的管径不得小于接入的最大横直管的管径，因此 5～11 管段均采用 DN100 管径。

（5）确定排水横出管的管径。

11～12 管段为横出管管段，查表 1-1 中的 $DN100$ 管径横管标准坡度时，生活污水排水管道允许负荷的排水当量总数为 100，满足要求，但考虑到住宅的污水排放时段较集中等因素，因此较计算放大一级管径，采用 $DN150$ 管径。

（6）确定伸顶通气管的管径。

伸顶通气管的管径一般与立管相同，采用 $DN100$ 管径。

底层单独排水管道及其他排水管道的计算参照以上步骤进行。

（四）室内热水系统的计算

室内热水采用集中热水供应系统，由小区热水管网供给。因此，本例题只进行热水配水管网及回水管的设计计算。

1. 热水配水管网的设计计算

热水配水管网的设计计算步骤与给水基本类似，其设计秒流量计算公式与给水相同。本题为普通住宅Ⅲ型，冷水用水定额为 80L/(人·d)；

时变化系数 $k_h=4.5$、户当量：$N_g=1.5$；

用水时数 16h、户均人数：3.5 人。

按式（3-1）计算出最大用水时卫生器具给水当量平均出流概率为

$$U_0=\frac{80\times3.5\times4.5}{0.2\times1.5\times24\times3600}=0.0486$$

近似取 $U_0\approx5.0\%$。

采用快速查表法，查附录 2 得流量 Q（L/s）。

热水水力计算应查热水水力计算表。

具体计算见表 13-3。

表 13-3　　热水系统水力计算表

顺序号	管段编号		总当量数（N）	流量 Q（L/s）	管径 D（mm）	流速 v（m/s）	单阻 R（mm/m）	管长 L（m）	$h_y=\frac{RL}{1000}$（mH_2O）
	始	终							
1	1	2	1.0	0.20	20	0.72	97.09	2.2	0.213
2	2	3	1.5	0.25	25	0.53	36.75	4.8	0.176
3	3	4	3.0	0.36	25	0.75	72.50	2.8	0.203
4	4	5	4.5	0.46	32	0.52	23.60	2.8	0.066
5	5	6	6.0	0.53	32	0.63	35.26	2.8	0.099
6	6	7	7.5	0.60	32	0.69	41.96	2.8	0.117
7	7	8	9.0	0.66	32	0.75	49.24	2.8	0.138
8	8	9	10.5	0.72	32	0.82	58.70	6.6	0.387
管线沿程压力损失合计									1.399

配水管网的管路总压力损失为

$$H=9.81\times(1.15+16.80+0.5)+9.81\times1.399\times(1+30\%)+50=248.8\text{kPa}$$

小区热水管网供水压力为 0.30MPa，大于室内给水系统所需总压力 0.249MPa，满足设计要求。

2. 热水回水管的管径选择

机械循环热水系统的回水管管径，通常比对应的供水管小 1～2 号，但最小不得小于 $DN20$。本例题回水管的管径采用 $DN25$。

本例题的具体施工图设计如图 13-1～图 13-5 所示。

思考题与习题

13-1　根据设计任务要求建筑给水排水工程施工图应包括哪些内容？

13-2　简述室内给水系统的设计计算步骤。

13-3　简述室内消火栓灭火系统的设计计算步骤。

13-4　简述室内排水系统的设计计算步骤。

附　　录

附录 1　给水管段卫生器具给水当量同时出流概率 $U_0 \sim \alpha_c$ 值对应表

U_0(%)	α_c	U_0(%)	α_c	U_0(%)	α_c	U_0(%)	α_c	U_0(%)	α_c	U_0(%)	α_c
1.0	0.003 23	2.0	0.010 97	3.0	0.019 39	4.0	0.028 16	5.0	0.037 15	7.0	0.055 55
1.5	0.006 97	2.5	0.015 12	3.5	0.023 74	4.5	0.032 63	6.0	0.046 29	8.0	0.064 89

附录 2　给水管段设计秒流量计算表[U(%);q(L/s)]

U_0	1.0		1.5		2.0		2.5		3.0		3.5		4.0		4.5		5.0		6.0		7.0		8.0	
N_g	U	q	U	q	U	q	U	q	U	q	U	q	U	q	U	q	U	q	U	q	U	q	U	q
1	100.00	0.20	100.00	0.20	100.00	0.20	100.00	0.20	100.00	0.20	100.00	0.20	100.00	0.20	100.00	0.20	100.00	0.20	100.00	0.20	100.00	0.20	100.00	0.20
2	70.94	0.28	71.20	0.28	71.49	0.29	71.78	0.29	72.08	0.29	72.30	0.29	72.70	0.29	73.02	0.29	73.33	0.29	73.98	0.30	74.64	0.30	75.30	0.30
3	58.00	0.35	58.30	0.35	58.62	0.35	58.96	0.35	59.31	0.36	59.66	0.36	60.02	0.36	60.38	0.36	60.75	0.36	61.49	0.37	62.24	0.37	63.00	0.38
4	50.28	0.40	50.60	0.40	50.94	0.41	51.30	0.41	51.66	0.41	52.03	0.42	52.41	0.42	52.80	0.42	53.18	0.43	53.97	0.43	54.76	0.44	55.56	0.44
5	45.01	0.45	45.34	0.45	45.69	0.46	46.06	0.46	46.43	0.46	46.82	0.47	47.21	0.47	47.60	0.48	48.00	0.48	48.80	0.49	49.62	0.50	50.45	0.50
6	41.12	0.49	41.45	0.50	41.81	0.50	42.18	0.51	42.57	0.51	42.96	0.52	43.35	0.52	43.76	0.53	44.16	0.53	44.98	0.54	45.81	0.55	46.65	0.56
7	38.09	0.53	38.43	0.54	38.79	0.51	39.17	0.55	39.56	0.55	39.96	0.56	40.36	0.57	40.76	0.57	41.17	0.58	42.01	0.59	42.85	0.60	43.70	0.61

续表

U_0	1.0		1.5		2.0		2.5		3.0		3.5		4.0		4.5		5.0		6.0		7.0		8.0	
N_g	U	q	U	q	U	q	U	q	U	q	U	q	U	q	U	q	U	q	U	q	U	q	U	q
8	35.65	0.57	35.99	0.58	36.36	0.58	36.74	0.59	37.13	0.59	37.53	0.60	37.94	0.61	38.35	0.61	38.76	0.62	39.60	0.63	40.45	0.65	41.31	0.66
9	33.63	0.61	33.98	0.61	34.35	0.62	34.73	0.63	35.12	0.63	35.53	0.64	35.93	0.65	36.35	0.65	36.76	0.66	37.61	0.68	38.46	0.69	39.33	0.71
10	31.92	0.64	32.27	0.65	32.64	0.65	33.03	0.66	33.42	0.67	33.83	0.68	34.24	0.68	34.65	0.69	35.07	0.70	35.92	0.72	36.78	0.74	37.65	0.75
11	30.45	0.67	30.80	0.68	31.17	0.69	31.56	0.69	31.96	0.70	32.36	0.71	32.77	0.72	33.18	0.73	33.61	0.74	34.46	0.76	35.33	0.78	36.20	0.80
12	29.17	0.70	29.52	0.71	29.89	0.72	30.28	0.73	30.68	0.74	31.09	0.75	31.50	0.76	31.92	0.77	32.34	0.78	33.19	0.80	34.06	0.82	34.93	0.84
13	28.04	0.73	28.39	0.74	28.76	0.75	29.15	0.76	29.55	0.77	29.96	0.78	30.37	0.79	30.79	0.80	31.22	0.81	32.07	0.83	32.04	0.86	33.82	0.88
14	27.03	0.76	27.38	0.77	27.76	0.78	28.15	0.79	28.55	0.80	28.96	0.81	29.37	0.82	29.79	0.83	30.22	0.85	31.07	0.87	31.94	0.89	32.82	0.92
15	26.12	0.78	26.48	0.79	26.85	0.81	27.24	0.82	27.64	0.83	28.05	0.84	28.47	0.85	28.89	0.87	29.32	0.88	30.18	0.91	31.05	0.93	31.93	0.96
16	25.30	0.81	25.66	0.82	26.03	0.83	26.42	0.85	26.83	0.86	27.24	0.87	27.65	0.88	28.08	0.90	28.50	0.91	29.36	0.94	30.23	0.97	31.12	1.00
17	24.56	0.83	24.91	0.85	25.29	0.86	25.68	0.87	26.08	0.89	26.49	0.90	26.91	0.91	27.33	0.93	27.76	0.94	28.62	0.97	29.50	1.00	30.38	1.03
18	23.88	0.86	24.23	0.87	24.61	0.89	25.00	0.90	25.40	0.91	25.81	0.93	26.23	0.94	26.65	0.96	27.08	0.97	27.94	1.01	28.82	1.04	29.70	1.07
19	23.25	0.88	23.60	0.90	23.98	0.91	24.37	0.93	24.77	0.94	25.19	0.96	25.60	0.97	26.03	0.99	26.45	1.01	27.32	1.04	28.19	1.07	29.08	1.10
20	22.67	0.91	23.02	0.92	23.40	0.94	23.79	0.95	24.20	0.97	24.61	0.98	25.03	1.00	25.45	1.02	25.88	1.04	26.74	1.07	27.62	1.10	28.50	1.14
22	21.63	0.95	21.98	0.97	22.36	0.98	22.75	1.00	23.16	1.02	23.57	1.04	23.99	1.06	24.41	1.07	24.84	1.09	25.71	1.13	26.58	1.17	27.47	1.21
24	20.72	0.99	21.07	1.01	21.45	1.03	21.85	1.05	22.25	1.07	22.66	1.09	23.08	1.11	23.51	1.13	23.94	1.15	24.80	1.19	25.68	1.23	26.57	1.28
26	19.92	1.04	20.27	1.05	20.65	1.07	21.05	1.09	21.45	1.12	21.87	1.14	22.29	1.16	22.71	1.18	23.14	1.20	24.01	1.25	24.98	1.29	25.77	1.34
28	19.21	1.08	19.56	1.10	19.94	1.12	20.33	1.14	20.74	1.16	21.15	1.18	21.57	1.21	22.00	1.23	22.43	1.26	23.30	1.30	24.18	1.35	25.06	1.40
30	18.56	1.11	18.92	1.14	19.30	1.16	19.69	1.18	20.10	1.21	20.51	1.23	20.93	1.26	21.36	1.28	21.79	1.31	22.66	1.36	23.54	1.41	24.43	1.47
32	17.99	1.15	18.34	1.17	18.72	1.20	19.12	1.22	19.52	1.25	19.94	1.28	20.36	1.30	20.78	1.33	21.21	1.36	22.08	1.41	22.96	1.47	23.85	1.53
34	17.46	1.19	17.81	1.21	18.19	1.24	18.59	1.26	18.99	1.29	19.41	1.32	19.83	1.35	20.25	1.38	20.68	1.41	21.55	1.47	22.43	1.53	23.32	1.59
36	16.97	1.22	17.33	1.25	17.71	1.28	18.11	1.30	18.51	1.33	18.93	1.36	19.35	1.39	19.77	1.42	20.20	1.45	21.07	1.52	21.95	1.58	22.84	1.64
38	16.53	1.26	16.89	1.28	17.27	1.31	17.66	1.34	18.07	1.37	18.48	1.40	18.90	1.44	19.33	1.47	19.76	1.50	20.63	1.57	21.51	1.63	22.40	1.70
40	16.12	1.29	16.48	1.32	16.86	1.35	17.25	1.38	17.66	1.41	18.07	1.45	18.49	1.48	18.92	1.51	19.35	1.56	20.22	1.62	21.10	1.69	21.99	1.76

续表

U_0	1.0		1.5		2.0		2.5		3.0		3.5		4.0		4.5		5.0		6.0		7.0		8.0	
N_g	U	q	U	q	U	q	U	q	U	q	U	q	U	q	U	q	U	q	U	q	U	q	U	q
42	15.74	1.32	16.09	1.35	16.47	1.38	16.87	1.42	17.28	1.45	17.69	1.49	18.11	1.52	18.54	1.56	18.97	1.59	19.84	1.67	20.72	1.74	21.61	1.82
44	15.38	1.35	15.74	1.39	16.12	1.42	16.52	1.45	16.92	1.49	17.34	1.53	17.76	1.56	18.18	1.60	18.61	1.64	19.48	1.71	20.36	1.79	21.25	1.87
46	15.05	1.38	15.41	1.42	15.79	1.45	16.18	1.49	16.59	1.53	17.00	1.56	17.43	1.60	17.85	1.64	18.28	1.68	19.15	1.76	20.03	1.84	20.92	1.92
48	14.74	1.42	15.10	1.45	15.48	1.49	15.87	1.52	16.28	1.56	16.69	1.60	17.11	1.64	17.54	1.68	17.97	1.73	18.84	1.81	19.72	1.89	20.61	1.98
50	14.45	1.45	14.81	1.48	15.19	1.52	15.58	1.56	15.99	1.60	16.40	1.64	16.82	1.68	17.25	1.73	17.68	1.77	18.55	1.86	19.10	1.91	20.32	2.03
55	13.79	1.52	14.15	1.56	14.53	1.60	14.92	1.64	15.33	1.69	15.74	1.73	16.17	1.78	16.59	1.82	17.02	1.87	17.89	1.97	18.77	2.07	19.66	2.16
60	13.22	1.59	13.57	1.63	13.95	1.67	14.35	1.72	14.76	1.77	15.17	1.82	15.59	1.87	16.02	1.92	16.45	1.97	17.32	2.08	18.20	2.18	19.08	2.29
65	12.71	1.65	13.07	1.70	13.45	1.75	13.84	1.80	14.25	1.85	14.66	1.91	15.08	1.96	15.51	2.02	15.94	2.07	16.81	2.10	17.60	2.30	18.58	2.42
70	12.26	1.72	12.62	1.77	13.00	1.82	13.39	1.87	13.80	1.93	14.21	1.99	14.63	2.05	15.06	2.11	15.49	2.17	16.36	2.29	17.24	2.47	18.13	2.54
75	11.85	1.78	12.21	1.83	12.59	1.89	12.99	1.95	13.30	2.01	13.81	2.07	14.23	2.13	14.65	2.20	15.08	2.26	15.95	2.39	16.83	2.52	17.72	2.66
80	11.49	1.84	11.84	1.89	12.22	1.96	12.62	2.02	13.02	2.08	13.44	2.15	13.86	2.22	14.28	2.29	14.71	2.35	15.58	2.49	16.46	2.63	17.35	2.78
85	11.15	1.90	11.51	1.96	11.89	2.02	12.28	2.09	12.69	2.16	13.10	2.23	13.52	2.30	13.95	2.37	14.38	2.44	15.25	2.59	16.13	2.74	17.02	2.89
90	10.85	1.95	11.20	2.02	11.58	2.09	11.98	2.16	12.38	2.23	12.80	2.30	13.22	2.38	13.64	2.46	14.07	2.53	14.94	2.69	15.82	2.85	16.71	3.01
95	10.57	2.01	10.92	2.08	11.30	2.15	11.70	2.22	12.10	2.30	12.52	2.38	12.94	2.46	13.36	2.54	13.79	2.62	14.66	2.79	15.54	2.95	16.43	3.12
100	10.31	2.06	10.00	2.13	11.04	2.21	11.44	2.29	11.84	2.37	12.26	2.45	12.68	2.54	13.10	2.62	13.53	2.71	14.40	2.88	15.28	3.06	16.17	3.23
110	9.84	2.17	10.20	2.24	10.58	2.33	10.97	2.41	11.38	2.50	11.79	2.59	12.21	2.69	12.63	2.78	13.00	2.87	13.93	3.06	14.81	3.26	15.70	3.45
120	9.44	2.26	9.79	2.35	10.17	2.44	10.56	2.54	10.97	2.63	11.38	2.73	11.80	2.83	12.23	2.93	12.66	3.04	13.52	3.25	14.40	3.46	15.29	3.67
130	9.08	2.36	9.43	2.45	9.81	2.55	10.21	2.65	10.51	2.75	11.02	2.87	11.44	2.98	11.87	3.09	12.30	3.20	13.16	3.42	14.04	3.65	14.93	3.88
140	8.76	2.45	9.11	2.55	9.49	2.66	9.89	2.77	10.29	2.88	10.70	3.00	11.12	3.11	11.55	3.23	11.97	3.35	12.84	3.60	13.72	3.84	14.61	4.00
150	8.47	2.54	8.83	2.65	9.20	2.75	9.60	2.88	10.00	3.00	10.42	3.12	10.83	3.25	11.26	3.38	11.69	3.51	12.55	3.77	13.43	4.03	14.32	4.30
160	8.21	2.63	8.57	2.74	8.94	2.86	9.34	2.99	9.74	3.12	10.16	3.25	10.57	3.38	11.00	3.52	11.43	3.66	12.29	3.93	13.17	4.21	14.06	4.50
170	7.98	2.71	8.33	2.83	8.71	2.96	9.10	3.09	9.51	3.23	9.92	3.37	10.34	3.51	10.76	3.66	11.19	3.80	12.05	4.10	12.93	4.40	13.82	4.70
180	7.76	2.79	8.11	2.92	8.49	3.05	8.89	3.20	9.29	3.34	9.70	3.49	10.12	3.64	10.54	3.80	10.97	3.95	11.84	4.26	12.71	4.58	13.60	4.90

续表

U_0	1.0		1.5		2.0		2.5		3.0		3.5		4.0		4.5		5.0		6.0		7.0		8.0	
N_g	U	q	U	q	U	q	U	q	U	q	U	q	U	q	U	q	U	q	U	q	U	q	U	q
190	7.56	2.87	7.91	3.01	8.29	3.15	8.69	3.30	9.09	3.45	9.50	3.61	9.92	3.77	10.34	3.93	10.77	4.09	11.64	4.42	12.51	4.75	13.40	5.09
200	7.38	2.95	7.73	3.09	8.11	3.24	8.50	3.40	8.91	3.56	9.32	3.73	9.74	3.89	10.16	4.06	10.59	4.23	11.15	4.58	12.33	4.93	13.21	5.28
220	7.05	3.10	7.40	3.26	7.78	3.42	8.17	3.60	8.57	3.77	8.99	3.95	9.40	4.14	9.83	4.32	10.25	4.51	11.12	4.89	11.99	5.28	12.88	5.67
240	6.76	3.25	7.11	3.41	7.49	3.60	7.88	3.78	8.29	3.98	8.70	4.17	9.12	4.38	9.54	4.58	9.96	4.78	10.83	5.20	11.70	5.62	12.59	6.04
260	6.51	3.28	6.86	3.57	7.24	3.76	7.63	3.97	8.03	4.18	8.44	4.39	8.86	4.61	9.28	4.83	9.71	5.05	10.57	5.50	11.45	5.95	12.33	6.41
280	6.28	3.52	6.63	3.72	7.01	3.93	7.40	4.15	7.81	4.37	8.22	4.60	8.63	4.83	9.06	5.07	9.48	5.31	10.34	5.79	11.22	6.28	12.10	6.78
300	6.08	3.65	6.43	3.86	6.81	4.08	7.20	4.32	7.60	4.56	8.01	4.81	8.43	5.06	8.85	5.31	9.28	5.57	10.14	6.08	11.01	6.61	11.89	7.14
320	5.89	3.77	6.25	4.00	6.62	4.24	7.02	4.49	7.42	4.75	7.83	5.01	8.24	5.28	8.67	5.55	9.09	5.82	9.95	6.37	10.83	6.93	11.71	7.49
340	5.73	3.89	6.08	4.13	6.46	4.39	6.85	4.66	7.25	4.93	7.66	5.21	8.08	5.49	8.50	5.78	8.92	6.07	9.78	6.65	10.66	7.25	11.54	7.84
360	5.57	4.01	5.93	4.27	6.30	4.54	6.09	4.82	7.10	5.11	7.51	5.40	7.92	5.70	8.34	6.01	8.77	6.31	9.53	6.93	10.50	7.56	11.38	8.19
380	5.43	4.13	5.79	4.40	6.16	4.68	6.55	4.98	6.95	5.29	7.36	5.60	7.78	5.91	8.20	6.23	8.63	6.56	9.40	7.21	10.36	7.87	11.24	8.54
400	5.30	4.24	5.66	4.52	6.03	4.83	6.42	5.14	6.82	5.46	7.23	5.79	7.65	6.12	8.07	6.46	8.49	6.80	9.35	7.48	10.23	8.18	11.10	8.88
420	5.18	4.35	5.54	4.65	5.91	4.96	6.30	5.20	6.70	5.63	7.11	5.97	7.53	6.32	7.95	6.68	8.37	7.03	9.23	7.76	10.10	8.49	10.98	9.22
440	5.07	4.46	5.42	4.77	5.80	5.10	6.19	5.45	6.59	5.80	7.00	6.16	7.41	6.52	7.83	6.89	8.26	7.27	9.12	8.02	9.99	8.79	10.87	9.56
460	4.97	4.57	5.32	4.89	5.69	5.24	6.08	5.60	6.48	5.97	6.89	6.34	7.31	6.72	7.73	7.11	8.15	7.50	9.01	8.29	9.88	9.09	10.76	9.90
480	4.87	4.67	5.22	5.01	5.59	5.37	5.98	5.75	6.39	6.13	6.79	6.52	7.21	6.92	7.63	7.32	8.05	7.73	8.91	8.56	9.78	9.39	10.66	10.23
500	4.78	4.78	5.13	5.13	5.50	5.50	5.89	5.89	6.29	6.29	6.70	6.70	7.12	7.12	7.54	7.54	7.96	7.96	8.82	8.82	9.69	9.69	10.56	10.56
550	4.57	5.02	4.92	5.41	5.29	5.82	5.68	6.25	6.08	6.69	6.49	7.14	6.91	7.60	7.32	8.06	7.75	8.52	8.61	9.47	9.47	10.42	10.35	11.39
600	4.39	5.26	4.74	5.68	5.11	6.13	5.50	6.60	5.90	7.08	6.31	7.57	6.72	8.07	7.14	8.57	7.56	9.08	8.42	10.11	9.29	11.15	10.16	12.20
650	4.23	5.49	4.58	5.95	4.95	6.43	5.34	6.04	5.74	7.46	6.15	7.99	6.56	8.53	6.98	9.07	7.40	9.62	8.26	10.71	9.12	11.56	10.00	13.00
700	4.08	5.72	4.43	6.20	4.81	6.73	5.19	7.27	5.59	7.83	6.00	8.40	6.42	8.98	6.83	9.57	7.26	10.16	8.11	11.36	8.98	12.57	9.85	13.79
750	3.95	5.93	4.30	6.46	4.68	7.02	5.07	7.60	5.46	8.20	5.87	8.81	6.29	9.43	6.70	10.06	7.13	10.69	7.98	11.97	8.85	13.27	9.72	14.58
800	3.84	6.14	4.19	6.70	4.56	7.30	4.95	7.92	5.35	8.56	5.75	9.21	6.17	9.87	6.59	10.54	7.01	11.21	7.86	12.58	8.73	13.96	9.60	15.36

续表

U_0	1.0		1.5		2.0		2.5		3.0		3.5		4.0		4.5		5.0		6.0		7.0		8.0	
N_g	U	q	U	q	U	q	U	q	U	q	U	q	U	q	U	q	U	q	U	q	U	q	U	q
850	3.73	6.34	4.08	6.94	4.45	7.57	4.84	8.23	5.24	8.91	5.65	9.60	6.06	10.30	6.48	11.01	6.90	11.73	7.75	13.18	8.62	14.65	9.49	16.14
900	3.64	6.54	3.98	7.17	4.36	7.84	4.75	8.54	5.14	9.26	5.55	9.99	5.96	10.73	6.38	11.48	6.80	12.24	7.66	13.78	8.52	15.34	9.39	16.91
950	3.55	6.74	3.90	7.40	4.27	8.11	4.66	8.85	5.05	9.60	5.46	10.37	5.87	11.16	6.29	11.95	6.71	12.75	7.56	14.37	8.43	16.01	9.30	17.67
1000	3.46	6.93	3.81	7.63	4.19	8.37	4.57	9.15	4.97	9.94	5.38	10.75	5.79	11.58	6.21	12.41	6.63	13.26	7.48	14.96	8.34	16.60	9.22	18.43
1100	3.32	7.30	3.66	8.06	4.04	8.88	4.42	9.73	4.82	10.61	5.23	11.50	5.64	12.41	6.06	13.32	6.48	14.25	7.33	16.12	8.19	18.02	9.06	19.94
1200	3.09	7.65	3.54	8.49	3.91	9.38	4.29	10.31	4.69	11.26	5.10	12.23	5.51	13.22	5.93	14.22	6.35	15.23	7.20	17.27	8.06	19.34	8.93	21.43
1300	3.07	7.99	3.42	8.90	3.79	9.86	4.18	10.87	4.58	11.90	4.98	12.95	5.39	14.02	5.81	15.11	6.23	16.20	7.08	18.41	7.94	20.62	8.81	22.91
1400	2.97	8.33	3.32	9.30	3.69	10.34	4.08	11.42	4.48	12.53	4.88	13.55	5.29	14.81	5.71	15.98	6.13	17.15	6.98	19.53	7.84	21.95	8.71	24.38
1500	2.88	8.65	3.23	9.69	3.60	10.80	3.99	11.96	4.38	13.15	4.79	14.36	5.20	15.60	5.61	16.84	6.03	18.10	6.88	20.65	7.74	23.23	8.61	25.84
1600	2.80	8.96	3.15	10.07	3.52	11.26	3.90	12.49	4.30	13.76	4.70	15.05	5.11	16.37	5.53	17.70	5.95	19.04	6.80	21.76	7.66	24.51	8.53	27.28
1700	2.73	9.27	3.07	10.45	3.44	11.71	3.83	13.02	4.22	14.36	4.63	15.74	5.04	17.13	5.45	18.54	5.87	19.97	6.72	22.85	7.58	25.77	8.45	28.72
1800	2.66	9.57	3.00	10.81	3.37	12.15	3.76	13.53	4.16	14.96	4.56	16.41	4.97	17.89	5.38	19.38	5.80	20.89	6.65	23.94	7.51	27.03	8.38	30.15
1900	2.59	9.86	2.94	11.17	3.31	12.58	3.70	14.04	4.09	15.55	4.49	17.08	4.90	18.64	5.32	20.21	5.74	21.80	6.59	25.03	7.44	28.29	8.31	31.58
2000	2.54	10.14	2.88	11.53	3.25	13.01	3.64	14.55	4.03	16.13	4.44	17.74	4.85	19.38	5.26	21.04	5.68	22.71	6.53	26.10	7.38	29.53	8.25	33.00
2200	2.43	10.70	2.78	12.22	3.15	13.85	3.53	15.54	3.93	17.28	4.33	19.05	4.74	20.85	5.15	22.67	5.57	24.51	6.42	28.24	7.27	32.01	8.14	35.81
2400	2.34	11.23	2.69	12.89	3.06	14.67	3.44	16.51	3.83	18.41	4.24	20.34	4.65	22.30	5.06	24.29	5.48	26.29	6.32	30.35	7.18	34.46	8.04	38.60
2600	2.26	11.75	2.61	13.55	2.97	15.47	3.36	17.46	3.75	19.52	4.16	21.61	4.56	23.73	4.98	25.88	5.39	28.05	6.24	32.45	7.10	35.89	N_g=2500	
2800	2.19	12.26	2.53	14.19	2.90	16.25	3.29	18.40	3.68	20.61	4.08	22.86	4.49	25.15	4.90	27.46	5.32	29.80	6.17	34.52	7.02	39.31	U=8.0%	
3000	2.12	12.75	2.47	14.81	2.84	17.03	3.22	19.33	3.62	21.69	4.02	24.10	4.42	26.55	4.84	29.02	5.25	31.53	6.10	36.59	N_g=2857		Q=40.00	
3200	2.07	13.22	2.41	15.43	2.78	17.79	3.16	20.24	3.56	22.76	3.96	25.33	4.36	27.94	4.78	30.58	5.19	33.24	6.04	38.64	U=7.0%			
3400	2.01	13.60	2.36	16.03	2.73	18.54	3.11	21.14	3.50	23.81	3.90	26.54	4.31	29.31	4.72	32.12	5.14	34.95	N_g=3333		Q=40.00			
3600	1.96	14.15	2.13	16.62	2.68	19.27	3.06	22.03	3.45	24.86	3.85	27.75	4.26	30.68	4.67	33.64	5.09	36.64	U=6.0%					
3800	1.92	14.59	2.26	17.21	2.63	20.00	3.01	22.91	3.11	25.90	3.81	28.94	4.22	32.03	4.63	35.16	5.04	38.33	Q=40.00					
4000	1.88	15.03	2.22	17.78	2.59	20.72	2.97	23.78	3.37	26.92	3.77	30.13	4.17	33.38	4.58	36.67	5.00	40.00						
4200	1.84	15.46	2.18	18.35	2.55	21.43	2.93	24.64	3.33	27.94	3.73	31.30	4.13	34.72	4.54	38.17								
4400	1.80	15.88	2.15	18.91	2.52	22.14	2.90	25.50	3.29	28.95	3.69	32.47	4.10	36.05	4.51	39.67								

续表

U_0	1.0		1.5		2.0		2.5		3.0		3.5		4.0		4.5		5.0		6.0		7.0		8.0	
N_g	U	q	U	q	U	q	U	q	U	q	U	q	U	q	U	q	U	q	U	q	U	q	U	q
4600	1.77	16.30	2.12	19.46	2.48	22.84	2.86	26.35	3.26	29.96	3.66	33.64	4.06	37.37	N_g=4444									
4800	1.74	16.71	2.08	20.00	2.45	23.53	2.83	27.19	3.22	30.95	3.62	34.79	4.03	38.69	U=4.5%									
5000	1.71	17.11	2.05	20.54	2.42	24.21	2.80	28.03	3.19	31.95	3.59	35.94	4.00	40.00	Q=40.00									
5500	1.65	18.10	1.99	21.87	2.35	25.90	2.74	30.09	3.13	34.40	3.53	38.79												
6000	1.59	19.05	1.93	23.16	2.30	27.55	2.68	32.12	3.07	36.82	N_g=5714													
6500	1.54	19.97	1.88	24.43	2.24	29.18	2.63	34.13	3.02	39.21	U=3.5%													
7000	1.49	20.88	1.83	25.67	2.20	30.78	2.58	36.11	3.00	40.00	Q=40.00													
7500	1.45	21.76	1.79	26.88	2.16	32.36	2.54	38.06																
8000	1.41	22.62	1.76	28.08	2.12	33.92	2.50	40.00																
8500	1.38	23.46	1.72	29.26	2.09	35.47																		
9000	1.35	24.29	1.69	30.43	2.06	36.09																		
9500	1.32	25.10	1.66	31.58	2.03	38.50																		
10 000	1.29	25.90	1.64	32.72	2.00	40.00																		
11 000	1.25	27.46	1.59	34.95																				
12 000	1.21	28.97	1.55	37.14																				
13 000	1.17	30.45	1.51	39.29																				
14 000	1.14	31.89	N_g=13 333																					
15 000	1.11	33.31	U=1.5 q=40																					

附录 3 塑料给水管水力计算表

流速 v(m/s)、单位长度压力损失 i(H_2Omm/m)

Q		DN15		DN20		DN25		DN32		DN40		DN50		DN70		DN80		DN100	
m^3/h	L/s	v	i	v	i	v	i	v	i	v	i	v	i	v	i	v	i	v	i
0.36	0.10	0.50	27.48	0.26	6.00														
0.72	0.20	0.99	93.97	0.53	20.55	0.30	5.50	0.20	1.96										
1.08	0.30	1.49	193.0	0.79	42.18	0.45	11.28	0.29	4.02										
1.44	0.40	1.99	321.0	1.05	70.27	0.61	18.79	0.39	6.69	0.24	2.08								
1.80	0.50			1.32	104.0	0.76	27.92	0.49	9.95	0.30	3.09								
2.16	0.60			1.58	144.0	0.91	38.58	0.59	13.74	0.36	4.26	0.23	1.41						
2.52	0.70			1.84	190.0	1.06	50.72	0.69	18.06	0.42	5.61	0.27	1.85						
2.88	0.80					1.21	64.27	0.79	22.89	0.48	7.10	0.30	2.35	0.20	0.96				
3.24	0.90					1.36	79.21	0.88	28.22	0.54	8.75	0.34	2.89	0.23	1.18				
3.60	1.00					1.51	95.48	0.98	34.01	0.60	10.55	0.38	3.49	0.25	1.42				
4.32	1.20					1.82	132.0	1.18	47.00	0.72	14.58	0.45	4.82	0.31	1.97	0.22	0.82		
5.04	1.40							1.38	61.78	0.84	19.17	0.53	6.34	0.36	2.58	0.25	1.08		
5.76	1.60							1.57	78.30	0.96	24.30	0.61	8.03	0.42	3.27	0.29	1.37		
6.48	1.80							1.77	96.49	1.08	29.94	0.68	9.90	0.46	4.03	0.33	1.69		
7.20	2.00							1.96	116.0	1.20	36.09	0.76	11.94	0.52	4.85	0.36	2.04	0.24	0.77
9.00	2.50							2.46	173.0	1.50	53.62	0.95	17.73	0.65	7.23	0.45	3.03	0.30	1.14
10.80	3.00									1.81	74.10	1.14	24.50	0.78	9.98	0.54	4.18	0.36	1.58
12.60	3.50									2.11	97.41	1.33	32.21	0.91	13.13	0.63	5.50	0.42	2.08
14.40	4.00									2.41	123.0	1.51	40.82	1.04	16.63	0.72	6.97	0.48	2.63
16.20	4.50											1.70	50.31	1.17	20.50	0.81	8.58	0.54	3.24
18.00	5.00											1.89	60.64	1.30	24.71	0.90	10.35	0.60	3.91
19.80	5.50											2.08	71.82	1.43	29.26	0.99	12.26	0.66	4.63
21.60	6.00											2.27	83.80	1.56	34.15	1.08	14.30	0.72	5.40
25.20	7.00											2.65	110.0	1.82	44.89	1.26	18.80	0.84	7.10
28.80	8.00													2.08	56.89	1.44	23.82	0.96	9.00
32.40	9.00													2.34	70.11	1.62	29.36	1.08	11.09
36.00	10.0													2.60	84.51	1.80	35.39	1.20	13.37
43.20	12.0															2.17	48.91	1.44	18.48
50.40	14.0															2.53	64.29	1.68	24.29
57.60	16.0															2.89	81.47	1.92	30.78
64.80	18.0																	2.16	37.93
72.00	20.0																	2.40	45.73

附录 4　小口径钢管水力计算表

流速 v(m/s)、单位长度压力损失 i(H_2Omm/m)

Q		DN15		DN20		DN25		DN32		DN40		DN50		DN70		DN80		DN100	
m^3/h	L/s	v	i	v	i	v	i	v	i	v	i	v	i	v	i	v	i	v	i
0.36	0.10	0.58	98.5	0.31	20.8														
0.72	0.20	1.17	354	0.62	72.7	0.38	21.3	0.21	5.22										
1.08	0.30	1.76	793	0.93	153	0.56	44.2	0.32	10.7	0.24	5.42								
1.44	0.40			1.24	263	0.75	74.8	0.42	17.9	0.32	8.98								
1.80	0.50			1.55	411	0.94	113	0.53	26.7	0.40	13.4	0.23	3.74						
2.16	0.60			1.86	591	1.13	159	0.63	37.3	0.48	18.4	0.28	5.16						
2.52	0.70					1.32	214	0.74	49.5	0.56	24.6	0.33	6.83	0.20	1.99				
2.88	0.80					1.51	279	0.84	63.2	0.64	31.4	0.38	8.52	0.23	2.53				
3.24	0.90					1.69	354	0.95	78.7	0.72	39.0	0.42	10.7	0.25	3.11				
3.60	1.00					1.88	437	1.05	95.7	0.80	47.3	0.47	12.9	0.28	3.76	0.20	1.64		
4.32	1.20							1.27	135	0.95	66.3	0.56	18.0	0.34	5.18	0.24	2.27		
5.04	1.40							1.48	184	1.11	88.4	0.66	23.7	0.40	6.83	0.28	2.97		
5.76	1.60							1.69	240	1.27	114	0.75	30.4	0.45	8.70	0.32	3.76		
6.48	1.80							1.90	304	1.43	144	0.85	37.8	0.51	10.7	0.36	4.66		
7.20	2.00							2.11	375	1.59	178	0.94	46.0	0.57	13.0	0.40	5.62	0.23	1.47
9.00	2.50									1.99	278	1.18	69.6	0.71	19.6	0.50	8.41	0.29	2.16
10.80	3.00									2.39	400	1.41	99.8	0.85	27.4	0.60	11.7	0.35	2.98
12.60	3.50											1.65	136	0.99	36.5	0.70	15.5	0.40	3.93
14.40	4.00											1.88	177	1.13	46.8	0.81	19.8	0.46	5.01
16.20	4.50											2.12	224	1.28	58.6	0.91	24.6	0.52	6.20
18.00	5.00											2.35	277	1.42	72.3	1.01	30.0	0.58	7.49
19.80	5.50											2.59	335	1.56	87.5	1.11	35.8	0.63	8.92
21.60	6.00											2.82	399	1.70	104	1.21	42.1	0.69	10.5
25.20	7.00													1.99	142	1.41	57.3	0.81	13.9
28.80	8.00													2.27	185	1.61	74.8	0.92	17.8
32.40	9.00													2.55	234	1.81	94.6	1.04	22.1
36.00	10.0															2.01	117	1.15	26.9
43.20	12.0															2.42	168	1.39	38.5
50.40	14.0															2.82	229	1.62	52.4
57.60	16.0																	1.85	68.5
64.80	18.0																	2.08	86.6
72.00	20.0																	2.31	107

附录 5　给水铸铁管水力计算表

流速 v（m/s）、单位长度压力损失 i（H_2Omm/m）

Q		*DN*100		*DN*125		*DN*150		*DN*200		*DN*250		*DN*300	
m^3/h	L/s	v	i	v	i	v	i	v	i	v	i	v	i
7.20	2.0	0.26	1.94										
14.40	4.0	0.52	6.69	0.33	2.22								
21.60	6.0	0.78	14.0	0.50	4.60	0.34	1.87						
28.80	8.0	1.04	23.9	0.66	7.75	0.46	3.14						
36.00	10.0	1.30	36.5	0.83	11.7	0.57	4.69	0.32	1.13				
43.20	12.0	1.56	52.6	0.99	16.4	0.69	6.55	0.39	1.58				
50.40	14.0	1.82	71.6	1.16	21.9	0.80	8.71	0.45	2.08	0.29	0.70		
57.60	16.0	2.08	93.5	1.32	28.4	0.92	11.1	0.51	2.64	0.33	0.89		
63.80	18.0	2.34	118	1.49	35.9	1.03	13.9	0.58	3.28	0.37	1.09		
72.00	20.0	2.60	146	1.66	44.3	1.15	16.9	0.64	3.97	0.41	1.32	0.28	0.53
79.20	22.0	2.86	177	1.82	53.6	1.26	20.2	0.71	4.73	0.45	1.57	0.31	0.63
86.40	24.0			1.99	63.8	1.38	24.1	0.77	5.56	0.49	1.83	0.34	0.73
93.60	26.0			2.15	74.9	1.49	28.3	0.84	6.44	0.53	2.12	0.37	0.85
100.8	28.0			2.32	86.8	1.61	32.8	0.90	7.38	0.57	2.42	0.40	0.97
108.0	30.0			2.48	99.6	1.72	37.7	0.96	8.40	0.62	2.75	0.42	1.10
126.0	35.0			2.90	136	2.01	51.3	1.12	11.2	0.72	3.64	0.50	1.45
144.0	40.0					2.29	66.9	1.29	14.4	0.82	4.63	0.57	1.85
162.0	45.0					2.58	84.7	1.45	18.3	0.92	5.79	0.64	2.29
180.0	50.0					2.87	105	1.61	22.6	1.03	7.05	0.71	2.77
198.0	55.0							1.77	27.3	1.13	8.41	0.78	3.31
216.0	60.0							1.93	32.5	1.23	9.91	0.85	3.88
234.0	65.0							2.09	38.1	1.33	11.7	0.92	4.50
252.0	70.0							2.25	44.2	1.44	13.5	0.99	5.17
270.0	75.0							2.41	50.8	1.54	15.5	1.06	5.88
288.0	80.0							2.57	57.8	1.64	17.6	1.13	6.63
306.0	85.0							2.73	65.2	1.75	19.9	1.20	7.41
324.0	90.0							2.89	73.1	1.85	22.3	1.27	8.30
342.0	95.0									1.95	24.8	1.34	9.25
360.0	100.0									2.05	27.5	1.41	10.2
396.0	110.0									2.26	33.3	1.56	12.4
432.0	120.0									2.46	39.6	1.70	14.8
468.0	130.0									2.67	46.5	1.84	17.3
504.0	140.0									2.88	53.9	1.98	20.1
540.0	150.0											2.12	23.1
576.0	160.0											2.26	26.2
612.0	170.0											2.40	29.6
648.0	180.0											2.55	33.2
684.0	190.0											2.69	37.0
720.0	200.0											2.83	41.0

附录6 减压孔板的水头损失（10^4Pa）

D（mm）	d（mm）										
	3	4	5	6	7	8	9	10	11	12	13
15	81.03	24.54	9.49	4.25	2.09	1.10	0.59	0.33	0.18	0.09	0.04
20	262.30	81.03	32.16	14.91	7.68	4.25	2.48	1.51	0.94	0.59	0.38
25		201.77	81.03	38.13	19.98	11.31	6.79	4.25	2.75	1.83	1.24
32			222.21	105.59	56.00	32.16	19.61	12.53	8.30	5.67	3.96
40				262.30	140.02	81.03	49.84	32.16	21.56	14.91	10.58
50						201.77	124.80	81.03	54.70	38.13	27.30

D（mm）	d（mm）										
	14	15	16	17	18	19	20	21	22	23	24
20	0.24	0.15	0.09	0.05	0.03	0.01					
25	0.86	0.59	0.42	0.29	0.20	0.14	0.09	0.06	0.04	0.02	0.01
32	2.83	2.05	1.51	1.12	0.84	0.63	0.47	0.36	0.27	0.20	0.15
40	7.68	5.67	4.25	3.23	2.48	1.92	1.51	1.18	0.94	0.75	0.59
50	19.98	14.91	11.31	8.71	6.79	5.34	4.25	3.41	2.75	2.24	1.83
70	81.03	60.98	46.69	36.30	28.59	22.78	18.35	14.91	12.22	10.10	8.40
80	140.82	105.59	81.03	63.13	49.84	39.83	32.16	26.22	21.56	17.87	14.91
100			201.77	157.61	124.80	100.02	81.03	66.28	54.70	45.50	38.13

D（mm）	d（mm）								
	25	26	27	28	29	30	31	32	33
32	0.11	0.08	0.06	0.04	0.02	0.01			
40	0.47	0.38	0.30	0.24	0.19	0.15	0.12	0.09	0.07
50	1.51	1.24	1.03	0.85	0.71	0.59	0.50	0.42	0.35
70	7.03	5.91	5.00	4.25	3.63	3.11	2.67	2.31	1.99
80	12.53	10.58	8.99	7.60	6.58	5.67	4.90	4.25	3.70
100	32.16	27.30	23.29	19.98	17.23	14.91	12.97	11.31	9.91
125	81.04	68.99	59.07	50.74	43.89	38.14	33.28	29.10	25.59
150	170.85	145.60	124.80	107.54	93.13	81.03	70.80	62.11	54.70

D（mm）	d（mm）								
	34	35	36	37	38	39	40	41	42
40	0.05	0.04	0.03	0.02	0.01				
50	0.29	0.24	0.20	0.17	0.14	0.11	0.09	0.08	0.06
70	1.73	1.51	1.31	1.15	1.00	0.88	0.77	0.68	0.59
80	3.23	2.83	2.48	2.18	1.92	1.70	1.51	1.33	1.18
100	8.71	7.68	6.79	6.01	5.34	4.76	4.25	3.80	3.41
125	22.59	20.00	17.71	15.79	14.10	12.60	11.31	10.18	9.16
150	48.34	42.87	38.13	34.02	30.43	27.30	24.54	22.12	19.90

续表

D（mm）	d（mm）								
	43	44	45	46	47	48	49	50	51
50	0.05	0.04	0.03	0.02	0.01	0.01			
70	0.52	0.46	0.40	0.36	0.31	0.28	0.24	0.21	0.19
80	1.05	0.94	0.84	0.75	0.67	0.58	0.53	0.47	0.42
100	3.06	2.75	2.48	2.24	2.02	1.83	1.66	1.51	1.37
125	8.28	7.49	6.78	6.15	5.59	5.10	4.66	4.25	3.90
150	18.09	16.41	14.91	13.58	12.38	11.31	10.35	9.49	8.71

D（mm）	d（mm）								
	52	53	54	55	56	57	58	59	60
70	0.16	0.14	0.12	10.11	0.09	0.08	0.07	0.06	0.05
80	0.38	0.34	0.30	0.27	0.24	0.22	0.19	0.17	0.15
100	1.24	1.13	1.03	0.94	0.86	0.78	0.71	0.65	0.59
125	3.56	3.27	3.00	2.76	2.53	2.34	2.15	1.98	1.83
150	8.00	7.36	6.79	6.26	5.78	5.34	4.95	4.58	4.25

D（mm）	d（mm）								
	61	62	63	64	65	66	67	68	69
70	0.04	0.03	0.02	0.02	0.02	0.01	0.01		
80	0.14	0.12	0.11	0.09	0.08	0.07	0.06	0.05	0.05
100	0.54	0.50	0.45	0.42	0.38	0.35	0.32	0.29	0.27
125	1.69	1.56	1.45	1.34	1.24	1.15	1.07	0.99	0.92
150	3.95	3.67	3.41	3.17	2.95	2.75	2.57	2.40	2.24

D（mm）	d（mm）								
	70	71	72	73	74	75	76	77	78
80	0.04	0.03	0.03	0.02	0.02	0.01	0.01	0.01	
100	0.24	0.22	0.20	0.18	0.17	0.15	0.14	0.13	0.11
125	0.85	0.79	0.74	0.69	0.64	0.59	0.55	0.51	0.48
150	2.09	1.96	1.83	1.71	1.61	1.51	1.14	1.32	1.24

D（mm）	d（mm）								
	79	80	81	82	83	84	85	86	87
100	0.10	0.09	0.08	0.08	0.07	0.06	0.05	0.05	0.04
125	0.45	0.41	0.39	0.36	0.33	0.31	0.29	0.27	0.25
150	1.17	1.10	1.03	0.97	0.91	0.86	0.80	0.76	0.71

D（mm）	d（mm）								
	88	89	90	91	92	93	94	95	96
100	0.04	0.03	0.03	0.02	0.02	0.01	0.01	0.01	0.01
125	0.23	0.22	0.20	0.19	0.17	0.16	0.15	0.14	0.13
150	0.67	0.63	0.59	0.56	0.53	0.50	0.47	0.44	0.42

续表

D (mm)	d (mm)								
	97	98	99	100	101	102	103	104	105
125	0.12	0.11	0.10	0.09	0.09	0.08	0.07	0.07	0.06
150	0.39	0.37	0.35	0.33	0.31	0.29	0.27	0.26	0.24
D (mm)	d (mm)								
	106	107	108	109	110	111	112	113	114
125	0.05	0.05	0.04	0.04	0.04	0.03	0.03	0.02	0.02
150	0.23	0.21	0.20	0.19	0.18	0.17	0.16	0.15	0.14
D (mm)	d (mm)								
	115	116	117	118	119	120	121	122	123
125	0.02	0.01	0.01	0.01	0.01	0.01			
150	0.13	0.12	0.11	0.11	0.10	0.09	0.09	0.08	0.08

注　表中给水管计算管径均采用公称直径。

表中数据是假定水流通过孔板后的流速为 1m/s 时计算得出的，如实际流速与之不符，则应按下式进行修正，并按修正后的剩余水头查表。

$$H_1 = \frac{H}{v^2} \times 1$$

式中　H_1——修正后的剩余水头，10^4Pa；

v——水流通过孔板后的实际流速，m/s（如孔板前后管径无变化，则 v 值等于管内流速）；

H——设计剩余水头，10^4Pa。

附录 7　建筑内部排水铸铁管水力计算表（n=0.013）

坡度	工业废水（生产废水和生产污水）										生产污水					
	h/D=0.6				h/D=0.7						h/D=1.0					
	D=50		D=75		D=100		D=125		D=150		D=200		D=250		D=300	
	q	v	q	v	q	v	q	v	q	v	q	v	q	v	q	v
0.003															53.00	0.75
5													35.40	0.72	57.30	0.81
0.004											20.82	0.66	37.80	0.77	61.20	0.87
0.005									8.85	0.68	23.25	0.74	42.25	0.86	68.50	0.97
0.006							6.00	0.67	9.70	0.75	25.50	0.81	46.40	0.94	75.00	1.06
0.007							6.50	0.72	10.50	0.81	27.50	0.88	50.00	1.02	81.00	1.15
0.008					3.80	0.66	6.95	0.77	11.20	0.87	29.40	0.94	53.50	1.09	86.50	1.23
0.009					4.02	0.70	7.36	0.82	11.90	0.92	31.20	0.99	56.50	1.15	92.00	1.30
0.01					4.25	0.74	7.80	0.86	12.50	0.97	33.00	1.06	59.70	1.22	97.00	1.37
0.012			1.95	0.72	4.64	0.81	8.50	0.95	13.70	1.06	36.00	1.15	65.30	1.33	106.00	1.50
0.015	0.79	0.46	2.25	0.83	5.20	0.90	9.50	1.06	15.40	1.19	40.30	1.28	73.20	1.49	119.00	1.68
0.02	0.88	0.72	2.51	0.93	6.00	1.04	11.00	1.22	17.70	1.37	46.50	1.48	84.50	1.73	137.00	1.94
0.025	0.97	0.79	2.76	1.02	6.70	1.16	12.30	1.36	19.80	1.53	52.00	1.65	94.40	1.92	153.00	2.17
0.03	1.05	0.85	2.98	1.10	7.35	1.28	13.50	1.50	21.70	1.68	57.00	1.82	103.50	2.11	168.00	2.38
0.035	1.12	0.91	3.18	1.17	7.95	1.38	14.60	1.60	23.40	1.81	61.50	1.96	112.00	2.28	181.00	2.57
0.04	1.19	0.96	3.38	1.25	9.50	1.47	15.60	1.73	25.00	1.94	66.00	2.10	120.00	2.44	194.00	2.75
0.045	1.25	1.01	3.55	1.31	9.00	1.56	16.50	1.83	26.60	2.06	70.00	2.22	127.00	2.58	206.00	2.91
0.05	1.37	1.11	3.90	1.44	9.50	1.64	17.40	1.93	28.00	2.17	73.50	2.34	134.00	2.72	217.00	3.06
0.06	1.48	1.20	4.20	1.55	10.40	1.80	19.00	2.11	30.60	2.38	80.50	2.56	146.00	2.98	238.00	3.36
0.07	1.58	1.28	4.05	1.66	11.20	1.95	20.60	2.28	33.10	2.56	87.00	2.77	158.00	3.22	256.00	3.64
0.08					12.00	2.08	22.00	2.44	35.40	2.74	93.00	2.96	169.00	3.44	274.00	3.88

续表

坡度	生产污水						生活污水											
	h/D=0.8						h/D=0.5								h/D=0.6			
	D=200		D=250		D=300		D=50		D=75									
	q	v	q	v	q	v	q	v	q	v	q	v	q	v	q	v	q	v
0.003					52.50	0.87												
0.0035			35.00	0.83	56.70	0.94												
0.004	20.60	0.77	37.00	0.89	60.60	1.01												
0.005	23.00	0.86	41.80	1.00	67.90	1.11											15.35	0.80
0.006	25.20	0.94	46.00	1.09	74.40	1.24											16.90	0.88
0.007	27.20	1.02	49.50	1.18	80.40	1.33									8.46	0.78	18.20	0.95
0.008	29.00	1.09	53.00	1.26	85.80	1.42									9.04	0.83	19.40	1.01
0.009	30.80	1.15	56.00	1.33	91.00	1.51									9.56	0.89	20.60	1.07
0.01	32.60	1.22	59.20	1.41	96.00	1.59							4.97	0.81	10.10	0.94	21.70	1.13
0.012	35.60	1.33	64.70	1.54	105.00	1.74					2.90	0.72	5.44	0.89	11.10	1.02	23.80	1.24
0.015	40.00	1.49	72.50	1.72	118.00	1.95			1.48	0.67	3.23	0.81	6.08	0.99	12.40	1.14	26.60	1.39
0.02	46.00	1.72	83.60	1.99	135.80	2.25			1.70	0.77	3.72	0.93	7.02	1.15	14.30	1.32	30.70	1.60
0.025	51.40	1.92	93.50	2.22	151.00	2.51	0.65	0.66	1.90	0.86	4.17	1.05	7.85	1.28	16.00	1.47	35.30	1.79
0.03	56.50	2.11	102.50	2.44	166.00	2.76	0.71	0.72	2.08	0.94	4.55	1.14	8.60	1.39	17.50	1.62	37.70	1.96
0.035	61.00	2.28	111.00	2.64	180.00	2.98	0.77	0.78	2.26	1.02	4.94	1.24	9.26	1.51	18.90	1.75	40.60	2.12
0.04	65.00	2.44	118.00	2.82	192.00	3.18	0.81	0.83	2.40	1.09	5.26	1.32	9.93	1.62	20.20	1.87	43.50	2.27
0.045	69.00	2.58	126.00	3.00	204.00	3.38	0.87	0.89	2.56	1.16	5.60	1.40	10.52	1.71	21.50	1.98	46.10	2.40
0.05	72.60	2.72	132.00	3.15	214.00	3.55	0.91	0.93	2.60	1.23	5.88	1.48	11.10	1.89	22.60	2.09	48.50	2.53
0.06	79.60	2.98	145.00	3.45	235.00	3.90	1.00	1.02	2.94	1.33	6.45	1.62	12.14	1.98	24.80	2.29	53.20	2.77
0.07	86.00	3.22	156.00	3.73	254.00	4.20	1.08	1.10	3.18	1.42	6.97	1.75	13.15	2.14	26.80	2.47	57.50	3.00
0.08	93.40	23.47	165.50	3.94	274.00	4.40	1.18	1.16	3.35	1.52	7.50	1.87	14.05	2.28	30.44	2.73	65.40	3.32

注 1. 单位：q—L/s；v—m/s；D—mm。

2. 工业废水栏内，生产污水仅适用于粗线以下部分。

附录 8 塑料排水管水力计算图

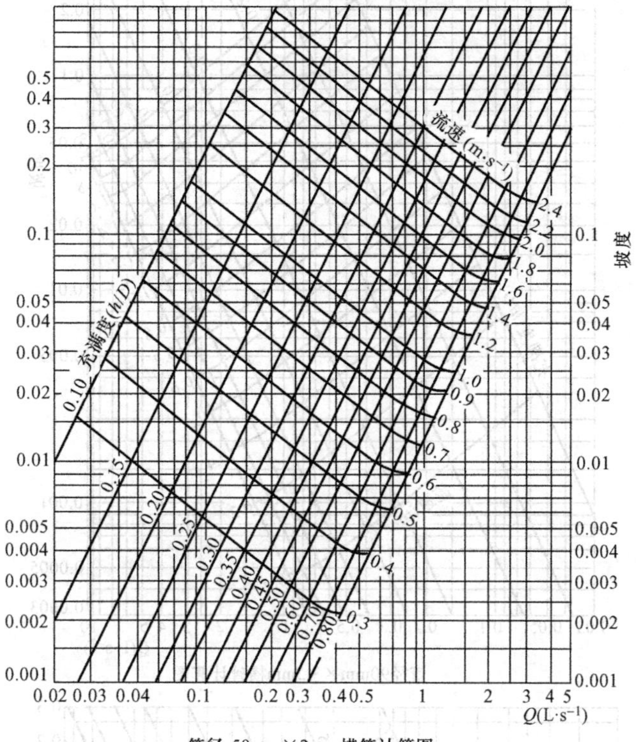

管径 50mm×2mm横管计算图

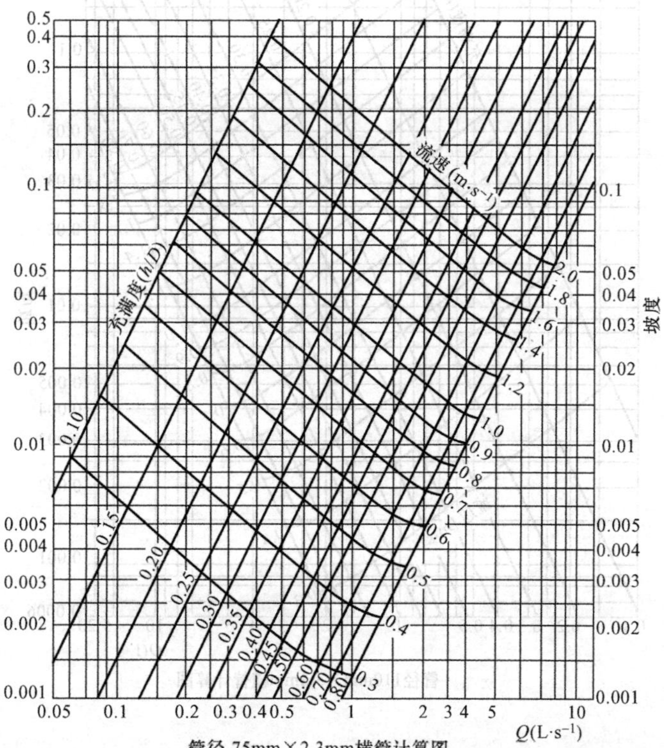

管径 75mm×2.3mm横管计算图

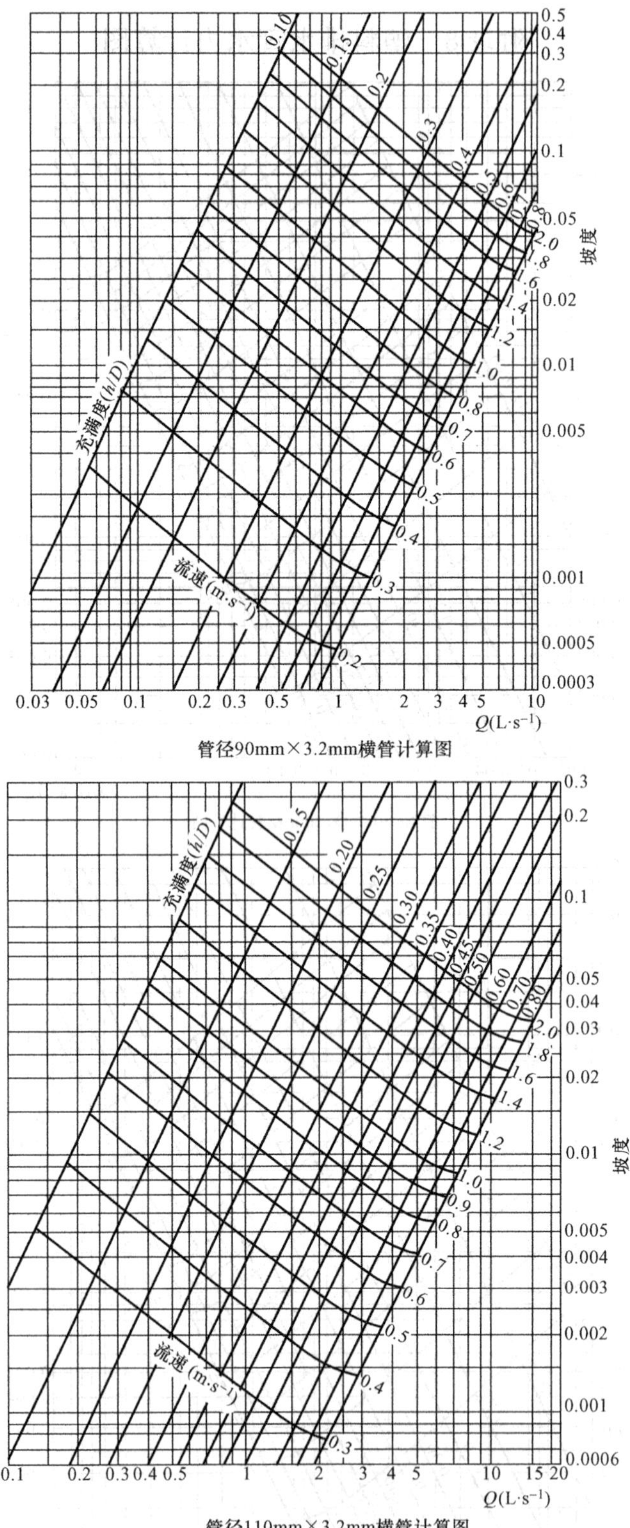

管径90mm×3.2mm横管计算图

管径110mm×3.2mm横管计算图

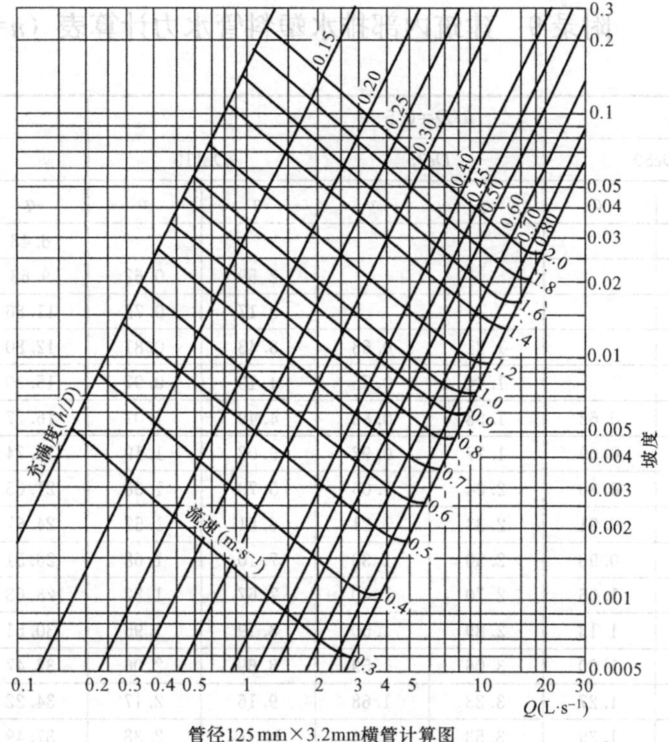

管径125 mm×3.2mm横管计算图

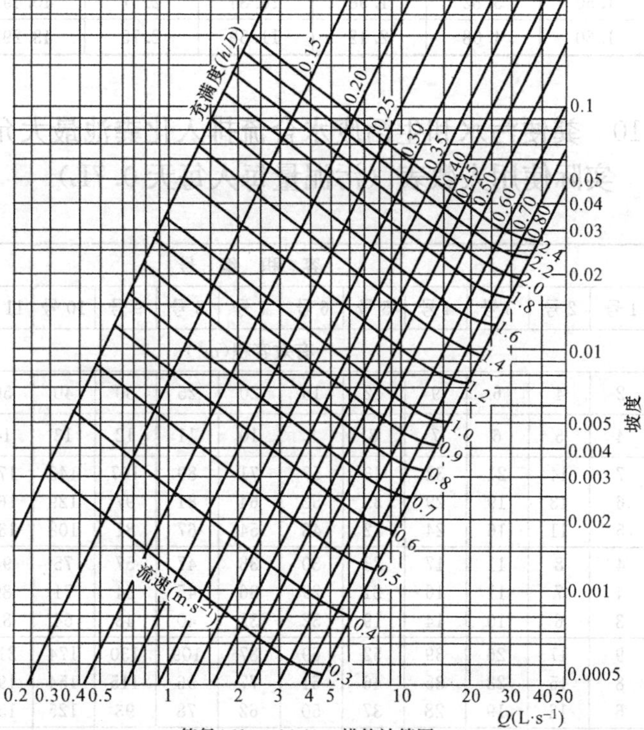

管径160mm× 4mm横管计算图

附录 9 建筑内部排水塑料管水力计算表（n=0.009）

坡 度	h/D=0.5						h/D=0.6	
	De50		De75		De110		De160	
	q	v	q	v	q	v	q	v
0.002							6.48	0.60
0.004					2.59	0.62	9.68	0.85
0.006					3.17	0.75	11.86	1.04
0.007			1.21	0.63	3.43	0.81	12.80	1.13
0.010			1.44	0.75	4.10	0.97	15.30	1.35
0.012	0.52	0.62	1.58	0.82	4.49	1.07	16.77	1.48
0.015	0.58	0.69	1.77	0.92	5.02	1.19	18.74	1.65
0.020	0.66	0.80	2.04	1.06	5.79	1.38	21.65	1.90
0.026	0.76	0.91	2.33	1.21	6.61	1.57	24.67	2.17
0.030	0.81	0.98	2.50	1.30	7.10	1.68	26.51	2.33
0.035	0.88	1.06	2.70	1.40	7.67	1.82	28.63	2.52
0.040	0.94	1.13	2.89	1.50	8.19	1.95	30.61	2.69
0.045	1.00	1.20	3.06	1.59	8.69	2.06	32.47	2.86
0.050	1.05	1.27	3.23	1.68	9.16	2.17	34.22	3.01
0.060	1.15	1.39	3.53	1.84	10.04	2.38	37.49	3.30
0.070	1.24	1.50	3.82	1.98	10.84	2.57	40.49	3.56
0.080	1.33	1.60	4.08	2.12	11.59	2.75	43.29	3.81

附录 10 粪便污水和生活废水合流排入化粪池最大允许实际使用人数表（污泥量每人每天 0.7L）

污水量定额[L/(人·d)]	污水停留时间(h)	污泥清挖周期(d)	容 积 编 号													隔墙过水孔高度代号
			1号	2号	3号	4号	5号	6号	7号	8号	9号	10号	11号	12号	13号	
			有效容积(m³)													
			2	4	6	9	12	16	20	25	30	40	50	75	100	
1	2	3	4	5	6	7	8	9	10	11	12	13	14	15	16	
500	12	90	7	14	21	32	43	57	71	89	107	143	178	268	357	A
		180	6	13	19	29	39	52	64	81	97	129	161	242	322	
		360	5	11	16	24	32	43	54	67	81	108	135	202	270	
	24	90	4	8	11	17	23	30	38	47	57	75	94	141	189	
		180	4	7	11	16	21	29	36	45	54	71	89	134	178	
		360	3	6	10	14	19	32	32	40	48	64	81	121	161	
400	12	90	9	17	26	39	52	69	87	109	130	174	217	326	434	
		180	8	15	23	35	46	61	77	96	115	154	192	288	384	
		360	6	12	19	28	37	50	62	78	93	125	156	234	312	
	24	90	5	9	14	21	28	37	46	58	70	93	116	174	232	
		180	4	9	13	20	26	35	43	54	65	87	109	163	217	
		360	4	8	12	17	23	31	38	48	58	77	96	144	192	

续表

污水量定额[L/(人·d)]	污水停留时间(h)	污泥清挖周期(d)	容积编号 1号	2号	3号	4号	5号	6号	7号	8号	9号	10号	11号	12号	13号	隔墙过水孔高度代号
			有效容积(m³) 2	4	6	9	12	16	20	25	30	40	50	75	100	
1	2	3	4	5	6	7	8	9	10	11	12	13	14	15	16	17
300	12	90	11	22	33	50	67	89	111	139	166	222	277	416	555	A
		180	10	19	29	43	57	76	95	119	143	190	238	356	475	A
		360	7	15	22	33	44	59	74	92	111	148	185	277	369	A
	24	90	6	12	18	27	36	48	61	76	91	121	151	227	303	A
		180	6	11	17	25	33	44	55	69	83	111	139	208	277	A
		360	5	10	14	21	29	38	48	59	71	95	119	178	238	A
250	12	90	13	26	39	58	77	103	129	161	193	258	322	483	644	A
		180	11	22	32	49	65	86	108	135	162	216	270	404	539	A
		360	8	16	24	37	49	65	81	102	122	163	203	305	407	A
	24	90	7	14	21	32	43	57	71	89	107	143	178	268	357	A
		180	6	13	19	29	39	52	64	81	97	129	161	242	322	A
		360	5	11	16	24	32	43	54	67	81	108	135	202	270	A
200	12	90	15	31	46	69	92	123	154	192	230	3072	384	576	768	A
		180	12	25	37	56	75	100	125	156	187	49	312	467	623	A
		360	9	18	27	41	54	72	91	113	136	181	226	339	453	A
	24	90	9	17	26	39	52	69	87	109	130	174	217	326	434	A
		180	8	15	23	35	46	61	77	96	115	154	192	288	384	A
		360	6	12	19	28	37	50	62	78	93	125	156	234	312	A
150	12	90	19	38	57	86	114	152	190	238	285	380	475	713	950	A
		180	15	30	44	66	89	118	148	185	221	295	369	554	738	A
		360	10	20	31	46	61	82	102	128	153	204	255	383	510	B
	24	90	11	22	33	50	67	89	111	139	166	222	277	416	555	A
		180	10	19	29	43	57	76	95	119	143	190	238	356	475	A
		360	7	15	22	33	44	59	74	92	111	148	185	277	369	A
125	12	90	22	43	65	97	129	173	216	270	323	431	539	809	1078	A
		180	16	33	49	73	98	130	163	203	244	325	470	610	813	A
		360	11	22	33	49	65	87	109	136	164	218	273	409	545	B
	24	90	12	25	37	56	75	100	125	156	187	250	312	468	624	A
		180	11	22	32	49	65	86	108	135	162	216	270	404	539	A
		360	8	16	24	37	49	65	81	101	122	163	203	305	407	A
100	12	90	25	50	75	112	150	199	249	312	374	499	623	935	1246	A
		180	18	36	54	81	109	145	181	226	272	362	453	679	905	A
		360	12	23	35	52	69	93	116	145	178	234	292	439	585	B
	24	90	15	31	46	69	92	123	154	192	230	307	384	576	768	A
		180	12	25	37	56	75	100	125	156	187	249	312	467	623	A
		360	9	18	27	41	54	72	91	113	136	181	226	339	453	A
50	12	90	36	72	109	163	217	290	362	453	543	724	905	1358	1810	B
		180	23	46	69	104	139	185	231	289	351	468	585	877	1170	B
		360	12	23	35	52	69	93	116	145	198	265	331	496	661	B
	24	90	25	50	75	112	150	199	249	312	374	499	623	935	1246	A
		180	18	36	54	81	109	145	181	226	272	362	453	679	905	B
		360	12	23	35	52	69	93	116	145	175	234	292	439	585	B

续表

污水量定额[L/(人·d)]	污水停留时间(h)	污泥清挖周期(d)	容积编号													隔墙过水孔高度代号
			1号	2号	3号	4号	5号	6号	7号	8号	9号	10号	11号	12号	13号	
			有效容积（m³）													
			2	4	6	9	12	16	20	25	30	40	50	75	100	
1	2	3	4	5	6	7	8	9	10	11	12	13	14	15	16	17
35	12	90	42	84	126	189	251	335	419	524	628	838	1047	1571	2095	B
		180	23	46	69	104	139	185	231	289	385	513	641	962	1282	
		360	12	23	35	52	69	93	116	145	198	265	331	496	661	
	24	90	31	61	92	138	184	245	307	383	460	613	766	1150	1533	A
		180	21	42	63	94	126	168	209	262	314	419	254	786	1047	B
		360	12	23	35	52	69	93	116	145	192	256	231	481	641	
25	12	90	46	93	139	208	278	370	463	579	702	936	1170	1755	2340	
		180	23	46	69	104	139	185	231	289	397	529	661	992	1323	
		360	12	23	35	52	69	93	116	145	198	265	331	496	661	
	24	90	36	72	109	163	217	290	362	453	543	724	905	1358	1810	A
		180	23	46	69	104	139	185	231	289	351	468	585	887	1170	B
		360	12	23	35	52	69	93	116	145	198	265	331	469	661	
20	12	90	46	93	139	208	278	370	398	498	746	994	1243	1864	2485	
		180	23	46	69	104	139	185	231	289	397	529	661	992	1323	
		360	12	23	35	52	69	93	116	145	198	265	331	496	661	
	24	90	40	80	119	179	239	318	398	498	597	796	995	1493	1990	
		180	23	46	69	104	139	185	231	289	373	497	621	932	1243	
		360	12	23	35	52	69	93	116	145	198	265	331	496	661	
10	12	90	46	93	139	208	278	370	463	579	794	1058	1323	1984	2645	
		180	23	46	69	104	139	185	231	289	397	529	661	992	1323	
		360	12	23	35	52	69	93	116	145	198	265	331	496	661	
	24	90	46	93	139	208	278	370	463	579	794	994	1323	1984	2645	
		180	23	46	69	104	139	185	231	289	397	529	661	992	1323	
		360	12	23	35	52	69	93	116	145	198	265	331	496	661	

附录11 排水系数 A 值

d（mm）	Δp（kPa）									
	100	200	300	400	500	600	700	800	900	1000
	A									
2.6	25	24	23	22	21	20.5	20.5	20	20	19.8
3	25	23.7	22.5	21	21	20.4	20	20	20	19.5
4	24.2	23.5	21.6	20.6	19.6	18.7	17.8	17.2	16.7	16
4.5	23.8	21.3	19.9	18.6	18.3	17.7	17.3	16.9	16.6	16
5	23	21	19.4	18.5	18	17.3	16.8	16.3	16	15.5
6	20.8	20.4	18.8	17.9	17.4	16.7	16	15.5	14.9	14.3
7	19.4	18	16.7	15.9	15.2	14.8	14.2	13.8	13.5	13.5
8	18	16.4	15.5	14.5	13.8	13.2	12.6	11.7	11.9	11.5
9	16	15.3	14.2	13.6	12.9	12.5	11.9	11.5	11.1	10.6
10	14.9	13.9	13.2	12.5	12	11.4	10.9	10.4	10	10
11	13.6	12.6	11.8	11.3	10.9	10.6	10.4	10.2	10	9.7

附录 12 容积式水加热器容积和盘管型号

水加热器型号	容积（m^3）	换热管根数	换热管管径×长度（mm）	换热面积（m^2）	盘管型号（根数）					
					甲型			乙型		丙型
					第1排	第2排	第3排	第1排	第2排	第1排
1	0.5	2	ϕ42×3.5×1620	0.86						
1	0.5	3		1.29						
2	0.7	4		1.72						
3	1.0	5		2.15						
3	1.0	6		2.58						
2.3	0.7、1.0	7		3.01						
3	1.0	5 6 7 8	ϕ42×3.5×1870	2.50 3.00 3.50 4.00						
4	1.5	6 11	ϕ38×3×2360	3.50 6.50	6	5		6		
5	2.0	6 11	ϕ38×3×2560	3.80 7.00	6	5		6		
6	3.0	7 13 16	ϕ38×3×2730	4.80 8.90 11.00	7	6	3	7	6	7
7	5.0	8 15 19	ϕ38×3×3190	6.30 11.90 15.20	8	7	4	8	7	8
8	8.0	7×2 13×2 16×2	ϕ38×3×3400	10.62 19.94 24.72	7×2	6×2	3×2	7×2	6×2	7×2
9	10.0	9×2 17×2 22×2	ϕ38×3×3400	13.94 26.92 34.72	9×2	8×2	5×2	9×2	8×2	9×2
10	15.0	9×2 17×2 22×2	ϕ38×3×4100	20.40 38.96 50.82	9×2	8×2	5×2	9×2	8×2	9×2

注 表中所列 4～7 号加热器盘管排列，以靠近圆中心为第 1 排，向外依次为第 2 排、第 3 排。

附录 13 饱和水蒸气的性质

绝对压力（MPa）	饱和水蒸气温度（℃）	热焓（kJ/kg）		水蒸气的汽化热（kJ/kg）
		液 体	蒸 汽	
0.1	100	419	2679	2260
0.2	119.6	502	2707	2205
0.3	132.9	559	2726	2167

续表

绝对压力（MPa）	饱和水蒸气温度（℃）	热焓（kJ/kg）		水蒸气的汽化热（kJ/kg）
		液　体	蒸　汽	
0.4	142.9	601	2738	2137
0.5	151.1	637	2749	2112
0.6	158.1	667	2757	2090
0.7	164.2	694	2767	2073
0.8	169.6	718	2713	2055

附录 14　热媒管道水力计算表（水温 t=70～95℃　k=0.2mm）

公称直径（mm）		15		20		25		32		40	
内径（mm）		15.75		21.25							
Q (kJ/h)	G (kg/h)	R (mm/m)	v (m/s)	R	v	R	v	R	v	R	v
1047	10	0.05	0.016								
1570	15	0.11	0.032								
2093	20	0.19	0.030								
2303	22	0.22	0.034								
2512	24	0.26	0.037	0.06	0.020						
2721	26	0.30	0.040	0.07	0.022						
2931	28	0.35	0.043	0.08	0.024						
3140	30	0.39	0.046	0.09	0.025						
3350	32	0.44	0.049	0.10	0.027						
3559	34	0.49	0.052	0.11	0.029						
3768	36	0.55	0.056	0.12	0.031						
3978	38	0.60	0.059	0.13	0.032						
4187	40	0.67	0.062	0.145	0.034						
4396	42	0.73	0.065	0.160	0.035						
4606	44	0.79	0.069	0.175	0.037						
4815	46	0.86	0.071	0.19	0.039						
5024	48	0.93	0.074	0.205	0.040	0.06	0.025				
5234	50	1.00	0.077	0.22	0.42	0.065	0.026				
5443	52	1.08	0.080	0.235	0.044	0.07	0.027				
5652	54	1.16	0.083	0.250	0.046	0.075	0.028				
6071	56	1.24	0.087	0.27	0.047	0.08	0.029				
6280	60	1.40	0.093	0.31	0.051	0.09	0.031				
7536	72	1.96	0.112	0.43	0.061	0.12	0.037				
10 467	100	3.59	0.154	0.79	0.084	0.23	0.051	0.055	0.029		
14 654	140	6.68	0.216	1.46	0.118	0.42	0.072	0.101	0.041	0.051	0.031

注　1mm H_2O=10Pa。

附录15　蒸汽管道管径计算表（δ=0.2mm）

DN (mm)	v (m/s)	P（表压）(kPa) 6.9 G	6.9 R	9.8 G	9.8 R	19.6 G	19.6 R	29.4 G	29.4 R	39.2 G	39.2 R	49 G	49 R	59 G	59 R
		G (kg/h) R (mmH_2O/m)													
15	10	6.7	11.4	7.8	13.4	11.3	19.3	14.9	25.6	18.4	31.7	21.8	37.4	25.3	43.5
	15	10.0	25.6	11.7	30.0	17.0	43.7	22.4	57.7	27.6	66.3	32.4	82.5	37.6	95.8
	20	13.4	44.6	15.0	53.5	22.7	78.0	29.8	102.0	30.8	126.0	43.7	150.0	50.5	173.0
20	10	12.2	7.8	14.1	8.0	20.7	18.4	27.1	17.4	33.5	21.6	39.8	25.6	46.0	29.5
	15	18.2	17.5	21.1	20.2	31.1	30.2	38.6	35.3	50.3	48.6	57.7	53.8	69.0	66.5
	20	24.3	31.0	28.2	36.9	41.4	53.5	54.2	69.5	67.0	86.2	79.6	102.4	92.0	118.0
25	15	29.4	13.1	34.4	15.4	50.2	32.5	65.8	29.4	81.2	36.2	96.2	43.9	111.0	49.7
	20	39.2	23.0	45.8	27.4	66.7	40.1	87.8	52.3	108.0	65.5	128.0	76.2	149.0	88.2
	25	49.0	35.6	57.3	42.6	83.3	61.8	110.0	81.7	136.0	102.0	161.0	119.0	186.0	138.0
32	15	51.6	9.2	60.2	10.8	88.0	15.8	115.0	20.6	142.0	24.8	169.0	27.0	195.0	35.7
	20	67.7	15.8	80.2	19.1	117.0	27.1	154.0	36.7	190.0	44.7	226.0	54.8	260.0	61.7
	25	85.6	25.0	100.0	29.6	147.0	44.3	193.0	57.4	238.0	69.7	282.0	83.2	325.0	96.4
	30	103.0	35.6	120.0	43.0	176.0	65.3	230.0	82.3	284.0	103.0	338.0	121.0	390.0	138.0
40	20	90.6	13.8	105.0	16.0	154.0	23.3	202.0	30.8	249.0	35.9	283.0	41.5	343.0	52.4
	25	113.0	21.4	132.0	25.2	194.0	36.8	258.0	48.4	311.0	59.2	354.0	64.7	428.0	81.6
	30	136.0	31.2	158.0	36.1	232.0	53.0	306.0	68.0	374.0	85.5	444.0	102.0	514.0	118.0
	35	157.0	41.5	185.0	49.5	268.0	71.5	354.0	94.7	437.0	117.0	521.0	140.0	594.0	157.0
50	20	134.0	10.7	157.0	12.8	229.0	18.5	301.0	24.2	371.0	30.0	443.0	35.8	508.0	40.5
	25	168.0	16.9	197.0	19.7	287.0	28.7	377.0	37.0	465.0	47.0	554.0	56.1	636.0	63.7
	30	202.0	24.1	236.0	28.6	344.0	41.4	452.0	53.8	558.0	67.6	664.0	80.5	764.0	92.0
	35	234.0	32.7	270.0	39.0	400.0	56.5	530.0	93.9	650.0	93.0	776.0	110.0	885.0	124.0
70	20	257.0	7.1	299.0	8.5	437.0	12.3	572.0	16.2	706.0	19.6	838.0	23.6	970.0	27.1
	25	317.0	11.0	374.0	13.1	542.0	18.9	715.0	25.1	880.0	30.6	1052.0	37.0	1200.0	41.5
	30	380.0	15.7	448.0	18.8	650.0	27.4	858.0	36.0	1060.0	44.6	1262.0	53.2	1440.0	54.7
	35	445.0	21.6	525.0	25.8	762.0	37.4	1005.0	49.5	1240.0	60.7	1478.0	73.0	1685.0	81.6
80	25	454	9.1	528	10.6	773	15.5	1012	20.4	1297	27.0	1480	29.6	1713	34.2
	30	556	13.5	630	15.2	926	22.3	1213	29.1	1498	36.0	1776	42.5	2053	48.4
	35	634	17.7	738	20.6	1082	30.4	1415	39.6	1749	49.0	2074	58.0	2400	67.1
	40	726	23.2	844	27.0	1237	39.8	1620	52.0	1978	64.0	2370	75.7	2740	86.5
100	25	673	7.0	784	8.2	1149	12.1	1502	15.7	1856	18.5	2201	23.1	2547	26.7
	30	808	10.2	940	11.8	1377	17.4	1801	22.6	2220	28.0	2640	33.1	3058	38.4
	35	944	13.9	1099	16.1	1608	23.7	2108	31.0	2600	38.2	3083	45.2	3568	52.4
	40	1034	16.6	1250	20.8	1832	30.7	2396	40.0	2980	50.0	3514	58.7	4030	66.7

注　1mmH_2O=10Pa。

附录 16 由加热器至疏水器间不同管径通过的小时耗热量（kJ/h）

DN（mm）	15	20	25	32	40	50	70	80	100	125	150
热量（kJ/h）	33 494	108 857	167 472	355 300	460 548	887 602	2 101 774	3 089232	4 814 820	7 871 184	17 835 768

附录 17 余压凝结水管 b～c 管段管径选择

P(kPa)（绝对大气压）	管径 DN（mm）											
17.7	15	20	25	32	40	50	70	125	150	159×5	219×6	219×6
19.6	15	20	25	32	50	70	100	125	159×5	219×6	219×6	219×6
24.5×29.4	20	25	32	40	50	70	100	150	159×5	219×6	219×6	219×6
>29.4	20	25	32	40	50	70	100	150	219×6	219×6	219×6	273×7
R mm H_2O/m	按上述管通过热量(kJ/h)											
5	39 147	87 090	174 171	253 301	571 498	1 084 381	2 369 728	3 307 572	6 615 144	12 895 344	13 774 572	21 436 416
10	43 543	13 1047	283 028	357 971	803 866	1 532 369	3 257 330	4 689 216	9 294 696	18 212 580	19 468 620	30 228 696
20	65 314	185 057	370 532	506 603	1 138 810	2 168 762	4 605 480	6 615 144	13 146 552	25 748 820	31 526 604	42 705 306
30	82 899	217 714	477 295	619 640	1394 204	2 553 948	5 652 180	8 122 392	16 077 312	10 467 000	33 703 740	52 335 000
40	108 852	251 208	544 284	715 943	1 607 731	3 077 298	6 531 408	9 378 432	18 599 392	36 425 160	39 146 580	60 289 920
50	152 400	283 865	611 273	799 679	1 800 324	3 416 429	7 285 032	10 467 000	20 766 528	39 565 260	43 542 720	67 826 160

附录 18 热水管水力计算表（t=60℃、δ=1.0mm）

流量		DN15 (mm)		DN20		DN25		DN32		DN40		DN50		DN70		DN80		DN100	
(L/h)	(L/s)	R	v	R	v	R	v	R	v	R	v	R	v	R	v	R	v	R	v
360	0.10	169	0.75	22.4	0.35	5.18	0.2	1.18	0.12	0.484	0.084	0.129	0.051	0.032	0.03	0.011	0.02	0.003	0.012
540	0.15	381	1.13	50.4	0.53	11.7	0.31	2.65	0.17	1.09	0.125	0.29	0.076	0.072	0.045	0.025	0.031	0.006	0.018
720	0.20	678	1.51	89.7	0.7	20.7	0.41	4.72	0.23	1.94	0.17	0.515	0.1	0.127	0.06	0.045	0.041	0.011	0.024
1080	0.30	1526	2.26	202	1.06	46.6	0.61	10.6	0.35	4.26	0.25	1.16	0.15	0.287	0.09	0.101	0.061	0.025	0.036

续表

流量		DN15 (mm)		DN20		DN25		DN32		DN40		DN50		DN70		DN80		DN100	
(L/h)	(L/s)	R	v	R	v	R	v	R	v	R	v	R	v	R	v	R	v	R	v
1440	0.40	2713	3.01	359	1.41	82.9	0.81	18.9	0.47	7.74	0.33	2.06	0.2	0.51	0.12	0.179	0.082	0.045	0.048
1800	0.50	4239	3.77	560	1.76	129	1.02	29.5	0.53	12.1	0.42	3.22	0.25	0.796	0.15	0.28	0.1	0.058	0.06
2160	0.60	—	—	807	2.21	186	1.22	42.5	0.7	17.4	0.5	4.64	0.31	1.15	0.18	0.403	0.12	0.098	0.072
2520	0.70	—	—	1099	2.47	254	1.43	57.8	0.82	23.7	0.59	6.31	0.36	1.56	0.21	0.549	0.14	0.133	0.084
2880	0.80	—	—	1435	2.82	332	1.63	75.5	0.93	31	0.67	8.24	0.41	2.04	0.24	0.717	0.16	0.174	0.096
3600	1.0	—	—	2242	3.53	518	2.04	118	1.17	48.4	0.84	12.9	0.51	3.18	0.3	1.12	0.2	0.272	0.12
4320	1.2	—	—	—	—	746	2.44	170	1.4	69.7	1.00	18.5	0.61	4.59	0.36	1.61	0.24	0.393	0.14
5040	1.4	—	—	—	—	1016	2.85	231	1.64	94.9	1.17	25.2	0.71	6.24	0.42	2.19	0.29	0.534	0.17
5760	1.6	—	—	—	—	1326	3.26	302	1.87	124	1.34	32.9	0.81	8.15	0.48	2.87	0.33	0.698	0.19
6480	1.8	—	—	—	—	—	—	382	2.1	157	1.51	41.7	0.92	10.3	0.54	3.63	0.37	0.883	0.22
7200	2.0	—	—	—	—	—	—	472	2.34	194	1.67	51.5	1.02	12.7	0.6	4.48	0.41	1.09	0.24
7920	2.2	—	—	—	—	—	—	520	2.45	213	1.71	56.8	1.07	14	0.63	4.94	0.43	1.2	0.25
8280	2.4	—	—	—	—	—	—	680	2.81	279	2.01	74.2	1.22	18.3	0.72	6.45	0.49	1.57	0.29
9360	2.6	—	—	—	—	—	—	798	3.04	327	2.18	87	1.32	21.5	0.78	7.57	0.53	1.84	0.31

附录 19 排水管渠水力计算表

圆形断面 D200mm

h/D	i(‰)													
	4		5		6		7		8		9		10	
	Q	v	Q	v	Q	v	Q	v	Q	v	Q	v	Q	v
0.10	0.40	0.25	0.45	0.28	0.50	0.30	0.54	0.33	0.57	0.35	0.61	0.37	0.64	0.39
0.15	0.95	0.32	1.06	0.36	1.16	0.39	1.26	0.42	1.34	0.45	1.42	0.48	1.50	0.51
0.20	1.71	0.38	1.91	0.43	2.09	0.47	2.26	0.50	2.41	0.54	2.56	0.57	2.70	0.60
0.25	2.66	0.43	2.98	0.49	3.26	0.53	3.62	0.58	3.76	0.61	4.00	0.65	4.21	0.69
0.30	3.81	0.48	4.26	0.54	4.67	0.59	5.05	0.54	5.39	0.68	5.72	0.72	6.03	0.76
0.35	5.11	0.52	5.71	0.58	6.26	0.64	6.76	0.63	7.22	0.74	7.67	0.78	8.08	0.82
0.40	6.56	0.56	7.34	0.62	8.04	0.69	8.60	0.74	9.28	0.79	9.85	0.84	10.4	0.88
0.45	8.11	0.59	9.07	0.66	9.94	0.72	10.7	0.78	11.5	0.84	12.2	0.89	12.8	0.94
0.50	9.73	0.62	10.9	0.69	11.9	0.76	12.9	0.82	13.8	0.88	14.6	0.93	15.4	0.98
0.55	11.4	0.64	12.7	0.72	14.0	0.79	15.1	0.85	16.1	0.91	17.1	0.97	18.0	10.2
0.60	13.1	0.66	14.6	0.74	16.0	0.81	17.3	0.89	18.5	0.94	19.6	1.00	20.7	1.05

续表

h/D	i(‰)													
	4		5		6		7		8		9		10	
	Q	v	Q	v	Q	v	Q	v	Q	v	Q	v	Q	v
0.65	14.7	0.68	16.5	0.76	18.0	0.83	19.5	0.90	20.8	0.96	22.1	1.02	23.8	1.08
0.70	16.3	0.69	18.2	0.78	20.0	0.86	21.6	0.92	23.0	0.98	24.1	1.04	25.8	1.10
0.75	17.7	0.70	19.8	0.79	21.8	0.86	23.6	0.93	25.1	0.99	26.6	1.05	28.1	1.11
0.80	19.0	0.71	21.3	0.79	23.3	0.87	25.2	0.93	26.9	1.00	28.6	1.06	30.1	1.12
0.85	20.0	0.70	22.4	0.79	24.6	0.86	26.6	0.93	28.4	1.00	30.1	1.06	31.7	1.12
0.90	20.7	0.70	23.2	0.78	25.4	0.85	27.5	0.92	29.3	0.99	31.1	1.05	32.8	1.10
0.95	20.9	0.68	23.4	0.76	25.6	0.83	27.7	0.90	29.6	0.96	31.1	1.02	33.1	1.07
1.00	19.5	0.62	21.8	0.69	23.3	0.76	25.8	0.82	27.5	0.88	29.2	0.93	30.8	0.98

h/D	i(‰)													
	11		12		13		14		15		16		17	
	Q	v	Q	v	Q	v	Q	v	Q	v	Q	v	Q	v
0.10	0.67	0.41	0.70	0.43	0.73	0.45	0.76	0.46	0.78	0.48	0.81	0.50	0.83	0.51
0.15	1.57	0.53	1.64	0.55	1.71	0.58	1.77	0.60	1.84	0.62	1.90	0.61	1.96	0.67
0.20	2.83	0.63	2.96	0.66	3.08	0.69	3.19	0.71	3.31	0.74	3.43	0.76	3.52	0.79
0.25	4.42	0.72	4.61	0.75	4.80	0.78	4.98	0.81	5.16	0.84	5.33	0.87	5.49	0.90
0.30	6.32	0.80	6.60	0.83	6.87	0.87	7.13	0.90	7.39	0.93	7.63	0.96	7.86	0.99
0.35	8.48	0.86	8.85	0.90	9.21	0.94	9.56	0.97	9.90	1.01	10.2	1.04	10.5	1.07
0.40	10.9	0.93	11.4	0.97	11.8	1.01	12.3	1.05	12.7	1.08	13.1	1.12	13.6	1.15
0.45	13.5	0.98	14.0	1.02	14.6	1.07	15.2	1.11	15.7	1.15	16.2	1.18	16.7	1.22
0.50	16.1	1.03	16.9	1.07	17.6	1.12	18.2	1.16	18.9	1.20	19.6	1.24	20.1	1.28
0.55	18.9	1.07	19.7	1.11	20.5	1.16	21.3	1.20	22.1	1.26	22.8	1.29	23.5	1.33
0.60	21.7	1.10	22.6	1.15	23.6	1.20	24.5	1.24	25.3	1.26	26.2	1.33	27.0	1.37
0.65	24.4	1.13	25.5	1.18	26.6	1.23	27.5	1.27	28.5	1.32	29.5	1.36	30.4	1.40
0.70	27.0	1.15	28.2	1.20	29.4	1.26	30.5	1.30	31.6	1.34	32.6	1.39	33.6	1.43
0.75	29.5	1.17	30.7	1.22	32.0	1.27	33.2	1.31	34.4	1.36	35.5	1.41	36.6	1.45
0.80	31.6	1.17	32.9	1.22	34.3	1.27	35.6	1.32	36.9	1.37	38.1	1.41	39.2	1.46
0.85	33.3	1.17	34.7	1.22	26.2	1.27	37.6	1.32	38.9	1.37	40.1	1.41	41.4	1.46
0.90	34.4	1.16	35.9	1.21	37.4	1.26	38.8	1.30	40.2	1.36	41.6	1.40	42.8	1.44
0.95	34.7	1.13	36.2	1.17	37.7	1.22	39.1	1.27	40.5	1.31	41.8	1.36	43.1	1.40
1.00	32.3	1.03	33.7	1.07	35.1	1.12	36.4	1.16	37.7	1.20	38.9	1.34	40.1	1.28

注 流量 Q—L/s；流速 v—m/s；粗糙系数 n=0.014（以下同）。

圆形断面 *D*250mm 续表

h/*D*	*i*(‰)													
	3		3.5		4		4.5		5		5.5		6	
	Q	*v*	*Q*	*v*	*Q*	*v*	*Q*	*v*	*Q*	*v*	*Q*	*v*	*Q*	*v*
0.10	0.64	0.25	0.69	0.27	0.74	0.29	0.79	0.31	0.83	0.32	0.87	0.34	0.91	0.35
0.15	1.49	0.32	1.60	0.35	1.71	0.37	1.82	0.39	1.92	0.42	2.01	0.44	2.10	0.46
0.20	2.68	0.38	2.89	0.41	3.09	0.44	3.28	0.47	3.46	0.49	3.63	0.52	3.79	0.54
0.25	4.19	0.44	4.52	0.47	4.83	0.50	5.13	0.53	5.40	0.56	5.67	0.59	5.92	0.62
0.30	5.99	0.48	6.48	0.52	6.91	0.56	7.33	0.59	7.73	0.62	8.11	0.65	8.47	0.68
0.35	8.02	0.52	8.68	0.57	9.25	0.60	9.83	0.64	10.3	0.68	10.9	0.71	11.3	0.74
0.40	10.3	0.56	11.1	0.61	11.9	0.65	12.6	0.69	13.3	0.73	14.0	0.76	14.6	0.80
0.45	12.7	0.59	13.8	0.64	14.7	0.69	15.6	0.73	16.4	0.77	17.2	0.81	18.0	0.84
0.50	15.3	0.62	16.5	0.67	17.6	0.72	18.7	0.76	19.7	0.80	20.7	0.84	21.6	0.88
0.55	17.9	0.65	19.3	0.70	20.7	0.75	21.9	0.79	23.1	0.84	24.3	0.88	25.3	0.92
0.60	20.5	0.67	22.2	0.72	23.7	0.77	25.1	0.82	26.5	0.86	27.8	0.90	29.0	0.94
0.65	23.1	0.69	25.0	0.74	26.7	0.79	28.3	0.84	29.8	0.88	31.3	0.93	32.7	0.97
0.70	25.6	0.70	27.7	0.75	29.5	0.80	31.3	0.85	33.0	0.90	34.7	0.94	36.2	0.99
0.75	27.9	0.71	30.2	0.76	32.2	0.81	34.1	0.86	36.0	0.91	37.8	0.96	39.4	1.00
0.80	29.9	0.71	32.3	0.77	34.5	0.82	36.6	0.87	38.6	0.92	40.5	0.96	42.3	1.00
0.85	31.5	0.71	34.1	0.77	36.3	0.82	38.6	0.87	40.7	0.92	42.7	0.96	44.6	1.00
0.90	32.6	0.70	35.2	0.76	37.6	0.81	39.9	0.86	42.0	0.90	44.1	0.95	46.1	0.99
0.95	32.9	0.68	35.5	0.74	37.9	0.79	40.2	0.84	42.4	0.88	44.5	0.92	46.5	0.96
1.00	30.6	0.62	33.0	0.67	35.3	0.72	37.4	0.76	39.5	0.80	41.4	0.84	43.2	0.88

h/*D*	*i*(‰)													
	6.5		7		8		9		10		11		12	
	Q	*v*	*Q*	*v*	*Q*	*v*	*Q*	*v*	*Q*	*v*	*Q*	*v*	*Q*	*v*
0.10	0.94	0.37	0.98	0.38	1.05	0.41	1.11	0.43	1.17	0.46	1.23	0.48	1.28	0.50
0.15	2.18	0.47	2.27	0.49	2.42	0.53	2.57	0.56	2.71	0.59	2.84	0.62	2.97	0.64
0.20	3.94	0.56	4.09	0.59	4.37	0.62	4.64	0.66	4.89	0.70	5.13	0.73	5.35	0.77
0.25	6.16	0.64	6.39	0.67	6.84	0.71	7.25	0.76	7.64	0.80	8.01	0.84	8.37	0.87
0.30	8.81	0.71	9.15	0.74	9.77	0.79	10.4	0.84	10.9	0.88	11.5	0.93	12.0	0.97
0.35	11.8	0.77	12.2	0.80	13.1	0.85	13.9	0.91	14.6	0.96	15.4	1.00	16.0	1.05
0.40	15.2	0.83	15.7	0.86	16.8	0.92	17.8	0.97	18.8	1.03	19.7	1.08	20.6	1.12
0.45	18.7	0.87	19.5	0.91	20.8	0.97	22.1	1.03	23.2	1.09	24.4	1.14	25.5	1.19
0.50	22.5	0.92	23.4	0.95	25.0	1.02	26.5	1.08	27.9	1.14	29.3	1.19	30.6	1.24
0.55	26.3	0.95	27.4	0.99	29.2	1.05	31.0	1.12	32.7	1.18	34.3	1.24	35.8	1.29
0.60	30.2	0.98	31.4	1.02	33.5	1.09	35.6	1.16	37.5	1.22	39.3	1.28	41.0	1.33

续表

h/D	i(‰)													
	6.5		7		8		9		10		11		12	
	Q	v	Q	v	Q	v	Q	v	Q	v	Q	v	Q	v
0.65	34.0	1.01	35.3	1.05	37.7	1.12	40.1	1.19	42.2	1.25	44.3	1.31	45.2	1.37
0.70	37.7	1.03	39.1	1.07	41.8	1.14	44.3	1.21	46.7	1.27	49.0	1.34	51.2	1.39
0.75	41.0	1.04	42.6	1.08	45.5	1.15	48.3	1.22	50.9	1.29	53.4	1.35	55.7	1.41
0.80	44.0	1.04	45.6	1.08	48.8	1.16	51.8	1.23	54.5	1.30	57.2	1.36	59.7	1.42
0.85	46.3	1.04	43.1	1.08	51.4	1.16	54.6	1.23	57.5	1.30	60.3	1.36	63.0	1.42
0.90	47.7	1.03	49.8	1.07	53.2	1.14	56.4	1.21	59.5	1.28	62.4	1.34	65.1	1.40
0.95	48.3	1.01	50.2	1.04	53.7	1.11	56.9	1.18	60.0	1.26	62.9	1.31	65.7	1.36
1.00	45.0	0.92	46.7	0.95	49.9	1.02	53.0	1.08	55.8	1.14	58.6	1.19	61.1	1.24

圆形断面 *D*300mm

h/D	i(‰)													
	2.5		3		3.5		4		4.5		5		5.5	
	Q	v	Q	v	Q	v	Q	v	Q	v	Q	v	Q	v
0.10	0.95	0.26	1.04	0.28	1.12	0.30	1.20	0.33	1.27	0.35	1.34	0.36	1.41	0.38
0.15	2.21	0.33	2.42	0.36	2.61	0.39	2.79	0.42	2.96	0.45	3.12	0.47	3.27	0.49
0.20	3.98	0.40	4.36	0.43	4.71	0.47	5.03	0.50	5.34	0.53	5.63	0.56	5.91	0.59
0.25	6.22	0.45	6.82	0.49	7.36	0.53	7.86	0.57	8.35	0.60	8.80	0.64	9.23	0.67
0.30	8.90	0.50	9.75	0.55	10.5	0.59	11.2	0.63	11.9	0.67	12.6	0.70	13.2	0.74
0.35	11.9	0.54	13.1	0.59	14.1	0.64	15.1	0.68	16.0	0.73	16.8	0.76	17.7	0.80
0.40	15.3	0.58	16.8	0.64	18.1	0.69	19.3	0.73	20.5	0.78	21.6	0.82	22.7	0.86
0.45	18.9	0.61	20.7	0.67	22.4	0.73	23.9	0.77	25.4	0.82	26.7	0.87	28.1	0.91
0.50	22.7	0.64	24.9	0.70	26.9	0.76	28.7	0.81	30.5	0.86	32.1	0.91	33.7	0.95
0.55	26.6	0.67	29.1	0.73	31.5	0.79	33.6	0.84	35.7	0.90	37.6	0.94	39.6	0.99
0.60	30.5	0.69	33.4	0.76	36.1	0.82	38.6	0.87	40.9	0.92	43.1	0.97	45.3	1.02
0.65	34.3	0.70	37.6	0.77	40.7	0.84	43.4	0.89	46.1	0.95	48.6	1.00	51.0	1.05
0.70	38.0	0.72	41.7	0.79	45.0	0.85	48.1	0.91	51.0	0.97	53.8	1.02	56.4	1.07
0.75	41.4	0.73	45.4	0.80	49.0	0.86	52.4	0.92	55.6	0.98	58.6	1.03	61.5	1.08
0.80	44.4	0.73	48.6	0.80	52.6	0.87	56.1	0.93	59.6	0.98	62.8	1.04	65.9	1.09
0.85	46.8	0.73	51.3	0.80	55.4	0.87	59.2	0.92	62.8	0.98	66.2	1.03	69.4	1.08
0.90	48.4	0.72	53.0	0.79	57.3	0.86	61.2	0.91	65.0	0.97	68.4	1.02	71.8	1.07
0.95	48.8	0.70	53.5	0.77	57.8	0.83	61.7	0.89	65.5	0.94	69.0	0.99	72.4	1.04
1.00	45.4	0.64	49.8	0.70	53.8	0.76	57.4	0.81	60.9	0.86	64.2	0.91	67.4	0.95

续表

h/D	i(‰)													
	6		7		8		9		10		11		12	
	Q	v	Q	v	Q	v	Q	v	Q	v	Q	v	Q	v
0.10	1.47	0.40	1.59	0.43	1.70	0.46	1.80	0.49	1.90	0.52	1.99	0.54	2.08	0.56
0.15	3.42	0.51	3.69	0.56	3.94	0.59	4.19	0.63	4.41	0.66	4.63	0.70	4.83	0.73
0.20	6.17	0.61	6.66	0.66	7.12	0.71	7.55	0.75	7.96	0.79	8.35	0.83	8.72	0.87
0.25	9.64	0.70	10.4	0.75	11.1	0.80	11.8	0.85	12.4	0.90	13.0	0.94	13.6	0.99
0.30	13.8	0.77	14.9	0.83	15.9	0.89	16.9	0.95	17.8	1.00	18.7	1.05	19.5	1.09
0.35	18.5	0.84	19.9	0.90	21.3	0.97	22.6	1.03	23.8	1.08	25.0	1.13	26.1	1.18
0.40	23.7	0.90	25.6	0.97	27.4	1.04	29.0	1.10	30.6	1.16	32.1	1.22	33.5	1.27
0.45	29.3	0.95	31.7	1.03	33.8	1.10	35.9	1.16	37.8	1.23	39.7	1.29	41.4	1.34
0.50	35.2	1.00	38.0	1.08	40.6	1.15	43.1	1.22	45.4	1.29	47.6	1.35	49.7	1.41
0.55	41.2	1.03	44.5	1.12	47.6	1.19	50.5	1.27	53.2	1.34	55.8	1.40	58.2	1.46
0.60	47.3	1.07	51.1	1.15	54.5	1.23	57.9	1.31	61.0	1.38	64.0	1.45	66.8	1.51
0.65	53.2	1.09	57.5	1.18	61.4	1.26	65.2	1.34	68.7	1.41	72.1	1.48	75.2	1.55
0.70	58.9	1.12	63.6	1.20	68.0	1.29	72.2	1.37	76.0	1.44	79.8	1.51	83.3	1.58
0.75	64.2	1.13	69.3	1.22	74.1	1.30	78.6	1.38	82.8	1.46	86.9	1.53	90.7	1.59
0.80	68.8	1.14	74.3	1.23	79.4	1.31	84.2	1.39	88.8	1.47	93.1	1.54	97.2	1.60
0.85	72.5	1.13	78.3	1.22	85.7	1.31	8.88	1.39	93.6	1.46	98.2	1.53	102.5	1.60
0.90	75.0	1.12	81.0	1.21	86.5	1.29	91.9	1.37	96.8	1.45	101.5	1.52	106.0	1.58
0.95	75.6	1.09	81.7	1.18	87.3	1.26	92.6	1.34	97.6	1.41	102.4	1.48	106.9	1.54
1.00	70.4	1.00	76.0	1.08	81.2	1.15	86.2	1.22	90.8	1.29	95.3	1.35	99.5	1.41

圆形断面 D350mm

h/D	i(‰)													
	2		2.5		3		3.5		4		4.5		5	
	Q	v	Q	v	Q	v	Q	v	Q	v	Q	v	Q	v
0.10	1.28	0.26	1.43	0.29	1.57	0.31	1.69	0.34	1.81	0.36	1.92	0.38	2.02	0.40
0.15	2.97	0.33	3.33	0.37	3.64	0.40	3.94	0.44	4.20	0.46	4.46	0.49	4.70	0.52
0.20	5.36	0.39	5.99	0.44	6.57	0.48	7.10	0.52	7.58	0.55	8.05	0.59	8.48	0.62
0.25	8.38	0.45	9.37	0.50	10.3	0.55	11.1	0.59	11.8	0.63	12.6	0.67	13.2	0.70
0.30	12.0	0.49	13.4	0.55	14.7	0.60	15.9	0.65	16.9	0.70	18.0	0.74	18.9	0.78
0.35	16.1	0.54	18.0	0.60	19.7	0.66	21.3	0.71	22.7	0.76	24.1	0.80	25.4	0.85
0.40	20.6	0.57	23.1	0.64	25.3	0.70	27.3	0.76	29.2	0.81	31.0	0.86	32.6	0.91
0.45	25.5	0.61	28.5	0.68	31.3	0.74	33.8	0.80	36.0	0.86	38.3	0.91	40.8	0.96
0.50	30.6	0.64	34.2	0.71	37.5	0.78	40.5	0.84	43.3	0.90	45.9	0.95	48.4	1.01
0.55	35.8	0.66	40.1	0.74	43.9	0.81	47.5	0.88	50.7	0.93	53.8	0.99	56.7	1.05

续表

h/D	i(‰)													
	2		2.5		3		3.5		4		4.5		5	
	Q	v	Q	v	Q	v	Q	v	Q	v	Q	v	Q	v
0.60	41.1	0.68	46.0	0.76	50.4	0.84	54.4	0.90	58.1	0.96	61.7	1.02	65.0	1.08
0.65	46.3	0.70	51.8	0.78	56.7	0.86	61.3	0.93	65.4	0.99	69.5	1.05	73.2	1.11
0.70	51.2	0.71	57.3	0.80	62.8	0.87	67.8	0.94	72.4	1.01	76.9	1.07	81.0	1.13
0.75	55.8	0.72	62.4	0.81	68.4	0.88	73.9	0.95	78.9	1.02	83.8	1.08	88.3	1.14
0.80	59.8	0.73	66.9	0.81	73.3	0.89	79.2	0.96	84.6	1.03	87.8	1.09	94.6	1.15
0.85	63.1	0.72	70.5	0.81	77.3	0.89	83.5	0.96	89.2	1.02	94.7	1.09	99.7	1.14
0.90	65.2	0.72	72.9	0.80	79.9	0.88	86.4	0.95	92.2	1.01	97.9	1.07	103.1	1.13
0.95	65.8	0.70	73.6	0.78	80.6	0.85	87.1	0.92	93.0	0.98	98.7	1.05	104.0	1.10
1.00	61.2	0.64	68.5	0.71	75.0	0.78	81.0	0.84	86.5	0.90	91.9	0.95	96.8	1.01

h/D	i(‰)													
	5.5		6.0		7		8		9		10		11	
	Q	v	Q	v	Q	v	Q	v	Q	v	Q	v	Q	v
0.10	2.12	0.42	2.22	0.44	2.39	0.48	2.56	0.51	2.71	0.54	2.86	0.57	3.00	0.60
0.15	4.93	0.55	5.15	0.57	5.57	0.62	5.95	0.66	6.31	0.70	6.65	0.74	6.98	0.77
0.20	8.90	0.65	9.29	0.68	10.0	0.74	10.7	0.78	11.4	0.83	12.0	0.87	12.6	0.92
0.25	13.9	0.74	14.5	0.77	15.7	0.83	16.7	0.89	17.8	0.95	18.7	1.00	19.7	1.05
0.30	19.9	0.82	20.8	0.86	22.4	0.92	24.0	0.99	25.4	1.05	26.8	1.10	28.1	1.16
0.35	26.6	0.89	27.8	0.93	30.1	1.00	32.1	1.07	34.1	1.14	35.9	1.20	37.7	1.26
0.40	34.2	0.95	35.8	1.00	38.6	1.07	41.2	1.15	43.8	1.22	46.1	1.28	48.4	1.35
0.45	42.3	1.01	44.2	1.05	47.7	1.14	51.0	1.20	54.1	1.29	57.0	1.36	59.8	1.42
0.50	50.8	1.06	53.1	1.10	57.3	1.19	61.2	1.27	65.0	1.35	68.5	1.42	71.8	1.49
0.55	59.5	1.10	62.1	1.15	67.1	1.24	71.7	1.32	76.1	1.40	80.2	1.48	84.1	1.55
0.60	68.2	1.13	71.3	1.18	77.0	1.28	82.2	1.36	87.3	1.45	92.0	1.53	96.5	1.60
0.65	76.8	1.16	80.2	1.21	86.7	1.31	92.6	1.40	98.3	1.48	103.6	1.56	108.6	1.64
0.70	85.0	1.18	88.8	1.23	95.9	1.33	102.5	1.42	108.5	1.51	114.6	1.59	120.2	1.67
0.75	92.6	1.20	96.8	1.25	101.5	1.35	111.6	1.44	118.5	1.53	124.9	1.61	131.0	1.69
0.80	99.3	1.20	103.7	1.26	112.0	1.36	119.6	1.45	127.0	1.54	133.8	1.62	140.0	1.70
0.85	104.7	1.20	109.3	1.25	118.1	1.36	126.1	1.45	133.9	1.54	141.1	1.62	148.0	1.70
0.90	108.3	1.19	113.1	1.24	122.1	1.34	130.4	1.43	138.5	1.52	145.9	1.60	153.0	1.68
0.95	109.2	1.16	114.0	1.21	123.1	1.30	131.5	1.39	139.6	1.48	147.1	1.56	154.3	1.63
1.00	101.6	1.06	106.1	1.10	114.6	1.19	122.4	1.27	129.9	1.36	136.9	1.42	143.6	1.49

参 考 文 献

[1] 陈耀宗. 建筑给水排水设计手册. 北京：中国建筑工业出版社，1992.
[2] 王增长. 建筑给水排水工程. 7版. 北京：中国建筑工业出版社，2016.
[3] 高明远. 建筑中水工程. 北京：中国建筑工业出版社，1992.
[4] 沈光范. 中水道技术. 北京：中国环境科学出版社，1991.
[5] 核工业部第二研究设计院. 给水排水设计手册：第二册. 北京：中国建筑工业出版社，1986.
[6] 张键. 建筑给水排水工程. 重庆：重庆建筑大学出版社，1998.
[7] 谷峡. 建筑给水排水工程. 3版. 哈尔滨：哈尔滨工业大学出版社，2009.